Lecture Notes in Physics

304

Roger Prud'homme

Fluides hétérogènes et réactifs: écoulements et transferts

Springer-Verlag
Berlin Heidelberg New York London Paris Tokyo

Author

Roger Prud'homme
Laboratoire d'Aérothermique du C.N.R.S.
4ter Route des Gardes, F-92190 Meudon, France

ISBN 3-540-19327-8 Springer-Verlag Berlin Heidelberg New York
ISBN 0-387-19327-8 Springer-Verlag New York Berlin Heidelberg

Printed in Germany

Printing: Druckhaus Beltz, Hemsbach/Bergstr.
Binding: J. Schäffer GmbH & Co. KG., Grünstadt
2158/3140-543210

A ma femme Hayat

PREFACE

The aim of these lecture notes is to provide the reader with some basic notions and methods useful in the study of multicomponent fluid flows where the species are distributed into one or several phases. These flows are generally the seat of transport processes interacting with chemical reactions. In addition, instabilities may be present.

The four first chapters deal with general topics : constitutive relations and macroscopic balance equations of mixtures, transport phenomena and chemical kinetics, and basic principles of similarity analysis.

Coupled phenomena are described in Chap. 5 with regard to chemical relaxation, thermodiffusion and the Marangoni effect. Chapter 6 treats turbulence with a reactive or non-reactive fluid. Chapter 7 is devoted to the study of chemical reactors : ideal reactors, macromixture and micromixture, as well as plane adiabatic deflagration waves. The following situations are studied in the last four chapters : fluid and boundary layers, reactive and non-reactive waves, interfacial phenomena and multiphase flows.

Parts of this work were used in a postgraduate course at the Département de Physique des Liquides de l'Université Pierre et Marie Curie (Paris 6) and in the mechanics option at the Ecole Polytechnique. But this book is also intended for the researcher or the engineer who wishes to treat real fluid problems.

The author is indebted to all the people who have, in several ways, contributed to the outcome of this book : Professors M. Barrère, P. Germain and L.G. Napolitano have played a very important role in my knowledge of aerothermochemistry, Professor E. Guyon helped me to prepare the postgraduate course mentioned earlier and Professor R.K. Zeytounian urged me to publish these notes. My thanks also go to F. Dupoirieux and to Mrs F. Baillot, who reread the text in fine detail, to Mrs M. Fleury and Ms C. Dupont, who ensured the careful typing of the manuscript and to J.P. Caressa, the Director of the Laboratoire d'Aérothermique du C.N.R.S who has encouraged me greatly.

Paris, March 1988

TABLE DES MATIERES

INTRODUCTION

L'Aéronautique et l'espace, l'industrie chimique, les fours industriels, le génie nucléaire, la production de gaz et d'électricité, l'automobile et bien d'autres domaines sont concernés par les écoulements hétérogènes et réactifs. Soit que les réactions chimiques sont une étape nécessaire du procédé comme en génie chimique ou en combustion, soit que ces réactions sont la conséquence du mouvement d'engins spatiaux ou atmosphériques provoquant un échauffement intense au voisinage des parois ou qu'elles se produisent en aval d'ondes de choc intenses.

Les écoulements réactifs présentent des hétérogénéités ou des gradients de concentration, de température, de vitesse, sources de phénomènes de transferts tels que la conduction thermique, la diffusion ou la viscosité. L'existence de ces multiples phénomènes couplés entre eux et avec la convection rend difficile l'étude de ces écoulements. Leur modélisation a progressé principalement avec la conquête de l'espace qui a fait naître une science nouvelle : l'aérothermochimie et avec les progrès réalisés en génie chimique et en génie des procédés. Les méthodes mises en oeuvre, les phénomènes étudiés, les objectifs poursuivis diffèrent d'un domaine à l'autre, mais les résultats obtenus ont enrichi considérablement la connaissance des écoulements réactifs. Il peut être parfois intéressant et fécond d'utiliser, pour étudier tel ou tel phénomène, simultanément et en parallèle les méthodes, du génie chimique et celles de l'aérodynamique.

L'objectif de cet ouvrage est de faire connaître au lecteur un certain nombre de notions de base et de méthodes nécessaires pour étudier ces écoulements. La plupart des chapitres ont fait l'objet de cours de troisième cycle dans le cadre du DEA de physique des liquides de l'Université Pierre et Marie Curie (Paris VI) ou de séminaires d'option de mécanique à l'Ecole Polytechnique. Il s'agit donc d'un ouvrage pédagogique qui se veut branché sur les recherches récentes.

Les écoulements considérés obéissent généralement au principe de l'état local, ce qui exclut les déséquilibres trop intenses mais permet de prendre en compte un très grand nombre de cas d'irréversibilités. Les phénomènes électromagnétiques et le rayonnement ne sont pas étudiés. L'ambition de ce manuel est donc limitée, mais nous pensons qu'il constitue néanmoins un outil intéressant pour l'étudiant, le chercheur ou l'ingénieur qui désirent aborder les problèmes d'écoulements réactifs.

Le premier chapitre est consacré à la description des fluides ou des mélanges de fluides où chaque constituant est à l'équilibre thermodynamique. Les règles de base de la thermodynamique y sont rappelées et les lois d'état des mélanges homogènes ou hétérogènes y sont présentées.

Dans le second sont étudiées les lois complémentaires qu'il convient de connaître pour aborder les irréversibilités. Les principes de base de la thermodynamique des processus irréversibles et ceux de la cinétique chimique y sont présentés et la théorie cinétique des gaz simplifiée permet d'évaluer les variations des coefficients de transfert en fonction de la température.

Les équations du bilan des mélanges fluides en mouvement sont établies au chapitre trois pour le milieu continu ou en présence de discontinuités simples. Le bilan d'entropie est déterminé en milieu continu ou pour des systèmes discrets. Enfin une place est faite aux bilans de population très utiles au génie chimique.

Les principes de base de l'analyse dimensionnelle sont présentés et illustrés au chapitre 4 qui comprend un tableau non exhaustif des nombres sans dimension couramment utilisés. L'analyse dimensionnelle nous a semblé être un outil remarquable pour aborder ou approfondir toute une série de questions dont une partie sera examinée dans les chapitres suivants. Couplages et interactions entre divers processus sont évoqués au chapitre 5 à propos d'exemples portant sur la relaxation chimique, la thermo-diffusion, l'osmose thermique, l'effet Marangoni.

Dans le chapitre 6 sont présentées des notions sur les écoulements turbulents. Il s'agit d'abord de fluides purs puis de mélanges réactifs. Les théories classiques sont rappelées ainsi que les modèles couramment utilisés ; modèle k - ε, théorie de Kolmogorov, fonctionnelles de distribution de probabilité. Une place particulière est faite à la combustion.

L'étude des réacteurs chimiques est abordée au chapitre 7 où est étudié d'abord un réacteur idéal à mélange parfait en régime stationnaire et instationnaire. L'étude du macromélange et du micromélange viennent ensuite. Ces notions sont indispensables dans le cas de réacteurs réels et s'appuient sur les bilans de population établis au chapitre 3. Le cas de l'onde de déflagration laminaire, plane et adiabatique est étudié ensuite comme un réacteur chimique à l'aide de l'approximation de Shvab-Zeldovich.

Le chapitre 8 est relatif aux couches limites et aux couches fluides fréquemment rencontrées dans les écoulements en présence d'obstacles ou de parois. Divers cas, stationnaires ou instationnaires, incompressibles ou non, stables ou instables, avec ou sans soufflage ou aspiration à la paroi sont d'abord présentés dans le cas de fluides purs. Les phénomènes de diffusion apparaissent ensuite à propos de parois planes, du disque tournant. Le problème d'Emmons est traité. Divers cas de couche limite turbulente sont évoqués. La méthode des échelles multiples est utilisée en analyse dimensionnelle.

Dans le chapitre 9, on étudie les ondes réactives et non réactives. Il s'agit d'abord de déterminer la célérité du son en mélange réactif ce qui fait appel à des considérations relatives à la stabilité thermodynamique.

Les ondes continues et discontinues en fluide pur barotrope sont traitées, puis les ondes de combustion, la structure des ondes de détonation et enfin les ondes sphériques dans le cas de petits mouvements et d'ondes de souffle.

Le chapitre 10 porte sur les phénomènes d'interface. Les équations en volume de la zone interfaciale sont présentées en coordonnées curvilignes orthogonales et la forme générale des bilans interfaciaux est établie. Divers cas particuliers d'interface sont étudiés ensuite : interfaces de Gibbs, flammes de prémélange, couches limites et enfin interfaces présentant une résistance au plissement par la méthode des puissances virtuelles.

Enfin, quelques éléments relatifs aux écoulements polyphasiques sont donnés au chapitre 11. Les équations du bilan sont tout d'abord établies dans un cas simplifié et deux exemples d'application sont traités. Divers phénomènes sont ensuite étudiés à l'échelle d'une particule sphérique : la force de frottement, l'échange thermique et la combustion.

CHAPITRE 1 : EQUATIONS D'ETAT

1. DEFINITION DES VARIABLES D'ETAT D'UN MELANGE

1.1. L'état thermodynamique et chimique d'un mélange homogène peut être caractérisé par un certain nombre de grandeurs extensives ou intensives. Les grandeurs les plus directement accessibles sont généralement la température T, la pression p, le volume $\mathcal{V}$ du système, la masse m_j de constituant j contenue dans le mélange ou le nombre de moles $n_j = m_j/\mathcal{M}_j$. ($\mathcal{M}_j$: masse molaire). La masse totale est :

(1) $$m = \sum_{j=1}^{N} m_j$$

s'il y a N constituants, et le nombre total de moles contenu dans le volume $\mathcal{V}$ est :

(2) $$n = \sum_{j=1}^{N} n_j$$

On définit également les grandeurs spécifiques telles que :

(3) $\rho_j = m_j/\mathcal{V}$ masse volumique partielle de l'espèce j,

(4) $C_j = n_j/\mathcal{V}$ concentration en moles par unité de volume,

(5) $\rho = \sum_j \rho_j = m/\mathcal{V}$ masse volumique moyenne,

(6) $C = \sum_j C_j = n/\mathcal{V}$ nombre de moles par unité de volume.

La masse molaire moyenne est égale à :

(7) $$\mathcal{M} = \sum_j n_j \mathcal{M}_j / n$$

Les fractions molaires et massiques des espèces sont respectivement :

(8) $$X_j = n_j/n \quad , \quad Y_j = m_j/m$$

et l'on a :

(9) $$Y_j = \rho_j/\rho = \mathcal{M}_j C_j / \mathcal{M} C = \mathcal{M}_j X_j / \mathcal{M}$$

On peut encore écrire :

(10) $$Y_j = \mathcal{M}_j C_j / \sum_j \mathcal{M}_j C_j = \mathcal{M}_j X_j / \sum_j \mathcal{M}_j X_j$$

formule qui permet le passage des variables X_j aux variables Y_j

$$T\,,\ p\,,\ m\,,\ Y_j\,,\ \mathcal{V}$$

Figure 1 : Représentation d'un système homogène, à propriétés uniformes : T, p, Y_j ont une valeur unique à l'instant t

L'unité de masse d'un mélange fluide homogène sera en général complètement caractérisée par les N + 1 grandeurs :

$T, p, Y_j, \ldots\ldots Y_{N-1}$, la fraction massique Y_N n'apparaît pas puisque :

(11) $$\sum_j Y_j = 1$$

1.2 Degré d'avancement

Une réaction chimique donnée sera représentée symboliquement par :

(12) $$\sum_{j=1}^{N} \nu'_j \, \mathcal{E}_j \longrightarrow \sum_{j=1}^{N} \nu''_j \, \mathcal{E}_j$$

En l'absence de diffusion, les seules variations de concentration sont dues à la réaction chimique. En présence de diffusion (voir plus loin) on ne peut séparer les variations de concentration dues à la diffusion et à la réaction, les concentrations interviennent alors dans les équations de bilan des espèces chimiques.

Les variations de concentration dues à la réaction chimique sont caractérisées par un degré d'avancement massique ξ ou volumique ζ tels que :

(13) $$\begin{cases} dm_j = \nu_j \mathcal{M}_j \, d\xi \,, & m_j = m_j^\circ + \nu_j \mathcal{M}_j \, \xi \\ dn_j = \nu_j \, d\xi \,, & n_j = n_j^\circ + \nu_j \, \xi \end{cases}$$

Par unité de volume du système : $\zeta = \xi / \mathcal{V}$

(14) $$\begin{cases} d\rho_j = \nu_j \mathcal{M}_j \, d\zeta \\ dC_j = \nu_j \, d\zeta \,, \quad C = C^\circ + \nu \zeta \,, \quad \nu = \sum_j \nu_j \end{cases}$$

Les expressions de X_j et Y_j sont les suivantes :

$$(15) \qquad \begin{cases} X_j = (n_j^\circ + \nu_j \xi) / (n^\circ + \nu \xi) \\ \\ Y_j = (m_j^\circ + \nu_j \mathcal{M}_j \xi) / (m^\circ + \sum_j \nu_j \mathcal{M}_j \xi) \end{cases}$$

Exercice : Exprimer X_j et Y_j en fonction de ζ.

Lorsque K réactions sont présentes, on fait intervenir autant de degrés d'avancement.
Exemple : Réactions de combustion d'un mélange $H_2 + O_2$

$H_2 \longrightarrow 2H$		initiation de la chaîne
$H + O_2 \longrightarrow OH + O$		branchement de la chaîne
$O + H_2 \longrightarrow OH + H$		branchement de la chaîne
$OH + H_2 \longrightarrow H_2O + H$		propagation de la chaîne
$H + OH \longrightarrow H_2O$		rupture de la chaîne

Espèces : H, O, H_2, O_2, OH, H_2O

$$[\nu_{jr}] = \begin{bmatrix} 2 & -1 & 1 & 1 & -1 \\ 0 & 1 & -1 & 0 & 0 \\ -1 & 0 & -1 & -1 & 0 \\ 0 & -1 & 0 & 0 & 0 \\ 0 & 1 & 1 & -1 & -1 \\ 0 & 0 & 0 & 1 & 1 \end{bmatrix} \begin{matrix} H \\ O \\ H_2 \\ O_2 \\ OH \\ H_2O \end{matrix} \Big\downarrow j$$

$$\begin{matrix} R1 & R2 & R3 & R4 & R5 \end{matrix}$$

$$\xrightarrow{\quad r \quad}$$

1.3 Définitions nécessaires à la description d'un écoulement réactif

Dans un écoulement, les propriétés sont rarement uniformes et un seul ensemble de données T, p, X_j .... ne suffit pas. Ces quantités dépendent de la position et du temps. On admet qu'il existe des grandeurs locales définissant l'état du système en tout point. Il s'agit de grandeurs spécifiques ou intensives. On aura alors :

$$T(\vec{x},t),\ p(\vec{x},t),\ \rho(\vec{x},t),\ \rho_j(\vec{x},t)$$

$$Y_j(\vec{x},t),\ X_j(\vec{x},t),\ c_j(\vec{x},t),\ n_j(\vec{x},t)$$ (pour l'unité de masse).

C'est le principe de l'état local.

De plus chaque particule de fluide, infiniment petite, est caractérisée également par des grandeurs mécaniques. On définit N vecteurs vitesse :

$$\vec{v}_j(\vec{x},t)\ ,\ j=1,\dots N$$

et aussi :

la vitesse barycentrique $\vec{v}$: $\rho\vec{v} = \sum_{j=1}^{N} \rho_j \vec{v}_j$

la vitesse de diffusion : $\vec{V}_j = \vec{v}_j - \vec{v}$

le flux de l'espèce j : $\vec{J}_j = \rho_j \vec{v}_j$

le flux massique total : $\vec{J} = \rho\vec{v} = \sum_j \vec{J}_j$

le flux de *diffusion* : $\vec{J}_{Dj} = \rho_j \vec{V}_j$

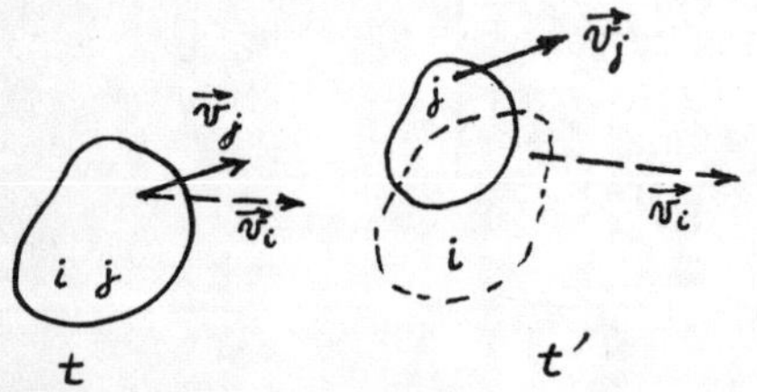

Figure 2

Chaque espèce chimique a alors son mouvement propre. Cependant on admet généralement que celui-ci est peu différent du mouvement moyen.

A l'instant t, dans la particule et par unité de volume du mélange, une masse $\dot{W}_j$ est produite par réaction chimique par unité de temps :

(16) $$\dot{W}_j = \dot{W}_j(\vec{x},t)$$

En l'absence de diffusion ($\vec{V}_j = 0$), on a :

(17) $$\begin{cases} \dot{W}_j = \nu_j \mathcal{M}_j \dot{\xi} & \text{avec une seule réaction,} \\ \dot{W}_j = \sum_{r=1}^{K} \nu_{jr} \mathcal{M}_j \dot{\xi}_r & \text{pour K réactions.} \end{cases}$$

Nous rappelerons, au paragraphe 2 les principes de la thermodynamique et leurs applications aux fluides simples. Les paragraphes suivants seront consacrés aux systèmes fluides composites.

2. FONCTIONS THERMODYNAMIQUES ET LOIS D'ETAT DES FLUIDES SIMPLES

2.1. Rappel de thermodynamique [1], [2]

Les principes de la thermodynamique régissent les états d'équilibre de systèmes fermés, simples ou composites.

Parmi les états possibles d'un tel système, il existe un sous-ensemble des états d'équilibre, formant une variété différentielle continue $\mathcal{V}$. Pour représenter visuellement cette variété $\mathcal{V}$ nous la figurerons par une surface, ou une famille de surfaces, le reste de l'espace comprenant les états hors d'équilibre. Un état d'équilibre est simplement un point de la surface. Une ligne orientée tracée dans l'espace entre $\mathcal{E}_1$ et $\mathcal{E}_2$ représente une transformation thermodynamique de l'état d'équilibre. Si cette ligne est tracée sur sa surface($\mathcal{V}$), tout état intermédiaire entre $\mathcal{E}_1$ et $\mathcal{E}_2$ est un état d'équilibre. La ligne représente alors une *transformation réversible* et le point la décrivant au cours du temps désigne un équilibre évolutif du système considéré. Sur la variété($\mathcal{V}$) on admet l'existence de deux formes différentielles $đQ$ et $đW$ représentant respectivement la chaleur et le travail élémentaires apportés au système au cours de la transformation réversible $d\mathcal{E}$.

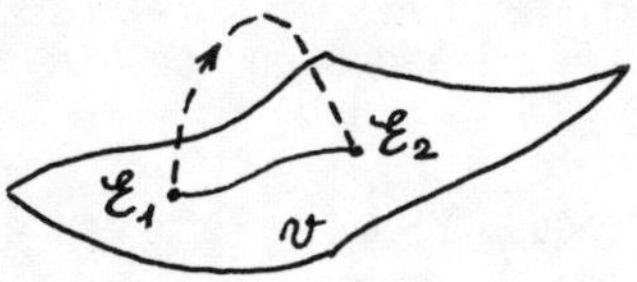

— transformation réversible
--- transformation quelconque

Figure 3

Donnons sous forme très succincte le premier principe de la thermodynamique et, sans fournir l'énoncé du second principe, donnons-en les deux conséquences directes.

1er principe : Q et W étant la quantité de chaleur et le travail apportés à un *système fermé* au cours d'une transformation quelconque entre deux états d'équilibre $\mathcal{E}_1$ et $\mathcal{E}_2$, on a :

(18) $$E_2 - E_1 = W + Q$$

où E est une fonction ne dépendant que de l'état d'équilibre du système, appelée énergie interne (E ne dépend que des variables d'état et peut être considérée comme variable d'état).

Cas d'une transformation élémentaire réversible :

(19) $$dE = đW + đQ$$

Transformation élémentaire (infinitésimale) quelconque :

(20) $$\delta E = \delta W + \delta Q$$

(δQ et δW ne désignent pas, dans le cas général, des formes différentielles, mais simplement de petites quantités).

Extension à un système en équilibre par rapport à des référentiels galiléens de vitesses différentes dans les états 1 et 2 :

(21) $$(E_2 + K_2) - (E_1 + K_1) = W + Q$$

où K désigne l'énergie cinétique du système.

Transformation élémentaire réversible :

(22) $$dE + dK = đW + đQ$$

Généralisation : principe de conservation de l'énergie.

2ème principe : L'énoncé du second principe (Carathéodory par exemple) n'est pas rappelé. Il conduit à l'existence d'une fonction d'état S appelée entropie, telle que :

$đQ$ = TdS pour une transformation réversible élémentaire (c'est-à-dire que cette relation est vraie sur la variété $\mathcal{V}$)

$S_2 - S_1 \geqslant 0$ pour une *transformation adiabatique* quelconque (Q = 0). Le signe égal étant obtenu ($S_2 - S_1 = 0$) si la transformation est réversible, on a alors :

$$dS = đQ/T = 0 \quad , \quad S_2 - S_1 = \int_{\mathcal{E}_1}^{\mathcal{E}_2} đQ/T = 0$$

Extensions : pour une transformation infinitésimale quelconque

(23) $$\delta Q = T(\delta S - \delta_i S) \quad , \quad \delta_i S \geqslant 0$$

Transformation quelconque (donc pas forcément adiabatique) :

(24) $$S_2 - S_1 = \Delta_e S + \Delta_i S \quad , \quad \Delta_i S \geqslant 0$$

La difficulté principale consiste dans le cas général, en la détermination de la variation extérieure d'entropie $\Delta_e S$ (flux d'entropie) et de la variation intérieure $\Delta_i S$ (production d'entropie).

Ces principes s'étendent à des transformations entre états hors d'équilibre si l'on peut définir, suivant le cas, les fonctions E et S, ainsi que la température T.

2.2 Propriétés des fluides simples en équilibre

Lorsque le fluide subit une transformation réversible mécaniquement, le travail élémentaire reçu est égal à :

(25) $$đW = -p\,d\mathcal{V}$$

Comme d'autre part on sait que :

(26) $$đQ = T dS$$

on déduit que, pour un domaine fermé (n'échangeant pas de masse avec l'extérieur) de fluide :

(27) $$dE = T dS - p d\vartheta$$

Lorsque la masse m de fluide est fixe, son énergie interne apparaît donc comme une fonction de S et ϑ dont les dérivées partielles respectives par rapport à S et ϑ sont la température T et l'opposé de la pression (- p).

En réalité, l'énergie interne dépend également de la masse de fluide considérée ou, ce qui revient au même, du nombre de moles (constant pour le système fermé) :

(28) $E = E(S,\vartheta,m)$ ou $E = E(S,\vartheta,n)$, n : nombre de moles

d'où :

(29) $$T = \partial E/\partial S \quad , \quad -p = \partial E/\partial \vartheta$$

On pose :

(30) $g = \partial E/\partial m$ ou $\mu = \partial E/\partial n$, avec $\mu = g\mathcal{M}$, $\mathcal{M}$: masse molaire

On a donc :

(31) $dE = TdS - pd\vartheta + gdm$ ou $dE = TdS - pd\vartheta + \mu dn$ (Gibbs)

. Etablissement de la relation de Gibbs-Duhem :

(32) $$E(\lambda S, \lambda\vartheta, \lambda m) = \lambda\, E(S, \vartheta, m) \quad , \quad \lambda \in \mathbb{R}$$

car E, S, ϑ et m sont des grandeurs extensives.
E est donc une fonction homogène de degré 1 de S, ϑ , m. D'après le théorème d'Euler et les définitions précédentes de T, p et g, on a :

(33) $$E(S,\vartheta,m) = TS - p\vartheta + gm$$

On obtient de même :

(34) $$E(S,\vartheta,n) = TS - p\vartheta + \mu n$$

De cette relation et de la relation de Gibbs on déduit :

(35) $$0 = S\,dT - \vartheta dp + m\,dg$$

ou

(36) $$0 = S\,dT - \vartheta dp + n\,d\mu$$ (Gibbs-Duhem)

Autres fonctions thermodynamiques :

(37)
$$\begin{cases} H = E + p v & \text{(enthalpie)} \\ dH = T\,dS + v\,dp + g\,dm \end{cases}$$

Les variables naturelles qui s'imposent sont ici S, p et m et

(38)
$$\begin{cases} H = H(S, p, m) \\ T = \partial H/\partial S \;, \quad v = \partial H/\partial p \;, \quad g = \partial H/\partial m \end{cases}$$

(39)
$$\begin{cases} F = E - TS = -p v + g\,m & \text{(énergie libre)} \\ dF = -S\,dT - p\,dv + g\,dm \\ F = F(T, v, m) \end{cases}$$

(40)
$$\begin{cases} G = E - TS + p v = g\,m & \text{(enthalpie libre)} \\ dG = -S\,dT + v\,dp + g\,dm \\ G = G(T, p, m) \end{cases}$$

La dérivée partielle g est donc l'enthalpie libre massique, de même que μ est l'enthalpie libre molaire.

Pour l'unité de masse :

(41)
$$\begin{cases} e = Ts - p v + g = e(s, v) \\ de = T\,ds - p\,dv \\ 0 = s\,dT - v\,dp + dg \\ h = e + p v = Ts + g = h(s, p) \\ dh = T\,ds + v\,dp \\ f = e - Ts = -p v + g = f(T, v) \\ df = -s\,dT - p\,dv \\ g = e - Ts + p v = g(T, p) \\ dg = -s\,dT + v\,dp \end{cases}$$

Par mole :

$$
(42)\quad
\left|
\begin{aligned}
&\bar{E} = T\bar{S} - p\bar{v} + \mu = \bar{E}(\bar{S},\bar{v})\\
&d\bar{E} = T\,d\bar{S} - p\,d\bar{v}\\
&0 = \bar{S}\,dT - \bar{v}\,dp + d\mu\\
&\bar{H} = \bar{E} + p\bar{v} = \bar{H}(\bar{S},p)\\
&d\bar{H} = T\,d\bar{S} + \bar{v}\,dp\\
&\bar{F} = \bar{E} - T\bar{S} = \bar{F}(T,\bar{v})\\
&d\bar{F} = -\bar{S}\,dT - p\,d\bar{v}\\
&\bar{G} = \bar{E} - T\bar{S} + p\bar{v} = \mu(T,p)\\
&d\mu = -\bar{S}\,dT + \bar{v}\,dp
\end{aligned}
\right.
$$

Par unité de volume :

$$
(43)\quad
\left|
\begin{aligned}
&\bar{e} = T\bar{s} - p + g\rho\\
&0 = \bar{s}\,dT - dp + \rho\,dg\\
&d\bar{e} = T\,d\bar{s} + g\,d\rho
\end{aligned}
\right.
$$

$E = E(s, v, m)$ ou $e = e(s, v)$, avec $E = me$

est la *loi énergétique fondamentale* du fluide. Si on connaît cette loi, on connaît toutes les propriétés thermodynamiques du fluide. Cette remarque s'applique également aux autres fonctions thermodynamiques exprimées suivant leurs variables naturelles.

En revanche si l'on se donne une dérivée partielle, cela ne suffit pas, il en faut deux, constituant les lois d'état du fluide.

2.3 Exemples de lois d'état [3], [4], [5]

Gaz parfait : On a $p\bar{v} = RT$, loi d'état des gaz parfaits.

La relation de Gibbs peut s'écrire :

$$
(44)\quad
\left\{
\begin{aligned}
&d\bar{S} = \frac{1}{T}\,d\bar{E} + \frac{p}{T}\,d\bar{v} &&\text{avec}\quad \frac{p}{T} = \frac{R}{\bar{v}}\\
&\frac{1}{T} = \frac{\partial \bar{S}}{\partial \bar{E}}\,,\quad \frac{p}{T} = \frac{\partial \bar{S}}{\partial \bar{v}} = \frac{R}{\bar{v}} &&\text{car}\quad \bar{S} = \bar{S}(\bar{E},\bar{v})
\end{aligned}
\right.
$$

On a :

$$\partial^2 \bar{S}/\partial \bar{E}\partial \bar{V} = \partial^2 \bar{S}/\partial \bar{V}\partial \bar{E} \quad \text{ou} \quad \partial(1/T)/\partial \bar{V} = \partial(p/T)/\partial \bar{E}$$

or

$\partial(p/T)/\partial \bar{E} = \partial(R/\bar{V})/\partial \bar{E} = 0$ puisque $\bar{E}$ et $\bar{V}$ sont les variables indépendantes du problème. Donc $\partial(1/T)/\partial \bar{V} = 0$

Ainsi T ne dépend que de $\bar{E}$ ou inversement $\bar{E}$ n'est fonction que de T. La loi d'état des gaz parfaits impose donc une contrainte, mais ne fournit pas la dépendance de l'énergie interne en température.

Il faut donc la seconde loi d'état :

(45) $$\bar{E} = \bar{E}^{\circ}(T)$$

Deux lois d'état sont donc nécessaires pour définir le comportement thermodynamique d'un fluide simple, ou alors une loi énergétique fondamentale. Cette dernière est, pour le gaz parfait :

(46) $$\mu = \mu^{\circ}(T) + RT \operatorname{Log}(p/p_o)$$

où p_0 est une pression standard (généralement p_0 = 1 atm), et où

$$\bar{E}^{\circ}(T) = \mu^{\circ}(T) - T\, d\mu^{\circ}/dT - RT$$

De même :

(47) $$\bar{H} = \bar{H}^{\circ}(T) = \bar{E}^{\circ}(T) + RT$$

Les fonctions thermodynamiques standard $\mu^{\circ}(T)$, $\bar{H}^{\circ}(T)$, etc. sont tabulées.

Fluide de Van der Waals

(48) $(\bar{V} - b)(p + a/\bar{V}^2) = RT$ (gaz de Van der Waals)

Gaz raréfiés : $a/\bar{V}^2 \ll p$, d'où : $\bar{V} - b \simeq \dfrac{RT}{p} - \dfrac{a}{RT}$ et pour le gaz parfait (cas limite $\bar{V} \gg b - a/RT$): $\bar{V} \simeq RT/p$

Liquides : $a/\bar{V}^2 \gg p$ ($a/\bar{V}^2$: quelques dizaines de milliers d'atmosphères)

On néglige p, donc $\bar{V} \simeq \bar{V}^{\circ}(T)$

Exemple plus complexe :

Argon en phase homogène :

(49)
$$p = \rho RT + \rho^2\left(n_1 T + n_2 + \frac{n_3}{T} + \frac{n_4}{T^2} + \frac{n_5}{T^4}\right) + \rho^3(n_6 T + n_7) + \rho^4 n_8 T$$
$$+ \rho^3\left(\frac{n_9}{T^2} + \frac{n_{10}}{T^3} + \frac{n_{11}}{T^4}\right) e^{-n_{16}\rho^2} + \rho^5\left(\frac{n_{12}}{T^2} + \frac{n_{13}}{T^3} + \frac{n_{14}}{T^4}\right) e^{-n_{16}\rho^2} + n_{15}\rho^6$$

valable pour $T < 2T_C$, $p < 20\, p_C$

avec $T_C = 150{,}86$ K, $p_C = 48{,}31$ atm.

Liquide dilatable

Cas d'un liquide pour lequel $\bar{\mathcal{V}} = \bar{\mathcal{V}}^{\circ}{}_{(T)}$. On utilise alors la fonction $\bar{F}$.

(50)
$$\begin{cases} \bar{F} = \bar{F}(T, \bar{\mathcal{V}}) \text{ est ici une fonction de la température seule} \\ \bar{F} = \bar{F}^{\circ}{}_{(T)}, \text{ on en déduit que} \\ \mu = \bar{F}^{\circ}{}_{(T)} + p \ \bar{\mathcal{V}}^{\circ}{}_{(T)} \end{cases}$$

on notera souvent $\mu^{\circ}{}_{(T)}$ au lieu de $\bar{F}^{\circ}{}_{(T)}$

Ainsi :

(51)
$$\mu = \mu^{\circ}{}_{(T)} + p\, \bar{\mathcal{V}}^{\circ}{}_{(T)} \ , \quad \bar{F} = \mu^{\circ}{}_{(T)}$$
$$\bar{S} = -\frac{d\mu^{\circ}}{dT} - p\frac{d\bar{\mathcal{V}}^{\circ}}{dT} = \bar{S}^{\circ}{}_{(T)} - p\frac{d\bar{\mathcal{V}}^{\circ}}{dT}$$
$$\bar{E} = \mu + T\bar{S} - p\bar{\mathcal{V}} = \mu^{\circ}{}_{(T)} - T\left(\frac{d\mu^{\circ}}{dT} + p\frac{d\bar{\mathcal{V}}^{\circ}}{dT}\right) = \bar{E}^{\circ}{}_{(T)} - pT\frac{d\bar{\mathcal{V}}^{\circ}}{dT}$$
$$\bar{H} = \mu + T\bar{S} = \bar{E}^{\circ}{}_{(T)} - p\left(T\frac{d\bar{\mathcal{V}}^{\circ}}{dT} - \bar{\mathcal{V}}^{\circ}\right)$$

Exercice : Déterminer les formes de l'énergie interne, de l'entropie et de l'enthalpie libre molaire d'un fluide de Van der Waals.

Solution :
$$p = \frac{RT}{\bar{\mathcal{V}} - b} - \frac{a}{\bar{\mathcal{V}}^2}$$
$$d\bar{S} = \frac{1}{T}d\bar{E} + \frac{p}{T}d\bar{\mathcal{V}} = \frac{1}{T}d\bar{E} + \frac{R}{\bar{\mathcal{V}} - b}d\bar{\mathcal{V}} - \frac{a}{T\bar{\mathcal{V}}^2}d\bar{\mathcal{V}}$$
$$d\bar{S} = \frac{1}{T}d\left(\bar{E} + \frac{a}{\bar{\mathcal{V}}}\right) + R\, d\,\mathrm{Log}(\bar{\mathcal{V}} - b), \quad \bar{S} = \bar{S}\left(\bar{E} + \frac{a}{\bar{\mathcal{V}}}, \bar{\mathcal{V}} - b\right)$$
$$\partial R / \partial\left(\bar{E} + \frac{a}{\bar{\mathcal{V}}}\right) = 0 = \partial\left(\frac{1}{T}\right) / \partial\,\mathrm{Log}(\bar{\mathcal{V}} - b)$$

Il s'en suit que :

$$\bar{E} = \bar{E}^{\circ}_{(T)} - a/\bar{v}$$

puisque T n'est pas fonction de $\bar{v} - b$.

$$\bar{S} = \bar{S}^{\circ}_{(T)} + R \,\mathrm{Log}\,(\bar{v} - b) \,, \quad \text{avec} \quad \bar{S}^{\circ}_{(T)} = \int d\bar{E}^{\circ}_{(T)}/T$$

puisque $\quad d\bar{S} = d\bar{E}^{\circ}/T + R\, d\,\mathrm{Log}(\bar{v} - b)$

Enfin :

$$\mu = \bar{E} - T\bar{S} + p\bar{v} = \bar{E}^{\circ}_{(T)} - 2a/\bar{v} - T\bar{S}^{\circ}_{(T)} - RT\,\mathrm{Log}(\bar{v} - b) + RT\,\bar{v}/(\bar{v} - b)$$

Gaz réel :

Les formules du viriel permettent une représentation assez correcte des gaz réels. Elles permettent d'exprimer $\bar{v}$ en fonction de p et T ou p est fonction de $\bar{v}$ et T par des développements. Ainsi, on a :

(52) $$\bar{v} = \frac{RT}{p} + B + C'p + \cdots$$

ou inversement

(53) $$p = \frac{RT}{\bar{v}}\left(1 + \frac{B}{\bar{v}} + \frac{C}{\bar{v}^2} + \cdots\right)$$

On montre, en identifiant les développements suivant les quantités "petites" p et $1/\bar{v}$, que $C = B^2 + RTC'$. On retrouve la loi des gaz parfaits en annulant les coefficients du viriel B, C...

Le coefficient B caractérise les interactions moléculaires au 1er ordre. Lorsque $\bar{v}$ est grand (p petit), la loi de Van der Waals devient :

$$p = \frac{RT}{\bar{v}}\left(\frac{1}{1 - b/\bar{v}} - \frac{a}{RT\bar{v}}\right) \simeq \frac{RT}{\bar{v}}\left[1 + \left(b - \frac{a}{RT}\right)/\bar{v}\right]$$

et est donc de la forme d'un développement du viriel limité :

$$p = \frac{RT}{\bar{v}}\left(1 + \frac{B}{\bar{v}}\right) \quad \text{ou} \quad \bar{v} \simeq RT/p + B$$

avec

$$B = b - a/RT$$

En limitant le développement du viriel au coefficient B, on peut calculer facilement les fonctions thermodynamiques, ce qui introduit des fonctions de la température à déterminer.

Puisque

$$\bar{v} = \partial\mu/\partial p = RT/p + B$$

on trouve

(54)
$$\begin{cases} \mu = \mu^{\circ}_{(T)} + RT \operatorname{Log} p/p_\circ + Bp\,, & p_\circ : \text{pression standard} \\ \bar{S} = -(\partial\mu/\partial T)_p = \bar{S}^{\circ}_{(T)} - R \operatorname{Log} p/p_\circ - p\,dB/dT\,, & \bar{S}^{\circ}_{(T)} = -\partial\mu^{\circ}_{(T)}/\partial T \end{cases}$$

La fugacité est définie par $\mu = \mu^{\circ}_{(T)} + RT \operatorname{Log} p^*/p_\circ$, elle est donc telle, ici, que :

(55)
$$\operatorname{Log} p^* = \operatorname{Log} p + Bp/RT$$

L'énergie libre molaire s'exprime en fonction de T et $\bar{\mathcal{V}}$. On a :

$$p = RT\,(1 + B/\bar{\mathcal{V}})/\bar{\mathcal{V}} = -\partial\bar{F}/\partial\bar{\mathcal{V}}$$

d'où :

(56)
$$\bar{F} = \bar{F}^{\circ}_{(T)} - RT \operatorname{Log} \bar{\mathcal{V}} + RT\,B/\bar{\mathcal{V}}$$

Puisque
$$\mu = \bar{F} + p\bar{\mathcal{V}}$$

on obtient alors à partir de $\mu(T, p)$:

(57)
$$\mu = \mu^{\circ} + RT \operatorname{Log}(RT/p_\circ\bar{\mathcal{V}}) + 2RT\,B/\bar{\mathcal{V}}$$

ce qui conduit à :

(58)
$$\bar{F} = \mu - p\bar{\mathcal{V}} = \mu^{\circ}_{(T)} + RT \operatorname{Log}(RT/p_\circ\bar{\mathcal{V}}) + RT\,B/\bar{\mathcal{V}} - RT$$

et fournit ainsi l'expression de $\bar{F}^{\circ}$ en fonction de μ° :

$$\bar{F}^{\circ} = \mu^{\circ} + RT \operatorname{Log}(RT/p_\circ) - RT$$

3. PROPRIETES DES MELANGES [5], [6], [7]

3.1 Généralités

Nous ne traitons ici que des mélanges gazeux et des solutions liquides homogènes. Les raisonnements précédents restent valables. On a toujours, en particulier, pour un système fermé en équilibre :

(59)
$$dE = T\,dS - p\,d\mathcal{V} = đQ + đW$$

Un constituant quelconque du mélange étant désigné par j, on a :

(60)
$$E = E(S, \mathcal{V}, n_j)\,, \quad j = 1, \dots N$$

On a de même toujours :

(61) $$T = \partial E/\partial S \quad , \quad -p = \partial E/\partial \mathcal{V}$$

On définit le potentiel chimique μ_j de l'espèce j par :

(62) $$\mu_j = \partial E/\partial n_j \qquad \text{(potentiel chimique molaire)}$$

de sorte que :

(63) $$dE = TdS - pd\mathcal{V} + \sum_j \mu_j \cdot dn_j$$

et que, d'après les propriétés d'homogénéité :

(64) $$E = TS - p\mathcal{V} + \sum_j \mu_j n_j$$

De ces deux relations, on tire :

(65) $$0 = SdT - \mathcal{V}dp + \sum_j n_j \cdot d\mu_j \qquad \text{(Gibbs-Duhem)}$$

Remarquons que pour un système fermé en équilibre évolutif (transformation réversible), on a obligatoirement :

(66) $$\sum_j \mu_j \, dn_j = 0 \, .$$

Cependant, nous envisagerons des cas où cette relation n'est pas vérifiée pour des systèmes fermés. Chaque constituant sera considéré comme en équilibre dans le mélange, mais l'équilibre mutuel ne sera pas réalisé entre les constituants. Il s'agit là d'évolutions irréversibles d'origine chimique. Dans ce cas, on écrira toujours :

$$\delta E = \delta W + \delta Q$$

mais si δW est bien toujours égal à $-p\delta\mathcal{V}$, δQ verifiera :

(67) $$\delta Q = T\,(\delta S - \delta_i S)$$

avec $\delta_i S \geq 0$.

De sorte que :

(68) $$\sum_j \mu_j \cdot \delta n_j = -T\,\delta_i S \leq 0$$

Le signe égal correspondant à l'évolution réversible. Le symbole $đ$ des formes différentielles et le symbole d sont évidemment remplacés par δ, caractéristique des transformations infinitésimales quelconques.

A partir de l'énergie interne, on définit ici aussi les potentiels thermodynamiques :

$$(69)\quad \begin{cases} H = E + p\mathcal{V} = TS + \sum_j \mu_j n_j = H(S, p, n_j) \\ dH = T\,dS + \mathcal{V}\,dp + \sum_j \mu_j\,dn_j \\ F = E - TS = -p\mathcal{V} + \sum_j \mu_j n_j = F(T, \mathcal{V}, n_j) \\ dF = -S\,dT - p\,d\mathcal{V} + \sum_j \mu_j\,dn_j \\ G = E - TS + p\mathcal{V} = \sum_j \mu_j n_j = G(T, p, n_j) \\ dG = -S\,dT + \mathcal{V}\,dp + \sum_j \mu_j\,dn_j \end{cases}$$

Les fonctions thermodynamiques des mélanges ne sont pas déduisibles généralement des fonctions thermodynamiques des corps purs. Ainsi μ_j, potentiel chimique de j dans ce mélange est différent du potentiel thermodynamique μ_j° du corps pur j (le μ du corps pur j).

3.2 Grandeurs molaires partielles

Pour exprimer les lois d'état, en l'absence de la donnée d'une loi énergétique fondamentale $E(S, \mathcal{V}, n_j)$ ou $H(S, p, n_j)$, etc., on a souvent recours aux grandeurs molaires partielles.

Si φ est une fonction thermodynamique, les grandeurs molaires partielles de cette grandeur extensive seront :

$$(70)\quad \bar{\varphi}_j = (\partial\varphi/\partial n_j)_{T,p,n_{i\neq j}}$$

Ainsi :

$$(71)\quad \begin{cases} \bar{G}_j = \mu_j \\ \bar{S}_j = (\partial S/\partial n_j)_{T,p,n_{i\neq j}} = -(\partial\mu_j/\partial T)_{p,n_i} \\ \bar{\mathcal{V}}_j = (\partial\mathcal{V}/\partial n_j)_{T,p,n_{i\neq j}} = (\partial\mu_j/\partial p)_{T,n_i} \end{cases}$$

D'après la formule de Gibbs, on trouve :

$$(72)\quad \begin{cases} \bar{E}_j = (\partial E/\partial n_j)_{T,p,n_{i\neq j}} = T\bar{S}_j - p\bar{\mathcal{V}}_j + \mu_j \\ \bar{H}_j = T\bar{S}_j + \mu_j \\ \bar{F}_j = -p\bar{\mathcal{V}}_j + \mu_j \end{cases}$$

Posons dans le cas général :

(73) $$\varphi = n_j \cdot \bar{\varphi}_j$$

La grandeur extensive $\varphi(T, p, n_j)$ est homogène du premier degré par rapport aux n_j. Il s'en suit que :

(74) $$\varphi = \sum_j n_j \cdot \bar{\varphi}_j = \sum_j \varphi_j$$

Ce résultat est valable pour E, S, $\mathcal{V}$ ... et :

(75) $$\left| \begin{aligned} S &= \sum_j n_j \bar{S}_j = \sum_j S_j \\ \mathcal{V} &= \sum_j n_j \bar{\mathcal{V}}_j = \sum_j \mathcal{V}_j \\ E &= \sum_j n_j \bar{E}_j = \sum_j E_j \end{aligned} \right.$$

et l'on a :

(76) $$\left| \begin{aligned} E_j &= T S_j - p \mathcal{V}_j + \mu_j n_j \\ H_j &= T S_j + \mu_j n_j \\ F_j &= -p \mathcal{V}_j + \mu_j n_j \end{aligned} \right.$$

Tout se passe donc, au premier abord, comme si chaque espèce j constituait un sous-système caractérisé par son énergie interne E_j et ses variables S_j, $\mathcal{V}_j$ et n_j.

Pour qu'il en soit ainsi réellement, il faudrait de plus que la relation de Gibbs soit vérifiée pour chaque sous-système, c'est à dire que :

$$dE_j = T dS_j - p d\mathcal{V}_j + \sum_j \mu_j dn_j$$

or il n'en est rien en général. En effet :

$$\begin{aligned} dE_j &= T dS_j - p d\mathcal{V}_j + \mu_j dn_j + S_j dT - \mathcal{V}_j dp + n_j d\mu_j \\ &= T dS_j - p d\mathcal{V}_j + \mu_j dn_j + n_j (\bar{S}_j dT - \bar{\mathcal{V}}_j dp + d\mu_j) \end{aligned}$$

soit :

$$dE_j = T dS_j - p d\mathcal{V}_j + \mu_j dn_j + n_j \sum_i (\partial\mu_j / \partial n_i)_{T,p,k\neq i} dn_i$$

Il faudrait donc, pour que l'assertion précédente soit vérifiée, que :

$$\sum_i (\partial\mu_j / \partial n_i)_{T,p,n_{k\neq i}} dn_i = 0$$

ce qui n'est pas vrai dans la plupart des cas.

Les résultats se simplifient cependant avec les mélanges idéaux.

3.3 Mélange idéal

Soit $\mu_j^\bullet$ le potentiel thermodynamique molaire du corps j pur. on a $\mu_j^\bullet = \mu_{j(T,\ p)}^\bullet$. Posons $X_j = n_j/n$, fraction molaire de j, $n = \sum_j n_j$. Un mélange est idéal si :

(77) $$\mu_j = \mu_j^\bullet + RT \operatorname{Log} X_j$$

On trouve alors :

(78) $$\bar{S}_j = -\partial\mu_j/\partial T = -\partial\mu_j^\bullet/\partial T - R \operatorname{Log} X_j$$

ou

(79) $$\bar{S}_j = \bar{S}_j^\bullet - R \operatorname{Log} X_j$$

De même :

$$\bar{\mathcal{V}}_j = \partial\mu_j/\partial p = \partial\mu_j^\bullet/\partial p$$

soit :

(80) $$\bar{\mathcal{V}}_j = \bar{\mathcal{V}}_j^\bullet$$

Ainsi, les volumes molaires partiels des espèces j sont inchangés par rapport aux constituants à l'état pur. De même :

(81) $$\begin{cases} \bar{E}_j = T\bar{S}_j - p\bar{\mathcal{V}}_j + \mu_j = T\bar{S}_j^\bullet - p\bar{\mathcal{V}}_j^\bullet + \mu_j^\bullet = \bar{E}_j^\bullet \\ \bar{H}_j = T\bar{S}_j + \mu_j = T\bar{S}_j^\bullet + \mu_j^\bullet = \bar{H}_j^\bullet \end{cases}$$

3.4 Grandeur de mélange

On appelle grandeur de mélange associée à la grandeur φ la quantité

(82) $$\Delta\varphi_m = \varphi - \sum_j n_j \bar{\varphi}_j^\bullet$$

Pour un mélange idéal :

(83) $$\begin{cases} \Delta G_m = RT\sum_j n_j \operatorname{Log} X_j \ , \quad \Delta S_m = -R\sum_j n_j \operatorname{Log} X_j \\ \Delta \mathcal{V}_m = 0 \ , \quad \Delta E_m = 0 \ , \quad \Delta H_m = 0 \end{cases}$$

3.5 Activité

On appelle activité de l'espèce j dans le mélange, la quantité a_j elle que :

(84) $$\mu_j = \mu_j^{\bullet} + RT \operatorname{Log} a_j$$

Pour un mélange idéal :

$$a_j = X_j$$

Dans le cas général :

(85) $$\Delta G_m = RT \sum_j n_j \operatorname{Log} a_j$$

3.6 Mélange idéal de gaz parfaits

Pour un gaz parfait :

$$\mu = \mu^{o}_{(T)} + RT \operatorname{Log}(p/p_o)$$

donc :

(86) $$\begin{cases} \mu_j^{\bullet} = \mu_j^{o} + RT \operatorname{Log}(p/p_o) \\ \mu_j = \mu_j^{\bullet} + RT \operatorname{Log} X_j = \mu_j^{o} + RT \operatorname{Log}(p X_j/p_o) \end{cases}$$

On appelle pression partielle la quantité :

(87) $$p_j = p X_j$$

Il découle de cette définition que :

(88) $$\begin{cases} p = \sum_j p_j \qquad \text{(loi de Dalton)} \\ \mu_j = \mu_j^{o} + RT \operatorname{Log}(p_j/p_o) = \mu_j(T, p_j) \end{cases}$$

Soit :

(89) $$\begin{cases} G_j = n_j \mu_j = n_j(\mu_j^{o} + RT \operatorname{Log} p_j/p_o) = G_j(T, p_j, n_j) \\ dG_j = n_j\left(\dfrac{d\mu_j^{o}}{dT} + R \operatorname{Log} \dfrac{p_j}{p_o}\right) dT + n_j \dfrac{RT}{p_j} dp_j + \mu_j dn_j \end{cases}$$

soit encore :

(90) $$dG_j = S_j\, dT + V\, dp_j + \mu_j\, dn_j$$

Rappelons que :

(91) $$G_j = G_j(T, p_j, n_j) = \mu_j n_j$$

On voit donc que le formalisme utilisé pour les systèmes simples sera valable pour le constituant j à condition de considérer que celui-ci occupe, dans le mélange, le volume total $\mathcal{V}$ à la pression partielle p_j et à la température T.

Les relations classiques sont donc valables, en particulier :

(92) $$\begin{aligned} E_j &= TS_j - p_j\mathcal{V} + \mu_j n_j = E_j(S_j, \mathcal{V}, n_j) \\ dE_j &= T\,dS_j - p_j\,d\mathcal{V} + \mu_j\,dn_j \quad \text{(Gibbs)}, \\ 0 &= S_j\,dT - \mathcal{V}\,dp_j + n_j\,d\mu_j \quad \text{(Gibbs-Duhem)}. \end{aligned}$$

Le système total (mélange) peut ici être considéré comme la somme de N sous-systèmes dont les propriétés sont additives.

(93) $$E = \sum_j E_j \quad , \quad S = \sum_j S_j$$

3.7 Mélange de gaz réels

Pour une mole de gaz réel obéissant à la relation du viriel limitée au coefficient B, on a :

(94) $$\begin{aligned} \mu &= RT \operatorname{Log} p/p_0 + Bp + \mu^0_{(T)} \\ \bar{S} &= -d\mu^0/dT - R \operatorname{Log} p/p_0 - p\,dB/dT \\ \bar{\mathcal{V}} &= RT/p + B \end{aligned}$$

On peut montrer, à partir de la thermodynamique statistique que dans un mélange, et en tenant compte des interactions moléculaires du premier ordre :

(95) $$G = \sum_j n_j \left(RT \operatorname{Log} p/p_0 + p \sum_{k,l} B_{kl} X_k X_l + \mu_j^0 + RT \operatorname{Log} X_j \right)$$

ce qui conduit à l'expression suivante du potentiel chimique d'un mélange binaire :

$$\mu_j = \mu_j^* + RT \operatorname{Log} X_j - p\, X_i^2 (B_{11} - 2B_{12} + B_{22}) \ , \quad i \neq j$$

avec :

$$\mu_j^* = \mu_j^0 + RT \operatorname{Log} p/p_0 + B_{jj}\, p$$

Pour N espèces :

(96) $$\mu_j = \mu_j^0 + RT \operatorname{Log}(pX_j/p_0) + p\left(2\sum_k B_{kj} X_k - \sum_{k,l} B_{kl} X_k X_l\right)$$

Les coefficients B_{ij} sont relatifs aux interactions entre molécules du type i et j, $B_{ij} = B_{ji}$.

On constate que le mélange est idéal, dans le cas binaire, pour $B_{12} = 1/2\,(B_{11} + B_{22})$.

Mais ce cas n'est appuyé par aucune justification expérimentale ou théorique. C'est donc une hypothèse tout à fait arbitraire.

3.8 Solution liquide

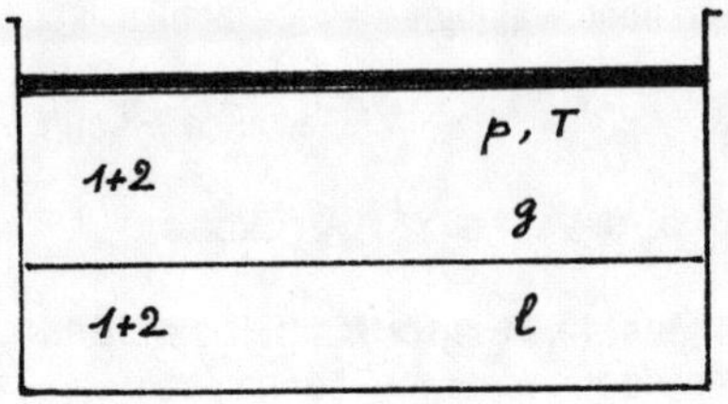

Figure 4

Soit un mélange de deux liquides en présence de leurs vapeurs constituant un mélange idéal de gaz parfaits à T donné.

$$(97)\quad \left|\begin{array}{l} G = \mu_1^g n_1^g + \mu_2^g n_2^g + \mu_1^l n_1^l + \mu_2^l n_2^l \\ n_1^l + n_1^g = n_1 = C^{te} \ , \quad n_2^l + n_2^g = n_2 = C^{te} \\ dG = -S\,dT + \mathcal{V}\,dp + (\mu_1^l - \mu_1^g)\,dn_1^l + (\mu_2^l - \mu_2^g)\,dn_2^l \end{array}\right.$$

Soit une évolution réversible à p et T constants, on a deux formes différentielles :

$$đW = -p\,d\mathcal{V} \ , \quad đQ = T\,dS \qquad \text{(voir figure 4)}$$

et $dE = TdS - p\,d\mathcal{V}$ d'où $dG = -S\,dT + \mathcal{V}\,dp = 0$

Pour toute évolution réversible du système, à T et p constants, on a donc :

$$\mu_1^l = \mu_1^g \quad \text{ou} \quad \mu_1^l = (\mu_1^0)^g + RT \operatorname{Log} p_1/p_0$$

$$\mu_2^l = \mu_2^g \quad \text{ou} \quad \mu_2^l = (\mu_2^0)^g + RT \operatorname{Log} p_2/p_0$$

L'équilibre de chaque liquide pur avec sa vapeur dans les mêmes conditions de température est donnée par :

$$(\mu_1^\bullet)^l = (\mu_1^\bullet)^g = (\mu_1^0)^g + RT \operatorname{Log}(p_1^\bullet/p_0)$$

$$(\mu_2^\bullet)^l = (\mu_2^\bullet)^g = (\mu_2^0)^g + RT \operatorname{Log}(p_2^\bullet/p_0)$$

($p_i^\bullet$ est la pression de vapeur saturante du corps 1)

Par soustraction :

$$(98)\quad \left\{\begin{array}{l} \mu_1^l - (\mu_1^\bullet)^l = RT \operatorname{Log} p_1/p_1^\bullet \ , \quad a_1 = p_1/p_1^\bullet \quad \text{activité} \\ \mu_2^l - (\mu_2^\bullet)^l = RT \operatorname{Log} p_2/p_2^\bullet \end{array}\right.$$

La signification physique des activités apparaît donc.

La connaissance des fonctions $a_i(p, T, n_j)$ ainsi que des $\mu_i^\ell(T)$ constitue l'ensemble des équations d'état de la solution et on a :

$$\mu_i = \mu_i^\circ + RT \operatorname{Log} a_i$$

. Solution idéale : $a_i = p_i/p_i^\circ = X_i^\ell$, loi de Raoult ,

(99) $$\mu_i^\ell = (\mu_i^\circ)^\ell + RT \operatorname{Log} X_i^\ell$$

Souvent, l'un des constituants d'une solution vérifie la loi de Raoult, mais pas nécessairement l'autre. Comment déterminer a_2 connaissant $a_1 = X_1$?

Gibbs-Duhem : $n_1 \, d\mu_1 + n_2 \, d\mu_2 = 0$, à p et T données ,

$$X_1 \, d\mu_1 + X_2 \, d\mu_2 = 0$$

$$X_1 RT \, dX_1/X_1 + X_2 RT \, da_2/a_2 = 0, \text{ avec } dX_1 + dX_2 = 0$$

$$da_2/a_2 = dX_2/X_2$$

(100) $$\operatorname{Log} a_2 = \operatorname{Log} X_2 + f(T, p)$$

On pose : $a_2 = p_2/p_2^\circ = b(T, p) \, X_2/p_2^\circ$

Si $b(T, p) = C^{te}$ c'est la loi de Henry.

4. MELANGE REACTIF [6], [7], [8]

4.1 Il a été souligné au paragraphe 3 que les lois d'état précédentes n'impliquaient pas que le système étudié (le mélange) soit obligatoirement à l'équilibre. Chaque constituant j, dont le potentiel chimique est fonction de T, p, n_j, mais peut dépendre aussi des n_i avec $i \neq j$, est considéré comme un sous-système en équilibre à tout instant, mais il n'y a pas forcément équilibre mutuel entre les sous-systèmes.

Le système est un mélange homogène à propriétés thermodynamiques uniformes. Il en est ainsi également pour chaque constituant assimilable à un sous-système ouvert dès que nous admettons la possibilité de réactions chimiques.

On a vu que dans tous les cas, la production d'entropie était :

(101) $$\delta_i S = -\frac{1}{T} \sum_j \mu_j \, \delta n_j \geqslant 0$$

au cours d'une telle transformation infinitésimale.

Dans une réaction chimique unique, de coefficients stoechiométriques algébriques ν_j, en l'absence de diffusion (ce qui est le cas pour un système homogène fermé à propriétés uniformes) on a :

(102) $$dn_j = \nu_j \, d\xi$$

où ξ est le degré d'avancement de la réaction.

La production d'entropie devient :

(103) $$\delta_i S = -\frac{\delta \xi}{T} \sum_j \nu_j \mu_j$$

On appelle affinité chimique A la quantité :

(104) $$A = -\sum_j \nu_j \mu_j$$

Ainsi :

(105) $$\delta_i S = \frac{A}{T} \delta \xi \geqslant 0$$

le signe égal correspondant à l'équilibre du mélange. Deux cas d'équilibre sont envisageables :

1) $\delta\xi = 0$, le mélange est figé, c'est à dire que ses concentrations n'évoluent pas, la réaction chimique n'a pas lieu ou est inhibée complétement.

2) les concentrations peuvent évoluer au cours de la transformation réversible et l'on a alors :

$A = 0$, équilibre chimique.

Hors de ces deux cas l'équilibre n'est pas réalisé, la transformation est irréversible chimiquement et :

(106) $$\delta_i S = \frac{A}{T} \delta \xi > 0$$

Ces résultats se reflètent bien entendu sur la formule de Gibbs. On a en effet :

(107) $$\begin{cases} dE = T\,dS - p\,d\vartheta + \sum_j \mu_j \, dn_j \\ dE = T\,dS - p\,d\vartheta - A\,d\xi \end{cases}$$

Le mélange est à l'équilibre ou en cours de transformation réversible si :

(108) $$A\,d\xi = 0$$

on retrouve alors l'expression du second principe appliqué aux transformations réversibles :

$$dE = đQ + đW = T\,dS - p\,d\vartheta$$

Dans les autres cas, au cours d'une transformation chimiquement irréversible :

(109) $$\delta E = \delta Q + \delta W = T(\delta S - \delta_i S) - p\,\delta\vartheta$$

le terme $T\,\delta_i S$ étant égal à $A\,\delta\xi = -\Sigma\,\mu_j\,\delta n_j$.

4.2 Equilibre chimique dans un mélange de gaz parfaits

On sait que :

(110) $$\mu_j = \mu_j^o + RT\,\mathrm{Log}\,p_j/p_o$$

où μ_j^o est une fonction de la température seule.

L'affinité chimique d'une réaction donnée sera :

(111) $$A = -\sum_j \nu_j\,(\mu_j^o + RT\,\mathrm{Log}\,p_j/p_o)$$

ou encore :

(112) $$A = -\sum_j \nu_j\,(\mu_j^o + RT\,\mathrm{Log}\,\frac{RT}{p_o} + RT\,\mathrm{Log}\,C_j)$$

puisque : $$p = C_j\,RT$$

En posant

(113) $$\mathrm{Log}\,K_c = -\frac{1}{RT}\sum_j \nu_j\,(\mu_j^o + RT\,\mathrm{Log}\,\frac{RT}{p_o})$$

on obtient donc :

(114) $$\prod_{j=1}^{N} C_j^{\nu_j} = K_c\,e^{-\frac{A}{RT}}$$

Remarquons que K_c n'est fonction que de T.

Lorsque la réaction est à l'équilibre chimique :

(115) $$\prod_{j=1}^{N} C_j^{\nu_j} = K_{c(T)}$$

On appelle constante d'équilibre des concentrations cette fonction $K_c(T)$.

Ce résultat a été obtenu pour une réaction chimique donnée du mélange.

4.3 Mélange de gaz parfaits en équilibre chimique

Supposons que toutes les espèces du mélange puissent être obtenues à partir d'un certain nombre d'espèces de base contenues dans le mélange :

(116) $$\mathcal{E}_i = \sum_{\ell=1}^{L} \beta_{\ell i}\,\mathcal{A}_\ell \;, \quad i = L+1, \ldots N$$

Les équations de conservation des espèces de base sont :

(117) $$n_\ell + \sum_{i=L+1}^{N} \beta_{\ell i}\,n_i = n_\ell^o \;, \quad \ell = 1, \ldots L$$

de sorte que les n_i, i = L + 1, ..., N forment un système de degrés d'avancement et les affinités des réactions de formation sont alors :

(118)
$$\left|\begin{array}{l} A_i = \mu_i - \sum_{\ell=1}^{L} \beta_{\ell i}\, \mu_\ell \,, \qquad i = L+1, \ldots N\,, \\ -A_i = -\mu_i^\circ + \sum_{\ell=1}^{L} \beta_{\ell i}\, \mu_\ell^\circ + RT\left(\sum_{\ell=1}^{L} \beta_{\ell i} - 1\right) \mathrm{Log}\, \frac{RT}{p_o} \\ \qquad + RT\, \mathrm{Log}\left(\prod_\ell C_\ell / C_i\right) \end{array}\right.$$

En posant :

(119)
$$\mathrm{Log}\, K_{ci} = \frac{1}{RT}\left[\sum_{\ell=1}^{L} \beta_{\ell i}\, \mu_\ell^\circ - \mu_i^\circ + RT\left(\sum_{\ell=1}^{L} \beta_{\ell i} - 1\right) \mathrm{Log}\, \frac{RT}{p_o}\right]$$

on obtient :

(120)
$$\prod_\ell C_\ell / C_i = K_{ci}\, e^{-\frac{A_i}{RT}}\,, \qquad i = L+1, \ldots N$$

A l'équilibre les A_i sont nuls et on trouve

(121)
$$\prod_\ell C_\ell / C_i = K_{ci}(T)\,, \qquad i = L+1, \ldots N$$

On résoud en tenant compte de la relation :

$$\rho\, n_i = C_i$$

4.4 Mélange multiréactif quelconque

Le nombre de réactions, K, est fixé et les degrés d'avancement sont :

$$\xi_1\,,\ \xi_2\,, \ldots\ \xi_K\,.$$

On a alors K affinités chimiques, nulles à l'équilibre.

Ces réactions ne sont pas forcément indépendantes, c'est-à-dire que le rang de la matrice des ν_{ir} peut être inférieur à K. Si tel est le cas, il faut choisir R relations indépendantes parmi les K présentes et définir ainsi R degrés d'avancement "réduits" :

$$\bar{\xi}_1,\ \bar{\xi}_2\,, \ldots\ \bar{\xi}_R\,.$$

4.5 Solutions réactives

Envisageons cette fois une solution réactive en équilibre avec sa vapeur à la température T et à la pression p.

On a pour chaque constituant :

(122) $$\mu_i = \mu_i^\circ + RT \, \mathrm{Log}\, a_i$$

La production d'entropie due aux irréversibilités chimiques sera cette fois encore :

(123) $$\delta_i S = -\frac{1}{T} \sum_i \mu_i \, \delta n_i$$

Si une seule réaction est présente, on pose :

(124) $$A = -\sum_i \nu_i \mu_i \, , \qquad \delta n_i = \nu_i \, \delta \xi$$

et on trouve encore :

(125) $$\delta_i S = \frac{A}{T} \delta \xi$$

Cette fois :

(126) $$A = -\sum_i \nu_i \mu_i^\circ - RT \, \mathrm{Log}\, a_i^{\nu_i}$$

En posant :

(127) $$\mathrm{Log}\, K_a = -\sum_i \nu_i \mu_i^\circ$$

on trouve :

(128) $$\prod_i a_i^{\nu_i} = K_a \, e^{-\frac{A}{RT}}$$

et à l'équilibre :

(129) $$\prod_i a_i^{\nu_i} = K_a(p, T)$$

4.6 Extension aux mélanges hors d'équilibre

Les résultats obtenus permettent d'envisager des cas où les affinités chimiques ne sont pas nulles.

Le taux de production d'entropie d'un mélange monoréactif sera par exemple :

(130) $$\delta_i S = \frac{A}{T} \dot{\xi}$$

La cinétique chimique permet d'exprimer $\dot{\xi}$ en fonction des paramètres d'état, donc de déterminer l'évolution du mélange au cours du temps.

5. TENSION SUPERFICIELLE [3]

L'interface liquide-vapeur peut, en première approximation, être considérée comme un milieu bidimensionnel autonome caractérisable par des propriétés thermodynamiques analogues à celles des milieux tridimensionnels. Ainsi, on peut écrire, *pour une mole* occupant la surface d'aire $\bar{\Sigma}$ avec la tension superficielle σ :

(131) $$\hat{\bar{E}} = T \hat{\bar{S}} + \sigma \bar{\Sigma} + \hat{\bar{\mu}} = \hat{\bar{E}}(\hat{\bar{S}}, \bar{\Sigma})$$

la température étant T. On obtient :

$$(132)\quad \begin{cases} d\hat{E} = T d\hat{S} + \sigma\, d\bar{\Sigma} & \text{(Gibbs)} \\ 0 = \hat{S}\, dT + \bar{\Sigma}\, d\sigma + d\hat{\mu} & \text{(Gibbs-Duhem)} \end{cases}$$

Pour l'interface liquide-vapeur, on admet généralement que la tension superficielle est une fonction de la température seule. On pose $\sigma = \sigma_{(T)}$. Les propriétés thermodynamiques usuelles se déduisent aisément en utilisant l'énergie libre interfaciale $\hat{F}$. On a pour une mole :

$$(133)\quad \begin{cases} \hat{F} = \hat{E} - T\hat{S} = \sigma\bar{\Sigma} + \hat{\mu} = \hat{F}(T, \bar{\Sigma}) \\ d\hat{F} = -\hat{S}\, dT + \sigma\, d\bar{\Sigma} \end{cases}$$

donc :

$$-\partial\hat{S}/\partial\bar{\Sigma} = d\sigma/dT$$

est fonction de T seul. Généralement $d\sigma/dT$ est négatif. On déduit de cette relation :

$$(134)\quad \hat{S} = -\frac{d\sigma}{dT}\Sigma + \hat{S}^{o}_{(T)}$$

Ainsi :

$$(135)\quad \begin{cases} d\hat{F} = \left(\dfrac{d\sigma}{dT}\bar{\Sigma} - \hat{S}^{o}\right) dT + \sigma\, d\bar{\Sigma} \\ \hat{F} = \hat{F}^{o}_{o} + \sigma\bar{\Sigma} - \displaystyle\int_{T_o}^{T} \hat{S}^{o}\, dT \\ \hat{F}^{o}_{o} = C^{te} \end{cases}$$

Soit, en posant : $\hat{F}^{o}_{(T)} = \hat{F}^{o}_{o} - \displaystyle\int_{T_o}^{T} \hat{S}^{o}\, dT$,

$$(136)\quad \hat{F} = \hat{F}^{o} + \sigma\bar{\Sigma}$$

Il s'en suit que, étant donné la relation évidente :

$$(137)\quad \hat{\mu} = \hat{F} - \sigma\bar{\Sigma}$$

l'on a :

$$(138)\quad \hat{\mu} = \hat{F}^{o}$$

fonction de T seul.

L'énergie interne s'obtient en écrivant :

$$\hat{E} = \hat{F} + T\hat{S}$$

soit :

$$\hat{E} = \hat{F}^{o} + \sigma\bar{\Sigma} + T\left(\hat{S}^{o} - \frac{d\sigma}{dT}\bar{\Sigma}\right)$$

ou encore :

(139) $$\hat{\hat{E}} = \hat{\hat{E}}^{\circ} + \left(\sigma - T\frac{d\sigma}{dT}\bar{\Sigma}\right)$$

avec :

(140) $$\hat{\hat{E}}^{\circ} = \hat{\hat{F}}^{\circ} + T\hat{\hat{S}}^{\circ} = \hat{\hat{F}}^{\circ}_{\circ} + T\hat{\hat{S}}^{\circ} - \int_{T_0}^{T}\hat{\hat{S}}^{\circ}\,dT$$

Considérons à titre d'exemple, une bulle de vapeur dans un liquide en apesanteur, soumis à la pression p avec la température T que l'on suppose être la même pour tout le système.

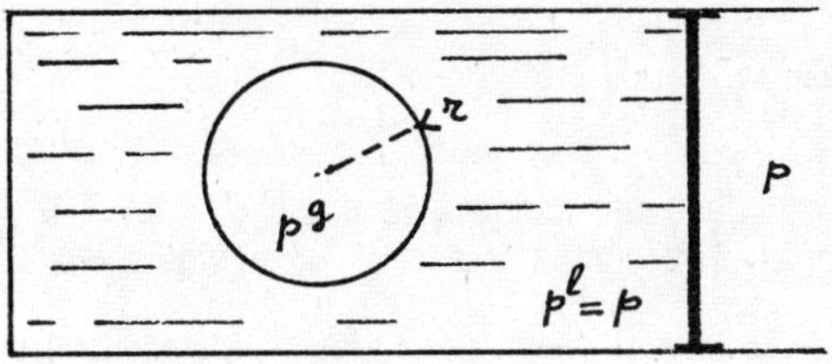

Figure 5

On a pour chacun des trois sous-systèmes :

(141) $$\begin{cases} dE^g = T\,dS^g - p^g\,d\vartheta^g + \mu^g\,dn^g \\ dE^\ell = T\,dS^\ell - p^\ell\,d\vartheta^\ell + \mu^\ell\,dn^\ell \\ d\hat{E} = T\,d\hat{S} + \sigma\,d\Sigma + \hat{\mu}\,d\hat{n} \end{cases}$$

et pour le système total on obtient :

(142) $$\begin{cases} E = E^g + E^\ell + \hat{E}, \quad S = S^g + S^\ell + \hat{S}, \quad \vartheta = \vartheta^g + \vartheta^\ell, \quad n = n^g + n^\ell + \hat{n} \\ dE = T\,dS - p\,d\vartheta + (p^\ell - p^g)\,d\vartheta^g + \sigma\,d\Sigma + (\mu^g - \mu^\ell)\,dn^g + (\hat{\mu} - \mu^\ell)\,d\hat{n} \end{cases}$$

On a toujours, pour une transformation réversible :

$$dE = đW + đQ, \quad đQ = T\,dS, \quad đW = -p\,d\vartheta$$

donc :

$$\delta E = T\,\delta S - p\,\delta\vartheta - T\,\delta_i S$$

pour une transformation quelconque, le déplacement du piston étant réversible. Il s'en suit que :

(143) $$-T\delta_i S = (p^\ell - p^g)\,\delta\vartheta^g + (\mu^g - \mu^\ell)\,\delta n^g + (\hat{\mu} - \mu^\ell)\,\delta\hat{n} + \sigma\,\delta\Sigma \leq 0$$

Comme :

$$(144)\qquad \begin{cases} v^g = \frac{4}{3}\pi r^3, & \delta v^g = 4\pi r^2 \delta r \\ \Sigma = 4\pi r^2, & \delta\Sigma = 8\pi r \delta r, \quad \delta\Sigma = 2\delta v^g/r \end{cases}$$

et que n^g et $\hat{n}$ peuvent être considérés comme des variables indépendantes, on obtient :

$$(145)\qquad -T\delta_i S = (p^l - p^g + 2\sigma/r)\delta v^g + (\mu^g - \mu^l)\delta n^g + (\hat{\mu} - \mu^l)\delta\hat{n} \leqslant 0$$

A l'équilibre (c'est à dire au cours d'une transformation réversible) :

$$(146)\qquad \begin{cases} p^g = p^l + 2\sigma/r \\ \mu^g = \mu^l = \hat{\mu} \end{cases}$$

Exercice : Bulle de vapeur dans un liquide à la pression p et à la température T. Calculer la pression de vapeur saturante et la comparer à celle du liquide avec surface plane $p^\bullet$.

Solution :

$$p^g - p^l = 2\sigma/r$$

$$\mu^g - \mu^l = 0$$

$$(\mu^\circ)^g + RT\,\mathrm{Log}(p^g/p_0) = (\mu^\circ)^l + p\,\bar{v}^l$$

Pour la surface plane :

$$(\mu^\circ)^g + RT\,\mathrm{Log}(p^\bullet/p_0) = (\mu^\circ)^l + p^\bullet\,\bar{v}^l$$

$$RT\,\mathrm{Log}(p^g/p^\bullet) = (p^l - p^\bullet)\,\bar{v}^l$$

Or :

$$p^g - p^l = 2\sigma/r$$

$$RT\,\mathrm{Log}(p^g/p^\bullet) = (p^g - p^\bullet - 2\sigma/r)\,\bar{v}^l$$

Lorsque r est petit :

$$\mathrm{Log}(p^g/p^\bullet) \simeq -\frac{2\sigma}{r}\,\frac{\bar{v}^l}{RT} = -\frac{B}{r}$$

Exemple : eau à 300 K

$$\mathrm{Log}(p^g/p^\bullet) \simeq -10^{-7}/r \quad , \; r \text{ cm.}$$

La pression de vapeur diminue rapidement avec le rayon de la bulle, elle devient égale à zéro lorsque r est nul. Mais il faut tenir compte du fait que pour des rayons de l'ordre de grandeur des distances intermoléculaires du liquide, la tension superficielle elle-même dépend de r.

La pression du liquide $p^{\ell} = p$ est inférieure de $2\sigma/r$ à p^g.

Pour des rayons très petits, p peut atteindre des valeurs négatives à l'équilibre. Il sera donc nécessaire, dans le cas d'un liquide pur confiné, d'exercer des dépressions importantes si l'on veut faire apparaître une bulle de vapeur.

Remarque : L'on aura affaire au problème inverse pour une goutte de liquide suspendue dans sa vapeur. Pour l'eau par exemple, on a alors :

$$\mathrm{Log}(p^g/p^\bullet) \simeq 10^{-7}/r \quad \text{, pour r petit}$$

$$p^\ell - p^g = 2\sigma/r$$

La pression de vapeur, pour les petites gouttes, est très supérieure à la pression de vapeur saturante du liquide plan. La condensation est donc plus difficile s'il n'existe pas de surface liquide plane ou de courbure faible.

Le phénomène est instable. Pour une pression de vapeur donnée $p^g > p$, il existe un rayon d'équilibre r*. Toute goutte de rayon inférieur à r* tend à s'évaporer, toute goutte de rayon supérieur tend à croître.

CHAPITRE 2 : PHENOMENES DE TRANSFERT CINETIQUE CHIMIQUE

1. GENERALITES SUR LES PHENOMENES IRREVERSIBLES [8]

L'irréversibilité n'est pas associée à la variation d'entropie entre deux états mais à la production d'entropie. On a en effet :

(1) $$\Delta S = \Delta_e S + \Delta_i S$$

Il y aura irréversibilité de la transformation si $\Delta_i S > 0$. Les systèmes les plus simples à étudier de ce point de vue sont les systèmes discrets. Ces systèmes sont constitués de sous-systèmes en équilibre individuel, mais en déséquilibre mutuel. Avec ces systèmes on peut utiliser les connaissances acquises sur les systèmes en équilibre. Nous verrons plus loin que des méthodes analogues sont appliquées en fait aux systèmes à variations spatiales continues grâce au principe de l'état d'équilibre local.

Examinons d'abord deux cas de systèmes discrets.

1.1 Réaction chimique au proche équilibre [6], [8], [9]

Dans un mélange homogène monoréactif, on a :

(2) $$\left| \begin{array}{l} n_j = n_j^0 + \nu_j \xi \\ dE = T\,dS - p\,d\mathcal{V} - A\,d\xi \\ A = -\sum_j \nu_j \mu_j \end{array} \right.$$

L'énergie interne du système fermé à propriétés uniformes considéré apparaît comme une fonction des trois variables S, $\mathcal{V}$, ξ :

(3) $$E = E(S, \mathcal{V}, \xi)$$

et l'on a :

(4) $$T = \partial E/\partial S \quad , \quad -p = \partial E/\partial \mathcal{V} \quad , \quad -A = \partial E/\partial \xi$$

Le taux de production d'entropie est :

(5) $$\dot{\overline{\delta_i S}} = \frac{A}{T}\,\dot{\xi} \geqslant 0$$

Deux cas limites apparaissent :

(6) $$\left\{ \begin{array}{ll} \dot{\xi} = 0 & \text{mélange figé} \\ A = 0 & \text{mélange à l'équilibre chimique} \end{array} \right.$$

Dans l'espace des états à trois dimensions, les variétés $\mathcal{V}$ sont donc les surfaces ξ = cte et A = 0.

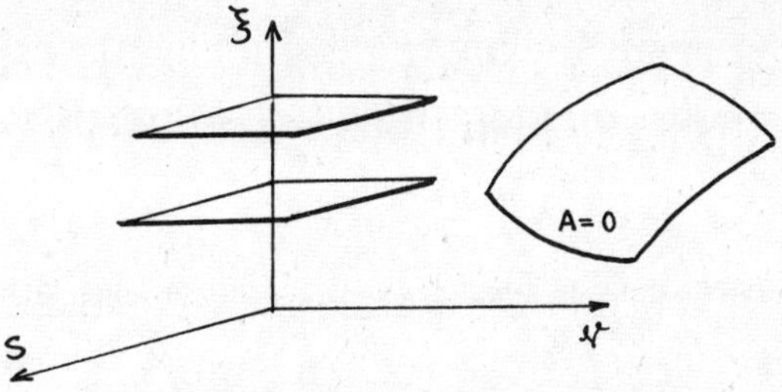

Figure 1

Tout déplacement d'un point sur l'une de ces surfaces désigne une transformation réversible (équilibre changeant). Il en est ainsi pour toute évolution à ξ = cte. Dès que ξ varie, l'évolution n'est réversible que si le point représentatif est et reste sur la surface A = 0. A priori, tout point de cet espace apparaît donc comme un point d'équilibre. Mais les surfaces représentées ne sont pas que des lieux de points d'équilibre.

Les surfaces ξ = cte conduisent à une stratification horizontale. Si une évolution a lieu dans l'une de ces surfaces, cela signifie que la réaction chimique n'a pas lieu, le mélange est inerte et se comporte comme un système simple à l'équilibre. Seule A = 0 correspond à une véritable évolution chimique. Généralement, tout point situé à l'extérieur de cette surface tendra à s'en rapprocher par réaction chimique du fait de la stabilité de l'équilibre et le phénomène correspondant sera irréversible. Mais en même temps des contraintes extérieures peuvent tendre à éloigner de l'équilibre.

Pour qu'une telle surface A = 0 existe, il faut que la réaction et son opposé existent, ce que l'on écrit :

$$(7) \qquad \sum_{j=1}^{N} \nu'_j \mathcal{E}_j \rightleftarrows \sum_{j=1}^{N} \nu''_j \mathcal{E}_j$$

Le rapport A/T apparaît comme une force qui tend à faire évoluer le système vers l'équilibre chimique caractérisé par A/T = 0. L'évolution est, elle, caractérisée par un taux de production $\dot{\xi}$ qui sera positif si A/T > 0 et négatif dans le cas contraire. A l'équilibre complet $\dot{\xi}$ est nul et aucune évolution n'a lieu à T et p (ou à S et $\mathcal{V}$) constants. On dira que A/T est une force généralisée et que $\dot{\xi}$ est un flux généralisé. On traduit la relation de cause à effet ainsi invoquée en écrivant que $\dot{\xi}$ est une fonction de A/T. En proche équilibre (au voisinage de la surface A = 0) on peut effectuer un développement en série de Taylor de cette fonction. Si on limite ce développement à l'ordre 1 on obtient :

$$(8) \qquad \dot{\xi} = L\, A/T$$

où L est appelé coefficient phénoménologique. Ce coefficient dépend de S, $\mathcal{V}$, ξ (ou de T, p, ξ) et est positif d'après le second principe.

Si l'évolution en proche équilibre a lieu en maintenant deux paramètres constants, par exemple E et $\mathcal{V}$ (système isolé), on pourra écrire :

(9) $$\frac{A}{T} \simeq \left(\frac{\partial A/T}{\partial \xi}\right)^e_{E,\mathcal{V}} (\xi - \xi^e)$$

où ξ^e est la valeur d'équilibre correspondant à E et $\mathcal{V}$ donnés. On a ainsi :

(10) $$\dot{\xi} \simeq L \left(\frac{\partial A/T}{\partial \xi}\right)^e_{E,\mathcal{V}} (\xi - \xi^e)$$

La quantité A/T intervient dans la relation de Gibbs écrite sous la forme :

(11) $$dS = \frac{1}{T} dE + \frac{P}{T} d\mathcal{V} + \frac{A}{T} d\xi$$

et apparaît comme la dérivée :

(12) $$\frac{A}{T} = \left(\frac{\partial S}{\partial \xi}\right)_{E,\mathcal{V}}$$

Ainsi :

(13) $$\left(\frac{\partial A/T}{\partial \xi}\right)^e_{E,\mathcal{V}} = \left(\frac{\partial^2 S}{\partial \xi^2}\right)_{E,\mathcal{V}}$$

On peut démontrer (stabilité de l'équilibre chimique) que $(\partial^2 S/\partial \xi^2)_{E,\mathcal{V}}$ est toujours négatif. De sorte que :

(14) $$-L \left(\frac{\partial A/T}{\partial \xi}\right)^e_{E,\mathcal{V}} = \frac{1}{\tau}$$

apparaît comme l'inverse d'un temps τ, appelé temps chimique à E et $\mathcal{V}$ constants. L'équation d'évolution devient :

(15) $$\frac{d\xi}{dt} + \frac{\xi - \xi^e}{\tau} = 0$$

avec τ = cte et ξ^e = cte.

Envisageons un cas plus complexe, celui où l'on n'a plus deux paramètres constants, mais où l'on peut prouver que l'on se trouve en proche équilibre à tout instant. Mais l'équilibre correspondant est un équilibre changeant. On trouvera encore des valeurs ξ^e et τ qui cette fois-ci seront fonction du temps. Supposons pour simplifier que τ soit constant.

Exercice : Soit $\bar{\xi} = \xi/\xi_r$ et $\bar{t} = t/t_r$, ξ_r et t_r valeurs de référence, et que $\bar{\xi}^e_{(\bar{t})} = -\bar{t}$, déterminer les solutions de l'évolution en proche équilibre.

On a :

$$\frac{d\bar{\xi}}{d\bar{t}} + \frac{\bar{\xi} + \bar{t}}{\bar{\tau}} = 0$$

La solution est (figure 2):

$$\bar{\xi} = C e^{-\frac{\bar{t}}{\bar{\tau}}} - \bar{t} + \bar{\tau} \quad , \quad \bar{\tau} \ll 1$$

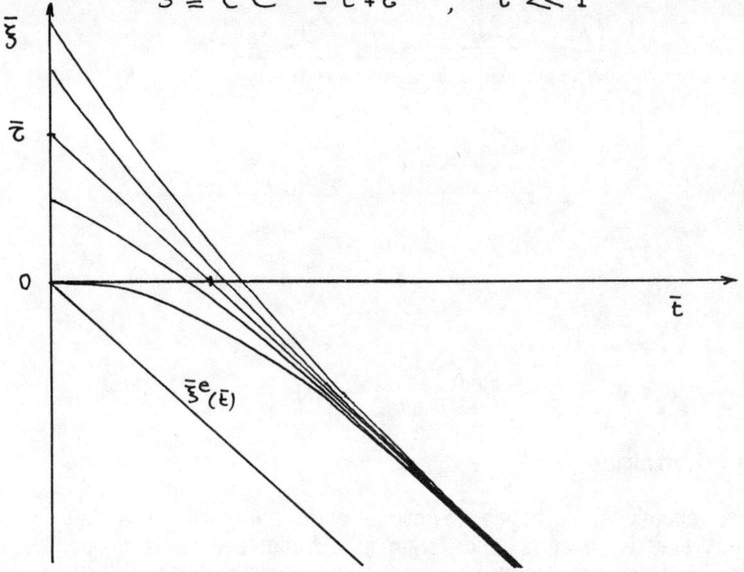

Figure 2

Commentaire :

t_r apparaît comme un temps mécanique τ_m, caractéristique de l'évolution des paramètres externes, $\tau_m = |dt/d \log \mathcal{V}|^e$ par exemple. On montre qu'en proche équilibre le temps chimique τ est très petit devant τ_m ainsi choisi.

On constate que l'évolution se situe toujours hors d'équilibre et tend à se dérouler à une distance constante $\bar{\xi} - \bar{\xi}^e = \bar{\tau}$ de l'équilibre évolutif de référence.

Il y a relaxation. La réaction chimique tend à rapprocher de l'équilibre chimique, mais l'évolution des paramètres externes ($\mathcal{V}_{(t)}$ par exemple) tend à l'éloignement de l'équilibre.

On trouve des phénomènes analogues en appliquant le principe de l'état local dans les écoulements de tuyères de propulsion où la détente des gaz conduit à un refroidissement. Il y a même alors éloignement de l'équilibre du fait du ralentissement des réactions par effet thermique ce qui conduit à augmenter le temps chimique τ.

Généralement on compare le temps chimique τ au temps "mécanique" τ_m (pris comme temps de référence), afin d'évaluer l'écart à l'équilibre chimique. Le rapport τ/τ_m est le premier paramètre de Damkölher D_I. Si D_I est petit devant l'unité, l'évolution a lieu en proche équilibre. Si $D_I >> 1$, les réactions chimiques sont très lentes et l'évolution est figée chimiquement. Une évolution de ce type est représentée sur la figure 3 :

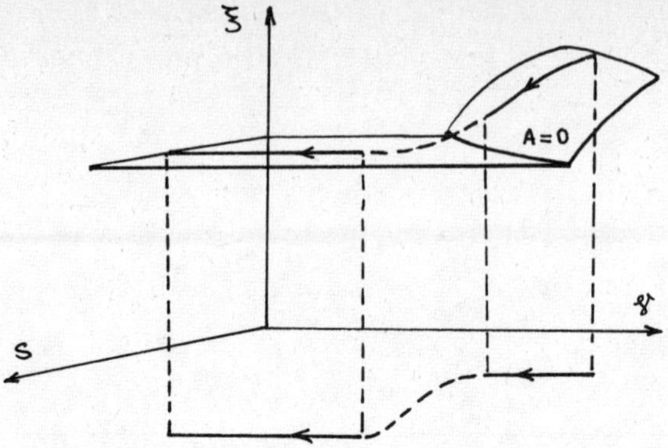

Figure 3

1.2 Echange thermique

Dans certaines situations, l'échange thermique entre deux milieux s'effectue comme si chacun des milieux était à température uniforme mais variable dans le temps. L'échange de chaleur se fait dans une zone de l'espace séparant les deux milieux et assimilable à une paroi $\mathcal{P}$ non adiabatique (diathermane). On suppose généralement que les quantités accumulées dans le sous-système $\mathcal{P}$: énergie interne, masse, entropie ..., sont infiniment petites. Cependant $\mathcal{P}$ est le siège de l'échange de chaleur et de la production d'entropie.

Soient deux milieux 1 et 2 en cours d'évolution réversible et la paroi $\mathcal{P}$ fixe et indéformable (Fig. 4).

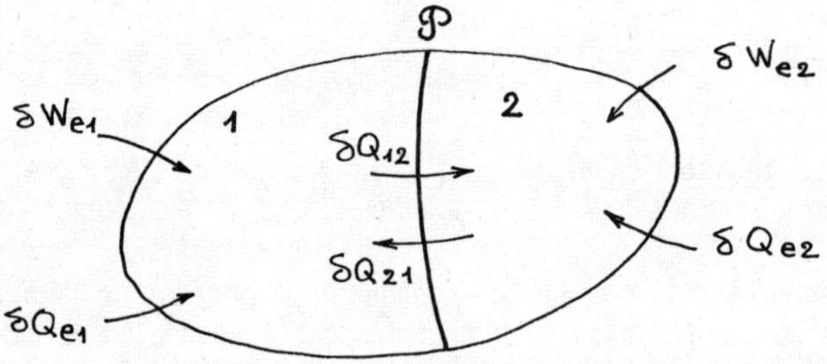

Figure 4

Les principes de la thermodynamique nous donnent :

(16) $$\delta E_1 = \delta Q_1 + \delta W_1 = \delta Q_{e1} + \delta Q_{21} + \delta W_{e1}$$

où δQ_{e1} et δW_{e2} sont les chaleur et travail élémentaires que l'on suppose reçus réversiblement de l'extérieur par le sous-système 1, δQ_{21} est la chaleur reçue du système 2 à travers la paroi.

(17) $$\begin{cases} \delta E_2 = \delta Q_{e2} + \delta Q_{12} + \delta W_{e2} \\ \delta E_{\wp} = 0 = \delta Q_{21} + \delta Q_{12} \end{cases} \quad \text{donc :} \quad \delta Q_{12} = -\delta Q_{21}$$

et au total :

(18) $$\delta E = \delta E_1 + \delta E_2 + \delta E_{\wp} = \delta Q_e + \delta W_e$$

avec : $\delta Q_e = \delta Q_{e1} + \delta Q_{e2}$, $\delta W_e = \delta W_{e1} + \delta W_{e2}$

Le second principe nous donne :

(19) $$\begin{cases} \delta S_1 = \frac{1}{T_1}\left(\delta Q_{e1} + \delta Q_{21}\right) & \text{(transformation réversible)} \\ \delta S_2 = \frac{1}{T_2}\left(\delta Q_{e2} + \delta Q_{12}\right) & \text{(transformation réversible)} \\ \delta S_{\wp} = 0 = \frac{\delta Q_{21}}{T_2} + \frac{\delta Q_{12}}{T_1} + \delta_i S_{\wp} & \text{(transformation quelconque)} \end{cases}$$

Il s'en suit que :

(20) $$\delta_i S_{\wp} = \delta Q\left(\frac{1}{T_2} - \frac{1}{T_1}\right)$$

Pour le système total :

(21) $$\delta S = \frac{\delta Q_{e1}}{T_1} + \frac{\delta Q_{e2}}{T_2} + \delta_i S$$

mais on a aussi :

(22) $$\delta S = \delta S_1 + \delta S_2 + \delta S_{\wp} = \frac{\delta Q_{e1} + \delta Q_{21}}{T_1} + \frac{\delta Q_{e2} + \delta Q_{12}}{T_2}$$

Il s'en suit que :

(23) $$\delta_i S = \frac{\delta Q_{21}}{T_1} + \frac{\delta Q_{12}}{T_2} = \delta Q\left(\frac{1}{T_2} - \frac{1}{T_1}\right) = \delta_i S_{\wp} \geqslant 0 \quad , \quad \delta Q = \delta Q_{12}$$

ce qui montre bien que la paroi est le siège de l'irréversibilité. On trouve bien entendu que δQ est positif si $T_1 > T_2$.

L'équilibre est atteint dans deux cas :

(24) $$\begin{cases} \delta Q = 0 & \text{paroi adiabatique} \\ T_2 = T_1 & \text{équilibre thermique} \end{cases}$$

Hors de ces deux cas, on introduit un coefficient d'échange $h_{(T1,\ T2)}$ tel que le flux thermique $\dot{Q}$ soit égal à :

(25) $$\frac{\delta Q}{\delta t} = \dot{Q} = -h\,(T_2 - T_1)$$

de sorte que :

(26) $$\dot{\overline{\delta_i S}} = \frac{h}{T_1 \cdot T_2}\,(T_2 - T_1)^2$$

Le coefficient h est évidemment positif.

Les évolutions réversibles sont aisément représentées graphiquement si les échanges thermiques de l'un des sous-systèmes, avec l'extérieur, sont impossibles. Prenons l'exemple simple où les milieux 1 et 2 sont indéformables et où le sous-système 2 est séparé de l'extérieur par une paroi adiabatique (Fig. 5). Supposons les capacités calorifiques C_1 et C_2 constantes, on a :

(27) $$E_1 = C_1\,T_1 \quad , \quad E_2 = C_2\,T_2 \quad , \quad \delta Q = \delta Q_{12} = \delta E_2$$

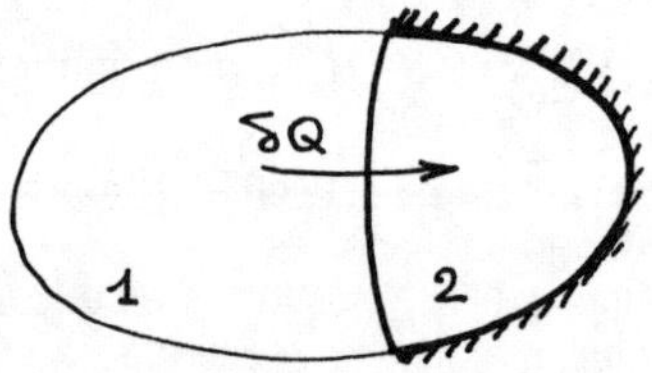

Figure 5

On écrit alors

$$dS = dE_1/T_1 + dE_2/T_2$$

ou encore

$$dS = dE/T_1 + \left(\frac{1}{T_2} - \frac{1}{T_1}\right) dE_2 \quad , \quad S = S(E, E_2)$$

E_2 apparaît comme un degré d'avancement des échanges thermiques entre les systèmes 1 et 2.

Les deux cas d'équilibre sont les suivants :

$\delta Q = 0$ ou $E_2 = C^{te}$, échanges figés

$T_2 = T_1$ ou $\dfrac{E_2}{C_2} = \dfrac{E}{C_1 + C_2}$, équilibre thermique

et le diagramme suivant met en évidence les différentes situations (Fig. 6) :

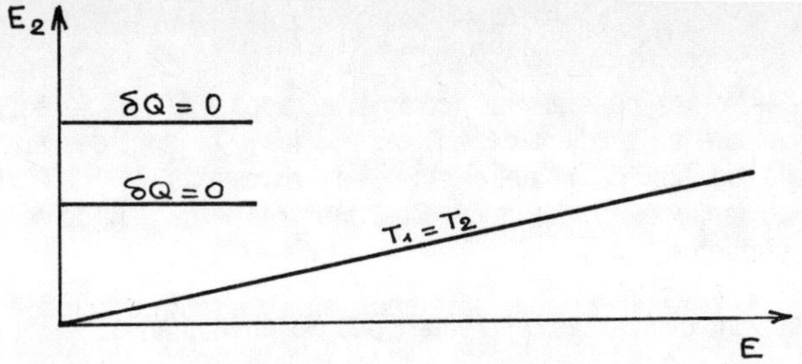

Figure 6

Hors d'équilibre, le coefficient d'échange permet d'écrire :

(28) $$\frac{dE_2}{dt} + h\left(\frac{1}{C_1}+\frac{1}{C_2}\right)\left(E_2 - \frac{C_2}{C_1+C_2}\,E\right) = 0$$

et le coefficient :

(29) $$h\left(\frac{1}{C_1} + \frac{1}{C_2}\right) = \tau^{-1}$$

apparaît comme l'inverse d'un temps de relaxation d'échange thermique. On voit que la situation est analogue, bien que plus simple, à celle de la réaction chimique. A l'équilibre thermique, on a :

$$E_2^e = \frac{C_2}{C_1+C_2}\,E$$

de sorte que :

(30) $$\frac{dE_2}{dt} + \frac{E_2 - E_2^e}{\tau} = 0$$

E_2 peut être fixe ou variable en fonction du temps suivant les cas.

Notons ici que les phénomènes irréversibles ne se présentent pas toujours d'une manière aussi simple. Il suffit de citer les phénomènes de frottement (le frottement sec en particulier) ou la plasticité pour s'en rendre compte. Cependant, la plupart des situations évoquées ici seront justifiables d'un traitement analogue.

2. PRESENTATION DES COEFFICIENTS DE TRANSFERT PAR LA THERMODYNAMIQUE DES PROCESSUS IRREVERSIBLES [10]

Il s'agit de la généralisation des résultats précédents au cas de plusieurs phénomènes irréversibles simultanés et au cas des milieux continus.

Dans tous les cas où cette théorie s'applique, on peut écrire le taux de production d'entropie de l'unité de volume sous la forme :

(31) $$\dot{W}_s = \mathcal{J}^S F^S + \mathcal{J}^V . F^V + \mathcal{J}^T : F^T$$

où les F sont des forces généralisées (comme le rapport A/T ou le saut de 1/T à la traversée d'une paroi, ou encore un gradient de 1/T, etc.) et les $\mathcal{J}$ sont des flux généralisés (production chimique, densité de flux de chaleur, etc.). Les exposants S, V, T signifient respectivement scalaire, vectoriel, tensoriel d'ordre deux. Ces quantités F ou $\mathcal{J}$ doivent former un système de variables indépendantes.

Le tableau suivant évoque les différents types de phénomènes.

	S		V		T
F	Rapport A/T	Extension en volume $\vec{\nabla} . \vec{v}$	Gradient ou saut thermique	Gradient ou saut de potentiel chimique	Partie non scalaire du tenseur des taux de déformation
$\mathcal{J}$	Production chimique ξ	Tension de viscosité de volume	Flux de chaleur conductif	Flux de diffusion	Tenseur des contraintes visqueuses (déviateur)

Paradoxalement, on n'utilisera que très rarement cette théorie pour les irréversibilités chimiques. La cinétique chimique fournit généralement des expressions plus précises et non linéaires des taux de production ξ.

Nous n'envisagerons pas de phénomènes électromagnétiques.

Au cours d'une évolution réversible, $\dot{W}_S$ ainsi que les flux et les forces sont nuls. En dehors de ce cas, les flux peuvent être considérés comme des fonctions des forces généralisées. Ces fonctions dépendent des paramètres d'état du système. Lorsque l'irréversibilité n'est pas trop forte, on définit des relations linéarisées entre flux et forces, dites relations phénoménologiques.

(32) $$\left| \begin{aligned} \mathcal{J}^S &= L^{SS} F^S + L^{SV} F^V + L^{ST} F^T \\ \mathcal{J}^V &= L^{VS} F^S + L^{VV} F^V + L^{VT} F^T \\ \mathcal{J}^T &= L^{TS} F^S + L^{TV} F^V + L^{TT} F^T \end{aligned} \right.$$

On démontre que les coefficients matriciels non diagonaux sont nuls. Il n'y a de relations qu'entre flux et forces généralisés de mêmes ordres tensoriels. D'autre part, on obtient des relations entre les composantes des coefficients matriciels. Ces relations, dites de réciprocité sont dues à Onsager.

Parmi les flux invervenant dans les phénomènes de transport, il en est de trois sortes dans le cas des mélanges de fluides en écoulement :

- le flux de diffusion de l'espèce j, $\vec{\mathcal{J}}_{Dj} = \rho_j \vec{V_j}$
- le flux thermique $\vec{\mathcal{J}}_E = \vec{q}$
- le flux de quantité de mouvement de viscosité, $\vec{\mathcal{J}}_{mv} = \vec{P} - p\vec{1}$

On voit qu'un couplage est possible entre flux de diffusion et flux thermique, qui sont de mêmes ordres tensoriels. Aucun couplage intrinsèque n'aura lieu entre ces flux et le flux de quantité de mouvement.

Les relations phénoménologiques les plus simples qui soient, en l'absence de couplages entre les phénomènes de transfert, sont :

(33)
$$\begin{cases} \vec{J}_{0j} = -\rho \mathcal{D}\, \overrightarrow{\mathrm{grad}}\, Y_j & \text{(loi de Fick)} \\ \vec{q} = -\lambda\, \overrightarrow{\mathrm{grad}}\, T & \text{(loi de Fourier)} \\ \vec{P} - p\vec{1} = -\mu\left(\vec{\nabla}\otimes\vec{v} + \widetilde{\vec{\nabla}\otimes\vec{v}}\right) - \eta\, \vec{\nabla}\cdot\vec{v}\, \vec{1} & \text{(loi de Newton)} \end{cases}$$

$\mathcal{D}$ est le coefficient de diffusion, λ le coefficient de conduction thermique, μ le coefficient de viscosité et k le coefficient de viscosité de volume tel que $k = 2/3\ \mu + \eta$, $\vec{P} = -\vec{\Sigma}$, $\vec{\Sigma}$ étant le tenseur des contraintes.

Remarques : Il sera établi au chapitre suivant que dans le cas d'un fluide de pression thermodynamique p et dont le tenseur des pressions est $\vec{P}$, le taux de production d'entropie comprend le terme dissipatif (irréversible) :

$$-\frac{1}{T}\left(\vec{P} - p\vec{1}\right) : \vec{\nabla}\otimes\vec{v}$$

Le tenseur $\vec{P}$ étant symétrique, on peut remplacer $\vec{\nabla}\otimes\vec{v}$ par sa partie symétrique $\vec{D} = 1/2\left(\vec{\nabla}\otimes\vec{v} + \widetilde{\vec{\nabla}\otimes\vec{v}}\right)$. Si l'on veut mettre en évidence les parties scalaires de ces tenseurs, il faut les décomposer. Ainsi [11] :

(34)
$$\vec{D} = \frac{1}{2}\left(\vec{\nabla}\otimes\vec{v} + \widetilde{\vec{\nabla}\otimes\vec{v}} - \frac{2}{3}\vec{\nabla}\cdot\vec{v}\,\vec{1}\right) + \frac{1}{3}\vec{\nabla}\cdot\vec{v}\,\vec{1}$$

la trace du premier tenseur étant nulle. De même :

(35)
$$\vec{P} - p\vec{1} = \vec{P} - \pi\vec{1} + (\pi - p)\vec{1}$$

avec

(36)
$$\pi = \frac{1}{3}\,\mathrm{tr}\,\vec{P}$$

de sorte que

$$\mathrm{tr}\left(\vec{P} - \pi\vec{1}\right) = 0$$

La quantité π est la pression normale moyenne. Le terme de viscosité de la production d'entropie devient donc :

(37)
$$-\frac{1}{2T}\left(\vec{P} - \pi\vec{1}\right) : \left(\vec{\nabla}\otimes\vec{v} + \widetilde{\vec{\nabla}\otimes\vec{v}} - \frac{2}{3}\vec{\nabla}\cdot\vec{v}\,\vec{1}\right) - \frac{1}{T}(\pi - p)\,\vec{\nabla}\cdot\vec{v}$$

On écrit donc les deux relations phénoménologiques :

(38)
$$\begin{cases} \vec{P} - \pi\vec{1} = -\mu\left(\vec{\nabla}\otimes\vec{v} + \widetilde{\vec{\nabla}\otimes\vec{v}} - \frac{2}{3}\vec{\nabla}\cdot\vec{v}\,\vec{1}\right) \\ \pi - p = -k\,\vec{\nabla}\cdot\vec{v} \end{cases}$$

De sorte qu'au total on retrouve la loi de Newton avec le coefficient η tel que : $k = 2/3\ \mu + \eta$, viscosité de volume.

Pour la diffusion et le transfert de chaleur il existe des effets couplés de thermodiffusion. D'autre part, les flux $\vec{\mathcal{J}}_{Dj}$ ne sont pas indépendants puisque leur somme est nulle. En fait le terme de production d'entropie qui leur correspond fait intervenir non pas $\vec{\nabla} Y_j$, mais $\vec{\nabla}(g_j/T)$ qui dépend aussi du gradient de température et du gradient de pression. Le flux de chaleur $\vec{q}$ comprend, quant à lui, le flux conductif et un flux de chaleur lié à la diffusion. Ces questions seront examinées plus loin.

Notons pour terminer que les relations phénoménologiques sont valables tant pour les systèmes continus que pour les systèmes discrets. Dans ce dernier cas, la loi de Fourier se ramène à la loi d'échange thermique du paragraphe 1.

3. PRESENTATION DES COEFFICIENTS DE TRANSFERT PAR LA THEORIE CINETIQUE DES GAZ ELEMENTAIRES [12]

La *théorie cinétique des gaz* élémentaire offre une première approximation de ces coefficients de transfert.

Chaque molécule, de diamètre d, a une sphère d'influence de rayon d. Le volume balayé par cette molécule, dont la vitesse est $\bar{c}$ en moyenne (vitesse quadratique moyenne pour l'ensemble des espèces), est $\pi d^2 \bar{c}$ par unité de temps.

Le nombre total de molécules contenues dans l'unité de volume étant N, le nombre de collisions par unité de temps est donc, pour une molécule :

(39) $$\nu_c = \pi d^2 \bar{c}\, N$$

et le libre parcours moyen ℓ est donc égal à :

(40) $$\ell = \bar{c}/\nu_c = 1/\pi d^2 N$$

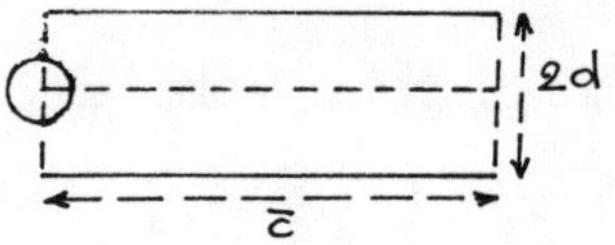

Figure 7

Fréquence de collision et libre parcours moyens ont été calculés en supposant les molécules immobiles dans le volume balayé. Si l'on tient compte du mouvement des molécules cibles, on obtient :

(41) $$\ell = 1/\sqrt{2}\, \pi d^2 N$$

Envisageons maintenant la densité de flux unitaire d'une propriété massique f à travers une surface d'abscisse x_0 en supposant pour simplifier que le mouvement d'agitation moléculaire est parallèle à l'axe des x. Les molécules provenant des $x < x_0$ transportent en moyenne la propriété massique $f(x_0 - \ell/2)$. Seule une collision est susceptible de changer f. Les molécules provenant de la face $x > x_0$ transportent $f(x_0 + \ell/2)$ par unité de masse. Le débit moléculaire dans un sens comme dans l'autre est, en valeur absolue proportionnel à $N\bar{c}$.

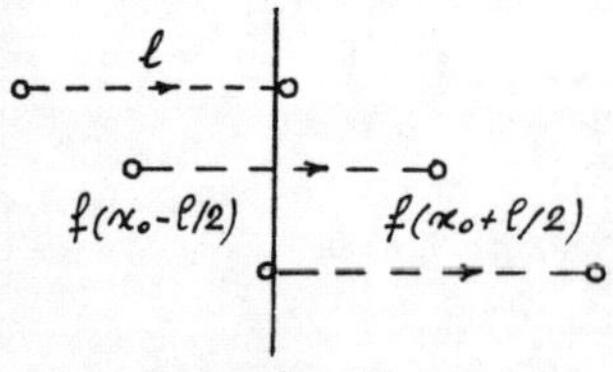

Figure 8

Ainsi le flux traversant la surface par unité d'aire sera proportionnel à :

(42) $$\mathcal{J}_F \propto M N \bar{c} \left[f(x_0 - \ell/2) - f(x_0 + \ell/2) \right]$$

dans le sens des x positifs. Ce résultat est valable pour un fluide au repos et une surface au repos également. Mais il convient aussi à un fluide en mouvement avec l'hypothèse de l'équilibre local pour chaque constituant, la surface suivant alors le mouvement de vitesse $\vec{v}$ moyen.

On aura donc :

(43) $$\mathcal{J}_F = a_F M N \bar{c} \left[f(x_0 - \ell/2) - f(x_0 + \ell/2) \right]$$

En développant le second membre suivant les puissances de ℓ et en se limitant au premier ordre, il vient :

(44) $$\mathcal{J}_F \simeq - a_F M N \bar{c}\, \ell\, (\partial f / \partial x)_{x_0}$$

ou encore, d'après l'expression de ℓ :

(45) $$\mathcal{J}_F = - a_F \bar{c} M\, \partial f / \partial x / \sqrt{2}\, \pi d^2$$

La vitesse moyenne moléculaire est telle qu'à l'équilibre de translation (molécules monoatomiques) :

$$\frac{1}{2} M \bar{c}^2 = \frac{3}{2} k T$$

donc :

$$\bar{c}^2 = 3 r T \quad , \quad r = R/\mathcal{M} = k/M$$

On en déduit que :

(46) $$\mathcal{J}_F = - a_F \frac{M}{\pi d^2} \sqrt{\frac{3 r T}{2}} \frac{\partial f}{\partial x}$$

Appliquons ces relations successivement à la masse de l'espèce j, à l'énergie interne et à la quantité de mouvement, c'est à dire à :

(47) $$f = M_j N_j / M N = Y_j \quad , \quad f = c_v T \quad , \quad f = \vec{v}$$

On obtient les relations, valables dans ces cas simples :

(48) $$\left| \begin{aligned} \vec{\mathcal{J}}_{Dj} &= - a_D M N \bar{c} \ell\, \overrightarrow{\mathrm{grad}}\, Y_j \\ \vec{q} &= - a_T M N \bar{c} \ell c_v\, \overrightarrow{\mathrm{grad}}\, T \\ \vec{P} - p \vec{1} &= - a_\mu M N \bar{c} \ell\, \overrightarrow{\mathrm{grad}}\, \vec{v} \end{aligned} \right.$$

Il s'en suit que les coefficients de transfert définis au paragraphe 2 pour la diffusion, la conduction thermique et la viscosité sont égaux à :

(49) $$\mathcal{D} = a_D \bar{c} \ell \quad , \quad \mu = a_\mu \rho \bar{c} \ell \quad , \quad \lambda = a_T \rho \bar{c} \ell c_v$$

Ainsi $\rho\mathcal{D}$, λ et μ sont proportionnels à $\sqrt{T}$.

Puisque $\rho = p/rT$, le coefficient de diffusion $\mathcal{D}$ est, à pression donnée, proportionnel à $T^{3/2}$.

Pour un gaz polyatomique, $\overline{c}$ peut encore être considéré, en première approximation, proportionnel à $\sqrt{T}$.

Trois nombres sans dimension sont couramment utilisés pour comparer les effets précédents:

– Le nombre de Prandtl $Pr = \mu c_p/\lambda = \gamma\,(a_\mu/a_T)$ avec $\gamma = c_p/c_v$.

Le rapport a_μ/a_T est pris égal à 2/5, de sorte que pour les gaz monoatomiques, on trouve :

$$P_r = 2\gamma/5$$

Dans le cas des gaz polyatomiques, la relation d'Eucken nous donne :

$$\lambda/\mu = c_v + 9R/4\mathcal{M}$$

ce qui conduit à l'expression :

(50) $$P_r = 4\gamma/(9\gamma - 5)$$

Cette dernière relation s'applique également aux gaz monoatomiques pour lesquels on a $\gamma = 5/3$, on retrouve alors les résultats précédents

$$P_r = 2\gamma/5 = 2/3$$

– Le nombre de Schmidt :

(51) $$S_c = \mu/\rho\mathcal{D} = a_\mu/a_D$$

Ce nombre est sensible à la variation de la masse molaire :

(52) $$S_c = 0{,}145\ \mathcal{M}^{0,556}$$

c'est une relation empirique.

– Le nombre de Lewis :

(53) $$L_e = S_c/P_r = a_T/\gamma\, a_D$$

On trouve donc :

(54) $$L_e \simeq 0{,}03625\ \frac{9\gamma - 5}{\gamma}\ \mathcal{M}^{0,556}$$

On constate que pour les gaz, ces nombres sans dimensions sont de l'ordre de grandeur de l'unité.

Une estimation plus précise des coefficients de transfert nécessite une analyse de la dynamique des collisions. La théorie, qui ne sera pas exposée ici tient compte des déviations de trajectoires moléculaires sous l'effet du potentiel d'interaction. Elle implique la détermination des sections efficaces de collision et d'intégrales de collision intervenant dans l'équation de Boltzmann des gaz.

Dans *le cas des liquides*, la théorie cinétique des gaz classiques n'est plus valable car les distances entre molécules sont alors du même ordre de grandeur que les dimensions des molécules.

Les résultats, provenant des mesures expérimentales, montrent des différences sensibles avec ceux des gaz.

Les figures 9 et 10, tirées de "Molecular theory of gases and liquids" de Hirschfelder et al. montrent l'influence de la pression et de la température (rapportées à leurs valeurs critiques) sur la viscosité μ et la conductivité thermique λ du gaz carbonique et de l'argon respectivement.

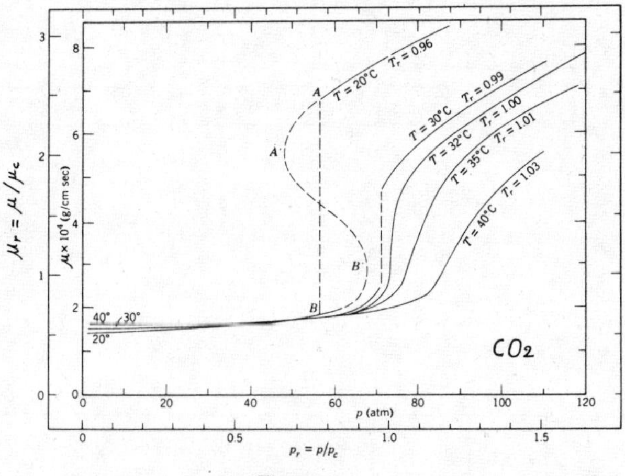

Figure 9

Plusieurs théories ont été utilisées pour déterminer les coefficients de transfert des liquides et des gaz denses. Citons parmi celles-ci :

- le principe des états correspondants qui ne donne de résultats que pour la viscosité,

- la théorie du complexe activé (Eyring) qui convient pour les écoulements plastiques, pour les liquides, mais pas pour les gaz,

- la théorie d'Enskog, extension de celle des gaz qui convient aux gaz réels,

- la théorie cinétique rigoureuse, basée sur l'équation de Liouville, valable pour les gaz denses, mais très complexe, surtout dès que l'on a affaire à des mélanges.

On peut espérer que les méthodes utilisées pour décrire l'état liquide et la réactivité chimique en phase liquide, telles que celles basées sur l'équation de Langevin, apporteront des résultats intéressants pour les mélanges réactifs en présence de convection.

Les paramètres de similitude sont affectés sensiblement par les fortes interactions moléculaires existant dans les liquides. Le nombre de Prandtl, par exemple, peut varier considérablement, comme le montre la figure 11 .

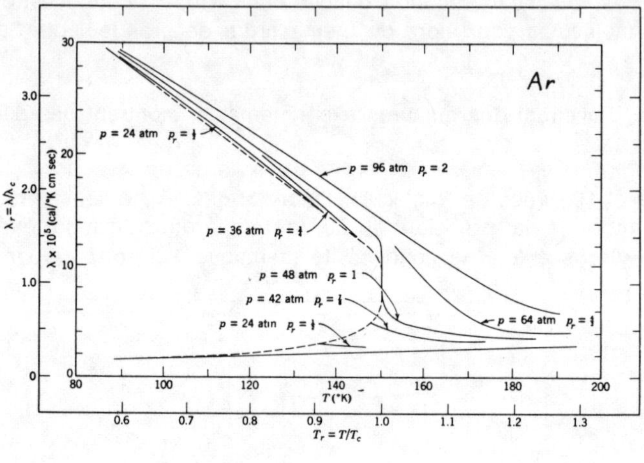

Figure 10

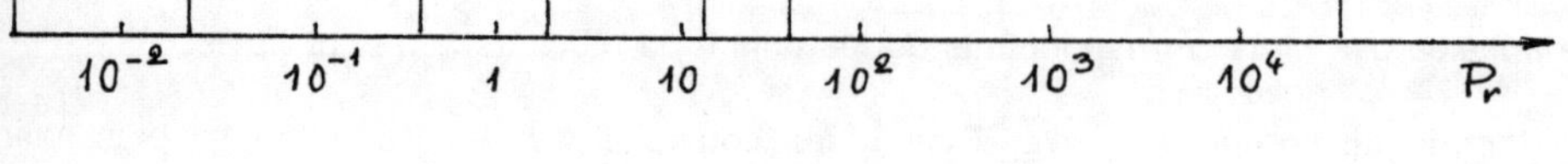

Figure 11

4. ELEMENTS DE CINETIQUE CHIMIQUE [9], [12], [13]

Ne sont envisagés que les cas où le processus chimique peut être décomposé en un ensemble de réactions élémentaires. Les taux de production chimique sont supposés vérifier des expressions en polynomes des concentrations.

Un mélange comprenant N espèces chimiques désignées par l'indice j, une réaction chimique sera représentée par :

(55) $$\sum_{j=1}^{N} \nu'_j \mathcal{E}_j \xrightarrow{k(T)} \sum_{j=1}^{N} \nu''_j \mathcal{E}_j$$

avec :

(56) $$\nu''_j - \nu'_j$$

Le taux de production des espèces en masse par unité de volume du mélange et par unité de temps sera :

(57) $$\dot{w}_j = \nu_j \mathcal{M}_j \dot{\xi}$$

avec :

(58) $$\dot{\xi} = k(T) \prod_{i=1}^{N} C_i^{\nu'_i}$$

La vitesse spécifique de réaction $k_{(T)}$ est généralement de la forme :

(59) $$k(T) = B\, T^s \exp(-E_a / RT)$$

où B et s sont des constantes, E_a l'énergie d'activation de la réaction.

Une telle formule peut s'établir à l'aide de diverses théories : théorie du complexe activé (Eyring), théorie des collisions, etc. Les valeurs des constantes B, s et E_a sont tabulées dans de nombreux cas.

Une formulation aussi simple n'est valable que pour des réactions élémentaires. Aussi, une tâche importante consiste à déterminer les schémas réactifs et à faire apparaître ainsi l'ensemble des réactions élémentaires.

Si la réaction inverse a lieu également, on aura :

(60) $$\sum_{j=1}^{N} \nu'_j \mathcal{E}_j \underset{k_R}{\overset{k_D}{\rightleftharpoons}} \sum_{j=1}^{N} \nu''_j \mathcal{E}_j$$

On écrira alors :

(61) $$\left| \begin{aligned} \dot{w}_j &= \nu_j \mathcal{M}_j (\dot{\xi}_D - \dot{\xi}_R) \\ \dot{\xi}_D &= k_D(T) \prod_i C_i^{\nu'_i} \\ \dot{\xi}_R &= k_R(T) \prod_i C_i^{\nu''_i} \end{aligned} \right.$$

On a donc :

$$(62)\quad \begin{cases} \dot{w}_j = \nu_j \mathcal{M}_j \dot{\xi} \\ \dot{\xi} = \dot{\xi}_D - \dot{\xi}_R = \dot{\xi}_R \left(\frac{\dot{\xi}_D}{\dot{\xi}_R} - 1 \right) \end{cases}$$

ou encore :

$$(63)\quad \dot{\xi} = \dot{\xi}_R \left(\frac{k_D}{k_R} \prod_i C_i^{-\nu_i} - 1 \right)$$

Nous avons établi en 1.4.2, que pour un mélange idéal de gaz :

$$(64)\quad \prod_i C_i^{\nu_i} = K_c(T)\, e^{-A/RT}$$

si bien que :

$$(65)\quad \dot{\xi} = \dot{\xi}_R \left(\frac{k_D}{k_R K_c} e^{A/RT} - 1 \right)$$

A l'équilibre chimique, on doit avoir $\dot{\xi}_D \sim \dot{\xi}_R$ et en même temps $A \simeq 0$. Il s'en suit que :

$$(66)\quad k_D / k_R = K_c(T)$$

Les vitesses spécifiques sont reliées par une équation thermodynamique simple. On en déduit que :

$$(67)\quad \dot{\xi} = \dot{\xi}_R \left(e^{A/RT} - 1 \right)$$

On voit que la cinétique chimique permet d'exprimer $\dot{\xi}$ en fonction des paramètres d'état, ce qui complète les résultats du chapitre 1.

En proche équilibre, la relation précédente peut être linéarisée en fonction de A. On obtient :

$$(68)\quad \dot{\xi} \simeq \dot{\xi}_R\, A/RT$$

Le taux de production d'entropie :

$$(69)\quad \dot{\overline{\delta_i S}} = \frac{A}{T} \dot{\xi} = \dot{\xi}_R \left(e^{A/RT} - 1 \right) A/T$$

devient :

$$(70)\quad \dot{\overline{\delta_i S}} \simeq \dot{\xi}_R\, A^2/RT^2$$

et est bien entendu toujours positif.

Ce résultat est en adéquation avec la théorie classique des processus irréversibles linéarisés. L'affinité chimique peut être considérée comme une force généralisée et le taux de réaction $\dot{\xi}$ est un flux généralisé. Ce flux et cette force sont des scalaires. On écrit :

(71) $$F^s = A/T \quad , \quad \mathcal{J}^s = \dot{\xi}$$

(72) $$\begin{cases} \dot{\widehat{\delta_i S}} = \dot{W}_s = \mathcal{J}^s F^s \\ \mathcal{J}^s = L F^s \end{cases}$$

avec :

(73) $$L = \dot{\xi}_R / R$$

On constate qu'en proche équilibre, A/T et $\dot{\xi}$ sont des infiniment petits du premier ordre, alors que $\dot{W}_S$ est un infiniment petit du second ordre et pourra être considéré comme une quantité négligeable dans de nombreux cas. Nous verrons au chapitre suivant, que la même remarque reste valable pour tous les phénomènes de transfert en proche équilibre.

CHAPITRE 3 : EQUATIONS DU BILAN DES ECOULEMENTS REACTIFS

Sont établies dans ce chapitre les équations du bilan des mélanges fluides continus. Ceux-ci posent différents problèmes qui seront examinés : passage du discret au continu, expression des flux et production d'entropie notamment. Ces dernières expressions seront introduites à la lumière des résultats obtenus pour les systèmes discrets et l'expression du flux d'entropie en présence de diffusion est établie. Enfin d'autres bilans déterministes et probabilistes sont abordés.

1. PASSAGE AU CONTINU : EXEMPLE DU TRANSFERT THERMIQUE DANS UN MILIEU CONTINU AU REPOS

C'est le premier exemple de milieu continu dont l'état thermodynamique ne soit pas homogène et qui ne soit pas formé d'une somme discrète de sous-systèmes. Pour simplifier, supposons que le processus est unidimensionnel (Fig. 1).

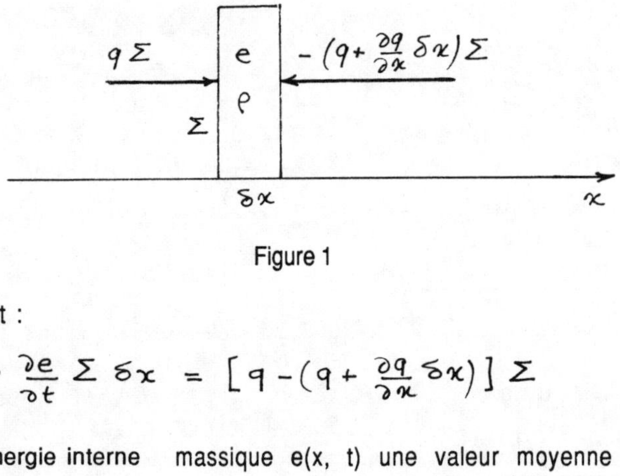

Figure 1

Le bilan d'énergie est :

$$(1) \qquad \rho \frac{\partial e}{\partial t} \Sigma \,\delta x = \left[q - \left(q + \frac{\partial q}{\partial x} \delta x \right) \right] \Sigma$$

en prenant pour l'énergie interne massique e(x, t) une valeur moyenne dans la tranche d'épaisseur δx. La masse volumique ρ est constante. La chaleur spécifique massique c est telle que de = cdT.

L'équation du bilan énergétique devient donc :

$$(2) \qquad \rho \frac{\partial e}{\partial t} + \frac{\partial q}{\partial x} = 0 \qquad \text{ou} \qquad \rho c \frac{\partial T}{\partial t} + \frac{\partial q}{\partial x} = 0$$

Le bilan d'entropie se détermine de manière analogue (Fig. 2).

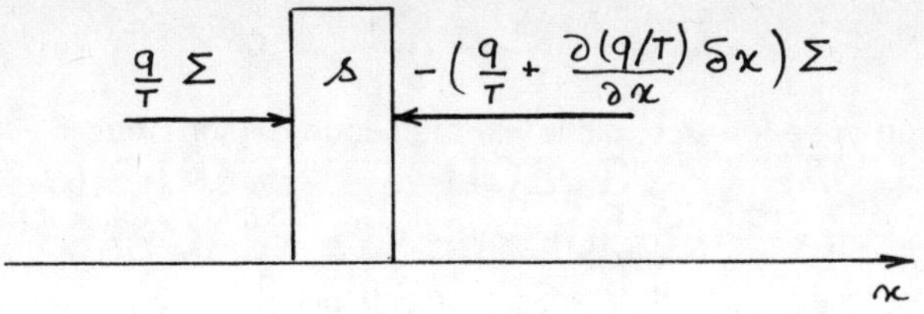

Figure 2

(3) $$\left(\rho\frac{\partial s}{\partial t}-\dot{W}_s\right)\Sigma\,\delta x=\left[\frac{q}{T}-\left(\frac{q}{T}+\frac{\partial(q/T)}{\partial x}\right)\delta x\right]\Sigma$$

Le taux de production d'entropie $\dot{\overline{\delta_i S}}$ de l'unité de volume est désigné par $\dot{W}_S$. On obtient :

(4) $$\rho\frac{\partial s}{\partial t}+\frac{\partial(q/T)}{\partial x}=\dot{W}_s$$

Chaque tranche d'épaisseur δx, aussi petite que l'on veut, est considérée comme un sous-système en équilibre. On obtient donc dans ce cas :

(5) $de = T\,ds$ ou $$\frac{\partial e}{\partial t}=T\frac{\partial s}{\partial t}\qquad\text{(Gibbs)}$$

Cette relation permet d'éliminer s et e entre les bilans énergétique et entropique. On obtient :

(6) $$\dot{W}_s=q\,\frac{\partial(1/T)}{\partial x}$$

Cette relation fait apparaître le flux et la force généralisés, respectivement $\mathcal{J} = q$ et $F = \partial\,(1/T)/\partial x$. Les principes de la thermodynamique irréversible donnent ici :

(7) $\mathcal{J} = L\,F$ ou $q = L\ \partial(1/T)/\partial x$

En posant :

$$\lambda = L/T^2$$

on retrouve la loi de Fourier :

(8) $$q=-\lambda\ \partial T/\partial x$$

Le bilan d'énergie devient :

(9) $$\rho\frac{\partial e}{\partial t}-\frac{\partial}{\partial x}\left(\lambda\frac{\partial T}{\partial x}\right)=0$$

Avec les hypothèses choisies, on obtient, si λ est constant :

(10) $$\frac{\partial T}{\partial t} - \frac{\lambda}{\rho c}\frac{\partial^2 T}{\partial x^2} = 0$$

Généralement, on pose $k = \lambda/\rho c$, diffusivité thermique de sorte que :

(11) $$\frac{\partial T}{\partial t} - k\frac{\partial^2 T}{\partial x^2} = 0$$ (équation de Fourier)

Enfin, on constate que le taux de production d'entropie $\dot{W}_S$ devient :

(12) $$\dot{W}_s = L\left(\partial(1/T)/\partial x\right)^2$$

ou encore :

(13) $$\dot{W}_s = \frac{\lambda}{T^2}\left(\frac{\partial T}{\partial x}\right)^2$$

Si $\partial T/\partial x$ est un infiniment petit du premier ordre, $\dot{W}_S$ est un infiniment petit du second ordre lorsque λ/T^2 est une grandeur finie.

Ces résultats sont généralisables aux processus tridimensionnels comme nous le verrons dans un cas plus complexe au paragraphe 6.

2. RAPPELS SUR LES NOTIONS DE DERIVEE PARTICULAIRE ET DE DEFORMATION

Ces notions sont indispensables pour étudier des milieux déformables en mouvement. Soit une propriété $f(\vec{x}, t)$ d'une particule du milieu continu, on établit que sa dérivée temporelle, lorsque l'on suit cette particule dans son mouvement, est :

(14) $$\frac{df}{dt} = \frac{\partial f}{\partial t} + \vec{v}\cdot\overrightarrow{\text{grad}}\, f$$

où $\vec{v}$ est la vitesse de la particule. On appelle dérivée particulaire cette quantité df/dt.

Considérons maintenant un vecteur $\delta\vec{x}$, de longueur aussi petite que l'on veut, d'extrémités $\vec{x}$ et $\vec{x} + \delta\vec{x}$ à l'instant t, ces extrémités (et donc le vecteur lui-même) étant transportées par le mouvement.

On a :

(15) $$\frac{d}{dt}(\delta\vec{x}) = \vec{K}\cdot\delta\vec{x}$$

avec :

(16) $$\vec{K} = \overrightarrow{\text{grad}}\,\vec{v} = \vec{\nabla}\otimes\vec{v}$$

On démontre alors que l'élément de volume $\delta\mathcal{V}$ vérifie :

(17) $$\frac{d}{dt}(\delta\mathcal{V}) = \text{tr}(\vec{K})\,\delta\mathcal{V} = \vec{\nabla}\cdot\vec{v}\,\delta\mathcal{V}$$

où div $\vec{v}$ est le taux de dilatation en volume.

Le tenseur $\vec{K}$ se décompose généralement en une partie symétrique $\vec{D} = 1/2\ (\vec{K} + \tilde{\vec{K}})$, ou tenseur des taux de déformation, et en une partie antisymétrique $\vec{\Omega} = 1/2\ (\vec{K} - \tilde{\vec{K}})$ ou tenseur des taux de rotation.

3. BILAN DE MASSE DE L'ESPECE j. BILAN DE MASSE GLOBAL [9], [10], [14], [15],[16]

La méthode la plus rigoureuse pour établir le bilan de la masse en milieu continu consiste à suivre le mouvement d'une espèce j donnée. Une surface de contrôle fermée Σ_j ayant une position arbitraire à l'instant initial et limitant un volume $\mathcal{V}_j$ suit, par hypothèse le mouvement de vitesse $\vec{v}_j(\vec{x}, t)$ de l'espèce j. La dérivée particulaire sera donc désignée ici par dj/dt. Seules les réactions chimiques sont susceptibles de modifier la masse d'espèces j contenue dans le volume ($\mathcal{V}_j$), il s'en suit que le bilan s'écrit sous forme intégrale :

(18) $$\frac{d_j}{dt}\int_{\mathcal{V}_j} \rho_j \, d\mathcal{V} = \int_{\mathcal{V}_j} \dot{W}_j \, d\mathcal{V}$$

La dérivation de l'intégrale implique le calcul de :

(19) $$\frac{d_j}{dt}(\rho_j \, d\mathcal{V}) = \frac{d_j \rho_j}{dt} d\mathcal{V} + \rho_j \frac{d_j}{dt}(d\mathcal{V})$$

D'après les résultats du paragraphe 2 :

(20) $$\begin{cases} \dfrac{d_j \rho_j}{dt} = \dfrac{\partial \rho_j}{\partial t} + \vec{v}_j \cdot \overrightarrow{\text{grad}}\, \rho_j \\ \dfrac{d_j}{dt}(d\mathcal{V}) = \text{div}\, \vec{v}_j \, d\mathcal{V} \end{cases}$$

L'équation du bilan devient :

(21) $$\int_{\mathcal{V}_j} \left(\frac{\partial \rho_j}{\partial t} + \vec{v}_j \cdot \overrightarrow{\text{grad}}\, \rho_j + \rho_j \, \text{div}\, \vec{v}_j - \dot{W}_j \right) d\mathcal{V} = 0$$

ou encore :

(22) $$\int_{\mathcal{V}_j} \left(\frac{\partial \rho_j}{\partial t} + \text{div}(\rho_j \vec{v}_j) - \dot{W}_j \right) d\mathcal{V} = 0$$

Le lemme fondamental de la mécanique des milieux continus permet de passer à l'équation du bilan locale. En effet, si l'équation précédente est valable quel que soit le volume de contrôle initial de l'écoulement considéré et si les propriétés ρ_j, $\vec{v}_j$, et $\dot{W}_j$ et leurs dérivées premières sont continues, ce que nous admettrons ici, la quantité sous le signe "somme" est identiquement nulle :

(23) $$\frac{\partial \rho_j}{\partial t} + \mathrm{div}(\rho_j \vec{v}_j) = \dot{W}_j$$

Inversement si (Σ) limite un volume de contrôle $(\mathcal{V})$ fixe, on obtient par intégration :

(24) $$\int_{\mathcal{V}} \frac{\partial \rho_j}{\partial t} \, d\mathcal{V} + \int_{\Sigma} \rho_j \vec{v}_j \cdot \vec{n} \, d\Sigma = \int_{\mathcal{V}} \dot{W}_j \, d\mathcal{V}$$

On voit bien ici les différents termes du bilan du système ouvert que constitue le volume $(\mathcal{V})$: terme instationnaire, flux de masse $\vec{J}_j = \rho_j \vec{v}_j$ à travers l'unité d'aire de (Σ), taux de production chimique.

Si on effectue une sommation des termes du bilan local sur l'indice j, j = 1, ... N, on obtient :

(25) $$\frac{\partial \rho}{\partial t} + \mathrm{div}(\rho \vec{v}) = 0$$

avec :

(26) $$\begin{cases} \rho = \sum_{j=1}^{N} \rho_j \\ \rho \vec{v} = \sum_{j=1}^{N} \rho_j \vec{v}_j \end{cases}$$

La production de masse totale est nulle de sorte que :

(27) $$\sum_{j=1}^{N} \dot{W}_j = 0$$

On vérifie aisément que ce résultat est compatible avec les lois de cinétique chimique données au chapitre 2 puisque :

(28) $$\sum_j \dot{W}_j = \sum_{j,r} \nu_{jr} \mathcal{M}_j \dot{\zeta}_r = \sum_r \dot{\zeta}_r \sum_j \nu_{jr} \mathcal{M}_j$$

Or :

(29) $$\sum_j \nu_{jr} \mathcal{M}_j = 0$$

exprime tout simplement la conservation de la masse au cours de la réaction r.

Le flux de diffusion $\vec{J}_{Dj}$ est défini par :

$$\vec{J}_{Dj} = \rho_j \, (\vec{v}_j - \vec{v}) \tag{30}$$

de sorte que l'équation du bilan local de l'espèce j devient :

$$\frac{\partial \rho_j}{\partial t} + \text{div}\, \vec{J}_{Dj} + \text{div}(\rho_j \vec{v}) = \dot{w}_j \tag{31}$$

En posant :

$$Y_j = \rho_j / \rho$$

fraction massique de l'espèce j, et en utilisant l'équation de la masse globale, on déduit :

$$\rho \frac{dY_j}{dt} + \text{div}\, \vec{J}_{Dj} = \dot{w}_j \tag{32}$$

où la dérivée particulaire d/dt est celle du mouvement barycentrique :

$$\frac{dY_j}{dt} = \frac{\partial Y_j}{\partial t} + \vec{v} \cdot \overrightarrow{\text{grad}}\, Y_j \tag{33}$$

4. EQUATION GENERALE DU BILAN D'UNE PROPRIETE F [9], [11]

Le résultat obtenu pour la fraction massique Y_j, qui fait apparaître localement trois termes : dérivée particulaire en suivant le mouvement de vitesse $\vec{v}$, divergence du flux unitaire à travers une surface suivant ce même mouvement, taux de production, se généralise formellement à n'importe quelle propriété massique f correspondant à F.

Si F est une propriété (masse, quantité de mouvement, énergie...) du fluide (plus généralement, du milieu continu), et f sa valeur par unité de masse, on a en suivant un volume ($\mathcal{V}$) sans son mouvement :

$$\frac{d}{dt} \int_{\mathcal{V}} \rho f \, d\mathcal{V} = - \int_{\Sigma} \vec{J}_F \cdot \vec{n} \, d\Sigma + \int_{\mathcal{V}} \dot{w}_F \, d\mathcal{V} \tag{34}$$

où $\vec{n}$ est la normale extérieure à la surface (Σ) limitant le volume connexe (Fig. 3). On a :

$$\frac{d}{dt} \int_{\mathcal{V}} \rho f \, d\mathcal{V} = \int_{\mathcal{V}} \frac{d}{dt} (\rho f \, d\mathcal{V}) = \int_{\mathcal{V}} \frac{d(\rho f)}{dt} \, d\mathcal{V} + \int_{\mathcal{V}} \rho f \, \frac{d(d\mathcal{V})}{dt} \tag{35}$$

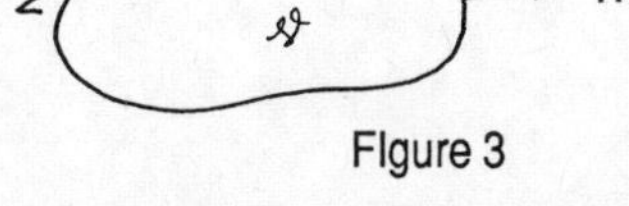

Figure 3

Or, on sait que :

$$\frac{d(d\mathcal{V})}{dt} = \vec{\nabla}.\vec{v}\, d\mathcal{V}$$

donc

(36) $$\frac{d}{dt}\int_{\mathcal{V}} \rho f\, d\mathcal{V} = \int_{\mathcal{V}} \left(\frac{d(\rho f)}{dt} + \rho f \,\mathrm{div}\,\vec{v} \right) d\mathcal{V}$$

En appliquant le théorème de Stokes-Ostrogradski, on a par ailleurs :

(37) $$\int_{\Sigma} \vec{\mathcal{J}}_F . \vec{n}\, d\Sigma = \int_{\mathcal{V}} \mathrm{div}\,\vec{\mathcal{J}}_F\, d\mathcal{V}$$

L'équation générale du bilan devient donc :

(38) $$\int_{\mathcal{V}} \left(\frac{d(\rho f)}{dt} + \rho f \,\mathrm{div}\,\vec{v} + \mathrm{div}\,\vec{\mathcal{J}}_F - \dot{W}_F \right) d\mathcal{V} = 0$$

On montre (lemme fondamental) que si la quantité sous le signe $\int_{\mathcal{V}}$ ne subit aucune discontinuité dans le volume ($\mathcal{V}$) et ceci quel que soit ($\mathcal{V}$) dans le champ de l'écoulement, cette quantité est identiquement nulle. L'équation du bilan locale s'écrit donc :

(39) $$\frac{d(\rho f)}{dt} + \rho f \,\mathrm{div}\,\vec{v} + \mathrm{div}\,\vec{\mathcal{J}}_F = \dot{W}_F$$

Dans cette équation, on reconnaît le flux $\mathcal{J}_F$ qui caractérise le transfert de F à travers un élément de surface qui suit le mouvement (voir chapitre 2) et le taux de production volumique de F.

En appliquant l'équation de conservation de la masse, on modifie l'équation locale du bilan de la propriété F qui devient :

(40) $$\rho \frac{df}{dt} + \mathrm{div}\,\vec{\mathcal{J}}_F = \dot{W}_F$$

Un autre forme de l'équation du bilan local est obtenue en introduisant le flux unitaire à travers une surface fixe :

(41) $$\vec{J}_F = \vec{\mathcal{J}}_F + \rho f\, \vec{v}$$

ce qui donne :

(42) $$\frac{\partial(\rho f)}{\partial t} + \mathrm{div}\,\vec{J}_F = \dot{W}_F$$

En appliquant l'une ou l'autre de ces équations à la masse de l'espèce j, on retrouve bien entendu les résultats déjà acquis.

Remarquons qu'en utilisant la même méthode du bilan intégral avec une surface (Σ) limitant un volume $(\mathcal{V})$ qui suive un mouvement fictif de milieu continu de vitesse $\vec{V}$, on obtiendrait :

(43) $$\frac{d_V(\rho f)}{dt} + \rho f \, \mathrm{div}\, \vec{V} + \mathrm{div}\, \vec{J}_{VF} = \dot{W}_F$$

avec :

(44) $$\begin{cases} \dfrac{d_V}{dt} = \dfrac{\partial}{\partial t} + \vec{V}.\overrightarrow{\mathrm{grad}} \\ \vec{J}_F = \vec{J}_{VF} + \rho f \, \vec{V} \end{cases}$$

5. BILAN DE LA QUANTITE DE MOUVEMENT

A chaque espèce j, on associe sa vitesse $\vec{v}_j$, un tenseur de pressions $\vec{P}_j$ et une force extérieure $\vec{f}_j$ par unité de masse. Nous donnerons ici seulement le résultat obtenu en sommant sur l'indice j :

(45) $$\rho \frac{d\vec{v}}{dt} + \mathrm{div}\, \vec{P} = \sum_j \rho_j \, \vec{f}_j$$

où $\vec{P}$ est un tenseur des pressions global, symétrique.

6. BILAN DE L'ENERGIE

L'expression du premier principe étendu aux systèmes en mouvement est, par unité de temps :

(46) $$\frac{dE}{dt} + \frac{dK}{dt} = \mathcal{P} + \mathcal{Q}$$

dE/dt et dK/dt sont les dérivées temporelles de l'énergie interne et de l'énergie cinétique du fluide contenu dans le volume $(\mathcal{V})$ que l'on suit dans son mouvement (à la vitesse barycentrique $\vec{v}$ du mélange). $\mathcal{P}$ et $\mathcal{Q}$ sont respectivement la puissance et la quantité de chaleur par unité de temps, apportées au même système.

Rappelons que pour la grandeur F on a :

(47) $$\frac{dF}{dt} = \frac{d}{dt}\int_{\mathcal{V}} \rho f \, d\mathcal{V} = \int_{\mathcal{V}} \left(\frac{d(\rho f)}{dt} + \rho f \, \mathrm{div}\, \vec{v} \right) d\mathcal{V}$$

Compte-tenu de la conservation de la masse globale on obtient :

(48) $$\frac{dF}{dt} = \int_{\mathcal{V}} \rho \, \frac{df}{dt} \, d\mathcal{V}$$

Appliqué à E et K, ce résultat donne :

(49) $$\frac{dK}{dt} = \frac{d}{dt}\int_{\mathcal{V}} \sum_j \rho_j \frac{v_j^2}{2}\, d\mathcal{V} \simeq \int_{\mathcal{V}} \rho \frac{d}{dt}\left(\frac{v^2}{2}\right) d\mathcal{V}$$

puisque :

(50) $$\begin{cases} \sum_j \rho_j \vec{v}_j^{\,2} = \sum_j \rho_j (\vec{v} + \vec{V}_j)^2 \simeq \rho \vec{v}^{\,2} \\ \frac{dE}{dt} = \int_{\mathcal{V}} \rho \frac{de}{dt}\, d\mathcal{V} \end{cases}$$

En multipliant scalairement par $\vec{v}$ les deux membres de l'équation de la quantité de mouvement, on a :

(51) $$\rho \vec{v} \cdot \frac{d\vec{v}}{dt} = -\vec{v} \cdot \operatorname{div} \vec{P} + \vec{v} \cdot \sum_j \rho_j \vec{f}_j$$

soit encore :

(52) $$\frac{1}{2}\rho \frac{dv^2}{dt} = -\operatorname{div}(\vec{v} \cdot \vec{P}) - \vec{P} : \overrightarrow{\operatorname{grad}}\, \vec{v} + \sum_j \rho_j \vec{v}_j \cdot \vec{f}_j - \sum_j \vec{J}_{Dj} \cdot \vec{f}_j$$

où :

(53) $$\vec{P} : \overrightarrow{\operatorname{grad}}\, \vec{v} = P_{\alpha\beta}\, v_{\alpha\beta}$$

Donc :

(54) $$\frac{dK}{dt} = -\int_{\Sigma} (\vec{v} \cdot \vec{P}) \cdot \vec{n}\, d\Sigma + \int_{\mathcal{V}} \rho_j \vec{v}_j \cdot \vec{f}_j\, d\mathcal{V} + \int_{\mathcal{V}} \vec{P} : \vec{\nabla} \otimes \vec{v}\, d\mathcal{V} - \int_{\mathcal{V}} \sum_j \vec{J}_{Dj} \cdot \vec{f}_j\, d\mathcal{V}$$

La puissance apportée au système est la puissance des efforts extérieurs :

(55) $$\mathcal{P} = -\int_{\Sigma} (\vec{v} \cdot \vec{P}) \cdot \vec{n}\, d\Sigma + \int_{\mathcal{V}} \rho_j \vec{v}_j \cdot \vec{f}_j\, d\mathcal{V}$$

On définit la puissance des efforts intérieurs comme :

(56) $$\mathcal{P}_i = \int_{\mathcal{V}} \vec{P} : \vec{\nabla} \otimes \vec{v}\, d\mathcal{V} - \int_{\mathcal{V}} \sum_j \vec{J}_{Dj} \cdot \vec{f}_j\, d\mathcal{V}$$

On obtient le théorème de l'énergie cinétique :

(57) $$\frac{dK}{dt} = \mathcal{P} + \mathcal{P}_i$$

Le premier principe devient :

(58) $$\frac{dE}{dt} = \mathcal{Q} - \mathcal{P}_i$$

Il reste à exprimer $\mathcal{Q}$ sous la forme :

(59) $$\mathcal{Q} = \int_{\mathcal{V}} r \, d\mathcal{V} - \int_{\Sigma} \vec{q} \cdot \vec{n} \, d\Sigma$$

en tenant compte également d'un apport d'énergie par unité de volume r.

Le bilan de l'énergie interne devient donc :

(60) $$\int_{\mathcal{V}} \rho \frac{de}{dt} d\mathcal{V} = \int_{\mathcal{V}} r \, d\mathcal{V} - \int_{\Sigma} \vec{q} \cdot \vec{n} \, d\Sigma - \int_{\mathcal{V}} \vec{\vec{P}} : \vec{\nabla} \otimes \vec{v} \, d\mathcal{V} + \int_{\mathcal{V}} \sum_j \vec{J}_{Dj} \cdot \vec{f}_j \, d\mathcal{V}$$

ou, localement :

(61) $$\rho \frac{de}{dt} + \operatorname{div} \vec{q} = r - \vec{\vec{P}} : \vec{\nabla} \otimes \vec{v} + \sum_j \vec{J}_{Dj} \cdot \vec{f}_j$$

En décomposant le tenseur gradient de vitesse en sa partie symétrique et sa partie antisymétrique :

(62) $$\vec{\nabla} \otimes \vec{v} = \vec{\vec{K}} = \vec{\vec{D}} + \vec{\vec{\Omega}} , \qquad \vec{\vec{D}} = \frac{1}{2} \left(\vec{\nabla} \otimes \vec{v} + \widetilde{\vec{\nabla} \otimes \vec{v}} \right)$$

et compte-tenu que $\vec{\vec{P}}$ est symétrique, on a finalement :

(63) $$\rho \frac{de}{dt} + \operatorname{div} \vec{q} = r - \vec{\vec{P}} : \vec{\vec{D}} + \sum_j \vec{J}_{Dj} \cdot \vec{f}_j$$

7. FLUX ET PRODUCTION D'ENTROPIE DANS UN SYSTEME DISCRET [8], [17]

Un récipient de volume ($\mathcal{V}$) indéformable et limité par une paroi imperméable et adiabatique est séparé en deux parties par une paroi fixe et poreuse. A l'instant initial le fluide (le même dans chaque compartiment), est de part et d'autre à l'équilibre dans des états différents. On étudie une petite transformation de ce système (Fig. 4) :

Figure 4

Supposons qu'une masse δm passe du compartiment 2 au compartiment 1 pendant le temps δt et considérons les systèmes fermés de masses $(m_1 + \delta m)$ et $(m_2 - \delta m)$. Le premier principe donne pour chaque partie :

(64) $$\left\{ \begin{array}{l} (m_1 + \delta m)(e_1 + \delta e_1) - (m_1 e_1 + \delta m\, e_2) = \frac{p_2}{\rho_2} \delta m \\ (m_2 - \delta m)(e_2 + \delta e_2) - (m_2 - \delta m) e_2 = - \frac{p_2}{\rho_2} \delta m \end{array} \right.$$

ou encore :

(65) $$\left\{ \begin{array}{l} m_1 \delta e_1 + \delta m (e_1 - e_2) \simeq \frac{p_2}{\rho_2} \delta m \\ m_2 \delta e_2 \simeq - \frac{p_2}{\rho_2} \delta m \end{array} \right.$$

au total :

(66) $$\delta(m_1 e_1) + \delta(m_2 e_2) = 0$$

De même le second principe donne :

(67) $$\left\{ \begin{array}{ll} m_1 \delta s_1 + \delta m (s_1 - s_2) & \text{pour la variation d'entropie du sous-système 1} \\ m_2 \delta s_2 & \text{pour celle du sous-système 2} \end{array} \right.$$

Au total :

(68) $$\delta_i S = m_1 \delta s_1 + m_2 \delta s_2 + (s_1 - s_2) \delta m \geqslant 0$$

La relation de Gibbs :

(69) $$\delta s = \frac{1}{T} \delta e + \frac{p}{T} \delta v$$

et l'expression de s :

(70) $$s = \frac{1}{T} e + \frac{p}{T} v - \frac{g}{T}$$

fournissent :

(71) $$\delta_i S = \frac{\delta(m_1 e_1)}{T_1} + \frac{\delta(m_2 e_2)}{T_2} + \delta m \left(\frac{g_2}{T_2} - \frac{g_1}{T_1} \right)$$

du fait que les volumes de chaque compartiment sont invariables :

(72) $$\left\{ \begin{array}{l} \delta(m_1 v_1) = m_1 \delta v_1 + v_1 \delta m = 0 \\ \delta(m_2 v_2) = m_2 \delta v_2 - v_2 \delta m = 0 \end{array} \right.$$

L'application du premier principe au système total permet d'écrire :

(73) $$\delta_i S = \delta(m_1 e_1)\left(\frac{1}{T_1} - \frac{1}{T_2}\right) + \delta m \left(\frac{g_2}{T_2} - \frac{g_1}{T_1}\right)$$

On trouverait la même chose en écrivant directement les relations pour chaque sous-système ouvert :

(74) $$\begin{cases} \delta(m_1 e_1) + \delta(m_2 e_2) = 0 \\ \delta_i S = \delta(m_1 s_1) + \delta(m_2 s_2) \geqslant 0 \end{cases}$$

Le flux d'énergie interne reçu par le sous-système i apparaît donc comme :

(75) $$q_i = \dot{\overline{\delta(m_i e_i)}}$$

et le flux d'entropie correspondant est :

(76) $$\dot{\overline{\delta_e S_i}} = \dot{\overline{\delta(m_i s_i)}}$$

Le flux de volume est :

(77) $$\dot{\overline{\delta(m_i v_i)}} = 0$$

On a :

(78) $$\delta(m_i s_i) = m_i\left(\frac{\delta e_i}{T_i} + \frac{p_i}{T_i}\delta v_i\right) + \delta m_i\left(\frac{e_i}{T_i} + \frac{p_i}{T_i} v_i - \frac{g_i}{T_i}\right)$$

Donc :

(79) $$\dot{\overline{\delta_e S_i}} = \frac{1}{T_i}\,\dot{\overline{\delta(m_i e_i)}} - \frac{g_i}{T_i}\,\dot{\overline{\delta m_i}}$$

ou encore, pour la partie 1 et en supprimant l'indice 1 :

(80) $$\dot{\overline{\delta_e S}} = \frac{1}{T}\left(q - g\dot{m}\right)$$

où $\dot{m}$ est le flux de masse.

En présence de plusieurs espèces chimiques on trouvera :

(81) $$\dot{\overline{\delta_e S}} = \frac{1}{T}\left(q - \sum_{j=1}^{N} g_j \dot{m}_j\right)$$

où $\dot{m}_j$ est le débit massique de l'espèce j à travers la paroi.

Le taux de production d'entropie sera :

(82) $$\dot{\overline{\delta_i S}} = -q\,\Delta(1/T) + \sum_j \dot{m}_j\,\Delta(g_j/T)$$

avec :

(83) $$\Delta(1/T) = 1/T_2 - 1/T_1 \quad , \quad \Delta(g_j/T) = g_{j2}/T_2 - g_{j1}/T_1$$

Remarquons ici que le flux d'énergie interne :

(84) $$q = \delta\,\dot{\overline{(me)}}$$

comprend une partie conductive et une partie due à la diffusion à travers la paroi. D'autre part q et $\dot{m}_j$ sont des flux rentrants pour le sous-système considéré.

La séparation entre conduction et convection d'énergie interne sera examinée au chapitre 5, où le taux de production d'entropie sera écrit sous une forme qui fait apparaître clairement les termes dus au saut de température (certains d'entre eux sont contenus dans Δ (g/T)).

8. BILAN DE L'ENTROPIE EN MILIEU CONTINU [9], [10], [16], [17]

Chaque élément de surface (Σ) qui suit le mouvement barycentrique de vitesse $\vec{v}$ est traversé par le flux de chaleur $\vec{q}$ et le flux de diffusion $\vec{J}_{Dj}$ par unité d'aire et de temps. Le vecteur flux d'entropie correspondant est donc, par extension des résultats du paragraphe 7 :

(85) $$\vec{J}_S = \Big(\vec{q} - \sum_j g_j \vec{J}_{Dj}\Big)/T$$

Remarque : En appliquant la relation de Gibbs :

(86) $$dS = \frac{1}{T}\,dE + \frac{p}{T}\,d\mathcal{V} - \frac{1}{T}\sum_j g_j\,dm_j$$

aux flux, on pourrait écrire aussi, formellement :

(87) $$J_S = \frac{1}{T}\,\vec{J}_E + \frac{p}{T}\,\vec{J}_{\mathcal{V}} - \frac{1}{T}\sum_j g_j\,\vec{J}_{Dj}$$

Le flux de volume $\vec{J}_{\mathcal{V}}$ étant nul, et $\vec{J}_E$ étant égal à $\vec{q}$, on retrouve la formule précédente.

Nous avons admis également un apport volumique r d'énergie de sorte que l'apport d'entropie extérieur est :

(88) $$\dot{S}_e = \int_{\mathcal{V}} \frac{r}{T}\,d\mathcal{V} - \int_{\Sigma} \frac{1}{T}\Big(\vec{q} - \sum_j g_j \vec{J}_{Dj}\Big)\cdot\vec{n}\,d\Sigma$$

Le second principe nous indique que :

(89) $$\dot{S} = \dot{S}_e + \dot{S}_i \quad , \quad \dot{S}_i \geqslant 0$$

avec ici :

$$(90)\quad \begin{cases} \dot{S} = \dfrac{d}{dt}\displaystyle\int_{\mathcal{V}} \rho s \, d\mathcal{V} = \int_{\mathcal{V}} \rho \dfrac{ds}{dt} \, d\mathcal{V} \\ \dot{S}_i = \displaystyle\int_{\mathcal{V}} \dot{w}_S \, d\mathcal{V} \end{cases}$$

L'équation intégrale du bilan entropique est donc :

$$(91)\quad \int_{\mathcal{V}} \rho \frac{ds}{dt} \, d\mathcal{V} - \int_{\mathcal{V}} \frac{r}{T} \, d\mathcal{V} + \int_{\Sigma} \frac{1}{T} \left(\vec{q} - \sum_j g_j \vec{J}_{D_j} \right) \cdot \vec{n} \, d\Sigma = \int_{\mathcal{V}} \dot{w}_S \, d\mathcal{V}$$

En utilisant le théorème de Stokes-Ostrogradski et le lemme fondamental on obtient l'équation locale :

$$(92)\quad \rho \frac{ds}{dt} + \operatorname{div} \left(\frac{\vec{q} - \sum_j g_j \vec{J}_{D_j}}{T} \right) = \frac{r}{T} + \dot{w}_S$$

La relation de Gibbs s'applique aux dérivées particulaires :

$$(93)\quad \frac{ds}{dt} = \frac{1}{T} \frac{de}{dt} + \frac{P}{T} \frac{d\mathcal{V}}{dt} - \sum_j \frac{g_j}{T} \frac{dY_j}{dt}$$

En combinant ces deux dernières équations et en reportant les valeurs trouvées dans les paragraphes précédents pour $\frac{de}{dt}$, $\frac{d\mathcal{V}}{dt} = \frac{d(1/\rho)}{dt}$ et $\frac{dY_j}{dt}$ on obtient :

$$(94)\quad \begin{aligned} \dot{w}_S = & -\sum_j \frac{g_j}{T} \dot{w}_j - \frac{\pi - P}{T} \operatorname{div} \vec{v} + \vec{q} \cdot \overrightarrow{\operatorname{grad}}\left(\frac{1}{T}\right) - \sum_j \vec{J}_{D_j} \cdot \left(\overrightarrow{\operatorname{grad}}\left(\frac{g_j}{T}\right) - \frac{\vec{f}_j}{T} \right) \\ & - \frac{1}{2T} \left(\vec{\vec{P}} - \pi \vec{\vec{1}} \right) : \left(\vec{\nabla} \otimes \vec{v} + \tilde{\vec{\nabla} \otimes \vec{v}} - \frac{2}{3} \vec{\nabla} \cdot \vec{v} \, \vec{\vec{1}} \right) \end{aligned}$$

Il reste, si l'on veut appliquer correctement les principes de la thermodynamique des processus irréversibles, à bien séparer dans cette expression les forces généralisées indépendantes ce qui sera fait par la suite et qui est déjà réalisé dans la formule précédente en ce qui concerne les phénomènes de viscosité.

9. SURFACES DE DISCONTINUITE EN MILIEU CONTINU

Les équations du bilan étant valables de part et d'autre d'une surface de discontinuité (onde de choc, de détonation, surface de glissement, surface capillaire séparant un liquide et un fluide, etc.) il est nécessaire alors d'établir les conditions aux limites au niveau de cette surface. Celle-ci peut être fixe, mobile avec géométrie invariable ou déformable. Elle peut être ou non siège de productions ou de flux internes (réactions chimiques de surface, tensions de surface, etc.).

Les équations de bilan sont faciles à établir pour les quantités dont la production interfaciale est nulle, qui ne présentent pas de flux internes (tensions de surface par exemple, qui sont des flux de quantité de mouvement) ni de termes d'accumulation.

Il y a alors conservation des flux relatifs normaux de masse, de quantité de mouvement et d'énergie à la traversée de ces surfaces. Il n'en est pas de même pour l'entropie, mais on peut généralement déduire la production d'entropie des autres équations, comme on l'a fait d'ailleurs en l'absence de surface de discontinuité.

Dans ce cas simple on écrit donc pour toute quantité F conservative à l'interface :

(95) $$[\![\vec{J}_F + \rho f(\vec{v} - \vec{W})]\!] \cdot \vec{N} = 0$$

où $\vec{W}$ est la vitesse locale de la discontinuité, $\vec{N}$ la normale orientée du côté (-) vers le côté (+) choisis, $[\![\varphi]\!]$ signifie la différence $\varphi^+ - \varphi^-$.

On obtient ainsi, pour la masse globale :

(96) $$[\![\rho(\vec{v} - \vec{W})]\!] \cdot \vec{N} = 0$$

pour la quantité de mouvement :

(97) $$[\![\vec{P} + \rho \vec{v} \otimes (\vec{v} - \vec{W})]\!] \cdot \vec{N} = 0$$

et pour l'énergie totale :

(98) $$[\![\vec{v} \cdot \vec{P} + \vec{q} + \rho(e + v^2/2)(\vec{v} - \vec{W})]\!] \cdot \vec{N} = 0$$

Le taux de production d'entropie par unité d'aire vérifie alors :

(99) $$\hat{W}_S = [\![\vec{J}_S + \rho s(\vec{v} - \vec{W})]\!] \cdot \vec{N} \geqslant 0$$

En présence de processus internes, il faut ajouter au premier membre de l'équation générale du bilan de F, un terme d'accumulation (phénomène instationnaire et convection) et un terme de flux tangentiel. Au second membre apparaît aussi un terme de production, comme c'est le cas en général pour l'entropie (voir chapitre 10).

10. AUTRES METHODOLOGIES POUR LES BILANS

Les équations de bilan sous leur forme locale ont un large champ d'application. Cependant elles ne sont pas forcément les mieux adaptées à la résolution de tous les problèmes d'écoulements fluides. Elles présentent par ailleurs, du fait même de leur complexité, des difficultés importantes de résolution. Elles seront trop précises dans certains cas et insuffisantes dans d'autres cas. En génie chimique par exemple, on a plutôt recours à des bilans globaux déterministes qui permettent détudier certains réacteurs dits idéaux. Par contre, les écoulements réactifs turbulents ou les réacteurs chimiques réels nécessiteront l'établissement d'équations probabilistes de bilan.

10.1 Bilan déterministe global [18]

En principe, il suffit d'écrire les bilans précédents sous forme intégrale. On tient compte généralement du fait que l'entrée et la sortie d'un réacteur sont constituées de tuyauteries le long desquelles les propriétés des fluides sont relativement uniformes. D'autre part, le réacteur ou l'élément de réacteur considéré, est à parois indéformables. Le bilan de masse de l'espèce j sera donc :

(100) $$\frac{dm_j}{dt} = \dot{m}_{je} - \dot{m}_{js} + R_j \quad , \quad j = 1, \ldots N .$$

où m_j est la masse d'espèce j contenue dans le réacteur, $\dot{m}_{je}$ le débit masse entrant, $\dot{m}_{js}$ le débit masse de sortie et R_j la masse produite par réaction chimique.

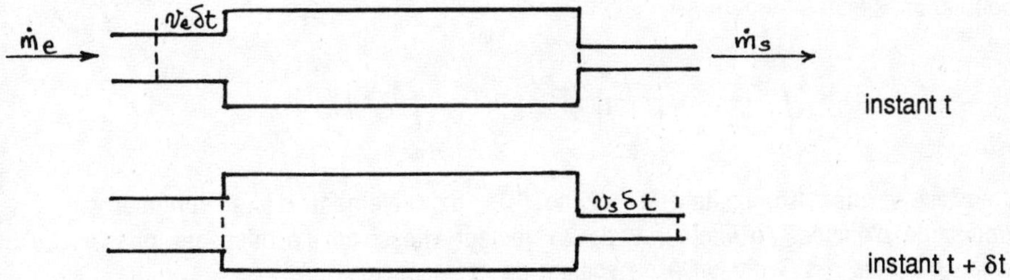

Figure 5

Appliquons le premier principe au réacteur ouvert de la figure 5 entre les instants t et t + δt, on a :

(101) $$\left(E + \delta E + \sum_j \dot{m}_{js}\, e_{js}\, \delta t\right) - \left(E + \sum_j \dot{m}_{je}\, e_{je}\, \delta t\right) = \frac{p_e}{\rho_e}\, \dot{m}_e \delta t - \frac{p_s}{\rho_s}\, \dot{m}_s \delta t - \dot{Q}_{(T)}\, \delta t$$

où $\dot{Q}_{(T)}$ désigne la chaleur perdue par unité de temps à travers les parois. On en déduit :

(102) $$\frac{dE}{dt} = \sum_j \dot{m}_{je}\, h_{je} - \sum_j \dot{m}_{js}\, h_{js} - \dot{Q}_{(T)}$$

Ces N + 1 équations suffisent à résoudre de nombreux problèmes. Ainsi, pour un réacteur idéal à mélange parfait, on admet que les quantités spécifiques ou intensives dans la section de sortie sont identiques à celles d'un point quelconque intérieur au réacteur. Il s'agit là d'un mélange fluide très turbulent qui conduit à une formulation simple (voir chapitre 7).

10.2 Bilans de population probabilistes (DANCKWERTS, 1951) [19]

Les bilans de population s'appliquent aux réacteurs chimiques également. La démarche est ici probabiliste. On admet qu'une entité de fluide est caractérisée, à la position $\vec{x}$ et au temps t, par un certain nombre de grandeurs ζ_1, ζ_2, ... formant un vecteur $\vec{\zeta}$. Le nombre d'entités contenues dans l'élément de volume $d\vec{x}.d\vec{\zeta}$ de l'espace des phases ainsi défini est à l'instant t :

(103) $$\psi(\vec{x}, \vec{\zeta}, t)\, d\vec{x}\, d\vec{\zeta}$$

et le nombre total d'entités contenues dans un volume de contrôle $(\mathcal{V})$ est alors :

(104) $$N = \int_{\mathcal{V}} \psi\, d\vec{x}\, d\vec{\zeta}$$

La probabilité pour qu'une entité du volume $\mathcal{V}$ soit, à la position $\vec{x}$ et à l'instant t, dans l'état $\vec{\zeta}$ est :

(105) $$f = \psi / N$$

Le bilan de population s'écrit :

(106) $$\frac{\partial}{\partial t}\int_{\mathcal{V}} \psi\, d\mathcal{V} + \int_{\Sigma} \psi \vec{V}.d\vec{\Sigma} = \int_{\mathcal{V}} G\, d\mathcal{V}$$

où (Σ) est la surface fermée fixe limitant le volume $(\mathcal{V})$, $d\Sigma$ l'élément d'aire normalement à (Σ) et G la production d'entités. Le vecteur $\vec{V}$ est le vecteur vitesse de l'espace des phases. Le taux de production d'entités est G par unité de volume de cet espace.

En posant $w = d\zeta/dt$, on a l'équation locale :

(107) $$\frac{\partial \psi}{\partial t} + \mathrm{div}(\psi \vec{v}) + \sum_i \frac{\partial(\psi w_i)}{\partial \zeta_i} = G$$

En intégrant cette équation au volume physique (V) d'un réacteur ouvert de sections d'entrée et de sortie désignées par e et s, de débit volume d'entrée $\dot{q}_e$ et de débit de sortie $\dot{q}_s$ on obtient :

(108) $$\frac{1}{V}\frac{\partial}{\partial t}(\bar{\psi} V) + \frac{\dot{q}_s \bar{\psi}_s - \dot{q}_e \bar{\psi}_e}{V} + \sum_i \frac{\partial(\bar{\psi} w_i)}{\partial \zeta_i} = \bar{G}$$

Dans cette relation interviennent les grandeurs moyennes volumiques :

(109) $$\bar{\psi} = \frac{1}{V}\int_V \psi\, dV \quad , \quad \bar{G} = \frac{1}{V}\int_V G\, dV$$

et les moyennes de débit volume :

(110) $$\bar{\psi}_e = \frac{1}{\dot{q}_e}\int_{A_e} \psi \vec{v}.d\vec{A} \quad , \quad \bar{\psi}_s = \frac{1}{\dot{q}_s}\int_{A_s} \psi \vec{v}.d\vec{A}$$

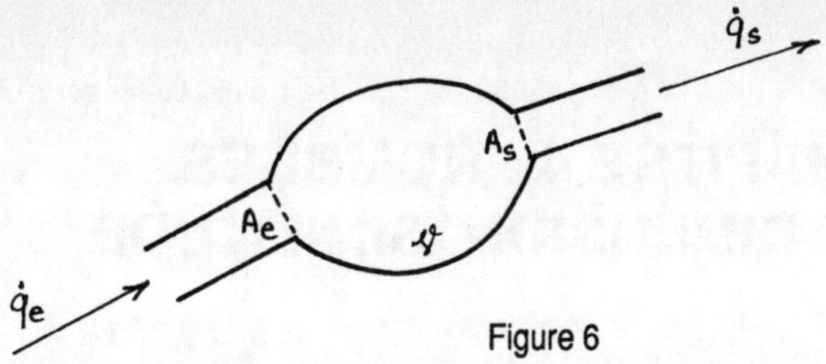

Figure 6

Cette équation de bilan peut être appliquée par exemple à un cristalliseur (Fig. 6). La solution d'entrée est homogène et les cristaux apparaissent dans le réacteur avec une vitesse de nucléation r_N. Leur dimension L s'accroît avec une certaine vitesse $w = \frac{dL}{dt} = r_0 L^b$ où r_0 et b sont des constantes. Le réacteur est supposé parfaitement agité. Pour b = o on trouve, en régime stationnaire, une loi remarquablement bien vérifiée par l'expérience, donnant le rapport W(L) de la masse m(L) de cristaux de taille inférieure à L donné à la masse totale cristallisée m_T (Fig. 7). La dérivée W'(L) est :

$$W'_{(L)} = \frac{m'(L)}{m_T} = \frac{1}{6L_0}\left(\frac{L}{L_0}\right)^3 e^{-L/L_0}$$

avec :

$$L_0 = \vartheta r_0/\dot{q} \quad , \quad \dot{q} = \dot{q}_e = \dot{q}_s$$

débit volume.

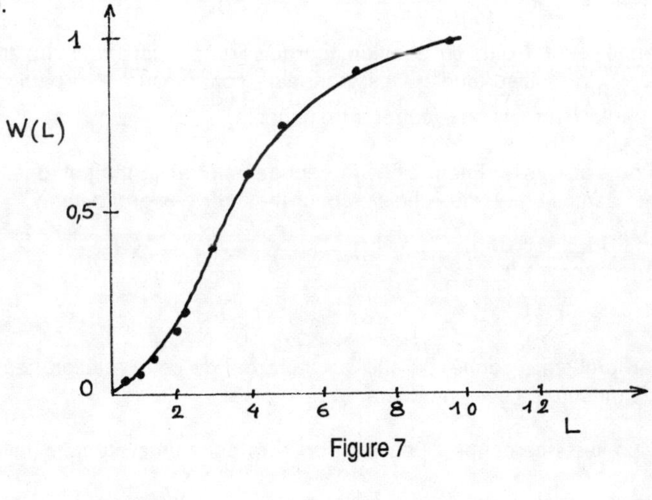

Figure 7

CHAPITRE 4 : NOMBRES SANS DIMENSION, SIMILITUDE

Les nombres sans dimension sont des produits de grandeurs, élevées à certaines puissances déterminées analytiquement. Ces grandeurs sont des données du problème à étudier : coefficients de transfert, dimension d'un réacteur, gradient thermique moyen, temps caractéristique d'un phénomène, etc. Elles doivent être exprimées dans un système cohérent d'unités.

Ces nombres sont très utiles pour évaluer en première analyse les phénomènes prépondérants dans un écoulement. Mais leur intérêt ne se limite pas à cela. Les changements de stabilité sont souvent caractérisés par des courbes ou des surfaces d'un espace défini à partir de tels nombres. Il est possible parfois d'étudier certains phénomènes sans même avoir recours à la résolution complète des équations qui les régissent et de tirer des conclusions très utiles grâce aux nombres sans dimension en relation avec les observations expérimentales.

Une présentation très succincte de l'analyse dimensionnelle est faite ici. Nous verrons qu'outre les nombres cités, les concepts qui s'en dégagent interviennent également dans la détermination des solutions des équations d'un problème donné par la mise en évidence de groupements de variables intéressants.

1. ELEMENTS D'ANALYSE DIMENSIONNELLE. GROUPEMENTS Π_i [15], [20]

Un problème donné est tel que sa solution fournisse des relations entre les grandeurs caractéristiques F_1, ... F_n du milieu étudié. Ces grandeurs sont mesurées à partir de grandeurs unité, faisant toutes partie d'un système cohérent d'unités.

L'idée de base de l'analyse dimensionnelle repose sur le sentiment que les relations physiques sont indépendantes des unités choisies pour mesurer ces grandeurs.

Soit :

$$f(F_1, F_2, \ldots F_n) = 0 \tag{1}$$

une relation finale d'un problème donné, on sait que la forme de cette relation ne dépendra pas du système d'unités de mesure de ces grandeurs.

Si $F_i = x_i e_i$, dans un système donné d'unités e_i, on aura dans un système d'unités e_i' :

$$x_i' e_i' = x_i e_i \tag{2}$$

Toute grandeur s'exprime, du point de vue dimensionnel, au moyen de grandeurs primaires qui sont au nombre de trois : la longueur L, la masse M et le temps T.

On écrit alors symboliquement :

(3) $$[F_i] = [L^{\alpha_i} M^{\beta_i} T^{\gamma_i}]$$

Exemple : la pression donne

$$[P] = [L^{-1} M T^{-2}]$$

Remarque : Certaines grandeurs sont définies à partir des grandeurs primaires et de constantes universelles. On néglige alors les dimensions de ces constantes. Par exemple, la température θ donne simplement $[\theta] = [L^2 T^{-2}]$ (la notation θ est utilisée dans ce chapitre pour des raisons évidentes).

On peut envisager d'autres grandeurs de base que les grandeurs primaires. Si :

(4) $$\begin{cases} [X] = [L^{a_{11}} M^{a_{12}} T^{a_{13}}] \\ [Y] = [L^{a_{21}} M^{a_{22}} T^{a_{23}}] \\ [Z] = [L^{a_{31}} M^{a_{32}} T^{a_{33}}] \end{cases}$$

l'équation aux dimensions de la grandeur F_i sera indifféremment :

(5) $$[F_i] = [L^{\alpha_i} M^{\beta_i} T^{\gamma_i}] \quad \text{ou :} \quad [F_i] = [X^{x_i} Y^{y_i} Z^{z_i}]$$

à condition que la matrice des a_{kl} soit régulière.

On obtient alors, en identifiant les deux expressions de F_i :

(6) $$\begin{cases} a_{11} x_i + a_{21} y_i + a_{31} z_i = \alpha_i \\ a_{12} x_i + a_{22} y_i + a_{32} z_i = \beta_i \\ a_{13} x_i + a_{23} y_i + a_{33} z_i = \gamma_i \end{cases}$$

ce qui permet de calculer les coefficients x_i, y_i, z_i.

Supposons que le tableau des coefficients α_i, β_i, γ_i, exposants des L, M, T soit de rang p (p $\leqslant$ 3). Il existe alors n-p produits sans dimension constitués à partir des p grandeurs fondamentales prises parmi les n grandeurs et classées de telle manière que :

(7) $$X = F_1 \ , \quad Y = F_2 \ , \ \ldots$$

Les produits sont donc de la forme :

(8) $$\Pi_i = \frac{F_i}{F_1^{x_i} \, F_2^{y_i} \ldots} \ , \qquad i = p+1, \ldots n$$

Théorème de Vaschy-Buckingham (1890) ou théorème Π

Une relation finale, $f(F_1, F_2, \dots F_n) = 0$ entre n grandeurs, peut être mise sous la forme d'une équation entre n - p groupements, p étant le nombre maximum de grandeurs dimensionnellement indépendantes qui interviennent dans l'équation considérée.

On écrit donc :

(9) $$\varphi \left(\Pi_{p+1}, \dots \Pi_n \right) = 0$$

ou encore :

(10) $$\Pi_{p+1} = \psi \left(\Pi_{p+2}, \dots \Pi_n \right)$$

Notons ici que l'analyse dimensionnelle ne fournit pas les fonctions φ et ψ. Seule l'expérience donne la forme de ces fonctions (ou l'analyse mathématique complète du problème).

Intérêt pratique de l'analyse dimensionnelle :

Réduction du nombre des variables (moyennant parfois des hypothèses supplémentaires). Recherche de solutions autosemblables.

Présentation des résultats.

Recherche de solutions par voie expérimentale ou numérique.

Marche à suivre

Faire figurer dans f toutes les grandeurs susceptibles de s'y trouver (variables indépendantes, constantes physiques) et éliminer celles dont on présume que leur effet est négligeable.

Choisir comme grandeurs de base X, Y ... celles dont l'intervention est certaine, qu'on peut difficilement maintenir constantes.

Former les groupements Π.

Formuler la loi $\varphi(\Pi_{p+1}, \dots \Pi_n) = 0$ (ou la loi en ψ). Cette loi peut parfois se mettre sous la forme $\Pi_{p+1}^{\alpha} \Pi_{p+2}^{\beta} \dots = C^{te}$.

Exemple d'application
Perte de charge dans une conduite cylindrique

La rugosité de la paroi est caractérisée par une épaisseur moyenne (Fig. 1).

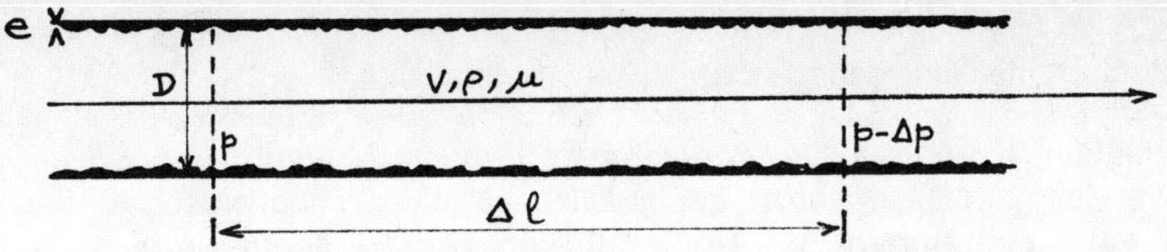

Figure 1

Tableau des dimensions des grandeurs actives :

F_i	D	Δl	e	ρ	V	Δp	μ
L	1	1	1	-3	1	-1	-1
M	0	0	0	1	0	1	1
T	0	0	0	0	-1	-2	-1

Choix des grandeurs de base : {X, Y, Z} = {D, ρ, V} (la matrice de changement de base est régulière).

$$[\Delta\ell] = [D] \; , \; [e] = [D] \; , [\mu] = [L^{-1} M T^{-1}] = [X^{x_\mu} Y^{y_\mu} Z^{z_\mu}]$$

On trouve : $[\mu] = [D\rho V]$. De même $[\Delta p] = [\rho V^2]$

Les produits Π_i sont donc :

$$\Pi_{\Delta\ell} = \Delta\ell/D \; , \quad \Pi_e = e/D \; , \quad \Pi_{\Delta p} = \Delta p/\rho V^2 \; , \quad \Pi_\mu = \mu/\rho V D$$

Π_e : rugosité relative ε ; Π_μ : inverse du nombre de Reynolds R_e^{-1}

Théorème de Vaschy-Buckingham :

(11) $$\Delta p/\rho V^2 = \psi_1(\Delta\ell/D, \varepsilon, R_e)$$

Résultat expérimental :

(12) $$\Delta p/\rho V^2 = (\Delta\ell/D)\, \psi_2(\varepsilon, R_e)$$

Grandeur importante : $\Lambda = 2D\Delta p/\rho V^2 \Delta\ell$, coefficient de perte de charge.

Ainsi : $\Lambda = \psi(\varepsilon, R_e)$. L'expérience confirme ce résultat en régime laminaire et en régime turbulent. En particulier, dans le cas du régime laminaire :

(13) $$\Lambda = 64 R_e^{-1}$$

Rappel sur l'écoulement de Poiseuille en régime laminaire

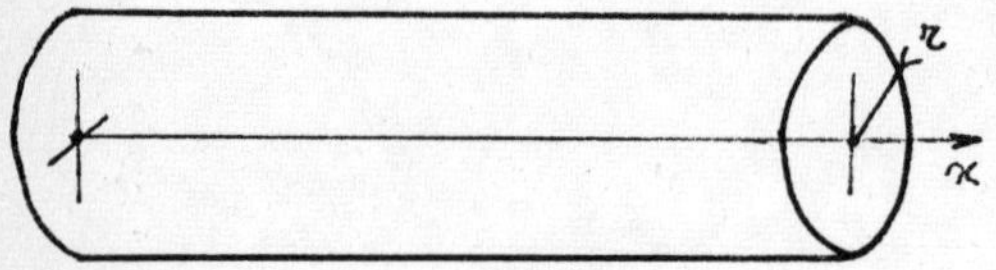

On suppose v = w = 0, ρ = Cte le régime est stationnaire (Fig. 2).
$\vec{\nabla}.\vec{v} = 0$ donne $\partial u/\partial x = 0$ ou $u = u(r)$

Figure 2 : (symétrie cylindrique)

Equations de la quantité de mouvement :
$$\begin{cases} \dfrac{\partial p}{\partial x} = \mu \, \Delta u(r) & \text{(Laplacien)} \\ \dfrac{\partial p}{\partial r} = 0 & \text{d'où } p = p(x) \end{cases}$$

Solution de :
$$\frac{\mu}{r}\frac{d}{dr}\left(r\frac{du}{dr}\right) = \frac{dp}{dx} \quad :$$

$$\frac{dp}{dx} = c^{te} = -\frac{\Delta p}{\Delta \ell} \quad , \qquad u = \frac{\Delta p}{4\mu\Delta\ell}\left(\frac{D^2}{4} - r^2\right)$$

Soit U la vitesse moyenne de l'écoulement :
$$\frac{\pi D^2}{4} U = \iint u \, r \, dr \, d\theta$$

On obtient : $\Delta p/\Delta\ell = 32\,\mu\, U/D^2$

$$\Lambda = 2D\,\Delta p/\rho U^2 \Delta\ell = 64\mu/\rho U D = 64 R_e^{-1}$$

2. SIMILITUDE

Il s'agit de représenter un phénomène réel mettant en jeu généralement un prototype (construction hydraulique, aéronautique, machine) par un phénomène semblable en présence d'une maquette à échelle réduite.

Il y a un certain nombre de règles, dites de "similitude", à respecter pour que la solution du problème sur maquette soit transposable au problème réel.

Les principes de l'analyse dimensionnelle sont applicables car changer les unités de mesure des grandeurs F_i est équivalent à considérer deux systèmes S et S' pour le même problème physique, les grandeurs homologues ayant pour mesure, *avec la même unité*, x_i et x'_i.

Lorsque toutes les conditions de similitude sont réalisées, on dit qu'il y a similitude parfaite. Cela est souvent difficile à obtenir. A chaque grandeur on associe un facteur d'échelle λ_i. Si la similitude est parfaite, on doit avoir à la fois :

(14) $$f(F_1, F_2, \dots F_n) = 0 \quad , \quad f(\lambda_1 F_1, \lambda_2 F_2, \dots \lambda_n F_n) = 0$$

Les groupements Π_i doivent être tels que :

$$\Pi_i = F_i / F_1^{x_i} F_2^{y_i} \dots = \lambda_i F_i / \lambda_1^{x_i} F_1^{x_i} \lambda_2^{y_i} F_2^{y_i} \dots \quad , \quad i = p+1, \dots n$$

si l'on veut vérifier le théorème de Vaschy-Buckingham assurant l'invariance des relations $\varphi(\Pi_{p+1}, \dots \Pi_n) = 0$. On aura donc :

(15) $$\lambda_i / \lambda_1^{x_i} \lambda_2^{y_i} \dots = 1 \quad , \quad i = p+1, \dots n$$

Il faudra de plus s'assurer que les simplifications habituelles sont encore valables sur la maquette (par exemple, le phénomène de viscosité peut être négligeable dans un cas, mais pas dans l'autre).

Application : condition de similitude d'un ballon souple placé dans un vent de vitesse donnée (J. BOUTTES)

On se propose de réaliser une maquette d'un ballon de grande taille de façon à obtenir la même tension dans la peau (Fig. 3).

Plusieurs phénomènes interviennent. D'abord la tension due à la pression hydrostatique :

$$\Delta p \propto \rho g h$$

On a $\sigma \propto R\Delta p$ (R, rayon du ballon)

On doit donc avoir : $R\Delta p = R'\Delta p'$ (R', rayon de la maquette), ou $R\rho h = R'\rho' h'$, soit :

$$\frac{\rho'}{\rho} = \frac{Rh}{R'h'} \simeq \left(\frac{R}{R'}\right)^2$$

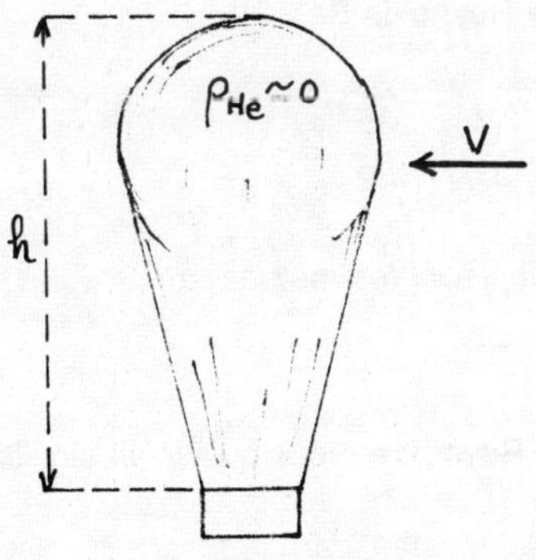

Figure 3

On a donc intérêt à ce que ρ' soit grand devant ρ. Mais se pose alors le problème de la tenue en forme du ballon dans une soufflerie. On peut résoudre celui-ci en remplissant le ballon de liquide de masse volumique ρ_L. Les résultats précédents restent valables la maquette étant disposée à l'envers (Fig. 4) : $\rho_L/\rho = (R/R')^2 = \lambda^2$. Avec de l'eau, $\lambda^2 = 1000$ donc approximativement $R/R' = \lambda \simeq 30$. La pression aérodynamique, en écoulement incompressible (Nombre de Mach, M < 0,25) est :

$$\Delta p \propto \rho V^2$$

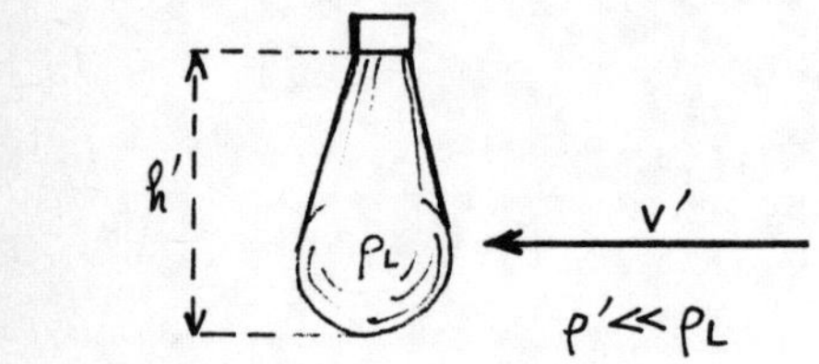

Figure 4

Pour que les tensions induites soient égales, il faut donc :

$$\rho V^2 R = \rho' V'^2 R'$$

soit :

$$R/R' = \lambda = \rho' V'^2 / \rho V^2$$

Si l'air a la même densité dans l'atmosphère et dans la soufflerie on trouve $V'/V = \sqrt{\lambda}$. Avec de l'eau dans la maquette, cela implique une vitesse du vent 5 à 6 fois plus grande.

Les tensions visqueuses font intervenir le nombre de Reynolds Re

$$\frac{R'_e}{R_e} = \frac{\rho V' L'}{\mu'} \cdot \frac{\mu}{\rho V L} \qquad \text{avec} \qquad \frac{L'}{L} = \frac{R'}{R} = \frac{1}{\lambda}$$

Si la température et la pression sont inchangées, ρ et μ sont les mêmes et :

$$\frac{R'_e}{R_e} = \frac{V'R'}{V R} = \frac{1}{\sqrt{\lambda}}$$

Dans ce cas il n'y a pas similitude des nombres de Reynolds. Pour qu'il y ait similitude on peut augmenter la pression à température constante :

$$\frac{R'e}{Re} = 1 = \frac{\rho' V' R'}{\rho V R} = \sqrt{\frac{p'}{p}} \sqrt{\frac{\rho' V'^2}{\rho V^2}} \frac{R'}{R} = \sqrt{\frac{p'}{p}} \frac{1}{\sqrt{\lambda}}$$

Il faut donc :

$$p'/p = \lambda$$

(exemple de l'eau : p' ~ 30 p).

On peut aussi diminuer la température (soufflerie cryogénique) :

$$\frac{R'_e}{R_e} = 1 = \frac{\sqrt{\rho'}V'R'}{\sqrt{\rho}\,V\,R}\sqrt{\frac{T}{T'}}\sqrt{\frac{T}{T'}} \quad \text{, car } \rho = p/rT \quad \text{et} \quad \mu \propto \sqrt{T}$$

Soit :

$$T/T' = \sqrt{\lambda}$$

Dans de l'eau, qui doit être chauffée pour ne pas se transformer en glace, on trouve environ :

$$T' \simeq T/5$$

3. RECHERCHE ANALYTIQUE DES SOLUTIONS D'UN PROBLEME DE TRANSFERT THERMIQUE (solution autosemblable) [21]

L'équation du transfert thermique dans un milieu continu au repos a été établie au chapitre 3. On a :

$$\frac{\partial \theta}{\partial t} - k\,\frac{\partial^2 \theta}{\partial x^2} = 0 \qquad (16)$$

pour une évolution par tranches planes.

La solution d'un problème donné est de la forme :

$$\theta = f(x, t, k)$$

On recherche les solutions qui, pour λ, μ, ν à déterminer, donnent :

$$f(x,t,k) = f(\lambda x, \mu t, \nu k)\,, \quad \forall\; x, t, k$$

Autrement dit, la solution f(x, t, k) doit être invariante dans un changement d'échelle.

On sait que f(x, t, k) se met sous la forme d'un groupement sans dimension. En effet, le tableau suivant nous donne :

$$\Pi_k = k t / x^2$$

F_i	x	t	k
L	1	0	2
M	0	0	0
T	0	1	-1

implique $\lambda^2 = \mu\nu$.

Donc :

$$\theta = \varphi(x^2/kt)$$

On vérifie que :

$$\frac{x^2}{kt} = \frac{\lambda^2}{\mu\nu}\,\frac{x^2}{kt}$$

On recherche donc les solutions de la forme précédente. Celles-ci existent effectivement dans certaines circonstances, c'est-à-dire si les données initiales et aux limites le permettent.

Posons le problème précis de la transmission de la chaleur dans un milieu semi-infini (Fig. 5). Pour $t < 0$, on a :

$$\theta = \theta_0 \text{ pour } x < 0 \text{ et } \theta = \theta_1 \text{ pour } x > 0$$

(paroi adiabatique en $x = 0$). Pour $t > 0$, on a toujours $\theta = \theta_0$ pour $x < 0$ mais $\theta = \theta_0$ en $x = 0$. Pour t infini on a $\theta = \theta_0$, $\forall$ x.

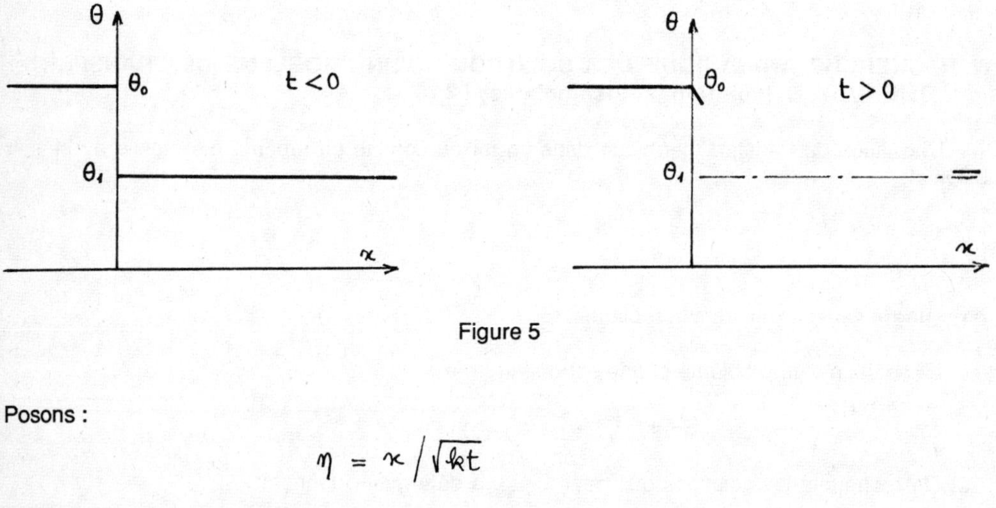

Figure 5

Posons :

$$\eta = x/\sqrt{kt}$$

L'équation à résoudre devient :

$$\frac{d^2\theta}{d\eta^2} + \frac{\eta}{2}\frac{d\theta}{d\eta} = 0$$

La solution est de la forme :

$$\theta = A\,\mathrm{erf}(\eta/2) + B$$

pour $t \geq 0$, $x \geq 0$,

avec :

$$\mathrm{erf}(s) = \frac{2}{\sqrt{\pi}} \int_0^s e^{-s^2} ds \quad , \quad \mathrm{erf}(\infty) = 1$$

La condition initiale $t \rightarrow 0$, nous donne $\eta \rightarrow \infty$, donc :

$$A + B = \theta_1$$

La condition à la limite $x = 0$ donne pour $t > 0$: $\eta = 0$ et $\theta = \theta_0$ donc :

$$B = \theta_0$$

Ainsi :

(17) $$\theta = \theta_0 + (\theta_1 - \theta_0)\,\mathrm{erf}\left(x/\sqrt{4kt}\right)$$

Cette solution conduit toujours, lorsque $x \rightarrow \infty$ ($\eta \rightarrow \infty$) à $\theta = \theta_1$. Lorsque $t \rightarrow \infty$, pour x fini, on obtient $\theta = \theta_0$ (Fig. 6).

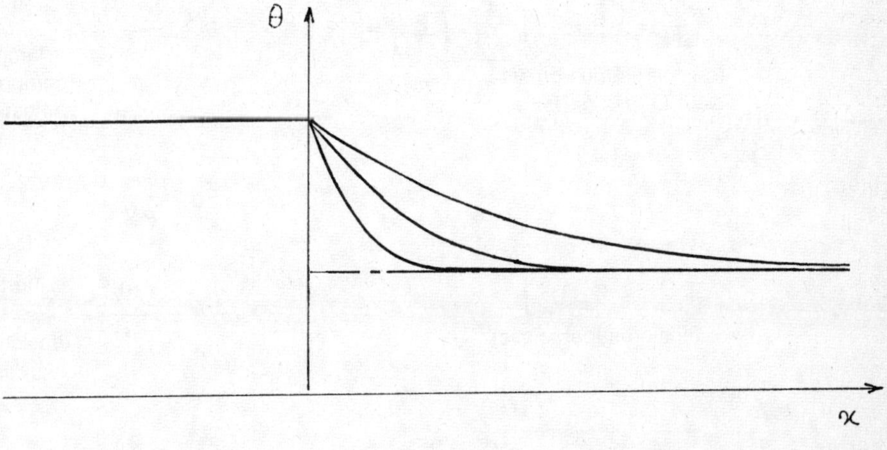

Figure 6

4. QUELQUES NOMBRES SANS DIMENSIONS

Désignation du nombre sans dimensions	Equations associées ou nature du problème	Expression du nombre sans dimensions
Froude	$\rho \frac{d\vec{v}}{dt} = \rho \vec{g}$, $[U^2/L] = [g]$	$F_r = \frac{V^2}{g L}$ inertie / pesanteur
Reynolds	$\rho \frac{d\vec{v}}{dt} = \mu \Delta \vec{v}$, $[U^2/L] = [\nu U/L^2]$	$Re = \frac{V L}{\nu}$ inertie / viscosité
Péclet	$\frac{dT}{dt} = k \Delta T$	$Pe = \frac{V L}{k}$
Mach	$\rho \frac{d\vec{v}}{dt} + \vec{\nabla} p = 0$, $\left[\frac{U^2}{L}\right] = \left[\frac{p}{\rho L}\right] = \left[\frac{c^2}{L}\right]$ (c : célérité du son, $\sqrt{\gamma p/\rho}$ pour un gaz parfait)	$M = \frac{V}{c}$ inertie / forces de compression élastiques
Euler		$E_u : \frac{P}{\rho V^2}$
Weber	$\left[\frac{\sigma}{L}\right] = [\rho U^2]$ (σ, tension superficielle)	$We = \frac{\rho V^2 L}{\sigma}$ inertie / tension de surface
Fourier	$\frac{\partial T}{\partial t} - k \frac{\partial^2 T}{\partial x^2} = 0$	$F_o = \frac{k T}{L^2}$
Prandtl		$Pr = \frac{\nu}{k}$ viscosité / transfert thermique

Schmidt		$Sc = \frac{\nu}{\mathcal{D}}$ viscosité / diffusion
Lewis		$L_e = \frac{S_c}{P_r} = \frac{k}{\mathcal{D}}$
Bond	Fluides superposés ($\Delta\rho = \rho_2 - \rho_1$) avec tension superficielle, gravité	$B_o = \sigma / g L^2 \Delta\rho$
Grashof (thermique)	dilatation thermique, pesanteur, viscosité (β coefficient de dilatation cubique)	$Gr_{th} = \frac{\beta \theta g L^3}{\nu^2}$
Rayleigh (thermique)	même phénomène que Gr mais avec conduction thermique	$Ra_{th} = \frac{Gr}{P_r}$
Grashof (chimique)	(α, dilatation due à la variation de concentration)	$Gr_{conc} = \frac{\alpha C g L^3}{\nu^2}$
Rayleigh (chimique)		$Ra_{conc} = \frac{Gr_{conc}}{S_c}$
Marangoni (thermique)	variation thermique de σ, gradient thermique, viscosité	$Ma_{th} = \frac{\partial \sigma}{\partial \theta} \frac{\partial \theta}{\partial x} \frac{L^2}{\mu k}$
Marangoni (chimique)	idem avec variations de concentrations	$Ma_{conc} = \frac{\partial \sigma}{\partial C} \frac{\partial C}{\partial x} \frac{L^2}{\mu \mathcal{D}}$
Nusselt	(α coefficient de convection, λ conductibilité thermique)	$Nu = \alpha L / \lambda$
Stanton (ou Margoulis)		$S_t = \alpha / \rho c_p V$
Damköhler	réaction chimique dans un écoulement (τ_c temps chimique, τ_m temps mécanique)	$D_I = \tau_c / \tau_m$

CHAPITRE 5 : PHENOMENES COUPLES

1. GENERALITES

Les paramètres d'un écoulement fluide (vitesses, température, masse volumique, concentrations, etc.) vérifient des relations thermodynamiques : lois d'état et lois complémentaires et obéissent à des équations de bilan. Ces dernières font apparaître des termes de différentes natures.

Ainsi l'équation du bilan local d'une propriété F s'écrit :

(1) $$\rho \frac{df}{dt} + \vec{\nabla} \cdot \vec{J}_F = \dot{W}_F \quad ;$$

sous forme globale on a, en suivant le mouvement :

(2) $$\frac{d}{dt}\int_{\mathcal{V}} \rho f \, d\mathcal{V} \quad + \quad \int_{\Sigma} \vec{J}_F \cdot \vec{n} \, d\Sigma \quad = \quad \int_{\mathcal{V}} \dot{W}_F \, d\mathcal{V}$$

taux de variation de F en suivant le mouvement de vitesse $\vec{v}$	flux relatif sortant	production interne

La dérivée particulaire df/dt est elle-même égale à $\partial f/\partial t + \vec{v}.\vec{\nabla} f$ et met en évidence un terme instationnaire et un terme de convection. Partie instationnaire et flux convectif apparaissent bien dans l'écriture du bilan global dans un volume limité par une surface fixe Σ.

(3) $$\frac{\partial}{\partial t}\int_{\mathcal{V}} \rho f \, d\mathcal{V} \quad + \int_{\Sigma} \rho f \vec{v} \cdot \vec{n} \, d\Sigma + \int_{\Sigma} \vec{J}_F \cdot \vec{n} \, d\Sigma = \int_{\mathcal{V}} \dot{W}_F \, d\mathcal{V}$$

terme instationnaire	flux convectif	flux relatif	production

La connaissance des lois d'état, des lois complémentaires (relations phénomènologiques, lois de la cinétique chimique), celle des équations de bilan suivantes :

(4) $$\rho \frac{d\mathcal{V}}{dt} = \vec{\nabla} \cdot \vec{v}$$

(5) $$\rho \frac{dY_j}{dt} + \vec{\nabla} \cdot \vec{J}_{Dj} = \dot{w}_j$$

(6) $$\rho \frac{d\vec{v}}{dt} + \vec{\nabla} \cdot \vec{P} = \sum_j \rho_j \vec{f}_j$$

(7) $$\rho \frac{de}{dt} + \vec{\nabla} \cdot \vec{q} = -\vec{P} : \vec{D} + \sum_j \vec{J}_{Dj} \cdot \vec{f}_j + r$$

suffisent en principe pour résoudre un problème dont les conditions aux limites et les conditions initiales sont bien précisées.

L'examen du taux de production d'entropie met en évidence les termes dissipatifs, sources d'irréversibilité :

$$\dot{W}_S = -\sum_j \frac{g_j}{T}\dot{w}_j - \frac{1}{T}(\vec{\vec{P}} - p\vec{\vec{1}}):\vec{\vec{D}} + \vec{q}\cdot\vec{\nabla}\frac{1}{T} - \sum_j \vec{\mathcal{J}}_{Dj}\cdot\left(\vec{\nabla}\frac{g_j}{T} - \vec{f}_j\right) \qquad (8)$$

On voit en particulier que les flux $\vec{\mathcal{J}}_{Dj}$ et $\vec{q}$ induisent des dissipations, alors que le flux de quantité de mouvement $\vec{\vec{P}}$ comprend une partie non dissipative $p\vec{\vec{1}}$ et une partie dissipative $\vec{\vec{P}} - p\vec{\vec{1}}$ (phénomène de viscosité). La cinétique chimique n'est source d'entropie qu'hors d'équilibre.

Il est à prévoir que de nombreux couplages auront lieu au cours d'un écoulement, entre paramètres, entre phénomènes dissipatifs ou non. Ces couplages peuvent résulter des équations du bilan, des relations d'état, des relations phénoménologiques. Ils peuvent provenir aussi des conditions aux limites du problème.

Fluide parfait incompressible

Un fluide parfait incompressible vérifie :

$$\vec{\nabla}\cdot\vec{v} = 0 \qquad (9)$$

$$\rho\frac{d\vec{v}}{dt} + \vec{\nabla}p = \rho\vec{f} \qquad (10)$$

si $\vec{f} = -\vec{\nabla}\mathcal{V}$ où $\mathcal{V}$ est un potentiel, et si à l'instant initial $\vec{rot}(\vec{v}) = 0$ on trouve que $\vec{v} = \vec{\nabla}\phi$ à tout instant, ϕ étant le potentiel des vitesses. Le vecteur vitesse se déduit donc de la connaissance du potentiel $\phi(\vec{x}, t)$ qui vérifie :

$$\Delta\phi = 0 \qquad (11)$$

Le champ de vitesse est donc indépendant des autres champs. La pression se déduit de $\vec{v}$ grâce à l'équation de Bernoulli :

$$\frac{\partial\phi}{\partial t} + \frac{v^2}{2} + \frac{p}{\rho} + \mathcal{V} = C(t) \qquad (12)$$

qui résulte de l'équation de la quantité de mouvement dans ce cas irrotationnel.

Seules des conditions aux limites portant sur p peuvent faire dépendre le champ des vitesses du champ des pressions et induire ainsi un couplage pression-vitesse.

Un exemple met en évidence une telle interaction.

Soit un réservoir cylindrique de section droite S percé au fond d'un trou de section s, alimenté en liquide de façon à ce que le niveau supérieur soit constant et que le liquide s'écoule en régime stationnaire par l'ouverture inférieure (Fig. 1). Lorsque s << S on trouve :

$$V \simeq \sqrt{\frac{2s^2}{S^2}\left(gh + \frac{P-p}{\rho}\right)} \quad , \qquad SV = s\,v$$

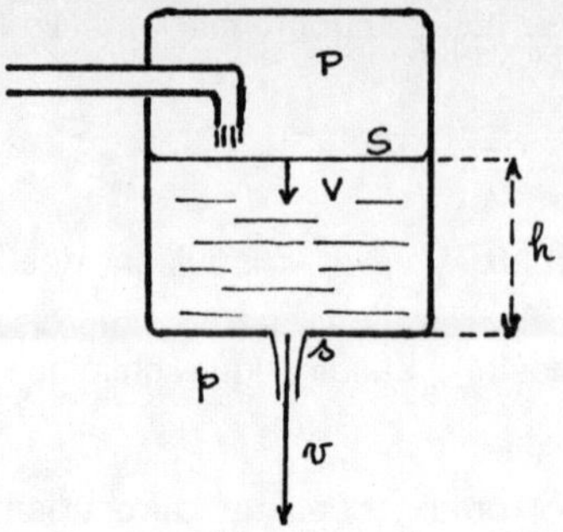

Figure 1

où P est la pression au niveau de la surface libre et p la pression extérieure. Vitesse et pression interagissent donc si $p \neq P$. A la limite :
$V = 0$ lorsque $P = p - \rho g h$.

Fluide visqueux incompressible

- Dans ce cas l'équation de la quantité de mouvement prouve une interaction directe notamment entre les termes d'inertie et les termes visqueux :

$$\rho \frac{d\vec{v}}{dt} + \vec{\nabla} p = \mu \, \Delta \vec{v} \tag{13}$$

en l'absence de forces extérieures. L'importance relative de ces deux sortes de termes sera caractérisée par le nombre de Reynolds :

$$R_e = \rho \, V L / \mu \tag{14}$$

- Le déplacement horizontal par translation d'une plaque à une certaine vitesse induit un mouvement du fluide initialement au repos, alors que ce mouvement est inexistant en fluide parfait. La viscosité joue ici un rôle d'entraînement pour le fluide (Fig. 2).

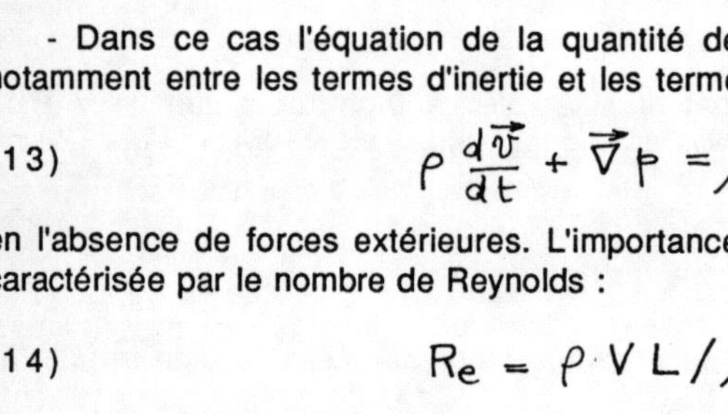

Figure 2

Ecoulement visqueux réactif et incompressible

Admettons une loi de Newton pour la viscosité et une loi de Fick pour la diffusion, si la température est constante ainsi que $\mathcal{D}$ et μ on a :

(15) $$\vec{\nabla} . \vec{v} = 0$$

(16) $$\rho \frac{d\vec{v}}{dt} + \vec{\nabla} p = \mu \Delta \vec{v}$$

(17) $$\rho \frac{dY_j}{dt} = \rho \mathcal{D} \Delta Y_j + \dot{W}_j$$

Dans ce cas, le champ de vitesses se détermine indépendamment de la chimie mais influe sur elle par le terme de convection $\rho \vec{v} . \vec{\nabla} Y_j$.

Dans d'autres cas, les interactions ont lieu dans les deux sens. Rappelons que les effets relatifs de la diffusion et de la viscosité sont caractérisés par le nombre de Schmidt :

(18) $$S_c = \mu / \rho \mathcal{D}$$

2. COUPLAGE ENTRE CINETIQUE CHIMIQUE ET ECOULEMENT : FLUIDE COMPRESSIBLE REACTIF [22], [23]

Supposons que les flux dissipatifs $\vec{\mathcal{J}}_{Dj}$, $\vec{P} - p\vec{1}$ et $\vec{q}$ soient nuls ainsi que r et $\vec{f}_j$. Le taux de production d'entropie est alors égal à :

(19) $$\dot{W}_s = - \sum_j \frac{g_j}{T} \dot{W}_j$$

La connaissance des lois de la cinétique chimique nous permet, comme cela a été souligné au chapitre 2, de ne pas avoir recours à des lois linéarisées pour exprimer le taux de production chimique. L'hypothèse du proche équilibre chimique n'est donc pas nécessaire et les équations du bilan fournissent le moyen de résoudre des problèmes d'écoulement nettement hors d'équilibre chimique.

Les équations du bilan deviennent :

(20) $$\rho \frac{dv}{dt} = \vec{\nabla} . \vec{v}$$

(21) $$\rho \frac{dY_j}{dt} = \dot{W}_j$$

(22) $$\rho \frac{d\vec{v}}{dt} + \vec{\nabla} p = 0$$

(23) $$\rho \frac{de}{dt} = - p \vec{\nabla} . \vec{v}$$

L'élimination de $\vec{\nabla} . \vec{v}$ nous donne :

(24) $$\frac{de}{dt} + p \frac{dv}{dt} = 0$$

ou, d'après la relation de Gibbs :

(25) $$T \frac{ds}{dt} + \sum_j g_j \frac{dY_j}{dt} = 0$$

En écoulement stationnaire, on a :

(26) $$\frac{d}{dt} = \vec{v}\cdot\vec{\nabla}$$

L'équation de l'énergie totale devient :

(27) $$\frac{d}{dt}\left(h + v^2/2\right) = 0$$

ou :

(28) $$h + v^2/2 = h_o$$

Si, de plus, le processus chimique se réduit à une seule réaction réversible, par exemple :

(29) $$A_2 + M \underset{k_R}{\overset{k_D}{\rightleftarrows}} A + A + M$$

où M est un diluant neutre ou l'une quelconque des espèces A ou A_2, on a :

(30) $$\dot{w}_A = 2\mathcal{M}_A(\dot{\zeta}_D - \dot{\zeta}_R)$$

(31) $$\dot{w}_{A_2} = -\mathcal{M}_{A_2}(\dot{\zeta}_D - \dot{\zeta}_R)$$

avec :

(32) $$\mathcal{M}_{A_2} = 2\mathcal{M}_A\ ,\ \dot{\zeta}_D = k_{D(T)} C_{A_2} C\ ,\ \dot{\zeta}_R = k_{R(T)} C_A^2 C\ ,\ C = \sum_j C_j$$

Posons :

(33) $$dY_j = \nu_j \mathcal{M}_j\, d\xi$$

il résulte que :

(34) $$\rho \frac{d\xi}{dt} = \dot{\zeta}_D - \dot{\zeta}_R$$

Le système à résoudre devient donc :

(35) $$\vec{\nabla}\cdot(\rho\vec{v}) = 0$$

(36) $$T\frac{ds}{dt} - A\frac{d\xi}{dt} = 0$$

(37) $$\rho \frac{d\xi}{dt} = \dot{\zeta}_D - \dot{\zeta}_R$$

(38) $$h + v^2/2 = h_o$$

avec :

(39) $$A = -\sum_j \nu_j \mathcal{M}_j g_j$$

Il faut tenir compte évidemment des équations d'état :

(40)
$$\left| \begin{array}{l} p = p(T,\rho,\xi) \\ h = h(T,\rho,\xi) \\ s = s(T,\rho,\xi) \end{array} \right.$$

Le cas le plus simple est celui de l'écoulement par tranches planes. On admet que les paramètres sont uniformes dans chaque section droite du tube de courant étudié.

Une seule variable subsiste alors: l'abscisse x le long de la ligne de courant moyenne. Si $\Sigma_{(x)}$ est l'aire de la section droite on obtient le système suivant :

(41)
$$\left| \begin{array}{l} \rho v \Sigma_{(x)} = \dot{m} \\ T \dfrac{ds}{dx} - A \dfrac{d\xi}{dx} = 0 \\ \rho v \dfrac{d\xi}{dx} = \dot{\zeta}_D - \dot{\zeta}_R = \dot{\zeta}_{(T,\rho,\xi)} \\ h + v^2/2 = h_o \\ p = p(T,\rho,\xi) \\ h = h(T,\rho,\xi) \\ s = s(T,\rho,\xi) \end{array} \right.$$

Ce système se résoud numériquement et la solution met bien en évidence le couplage entre l'écoulement et la chimie. Dans une tuyère de propulsion de fusée, l'écoulement est généralement subsonique puis supersonique (Fig. 3) :

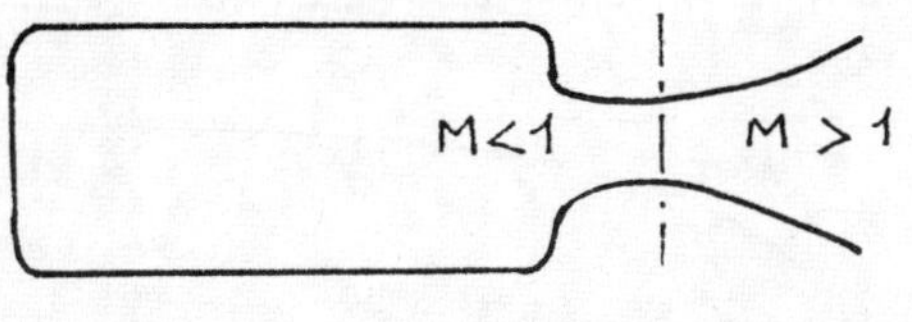

Figure 3

La température, la pression et la concentration Y_A sont des fonctions décroissantes de l'abscisse x, la concentration en A_2 croît du fait de la recombinaison consécutive à la décroissance de la température. Les taux de production chimique $\dot{\zeta}_D$ et $\dot{\zeta}_R$ ont les allures suivantes (Fig. 4) :

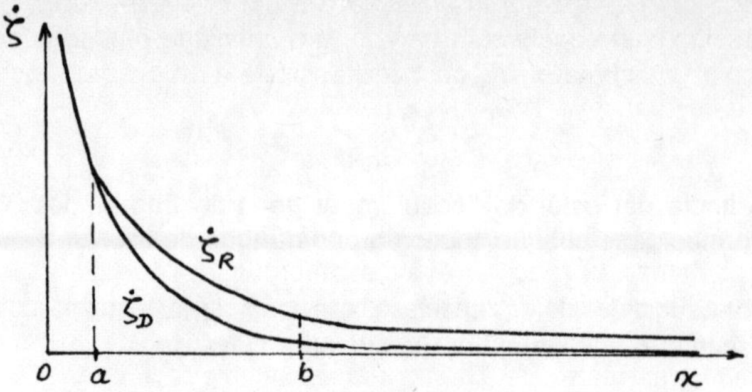

Figure 4

- Pour x < a, $\dot{\zeta}_D/\dot{\zeta}_R \simeq 1$, l'équilibre chimique est pratiquement réalisé et $A \simeq 0$. L'écoulement est relativement lent et à haute température, les gradients sont faibles, $ds/dx \simeq 0$.

- Pour a < x < b, l'évolution est nettement hors d'équilibre, la température est encore suffisamment élevée pour que les réactions aient lieu, mais elles sont moins rapides, ds/dx > 0.

- Pour x > b, les taux de réaction sont faibles, mais la tendance à la recombinaison reste plus forte que la tendance à la dissociation de l'espèce A_2. On a :

$$\dot{\zeta}_D/\dot{\zeta}_R \simeq 0 \qquad \text{et} \qquad \rho v \, d\xi/dx \simeq -\dot{\zeta}_R \quad \text{très faible.}$$

L'écoulement est figé et on a : $ds/dx \simeq 0$.

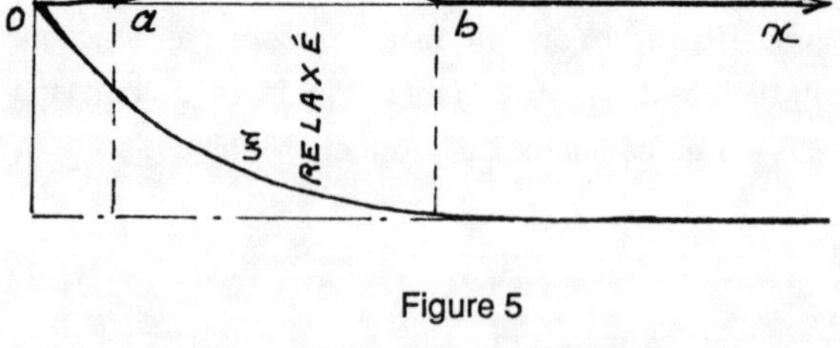

Figure 5

Dans tous les cas, le taux de production d'entropie est égal à :

(42) $$\dot{W}_S = \dot{\zeta}_R \, A \left(e^{A/RT} - 1 \right) / T$$

(voir 2.4)

Dans certains cas, lorsque la zone irréversible a b est très peu étendue, on peut assimiler l'évolution à la succession d'un écoulement en équilibre chimique et d'un écoulement figé. Il y a figeage brusque au point a où le taux $\dot{W}_S$ peut être assimilé à un pic de Dirac :

$$\dot{W}_S = \dot{W}_{Sa}\,\delta(x-a).$$

Les irréversibilités chimiques (relaxation chimique) limitent la recombinaison de l'espèce A dans l'écoulement; la réaction étant exothermique, l'énergie libérée par celle-ci est donc moins élevée qu'à l'équilibre. La poussée du moteur fusée est donc diminuée du fait de la relaxation. Afin d'évaluer à l'avance l'importance des irréversibilités chimiques, on a recours (voir 2.1.1) au premier paramètre de Damköhler avant d'effectuer la résolution numérique du système précédent.

3. TRANSFERT THERMIQUE ET DIFFUSION [10]

En dehors des couplages se présentant entre phénomènes de transfert, termes d'inertie ou forces extérieures, peuvent avoir lieu des couplages intrinsèques aux phénomènes de transfert. Par exemple, on a vu qu'entre flux et forces généralisées de mêmes ordres tensoriels existaient des relations intrinsèques. Cela se produit notamment avec la diffusion et le transfert thermique. Nous étudierons d'abord ce phénomène dans un système continu.

Considérons un milieu continu dans lequel les seuls processus irréversibles sont le transfert thermique et la diffusion. Le taux de production d'entropie est :

(43) $$\dot{W}_s = \vec{q}\cdot\vec{\nabla}\left(\frac{1}{T}\right) - \sum_j \vec{J}_{Dj}\cdot\vec{\nabla}\left(\frac{g_j}{T}\right)$$

(on néglige ici les forces $\vec{f_j}$, ce qui est possible lorsque la gravité seule intervient par exemple).

Ré-arrangeons cette expression pour faire apparaitre les effets thermiques contenus également dans le terme $\vec{\nabla}(g_j/T)$. On sait que $g_j = \mu_j/\mathcal{M}_j$. Pour une mole du constituant j dans le mélange, on a :

(44) $$d\mu_j = -\overline{S}_j\,dT + \overline{V}_j\,dp + \sum_j \frac{\partial \mu_j}{\partial n_j}\,dn_j$$

ou encore :

(45) $$d\mu_j = -\overline{S}_j\,dT + (d\mu_j)_T$$

On a alors,

(46) $$d\left(\frac{\mu_j}{T}\right) = \frac{1}{T}\,(d\mu_j)_T - \frac{\mu_j + T\overline{S}_j}{T^2}\,dT$$

Les grandeurs molaires partielles $\overline{S}_j$ et $\overline{H}_j$ vérifient la relation (voir chapitre 1),

(47) $$\overline{H}_j = \mu_j + T\,\overline{S}_j$$

Il s'en suit que :

(48) $$d\left(\frac{\mu_j}{T}\right) = \frac{1}{T}(d\mu_j)_T - \frac{\bar{H}_j}{T^2}\, dT$$

ou encore, en introduisant l'enthalpie massique partielle $\bar{h}_j = \bar{H}_j/\mathcal{M}_j$:

(49) $$d\left(\frac{g_j}{T}\right) = \frac{1}{T}(dg_j)_T - \frac{\bar{h}_j}{T^2}\, dT$$

Le taux de production d'entropie devient :

(50) $$\dot{W}_s = \vec{q}\,'\cdot\vec{\nabla}\left(\frac{1}{T}\right) - \sum_{j=1}^{N} \vec{J}_{Dj}\cdot\left(\vec{\nabla}\left(\frac{g_j}{T}\right)\right)_T$$

avec :

(51) $$\vec{q}\,' = \vec{q} - \sum_{j=1}^{N} \bar{h}_j\, \vec{J}_{Dj} .$$

Considérons un mélange binaire et supposons que la vitesse barycentrique est nulle et que la pression est uniforme. Il s'en suit que $(\vec{\nabla} g_j)_T = (\vec{\nabla} g_j)_{T,p}$ dans ce cas. L'équation de Gibbs-Duhem conduit à :

(52) $$Y_1\,(dg_1)_{T,p} + Y_2\,(dg_2)_{T,p} = 0$$

Compte-tenu que $Y_1 + Y_2 = 1$, et que $\vec{J}_{D1} + \vec{J}_{D2} = 0$, on trouve :

(53) $$\vec{J}_{D1}\cdot\left(\vec{\nabla}(g_1/T)\right)_T + \vec{J}_{D2}\cdot\left(\vec{\nabla}(g_2/T)\right)_T = \frac{(\vec{\nabla} g_1)_{p,T}}{TY_2}\cdot\vec{J}_{D1}$$

Il n'y a ici qu'une seule variable indépendante de concentration, donc :

(54) $$(dg_1)_{T,p} = g_{11}\, dY_1$$

On obtient alors :

(55) $$\dot{W}_s = -\vec{q}\,'\cdot\frac{\vec{\nabla} T}{T^2} - \vec{J}_{D1}\cdot\left(\frac{g_{11}}{TY_2}\vec{\nabla} Y_1\right)$$

Les relations phénoménologiques sont alors :

(56) $$\begin{cases} \vec{J}_{D1} = -L_{11}\dfrac{g_{11}}{TY_2}\vec{\nabla} Y_1 - L_{12}\dfrac{\vec{\nabla} T}{T^2} \\ \vec{q}\,' = -L_{21}\dfrac{g_{11}}{TY_2}\vec{\nabla} Y_1 - L_{22}\dfrac{\vec{\nabla} T}{T^2} \end{cases}$$

avec la relation de symétrie $L_{21} = L_{12}$ et les conditions :

(57) $$L_{11} > 0 \ , \ L_{22} > 0 \quad \text{et} \quad L_{11}L_{22} - L_{12}^2 > 0$$

Posons :

$$(58) \qquad \begin{cases} L_{11} = \rho Y_2 T \mathcal{D} / g_{11} \\ L_{22} = \lambda T^2 \\ L_{21} = L_{12} = \rho Y_1 Y_2 T^2 D \end{cases}$$

On fait apparaître ainsi les coefficients de conduction thermique λ, de diffusion $\mathcal{D}$ et de diffusion thermique D. Les expressions de $\vec{q}'$ et de $\vec{J}_{D1}$ font apparaître le couplage par l'intermédiaire du coefficient D.

$$(59) \qquad \begin{cases} \vec{q}' = -\lambda \vec{\nabla} T - \rho Y_1 g_{11} T D \vec{\nabla} Y_1 \\ \vec{J}_{D1} = -\rho \mathcal{D} \vec{\nabla} Y_1 - \rho Y_1 Y_2 D \vec{\nabla} T \end{cases}$$

L'effet Dufour est caractérisé par un flux de chaleur provenant d'un gradient de concentration, il intervient dans la première équation. La diffusion thermique (effet Soret) est due à un gradient de température donnant lieu à un flux de diffusion.

Ces effets de couplage ne sont pas toujours négligeables.

4. OSMOSE THERMIQUE. MINIMUM DE PRODUCTION D'ENTROPIE [8]

Reprenons l'exemple du paragraphe 3.7 dans le cas d'un mélange et dans un système discret (Fig. 6). Les flux rentrant à travers la paroi poreuse, dans le sous-système 1 sont :

$\dot{m}_j$: flux de masse de l'espèce j

q : flux d'énergie interne

$$\dot{\overline{\delta_e S}} = \frac{1}{T}\left(q - \sum_j g_j \dot{m}_j\right)$$

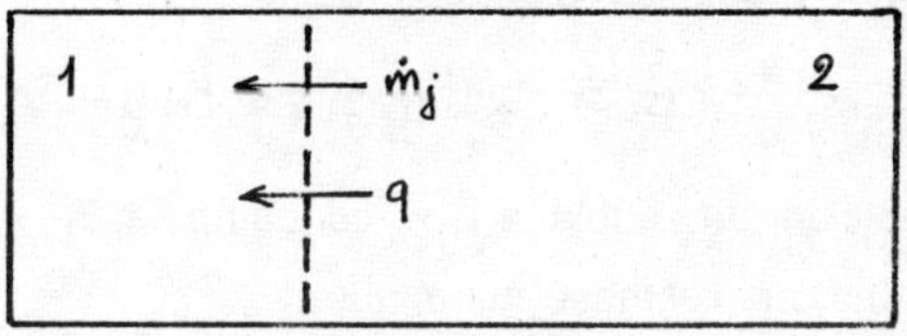

Figure 6

En posant $\Delta\varphi = \varphi_2 - \varphi_1$, pour un paramètre quelconque, le taux de production d'entropie de la paroi devient :

$$(60) \qquad \dot{\overline{\delta_i S}} = q \, \Delta T / T^2 + \sum_j \dot{m}_j \, \Delta (g_j / T)$$

où nous avons supposé les écarts Δ relativement petits.

On peut écrire comme précédemment :

$$(61) \qquad \Delta (g_j / T) = \left(\Delta (g_j / T)\right)_T - (\bar{h}_j / T^2) \, \Delta T$$

de sorte que :

(62) $$\delta_i \dot{S} = q' \Delta T/T^2 + \sum_j \dot{m}_j \left(\Delta (g_j/T) \right)_T$$

avec :

(63) $$q' = q - \sum_j \bar{h}_j \cdot \dot{m}_j$$

Pour un mélange binaire et en imaginant un dispositif permettant l'égalisation des pressions p_1 et p_2, nous obtiendrons aussi :

(64) $$\delta_i \dot{S} = q' \Delta T/T^2 + (g_{11}/TY_2)\, \dot{m}_1 \Delta Y_1$$

En posant :

(65) $$q' = \mathcal{J}_{th} \;,\quad \Delta T/T^2 = F_{th} \;,\quad \dot{m}_1 = \mathcal{J}_m \;,\quad (g_{11}/TY_2)\Delta Y_1 = F_m$$

on obtient les relations phénoménologiques :

(66) $$\begin{cases} \mathcal{J}_m = L_{11} F_m + L_{12} F_{th} \\ \mathcal{J}_{th} = L_{21} F_m + L_{22} F_{th} \end{cases}$$

avec :

(67) $$\begin{cases} L_{12} = L_{21} \\ L_{11} > 0 \;,\; L_{22} > 0 \;,\; L_{11} L_{22} - L_{12}^2 > 0 \end{cases}$$

Le taux de production d'entropie devient :

(68) $$\delta_i \dot{S} = F_{th} \mathcal{J}_{th} + F_m \mathcal{J}_m = L_{11} F_m^2 + 2 L_{12} F_m F_{th} + L_{22} F_{th}^2$$

Le coefficient de couplage L_{12} conduit, pour $F_{th} = \Delta T/T^2$ donné, à un flux d'espèces, même si $\Delta Y_1 = 0$. C'est l'osmose thermique.

L'état stationnaire (hors d'équilibre à F_{th} donné) correspond à $\dot{m}_1 = \mathcal{J}_m = 0$. Nous allons démontrer que, si de plus les coefficients L_{ij} sont constants, cet état stationnaire correspond à un minimum de la production d'entropie par unité de temps. Il suffit d'envisager pour cela, T_1 et T_2 étant maintenus constants, deux évolutions voisines dont les différences sont caractérisées par :

$$\delta \mathcal{J}_{th} \;,\quad \delta \mathcal{J}_m \;,\quad \delta F_{th} = 0 \;,\quad \delta F_m$$

On obtient :

(69) $$\delta(\delta_i \dot{S}) = 2 L_{12} F_{th} \delta F_m + 2 L_{11} F_m \delta F_m = 2 \mathcal{J}_m \delta F_m$$

Ainsi $\delta(\delta_i \dot{S})/(\delta F_m) = 0$ à l'état stationnaire caractérisé par $\mathcal{J}_m = 0$.

On trouve également $\delta^2(\delta_i\dot{S})/(\delta F_m)^2 = 2\, L_{11} > 0$. Il s'agit donc d'un minimum. C'est le théorème de Prigogine applicable à des systèmes couplés à coefficients phénoménologiques constants.

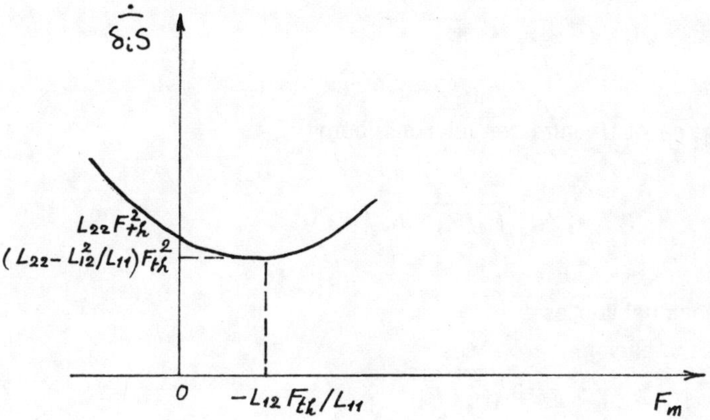

Figure 7

Remarque 1 : L'osmose thermique conduit à un changement des concentrations sous l'effet d'une différence de température et peut donc être utilisée comme procédé de séparation en génie chimique. Un autre procédé est fondé, non plus sur une différence de température de part et d'autre d'une paroi poreuse, mais sur une différence de pression. A gauche de la paroi, la pression p est relativement élevée (de l'ordre de une à quelques atmosphères) et l'équilibre thermique est assuré du fait du mouvement Brownien (Fig. 8).

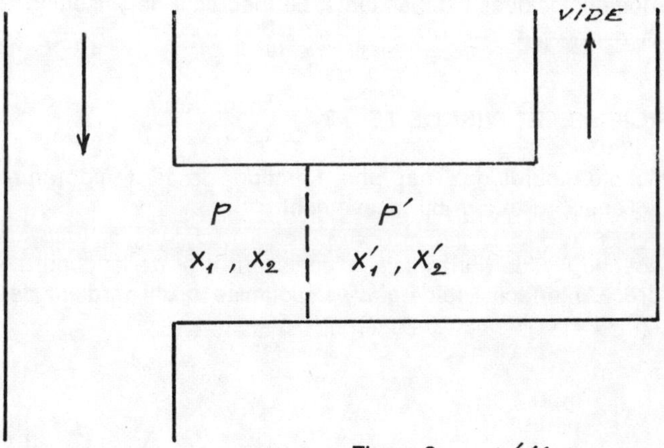

Figure 8 : $p' \ll p$

On a pour chaque espèce gazeuse :

(70) $$\frac{1}{2} M_1 \overline{c}_1^{\,2} = \frac{3}{2} kT \ , \quad \frac{1}{2} M_2 \overline{c}_2^{\,2} = \frac{3}{2} kT$$

de sorte que :

(71) $$\overline{c}_1 / \overline{c}_2 = \sqrt{M_2/M_1}$$

A droite de la paroi, on fait le vide et les collisions Browniennes ne gouvernent plus le mouvement moléculaire qui sera caractérisé par une vitesse moyenne $\overline{U}'$. La conservation des flux d'espèces nous donne :

$$(72) \qquad \begin{cases} N_1 \bar{c}_1 = N'_1 \overline{U}' \\ N_2 \bar{c}_2 = N'_2 \overline{U}' \end{cases}$$

L'élimination de $\bar{c}_1$, $\bar{c}_2$ et $\overline{U}'$ entre ces relations fournit :

$$(73) \qquad N'_1 / N'_2 = \sqrt{M_2/M_1} \; N_1 / N_2$$

soit avec les notations habituelles :

$$(74) \qquad X'_1 / X'_2 = \sqrt{\mathcal{M}_2/\mathcal{M}_1} \; X_1 / X_2$$

Ainsi la concentration d'une espèce augmentera à la traversée de la paroi poreuse d'autant plus que cette espèce sera légère par rapport à l'autre. Aucune séparation ne se produit si les masses molaires sont égales.

Remarque 2 : En présence d'une seule espèce gazeuse, un saut de température maintenu de part et d'autre d'une paroi produit une différence de pression. Il s'agit encore d'un effet couplé appelé pression thermomoléculaire. Cet effet est analogue à l'osmose thermique car il dépend de trois coefficients phénoménologiques indépendants. Le théorème de Prigogine est applicable également.

5. TENSION SUPERFICIELLE ET VISCOSITE [24]

La tension superficielle liquide/gaz est une fonction de la température que nous supposerons identique à l'équilibre et lors du mouvement.

On considère une couche liquide horizontale d'épaisseur h et de longueur l >> h, dont la limite supérieure est libre. L'interface liquide-gaz est soumise à un gradient de température constant $dT/dx = (T_2 - T_1)/l = G$ imposé (Fig. 9).

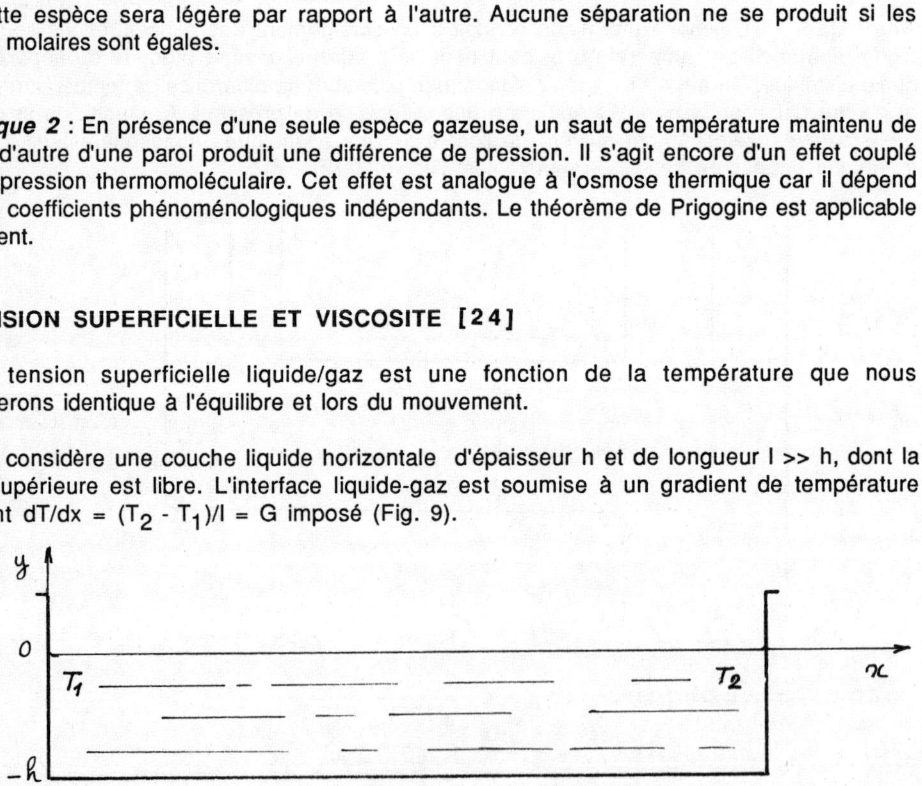

Figure 9

On se propose de déterminer le champ de vitesse et le champ de pression en négligeant la vitesse verticale et en supposant le mouvement stationnaire.

Par hypothèse, on a :

(75) $$\sigma = \sigma(T_1) + \sigma_T G x \quad , \quad \sigma_T = d\sigma(T)/dT < 0$$

On posera :

(76) $$-\sigma_T G = -\frac{T_2 - T_1}{\ell} \frac{d\sigma}{dT} = a$$

a est négatif si $T_2 < T_1$.

Les équations du liquide donnent :

(77) $$\begin{cases} \partial u/\partial x = 0 \quad \text{soit } u = u(y),\ v = 0 \\ \partial p/\partial x = \mu\, \partial^2 u/\partial y^2 \\ \partial p/\partial y = 0 \end{cases}$$

On trouve donc que $\partial p/\partial x$ est constant et que :

(78) $$\begin{cases} p = (dp/dx)\,x + p_0 \\ u = (dp/dx)\,y^2/2\mu + Ay + B \end{cases}$$

Au fond du récipient u = 0, donc :

(79) $$u = (dp/dx)\,(y^2 - h^2)/2\mu + A(y+h)$$

A la surface du liquide, il y a égalité entre le gradient de tension superficielle et la tension visqueuse.

En effet, l'équilibre des forces doit être réalisé sur l'élément de surface dont la masse est négligeable et qui ne possède donc aucune inertie (Fig. 10).

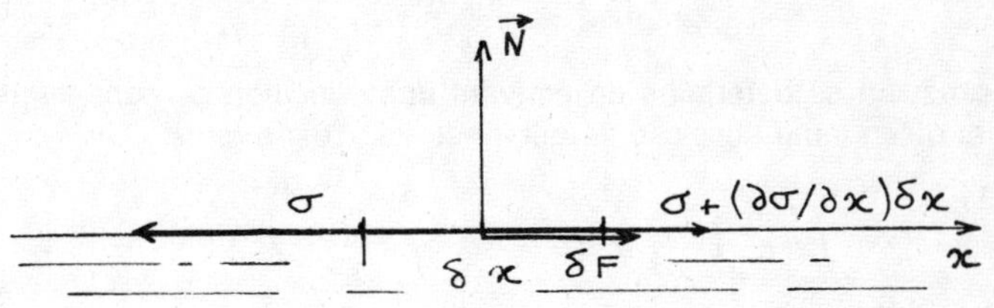

Figure 10

Le tenseur des pressions visqueuses est ici :

(80) $$\vec{\vec{P}} - p\vec{\vec{1}} = \begin{bmatrix} 0 & -\mu\, du/dy \\ -\mu\, du/dy & 0 \end{bmatrix}$$

La force $\delta\vec{F}$, d'origine visqueuse, s'exerçant sur l'élément est donc :

(81) $$\delta\vec{F} = (\vec{\vec{P}} - p\vec{\vec{1}}).\vec{N}\,\delta x = \begin{bmatrix} -\mu (du/dy)\,\delta x \\ 0 \end{bmatrix}$$

ou encore, suivant x, c'est-à-dire le long de la surface :

(82) $$\delta F = -\mu (du/dy)\,\delta x$$

La force due aux tensions de surface est $\sigma(x + \delta x) - \sigma(x)$, c'est-à-dire : $(\partial\sigma/\partial x)\,\delta x$ au second ordre près. La somme de ces forces est nulle donc :

(83) $$\partial\sigma/\partial x - \mu\, du/dy = 0 \quad \text{en } y = 0$$

Or :

(84) $$\partial\sigma/\partial x = \sigma_T G = -a$$

On obtient :

(85) $$du/dy = -a/\mu \quad \text{en } y = 0.$$

Cette condition permet de déduire la constante d'intégration

(86) $$A = -a/\mu$$

Le champ de vitesse de l'écoulement est donc :

(87) $$u = (dp/dx)(y^2 - h^2)/2\mu - a(y + h)/\mu$$

Le gradient de pression se détermine en écrivant une condition de conservation globale de la masse. On admet qu'en toute abscisse, le débit est nul, c'est-à-dire :

(88) $$\int_{-h}^{0} u\, dy = 0$$

Cette hypothèse conduit aux résultats (Fig. 11) :

$$
(89) \quad \begin{cases} dp/dx = -3a/2h \\ u = -a(3y^2+4hy+h^2)/4\mu h = -a(3y+h)(y+h)/4\mu h \end{cases}
$$

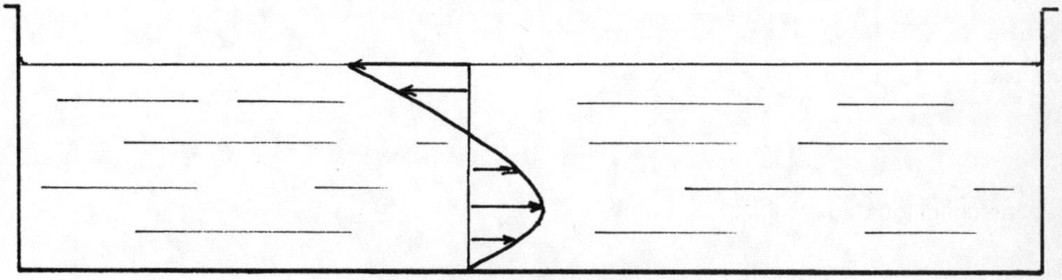

Figure 11 : Profil de vitesse lorsque $T_2 > T_1$, c'est-à-dire $\sigma_2 < \sigma_1$

Ce traitement du mouvement de la couche superficielle et du liquide qu'elle surplombe appelle des critiques : les mouvements du liquide aux extrémités du récipient ne sont pas étudiés, les hypothèses conduisent à un gradient de pression thermodynamique non nul à la surface alors que la pression de la phase gazeuse est en principe uniforme. Ces défauts proviennent de nos hypothèses simplificatrices. Cependant l'allure du phénomène est bien décrite malgré tout. L'effet observé apparaît dès qu'un gradient thermique longitudinal est imposé, aussi petit soit-il.

Instabilité de Marangoni [25]

Cela n'est plus le cas en présence d'un unique gradient transversal. Lorsque ce gradient est inférieur à une valeur critique, le régime est purement conductif. Au-dessus du gradient critique naît une instabilité dite de Marangoni : les fluctuations, dues au mouvement Brownien, tendent à s'amplifier et donnent naissance à des tourbillons convectifs. Ceux-ci peuvent être couplés aux structures convectives de Rayleigh-Bénard reliées à la pesanteur et à la dilatation thermique.

En l'absence d'effet de pesanteur (couche mince) et en supposant une configuration bidimensionnelle le mouvement est gouverné par les équations suivantes (Fig. 12) :

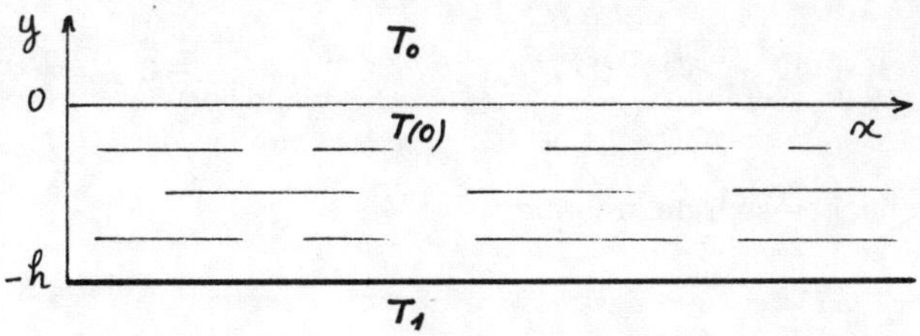

Figure 12

$$
(90)\quad \left|\begin{array}{l}
\partial u/\partial x + \partial v/\partial y = 0 \\
\rho\,\partial u/\partial t + \rho(u\,\partial u/\partial x + v\,\partial u/\partial y) + \partial p/\partial x = \mu\,(\partial^2 u/\partial x^2 + \partial^2 u/\partial y^2) \\
\rho\,\partial v/\partial t + \rho(u\,\partial v/\partial x + v\,\partial v/\partial y) + \partial p/\partial y = \mu\,(\partial^2 v/\partial x^2 + \partial^2 v/\partial y^2) \\
\partial T/\partial t + u\,\partial T/\partial x + v\,\partial T/\partial y = k\,(\partial^2 T/\partial x^2 + \partial^2 T/\partial y^2)
\end{array}\right.
$$

avec les conditions aux limites :

$$
(91)\quad \left\{\begin{array}{lll}
y = -h & : & u = v = 0\ ,\ T = T_1 \\
y = 0 & : & \sigma_T\,\partial T/\partial x - \mu\,\partial u/\partial y = 0\ ,\ \partial T/\partial y + \Lambda\,(T - T_0) = 0
\end{array}\right.
$$

en admettant une loi d'échange thermique à la surface.

La solution purement conductive est :

$$
(92)\quad u = v = 0\ ,\ T = T_1 - \frac{\Lambda\,(T_1 - T_0)}{1 + \Lambda h}\,(y + h) = T_1 + G(y + h)
$$

On pose alors : $T = T_1 + G(y + h) + T'$, $p = po + p'$, $u = u'$, $v = v'$, les perturbations ainsi envisagées étant petites. On obtient, par substitution dans le système précédent, le système aux petites perturbations. On élimine alors p' et u' par dérivations successives et on pose :

$$
(93)\quad v' = V(y,t)\cos kx\ ,\quad T' = \Theta(y,t)\cos kx
$$

où K est un nombre d'onde constant inconnu. Le système obtenu est le suivant :

$$
(94)\quad \left|\begin{array}{l}
\dfrac{\partial}{\partial t}\left(\dfrac{\partial^2 V}{\partial y^2} - k^2 V\right) - \nu\left(\dfrac{\partial^4 V}{\partial y^4} - 2k^2\dfrac{\partial^2 V}{\partial y^2} + k^4 V\right) = 0\ ,\quad \nu = \mu/\rho \\
\dfrac{\partial \theta}{\partial t} - k\left(\dfrac{\partial^2 \theta}{\partial y^2} - k^2\theta\right) + G V = 0 \\
y = -h\ ,\ V = 0\ ,\ \partial V/\partial y = 0\ ,\ \theta = 0 \\
y = 0\ ,\ V = 0\ ,\ \mu\,\partial^2 V/\partial y^2 + \sigma_T\,k^2\theta = 0\ ,\ \partial\theta/\partial y + \Lambda\,\theta = 0
\end{array}\right.
$$

Les solutions stationnaires sont de la forme :

$$(95)\quad \begin{cases} V = (Ay+B)\,e^{ky} + (Cy+D)\,e^{-ky} \\ \theta = -\dfrac{G}{4kk}\left\{\left[-Ay^2-\left(2B-\dfrac{A}{k}\right)y+E\right]e^{ky}+\left[Cy^2+\left(2D+\dfrac{C}{k}\right)y+F\right]e^{-ky}\right\} \end{cases}$$

Le respect des conditions aux limites impose :

$$\sigma_T G h^2/k\mu = 8kh\,(kh\,\mathrm{ch}\,kh + \Lambda h\,\mathrm{sh}\,kh)\,[\mathrm{sh}\,kh\,\mathrm{ch}\,kh + kh(\mathrm{sh}^2 kh + \mathrm{ch}^2 kh)]\,/\,\mathrm{sh}^3 kh$$

Pour une couche liquide mince, en supposant Kh << 1, on obtient simplement :

$$(96)\quad \sigma_T G h^2/k\mu = 16\,(1+\Lambda h)$$

On voit apparaître le nombre de Marangoni :

$$(97)\quad M_a = \sigma_T G h^2/k\mu$$

et sa valeur critique $M_{ac} = 16(1 + \Lambda h)$.

Nous ne donnerons pas ici une analyse plus détaillée de ce problème qui relève des techniques classiques utilisées pour les instabilités dans les fluides. Notons que la mise en évidence du nombre de Marangoni peut être faite directement par l'analyse dimensionnelle. Enfin, dans la réalité le phénomène est généralement tridimensionnel.

Notons que ces couplages entre la tension superficielle et l'écoulement de fluide ont lieu également en présence de gradients de concentration et justifient d'un traitement analogue.

CHAPITRE 6 : NOTIONS SUR LES ECOULEMENTS TURBULENTS

1. LE REGIME TURBULENT [15], [20]

L'existence d'un seuil à partir duquel certains écoulements présentent au cours du temps, des fluctuations importantes et désordonnées a été démontrée. L'expérience de Reynolds (1883) concerne l'écoulement de l'eau dans un tube de section circulaire. La turbulence est visualisée à l'aide d'un colorant. Tant que le nombre de Reynolds Re = $(\rho \mathbf{V} D)/\mu$ est inférieur à 2000, le régime est laminaire et nous avons vu qu'alors le coefficient de perte de charge Λ était tel que :

(1) $$\Lambda = \frac{D}{\frac{1}{2}\rho V^2} \frac{\Delta p}{\Delta \ell} = 64 \, R_e^{-1}$$

Après une zone de transition, l'augmentation du nombre de Reynolds conduit à une variation différente de Λ , même en l'absence de rugosité du surface (Fig. 1) : $\Lambda \simeq 0{,}3 \, R_e^{-1/4}$.

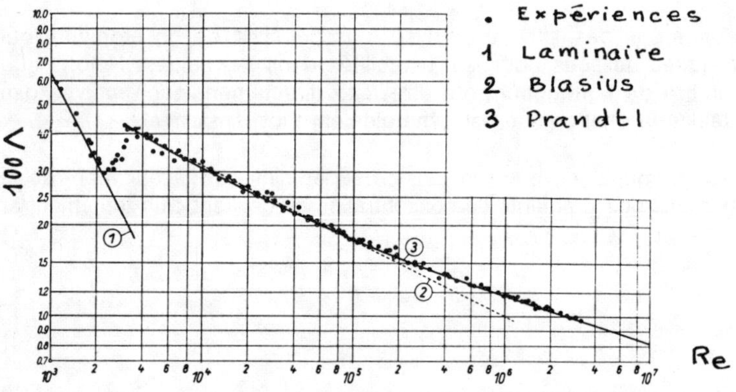

Figure 1

Dans le cas d'une plaque plane parallèle à la vitesse moyenne de l'écoulement $\vec{V}_\infty$, on observe le développement d'une couche limite visqueuse à partir du bord d'attaque de la plaque, au-delà de l'épaisseur $\delta(x)$ de cette couche, l'écoulement est celui d'un fluide parfait. On définit le coefficient de frottement local à la paroi par :

(2) $$C_f = \tau(x) / \tfrac{1}{2} \rho_\infty V_\infty^2$$

et le coefficient de frottement moyen jusqu'à l'abscisse L :

(3) $$C_{fm} = \frac{1}{L}\int_0^L C_f(x)\,dx$$

Entre les abscisses x = 0 et x_T, la couche limite est laminaire et l'on trouve :

(4) $$C_{fm} = 1{,}328\ R_e^{-1/2}$$

avec :

(5) $$R_e = \rho V L/\mu$$

Au-delà de x_T, la couche limite devient turbulente. En réalité il n'y a pas d'abscisse x_T bien précise, mais une zone de transition laminaire-turbulent. Si la couche était turbulente depuis le bord d'attaque, on trouverait :

(6) $$C_{fm} = 0{,}074\ R_e^{-0,2}$$

Comme l'écoulement est turbulent à partir de x_T on a :

(7) $$C_{fm} = 0{,}074\ R_e^{-0,2} - (x_T/L)\left(0{,}074\ R_{eT}^{-0,2} - 1{,}328\ R_{eT}^{-0,5}\right)$$

avec :

(8) $$R_{eT} = \rho V x_T/\mu$$

Les résultats diffèrent en fait à cause de l'étendue de la zone de transition et une incertitude se présente sur la valeur de x_T. D'autre part, aux grands nombres de Reynolds la formule en $Re^{-0,2}$ n'est plus valable et on trouve plutôt une loi de Schultz-Grunow en $(\log Re)^{2,584}$ pour le coefficient de frottement local, de sorte que la formule la plus convenable est celle de Prandtl-Schlichting :

(9) $$C_{fm} = 0{,}455\ (\log R_e)^{-2,58} - 2A\ R_e^{-1}$$

valable jusqu'aux valeurs $Re \simeq 10^9$.

Le coefficient A dépend du nombre de Reynolds de transition Re_T suivant le tableau :

Re_T	10^5	3.10^5	5.10^5	10^6	3.10^6
A	150	525	850	1650	4350

La figure 2 indique les résultats :

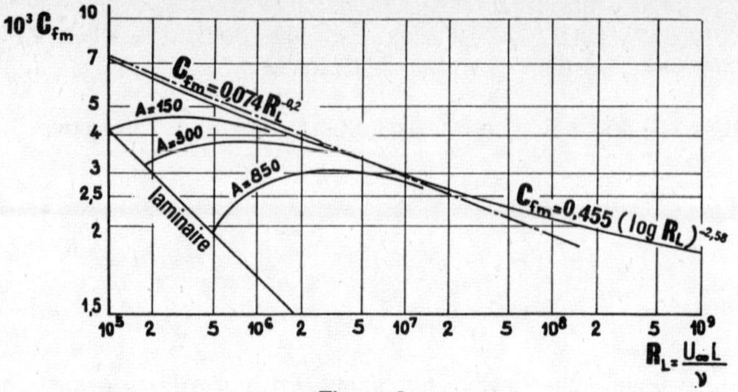

Figure 2

Pour une plaque rugueuse de rugosité homogène d'épaisseur e, la rugosité relative ε_δ sera :

$$\varepsilon_\delta = e/\delta \tag{10}$$

où δ est l'épaisseur de la couche limite.

Pour des rugosités relatives inférieures à 1/3, la paroi est aérodynamiquement lisse. L'épaisseur δ de couche limite étant une fonction croissante de la distance x au bord d'attaque, il s'en suit que la plaque sera rugueuse au début et pourra apparaître lisse ensuite.

Dans la zone rugueuse, on pourra utiliser la loi de Droblenkov :

$$C_f = 0{,}0139\ \varepsilon^{1/7} \quad , \quad \varepsilon = e/L \tag{11}$$

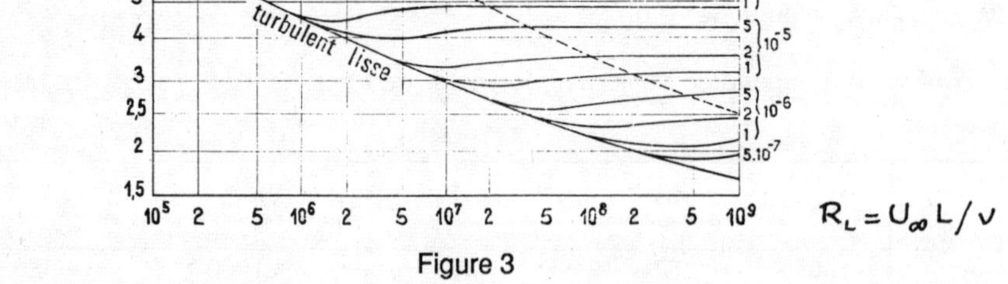

Figure 3

La turbulence n'est pas sans effets sur les réactions chimiques. Les petites échelles de turbulence sont respondables de ce que l'on appelle le micromélange en génie chimique. L'exemple suivant montre l'importance du micromélange pour le déroulement d'une réaction chimique. Il s'agit de la précipitation de sulfate de baryum par les ions H^+ à partir d'un complexe stable en milieu basique utilisée au Laboratoire du Génie de la Réactivité Chimique à Nancy. Les espèces A et B sont liquides ainsi que le produit intermédiaire R, S désigne le sulfate de baryum. On a les deux réactions concurrentes :

$$(12) \quad \begin{cases} A + B \longrightarrow R \quad \text{(très rapide)} \\ R + B \longrightarrow S \downarrow \quad \text{(rapide)} \end{cases}$$

Une goutte de B est injectée dans le liquide A, la figure 4 indique les deux situations extrêmes qui peuvent se produire suivant la qualité de l'agitation turbulente du liquide A.

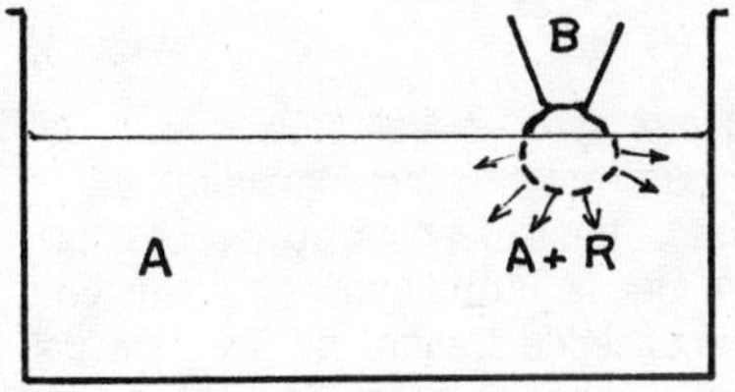

Micromélange efficace à l'échelle moléculaire au point d'injection de la goutte de B dans le liquide A. B est toujours en contact avec A, pas avec R. Le précipité S ne peut pas se former

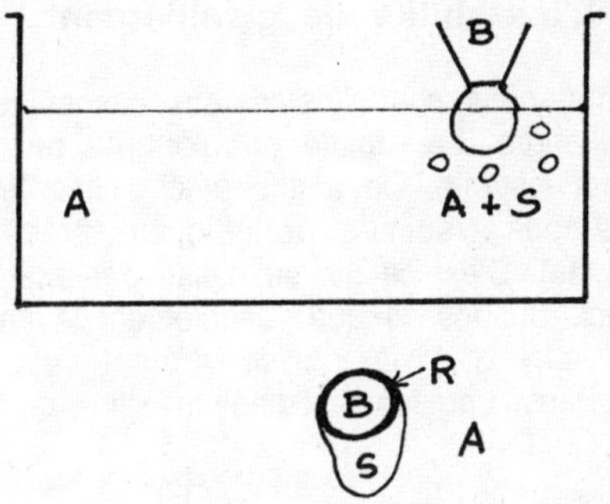

Micromélange imparfait B s'entoure de R, R réagit avec B pour former le précipité S

Figure 4

La quantité de S produite permet de mesurer l'indice de ségrégation du mélange qui est d'autant plus élevé que le micromélange est plus imparfait.

Les grandes échelles de turbulence n'agissent pas directement sur la réaction mais sont responsables du temps de séjour des espèces dans un réacteur ouvert (Fig. 5) pour lequel on aura à déterminer une distribution des temps de séjour t_S.

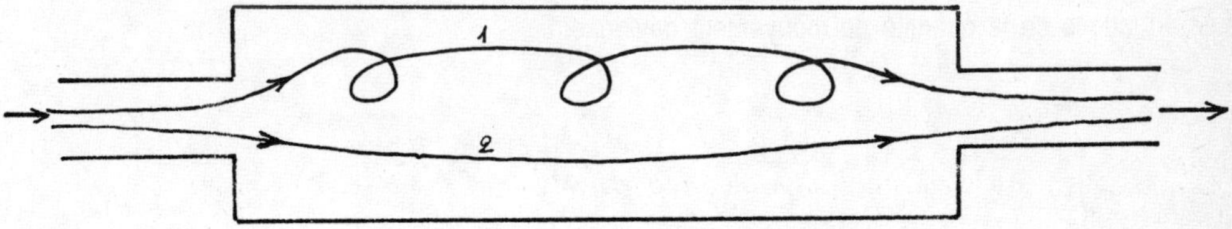

Figure 5 : $t_{s1} > t_{s2}$

2. INSTABILITES DE L'ECOULEMENT LAMINAIRE

De nombreuses situations peuvent conduire à l'instabilité d'un écoulement laminaire. On sait que pour des nombres de Rayleigh élevés, les tourbillons de Rayleigh-Bénard deviennent fluctuants. Ce phénomène se produit également aux points de bifurcation entre deux régimes stables.

Les sources d'instabilité sont multiples. En écoulement de fluide simple nous retiendrons l'instabilité de cisaillement et nous évoquerons l'instabilité de flamme plissée pour illustrer le cas réactif.

2.1 L'instabilité de cisaillement

Limitons-nous pour l'instant aux cas où les termes visqueux sont en compétition avec les termes d'inertie. Le régime turbulent ne peut apparaître à partir du régime laminaire que si celui-ci est instable. On a affaire ici à une "instabilité de cisaillement". Dans d'autres cas, une série d'étapes (régimes périodiques) précède l'apparition de la turbulence (mouvements désordonnés). C'est ce qui se passe par exemple pour l'expérience de Bénard qui ne sera pas étudiée ici. Supposons que l'écoulement laminaire soit caractérisé par le profil de vitesse (non perturbé) $u = U(y)$, la vitesse v étant nulle et l'écoulement étant plan. On sait qu'alors la pression P est une fonction linéaire affine de l'abscisse x et qu'elle vérifie :

(13) $$dP/dx = \nu \, d^2U/dy^2$$

L'écoulement perturbé sera tel que :

(14) $$\begin{cases} u = U(y) + u' \\ v = v' \\ p = P(x) + p' \end{cases}$$

Le fluide est supposé incompressible de sorte que l'équation de conservation de la masse permet d'écrire :

(15) $$u' = \partial\psi/\partial y \quad , \quad v' = -\partial\psi/\partial x$$

Etudions les perturbations du type :

(16) $$\psi = \Phi(y)\, e^{ik(x-ct)}$$

Les équations de la quantité de mouvement deviennent :

(17) $$\begin{cases} \dfrac{\partial^2\psi}{\partial t\partial y} + U(y)\dfrac{\partial^2\psi}{\partial x\partial y} - \dfrac{\partial\psi}{\partial x}\dfrac{dU}{dy} + \dfrac{1}{\rho}\dfrac{\partial p'}{\partial x} = \nu\dfrac{\partial(\Delta\psi)}{\partial y} \\ -\dfrac{\partial^2\psi}{\partial t\partial x} - U(y)\dfrac{\partial^2\psi}{\partial x^2} + \dfrac{1}{\rho}\dfrac{\partial p'}{\partial y} = -\nu\dfrac{\partial(\Delta\psi)}{\partial x} \end{cases}$$

Après élimination de p' on a :

(18) $$\frac{\partial(\Delta\psi)}{\partial t} + U_{(y)}\frac{\partial(\Delta\psi)}{\partial x} - \frac{\partial\psi}{\partial x}\frac{d^2U}{dy^2} = \nu\,\Delta(\Delta\psi)$$

comme :

(19) $$\Delta\psi = \left(\frac{d^2\phi}{dy^2} - k^2\phi\right) e^{ik(x-ct)}$$

On obtient :

(20) $$\phi^{(4)} - 2k^2\phi'' + k^4\phi = \frac{ik}{\nu}\left[(U-c)(\phi'' - k^2\phi) - U''\phi\right]$$

C'est l'équation d'Orr-Sommerfeld.

Le même problème étudié en fluide parfait ($\nu = 0$) conduit l'équation de Rayleigh :

(21) $$(U-c)(\phi'' - k^2\phi) - U''\phi = 0$$

On démontre qu'une condition nécessaire pour qu'une instabilité se développe en fluide parfait est que le profil de vitesse U(y) présente un point d'inflexion.

Démonstration (dans le cas d'un écoulement entre deux plans parallèles) :

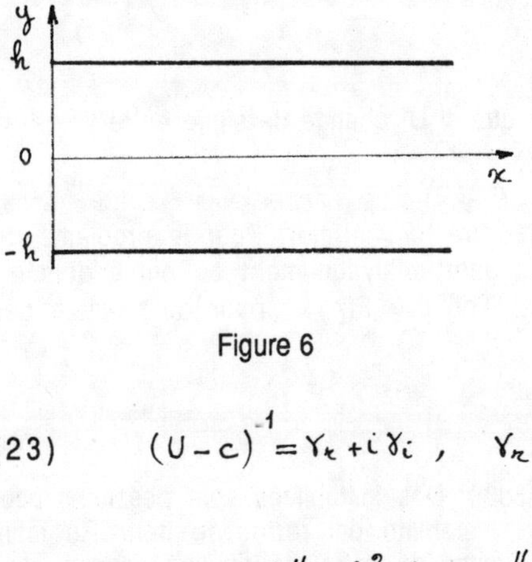

Figure 6

k réel , $c = c_r + i c_i$, $\phi = \phi_r + i\phi_i$

(22) $$\psi = \phi\, e^{kc_i t}\, e^{ik(x - c_r t)}$$

Instabilité si $c_i > 0$.

(23) $$(U-c)^{-1} = \gamma_r + i\gamma_i \,, \quad \gamma_r = \frac{U - c_r}{(U-c_r)^2 + c_i^2} \,, \quad \gamma_i = \frac{c_i}{(U-c_r)^2 + c_i^2}$$

(24) $$\phi'' - k^2\phi - U''\phi(\gamma_r + i\gamma_i) = 0$$

On sépare les parties réelle et imaginaire.

(25)
$$\left\{\begin{array}{l} \phi_r'' - k^2\phi_r - U''(\phi_r\gamma_r - \phi_i\gamma_i) = 0 \\ \phi_i'' - k^2\phi_i - U''(\phi_r\gamma_i + \phi_i\gamma_r) = 0 \end{array}\right. \quad \begin{array}{|l} \phi_i \\ \phi_r \end{array}$$

$$\phi_i\phi_r'' - \phi_r\phi_i'' + U''(\phi_i^2 + \phi_r^2)\gamma_i = 0$$

$$\frac{d}{dy}(\phi_i\phi_r' - \phi_r\phi_i') + U''(\phi_i^2 + \phi_r^2)\gamma_i = 0$$

(26)
$$[\phi_i\phi_r' - \phi_r\phi_i']_{-h}^{+h} + \int_{-h}^{+h} U''(\phi_r^2 + \phi_i^2)\gamma_i\,dy = 0$$

(27)
$$v = -\frac{\partial\psi}{\partial x} = -i\,k\,\phi(y)\,e^{kc_i t}\,e^{ik(x - c_r t)}$$

donc :

(28)
$$\phi(h) = \phi(-h) = 0$$

Le crochet est donc nul. Il reste :

(29)
$$\int_{-h}^{+h} U''(\phi_r^2 + \phi_i^2)\gamma_i\,dy = 0$$

Si $c_i > 0$, donc $\gamma_i > 0$, cette intégrale ne peut s'annuler que si U" change de signe entre y = -h et y = +h. U(y) doit donc présenter un point d'inflexion.

L'étude est moins aisée lorsque $\nu \neq 0$ (équation d'Orr-Sommerfeld). Pour le problème de l'écoulement entre deux plans parallèles on peut procéder analytiquement ou numériquement pour chaque valeur de ν et de k. On trouve la condition $c_i = F(k, \nu)$ pour qu'il existe des solutions non triviales vérifiant $u(\pm h) = v(\pm h) = 0$.

Le signe de c_i est donc celui de $\Im(F_{(k, \nu)})$.

On trouve qu'il y a toujours stabilité pour Re < 5800. Des instabilités sont possibles pour certains nombres d'onde aux Re supérieurs. Enfin, la stabilité est retrouvée pour Re infini (les deux branches se rejoignent), ce qui prouve les limites de cette théorie linéarisée.

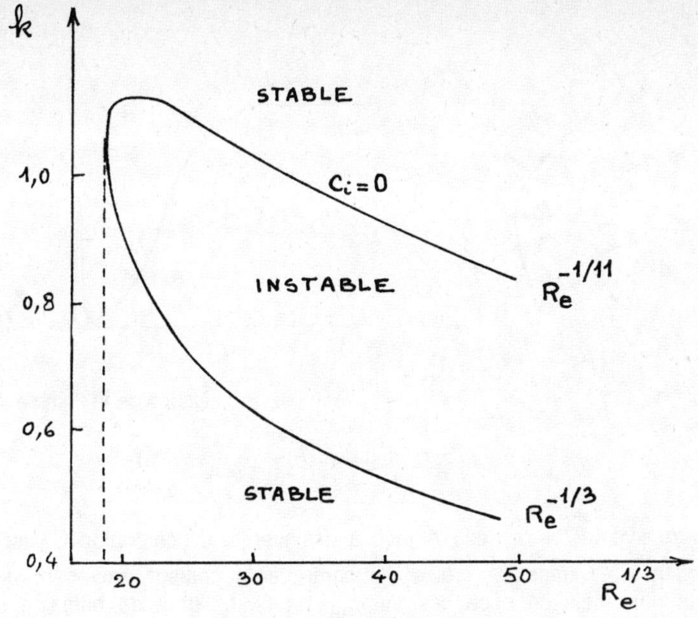

Figure 7

2.2 Instabilité thermodiffusive de la flamme laminaire [26]

On peut facilement observer l'instabilité d'une flamme laminaire en faisant varier la richesse d'une flamme de bec Bunsen. Au-delà d'une valeur critique de la composition chimique du mélange, le cône se transforme intantanément en un polyèdre. L'apparition spontanée des cellules n'est en fait observée que dans le cas de mélanges riches en hydrocarbures lourds (propane) ou pauvres en hydrocarbures légers (hydrogène), c'est-à-dire chaque fois que l'espèce qui limite la réaction est la plus légère.

Considérons un mélange réactif d'espèces A et B diluées dans un gaz neutre, la composition étant loin de la stoechiométrie et l'espèce la plus légère A étant aussi la plus rare. Le développement de la réaction n'affecte alors sensiblement que cette espèce A. Le coefficient de diffusion est donc grand (voir chapitre 2) du fait de sa faible masse molaire et en conséquence, le nombre de Lewis :

$$L_{eA} = \lambda / \rho C_p \mathcal{D}_A \quad (30)$$

est petit devant le nombre de Lewis de l'espèce B, plus lourde. La diffusivité thermique λ/Cp est, elle, indépendante des proportions de A et B du fait de la forte dilution du mélange.

La vitesse de déflagration d'une flamme plane laminaire est bien déterminée (voir chapitre 7). Localement, la flamme stable de Bunsen pourra être assimilée à une telle flamme plane. Supposons qu'une perturbation locale induise une déformation faisant apparaître des creux et des bosses (Fig. 8).

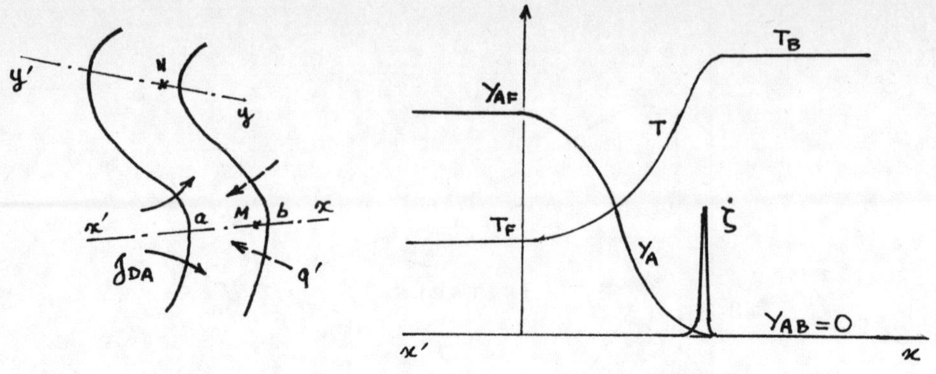

Coupe de la flamme x'x

Figure 8

La diffusion transverse de l'espèce A tend à diminuer la concentration C_A au point M de la surface de réaction situé dans un creux. Au contraire la chaleur provenant des gaz brûlés diffuse vers l'intérieur. Mais dans ce cas où L_{eA} est petit, l'effet de diffusion de l'espèce A l'emporte et bien que la température s'élève en M, le taux de réaction $\dot{\zeta}$ diminue, ce qui conduit à un abaissement de la vitesse de l'onde de combustion, c'est-à-dire de la célérité relative de la flamme par rapport aux gaz frais. La zone considérée va se creuser. L'inverse se produit au point N de la coupe y'y. Il y a instabilité de la flamme.

Si le nombre de Lewis était plus grand que l'unité, les effets de conduction thermique seraient plus forts que ceux de la diffusion moléculaire et il y aurait stabilité.

Ces effets d'instabilité donnent naissance à une autoturbulence thermodiffusive par amplification de défauts.

Si l'écoulement amont des gaz frais est déjà turbulent il y aura interaction entre les deux phénomènes.

Remarque : L'étude du mouvement des flammes plissées turbulentes fait l'objet de recherches actuelles (Williams, Clavin, Joulin). Clavin et Joulin ont montré (1983) que dans le cadre de certaines hypothèses un seul scalaire mesurant l'étirement du front contrôle localement la forme et la dynamique de la flamme. Ce scalaire se décompose en deux termes représentant respectivement la contribution de la géométrie de la flamme (courbure du front avançant avec une vitesse normale prescrite) et celle de l'inhomogénéité de l'écoulement caractérisé par le tenseur des taux de déformation [27], [28].

3. COEFFICIENTS DE TRANSFERT ET CINETIQUE CHIMIQUE TURBULENTS (théorie statistique simplifiée) [9]

Soit un paramètre $f(\vec{x}, t)$ de l'écoulement (pression, température, vitesse, concentration, ...). On peut définir la valeur moyenne :

(31) $$\overline{f}(\vec{x},t) = < f(\vec{x},t) > = \frac{1}{T}\int_{t-\frac{T}{2}}^{t+\frac{T}{2}} f(\vec{x},\tau)\, d\tau$$

où T est le temps d'échantillonnage choisi suffisamment grand pour que f en soit indépendant. Le paramètre f présente alors une valeur moyenne et une partie aléatoire f'. On a :

(32) $$\left| \begin{array}{l} f = \overline{f} + f' \quad , \quad < f' > = 0 \quad , \quad < \overline{f} > = \overline{f} \\ < k f > = k \overline{f} \quad \text{si} \quad k = C^{te} \\ < f g > = \overline{f}\,\overline{g} + < f' g' > \\ < \partial f / \partial s > = \partial \overline{f} / \partial s \quad , \quad < \int f ds > = \int \overline{f} ds \end{array} \right.$$

Pour deux points M_1 et M_2 distants de ξ, où la vitesse est u_1 et u_2 à l'instant t on définit un coefficient de corrélation :

(33) $$R(\xi) = < u'_1 u'_2 > / \sqrt{< u'^2_1 >}\ \sqrt{< u'^2_2 >}$$

et une longueur de corrélation donnant la dimension moyenne des tourbillons :

(34) $$L = \int_0^\infty R(\xi)\, d\xi$$

Si $R(\xi)$ est indépendant de la direction de M_1M_2, la turbulence est dite isotrope.

La turbulence fait apparaître des *termes de flux* qui s'ajoutent aux flux moléculaires des différentes grandeurs intervenant du fait des phénomènes de transfert. L'équation du bilan :

(35) $$\partial(\rho f)/\partial t + \mathrm{div}(\rho f \vec{v} + \vec{J}_F) = \dot{w}_F$$

devient, par passage à la moyenne, *dans le cas incompressible* :

(36) $$\rho\, \partial \overline{f}/\partial t + \rho\, \mathrm{div}(\overline{f} < \vec{v} >) + \mathrm{div} < \vec{J}_F > + \rho\, \mathrm{div} < f' \vec{v}' > = < \dot{w}_F >$$

Ainsi l'équation de la quantité de mouvement fait apparaître le tenseur de Reynolds :

(37) $$\rho < \vec{v}' \otimes \vec{v}' >$$

qui s'ajoute aux pressions visqueuses pour donner la somme des viscosités moléculaire et turbulente :

(38) $$-2\mu \vec{D} + \rho < \vec{v}' \otimes \vec{v}' >$$

Une hypothèse simplificatrice consiste à admettre que les flux turbulents sont proportionnels aux forces généralisées correspondantes. On aura donc ici :

(39) $$\rho < u'v' > = - K_u \, \partial \bar{u} / \partial y$$

où K_u est un coefficient d'échange turbulent. Contrairement aux coefficients de transfert, les coefficients d'échange turbulent ne dépendent pas que de l'état local du fluide mais des caractéristiques de l'écoulement. On peut rarement les supposer constants. Dans le cas d'un écoulement de Poiseuille turbulent, on admettra par exemple que K_u est une fonction de y. Il s'agit donc de coefficients semi-empiriques dont le champ de validité est généralement très restreint, mais qui présentent l'avantage d'assurer la fermeture du système d'équations et de donner des indications qualitatives.

On définit ainsi les trois coefficients d'échange K_u, K_T et K_D tels que :

(40) $$\begin{cases} < (\rho \vec{v})' \otimes \vec{v}' > = - K_u \, \vec{\nabla} \otimes < \vec{v} > \\ < (\rho \vec{v})' \, h' > = - K_T \, \vec{\nabla} \bar{h} \\ < (\rho \vec{v})' \, Y_j' > = - K_D \, \vec{\nabla} \bar{Y}_j \end{cases}$$

Ces relations sont valables également en fluide compressible.

On peut introduire alors des nombres de Schmidt et de Prandtl turbulents :

(41) $$S_{ct} = K_u / K_D \quad , \quad P_{rt} = K_u / K_T$$

Par analogie avec la théorie cinétique des gaz, on peut parler d'une longueur de mélange (analogue au libre parcours moyen). Prenons par exemple un transfert de la grandeur F dans la direction y. On admet que le transfert s'effectue par jets aléatoires de longueur l'_F dans la direction Oy et on suppose que ces jets emportent avec eux la valeur moyenne $\bar{f}$ de leur niveau d'origine, celle-ci étant conservée durant le trajet l'_F, à l'issue duquel il y a remise en équilibre brutale avec la valeur moyenne du niveau d'arrivée. A l'abscisse y, les fluctuations f' seront donc (Fig. 9) :

(42) $$\begin{cases} f' = \bar{f}(y - l'_F) - \bar{f}(y) \\ f' \simeq - l'_F \, \partial \bar{f} / \partial y \end{cases}$$

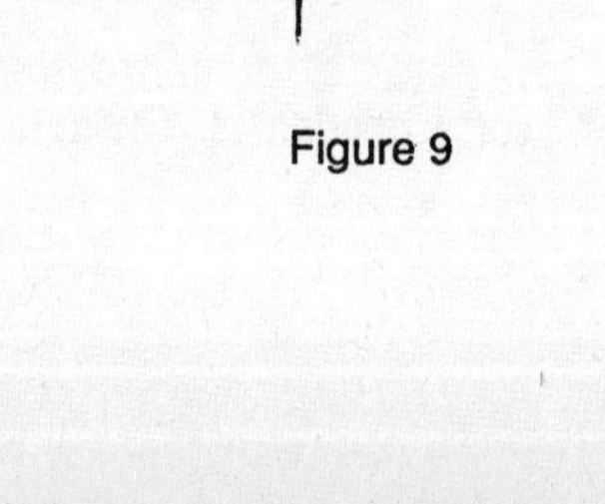

Figure 9

Donc, en prenant en compte tous les jets aléatoires possibles et en effectuant la moyenne :

(43) $$<(\rho v)' f'> = -<(\rho v)' \ell'_F> \partial \bar{f}/\partial y$$

On a donc :

(44) $$K_F = <(\rho v)' \ell'_F>$$

Supposons ρ constant et les fluctuations u' du même ordre que les fluctuations v'. On a, en posant f = u :

(45) $$u' \simeq -\ell'_u \, \partial \bar{u}/\partial y \simeq v'$$
$$K_u = <(\rho v)' \ell'_u> = \rho < \ell'^2_u > \partial \bar{u}/\partial y$$

ou

(46) $$K_u/\rho = L_P^2 \, \partial \bar{u}/\partial y$$

en posant $$L_P^2 = < \ell'^2_u >$$

Lp est la *longueur de mélange de Prandtl.* On peut l'interpréter comme la taille des tourbillons les plus efficaces pour effectuer le mélange.

Etudions maintenant les *termes turbulents dus à la cinétique chimique.* Soit la réaction chimique A + B $\longrightarrow$ C.

Les taux de production des espèces sont :

(47) $$\dot{W}_j = \frac{\nu_j}{\mathcal{M}_j} \rho^2 k \, Y_A Y_B = \pm \, k_j \, Y_A Y_B$$

avec le signe (+) pour j = C
et le signe (-) pour j = A ou B

(48) $$<\dot{W}_A> = -\bar{k}_1 (\bar{Y}_A \bar{Y}_B + <Y'_A Y'_B>) - \bar{Y}_A < k'_1 Y'_B>$$
$$- \bar{Y}_B < k'_1 Y'_A> - < k'_1 Y'_A Y'_B >$$

On constate que, même lorsque k'_1 est négligeable, le taux de production moyen est la somme de deux termes et peut être de ce fait très différent du taux de production calculé à partir des concentrations moyennes :

(49) $$<\dot{W}_A> = -\bar{k}_1 (\bar{Y}_A \bar{Y}_B + <Y'_A Y'_B>)$$

En introduisant un temps caractéristique de diffusion τ_D et un temps chimique τ_C on peut montrer que :

a) Si $\tau_D << \tau_C$, $D_I = \tau_C/\tau_D >> 1$, c'est à dire si les réactions sont lentes ou que le système est parfaitement mélangé, le terme chimique turbulent est négligeable devant le terme de transfert de diffusion turbulent. Alors $< Y'_A Y'_B > \simeq 0$ et :

$$(50) \qquad < \dot{W}_A > = - \bar{k}_1 \bar{Y}_A \bar{Y}_B$$

b) Si $\tau_C << \tau_D$ ou $D_I << 1$, la réaction chimique est très rapide devant le phénomène de diffusion. Les espèces sont faiblement mélangées et à l'extrême elles ne se rencontrent pas. Un point de l'espace voit alternativement les espèces A ou B mais jamais les deux à la fois. Il en résulte que le taux de production est nul, ce qui suppose que :

$$(51) \qquad \bar{Y}_A \bar{Y}_B = - < Y'_A Y'_B >$$

c) Entre ces cas extrêmes, le terme de corrélation $< Y'_A Y'_B >$ a une valeur absolue comprise entre 0 et 1.

4. QUELQUES DEFINITIONS RELATIVES A LA TURBULENCE

Les traitements statistiques de la turbulence sont généralement plus sophistiqués que dans la présentation du paragraphe 3.

La moyenne statistique d'une fonction aléatoire $f(\vec{x}, t)$ est obtenue à partir de N réalisations $f_i(\vec{x}, t)$ de sorte que :

$$(52) \qquad < f >(\vec{x},t) = \lim_{N \to \infty} \left(\frac{1}{N} \sum_{i=1}^{N} f_i(\vec{x},t) \right)$$

Plus généralement on introduit une densité de probabilité $P(f|\vec{x}, t)$ et la moyenne devient :

$$(53) \qquad < f >(\vec{x},t) = \int_{-\infty}^{+\infty} f(\vec{x},t) \, P(f|\vec{x},t) \, df$$

c'est la *moyenne d'ensemble*. On utilise également pour des couples de variables aléatoires, la densité $P(f, g|\vec{x}, t|\vec{x}', t')$ qui donne accès aux corrélations.

Lorsque la probabilité en un point $P(f|\vec{x}, t)$ ne dépend pas explicitement du temps, la turbulence est stationnaire. Lorsqu'elle ne dépend pas des variables d'espace, elle est *homogène*.

Il y a *isotropie* en cas d'invariance par rapport aux rotations. Expérimentalement, on ne dispose que d'une réalisation à des temps ou des positions variables. On a donc recours à des *moyennes spatio-temporelles* plutôt qu'aux moyennes d'ensemble. La fonction de pondération étant désignée par $\phi(\vec{x}, t)$ on écrit :

$$(54) \qquad < f >(\vec{x},t) = \int_{\vec{x},t} f(\vec{\xi},\tau) \, \phi(\vec{x} - \vec{\xi}, t-\tau) \, d\vec{\xi} \, d\tau$$

avec :

(55) $$\int_{x,t} \phi(\vec{\xi},\tau)\, d\vec{\xi}\, d\tau = 1$$

L'équivalence des moyennes d'ensemble et des moyennes spatio-temporelles nécessite la vérification de l'hypothèse d'*ergodisme*. On introduit également, pour un couple de variables aléatoires, des moyennes spatio-temporelles en deux points.

Hypothèse de Taylor : Cette hypothèse n'est valable que dans le cas de faibles taux de turbulence $\overline{v'_i v'_i}^{1/2} << (\overline{v}_i \overline{v}_i)^{1/2}$. Elle consiste à supposer que, dans le cas homogène, le champ turbulent est figé et que les fluctuations sont transportées par le mouvement de vitesse moyenne $<\vec{V}>$ supposée constante localement. On obtient donc une relation entre les dépendances spatiales et temporelles. Avec cette hypothèse il suffira donc de mesurer expérimentalement les fluctuations dans le temps à l'aide d'une sonde fixe. Les fluctuations spatiales en seront déduites en écrivant que :

(56) $$f(t) = f(x/\overline{v})$$

Echelles de la turbulence

L'échelle intégrale caractérise les grosses structures de la turbulence. Nous verrons au paragraphe 6 que l'énergie cinétique turbulente est distribuée en nombre d'onde. La distribution spectrale, obtenue par transformation de Fourier dans le cas homogène est E(k) par unité de volume et de nombre d'onde. On montre que l'échelle intégrale est égale à

(57) $$L = \frac{\pi}{2}\, E(0) / \overline{u'^2}$$

E(k) étant la distribution spectrale unidimensionnelle.

L'échelle des petites structures pourra être définie comme la taille à partir de laquelle les structures subissent fortement l'effet de la viscosité (région dissipative). On obtient ainsi la *micro-échelle de Kolmogorov* l_k du paragraphe 6.

La micro-échelle de Taylor est intermédiaire entre l'échelle intégrale et l'échelle de Kolmogorov. Elle permet de relier les variances de gradients de fluctuations de vitesse aux variances de fluctuations de vitesse et on peut la définir comme :

(58) $$\lambda = \left(\overline{u'^2} / \overline{(\partial u'/\partial x)^2} \right)^{1/2}$$

On montre, en analyse spectrale, qu'elle peut être déduite du spectre d'énergie E(k) :

(59) $$\lambda^2 \int_0^\infty k^2 E(k)\, dk \simeq \int_0^\infty E(k)\, dk$$

5. MODELES EN k - ε (fermeture pour les termes de transfert)

Nous n'étudierons ici que le cas d'un fluide incompressible non réactif, mais des traitements analogues existent en présence de cinétique chimique. Rappelons que l'on a :

$$(60)\qquad \begin{cases} \vec{\nabla}.<\vec{v}> = 0 \\ \partial<\vec{v}>/\partial t + \vec{\nabla}.(<\vec{v}>\otimes<\vec{v}>) + \vec{\nabla}.<\vec{v}'\otimes\vec{v}'> + (\vec{\nabla}p)/\rho + \vec{\nabla}.(\nu\,\vec{\nabla}<\vec{v}>) = 0 \end{cases}$$

La fermeture du système est obtenue si l'on connaît le coefficient de transfert turbulent K_V et l'énergie cinétique moyenne de la turbulence. En effet, nous écrirons, plus justement qu'au paragraphe précédent :

$$(61)\qquad <\vec{v}'\otimes\vec{v}'> - \frac{1}{3}\,\overline{v'^2}\,\vec{1} = -K_v\,\vec{\nabla}\otimes<\vec{v}>$$

dans le cas de la turbulence isotrope, le tenseur du premier membre étant celui des tensions turbulentes, de trace nulle. Le coefficient K_V peut être évalué à partir de la longueur de mélange de Prandtl. Cependant, une théorie plus sophistiquée permet de le relier à l'énergie cinétique moyenne de la turbulence par unité de masse :

$$(62)\qquad k = <v'^2>/2$$

et au taux de dissipation moyen de la turbulence :

$$(63)\qquad \begin{cases} \bar{\varepsilon} = \rho_0\,\nu <\vec{\nabla}\otimes\vec{v}' : \vec{\nabla}\otimes\vec{v}'> \\ \quad = \rho_0\,\nu < \dfrac{\partial v_i'}{\partial x_j}\,\dfrac{\partial v_i'}{\partial x_j}> \end{cases}$$

On a alors :

$$(64)\qquad K_v = <v'\ell_u'> \simeq a_v L\sqrt{k}$$

où a_V est un coefficient constant et L une longueur de mélange, qui peut être différente de L_p.

On peut montrer qu'aux grands nombres de Reynolds, le taux de dissipation est relié à L et à k par la relation :

$$(65)\qquad \bar{\varepsilon} = c_1\,k^{3/2}/L$$

Il s'en suit que :

$$(66)\qquad K_v = c_v\,\rho_0\,k^2/\varepsilon \qquad \text{où} \qquad c_v\,\rho_0 = a_v\,c_1\,, \quad \text{constant.}$$

A partir des équations locales du bilan de la masse et de la quantité de mouvement, et grâce à des multiplications adéquates par v'_i et ses dérivées et passage à la moyenne, on obtient deux équations de bilan en k et ε, qui font apparaître une série de termes de corrélation d'ordre 2 ou 3 et leurs dérivées. La fermeture du système s'obtient en négligeant certains de ces termes et en faisant des approximations pour les autres. Le résultat qui ne sera pas démontré ici est le suivant :

(67)
$$\left\{\begin{aligned} \frac{Dk}{Dt} &= \vec{\nabla}\cdot\left(\frac{K_v}{\sigma_k}\vec{\nabla}k\right) + P(k) - \frac{\bar{\varepsilon}}{\rho_o} \quad , \quad \frac{D}{Dt} = \frac{\partial}{\partial t} + \langle\vec{v}\rangle\cdot\vec{\nabla} \\ \frac{D\bar{\varepsilon}}{Dt} &= \vec{\nabla}\cdot\left(\frac{K_v}{\sigma_\varepsilon}\vec{\nabla}\bar{\varepsilon}\right) + c_{\varepsilon 1}\frac{\bar{\varepsilon}}{k}P(k) - c_{\varepsilon 2}\frac{\bar{\varepsilon}^2}{\rho_o k} \end{aligned}\right.$$

Dans les seconds membres de ces équations, les premiers termes sont des termes de flux, σ_k est un nombre de Prandtl turbulent d'énergie, σ_ε un nombre de Prandtl turbulent de dissipation. Les autres termes sont des termes de production et de destruction. On a :

(68)
$$P(k) = K_v\left(\frac{\partial\bar{v}_i}{\partial x_j} + \frac{\partial\bar{v}_j}{\partial x_i}\right)\left(\frac{\partial\bar{v}_i}{\partial x_j} + \frac{\partial\bar{v}_j}{\partial x_i}\right)$$

Rappelons que :

(69)
$$K_v = c_v\,\rho_o\,k^2/\bar{\varepsilon}$$

Les constantes ont été ajustées sur de nombreuses expériences et un bon choix paraît être :

(70)
$$c_v = 0{,}09 \quad , \quad \sigma_k = 1 \quad , \quad \sigma_\varepsilon = 1{,}3 \quad , \quad c_{\varepsilon 1} = 1{,}44 \quad , \quad c_{\varepsilon 2} = 1{,}92$$

Les équations obtenues ne font plus intervenir les corrélations mais simplement les gradients de quantités moyennes. Elles sont couplées aux équations moyennes du bilan, l'ensemble du système pouvant être résolu par des méthodes numériques moyennant des conditions initiales et aux limites convenables.

Les modèles du type "k - ε" sont criticables. Ils donnent une solution triviale dans le cas homogène ($\langle\vec{v}\rangle = 0$) et isotrope. Ils sont basés sur un formalisme un point et ne contiennent pas de ce fait toutes les informations spectrales.

Les modèles en "k - ε" sont cependant fréquemment utilisés y compris dans les écoulements réactifs où se pose de plus le problème de la détermination des termes de production chimique moyens $\langle\dot{W}_j\rangle$.

6. ANALYSE SPECTRALE ET THEORIE DE KOLMOGOROV

La transformation de Fourier :

(71)
$$f(\vec{k}) = \frac{1}{2\pi}\int_{R^3} f(\vec{x})\, e^{-i\vec{k}\cdot\vec{x}}\, d\vec{x}$$

permet d'étudier la distribution en énergie des structures spatiales de la turbulence. L'inverse du nombre d'onde k définissant l'échelle de la turbulence, c'est-à-dire la taille des tourbillons. Nous n'entrerons pas dans le détail de la théorie spectrale que nous ne ferons qu'esquisser. Notons toutefois que les spectres d'énergie s'obtiennent aujourd'hui assez facilement par la voie expérimentale. On supposera ici que la turbulence est *homogène et isotrope* ($<\vec{v}> = 0$ en particulier), que le fluide est incompressible et visqueux. De plus, l'évolution est libre et on néglige l'action des parois. On suppose enfin que les conditions initiales sont aléatoires.

On montre qu'alors le spectre d'énergie turbulente E(k) comprend deux zones séparées par une zone de transition (Fig. 10).

a) Une zone de faibles valeurs de k, c'est-à-dire une zone de gros tourbillons (taille k_e^{-1}) où l'énergie est concentrée et qui peut être alimentée en énergie de façon stationnaire (par instabilité, interaction avec le mouvement moyen, forces extérieures, etc...) à un taux $\dot{e}_1$.

b) Une zone de petites structures de taille $1/k_d$ (k_d, nombre d'onde de Kolmogorov) où l'énergie est dissipée par viscosité avec un taux $\dot{e}_2$.

c) Les termes d'advection (en $\delta u_i u_j / \delta x_j$) assurent le transfert d'énergie entre les échelles de façon conservative.

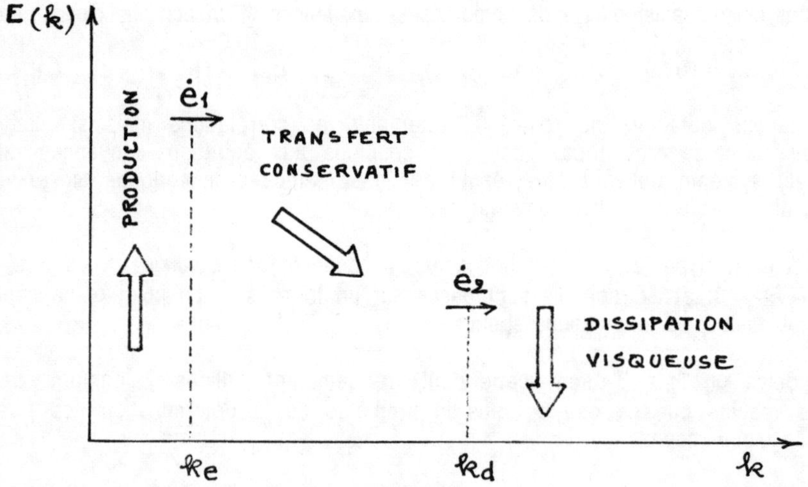

Figure 10

Pour que la zone de transfert ait une étendue non négligeable, il est nécessaire que $k_d >> k_e$, cela implique une condition sur les nombres de Reynolds. On définit un nombre de Reynolds de la turbulence à partir de la taille k^{-1} des tourbillons et d'une vitesse basée sur l'énergie $E_{(k)}$ (qui est une énergie des fluctuations de vitesse par unité de volume et par unité de nombre d'onde). La quantité $[k\, E(k)/\rho]^{1/2}$ est donc la vitesse moyenne caractéristique des structures de dimension k^{-1} et le nombre de Reynolds associé est donc :

(72) $$R_e = (1/\nu k)(k E(k)/\rho)^{1/2}$$

Pour k = k_d, les phénomènes dissipatifs deviennent de l'ordre de grandeur des phénomènes inertiels, si bien que $(Re)_d \sim 1$.

(73) $$(Re)_d = (1/\nu k_d)(k_d E(k_d)/\rho)^{1/2}$$

Pour les grosses structures, on obtient $(Re)_e = (1/\nu k_e)(k_e E(k_e)/\rho)^{1/2}$ avec $E_{(k_e)} > E_{(k_d)}$ et $k_e << k_d$, il s'en suit que :

(74) $$(Re)_e \gg (Re)_d \sim 1$$

Cette inégalité résume les conditions d'existence d'une zone de transfert où les mouvements sont indépendants des grosses échelles énergétiques, sources de la turbulence, et de la viscosité.

La théorie de Kolmogorov postule l'existence d'une telle zone et permet d'y déterminer le spectre E(k) grâce à l'analyse dimensionnelle.

On suppose le régime quasi-instationnaire, les taux $\dot{e}_1$ et $\dot{e}_2$ ont alors une valeur commune $\bar{\varepsilon}$ qui est une énergie produite par unité de volume dans l'unité de temps (dimension $ML^{-1}T^{-3}$). On peut prendre comme paramètres caractéristiques du problème : k, $\bar{\varepsilon}/\rho$, ν, $E(k)/\rho$. Il est d'usage de remplacer ν par une combinaison entre $\bar{\varepsilon}/\rho$ et ν ayant les dimensions d'une longueur :

(75) $$l_k = (\nu^3/(\bar{\varepsilon}/\rho))^{1/4}$$

longueur de Kolmogorov.

On choisit alors comme grandeurs de base k et $\bar{\varepsilon}/\rho$.

Les groupements Π se déduisent alors du tableau suivant :

	k	$\bar{\varepsilon}/\rho$	l_k	$E(k)/\rho$
L	-1	2	1	3
M	0	0	0	0
T	0	-3	0	-2

On obtient :

$$(76) \quad \begin{cases} \Pi_\ell = k\,\ell_K \\ \Pi_E = k^{5/3}(\bar{\varepsilon}/\rho)^{-2/3} E(k)/\rho \end{cases}$$

Le théorème de Vaschy-Buckingham nous donne :

$$(77) \quad \Pi_E = \Psi(\Pi_\ell)$$

ou encore :

$$(78) \quad E(k) = \rho^{1/3}\,\bar{\varepsilon}^{2/3}\,k^{-5/3}\,\Psi(k\ell_K)$$

Dans la zone inertielle, la viscosité n'intervient pas et l'on a :

$$(79) \quad \begin{cases} \Psi(k\ell_K) = c_K & \text{constante de Kolmogorov, et :} \\ E(k) = c_K\,\rho^{1/3}\,\bar{\varepsilon}^{2/3}\,k^{-5/3} \end{cases}$$

L'expérience a confirmé cette loi pour les milieux non réactifs. La constante c_K est d'ordre 1,5. La figure 11 concerne le spectre unidimensionnel mais la loi est analogue dans le cas tridimensionnel avec une constante (48/55) c_K.

Remarque : En présence de réactions chimiques et notamment en combustion, la loi de décroissance en $k^{-5/3}$ est rarement vérifiée. Cela est certainement dû au fait que la turbulence n'est plus homogène et isotrope dans ce cas. D'autre part, d'autres paramètres s'ajoutent à ceux que nous avons pris en compte pour l'analyse dimensionnelle, notamment les termes de production chimique, de diffusion et de transfert thermique, mais aussi des paramètres géométriques.

La zone inertielle est limitée par le nombre d'onde k_d qui, puisque $Re_d \sim 1$, est égal à :

$$(80) \quad k_d \sim E(k_d)/\rho\,\nu^2$$

Dans la zone inertielle on a donc pour $k = k_d$:

$$(81) \quad k_d \sim (\bar{\varepsilon}/\rho)^{2/3}\,k_d^{-5/3}/\nu^2$$

soit :

$$(82) \quad k_d^4 \sim \bar{\varepsilon}/\rho\,\nu^3 = \ell_K^{-4}, \qquad k\ell_K \sim k/k_d$$

Il s'en suit que dans la zone dissipative :

$$E(k) = \rho^{1/3}\,\bar{\varepsilon}^{\,2/3}\,k^{-5/3}\,\psi(k/k_d) \tag{83}$$

D'autre part, le nombre de Reynolds des gros tourbillons est :

$$\left\{\begin{array}{l}(Re)_e = (1/\nu k_e)\,(k_e\,E(k_e)/\rho)^{1/2} \\ (Re)_e \sim (k_e^{-4/3}/\nu)\,(\bar{\varepsilon}/\rho)^{1/3} = (k_d/k_e)^{4/3} \gg 1\end{array}\right. \tag{84}$$

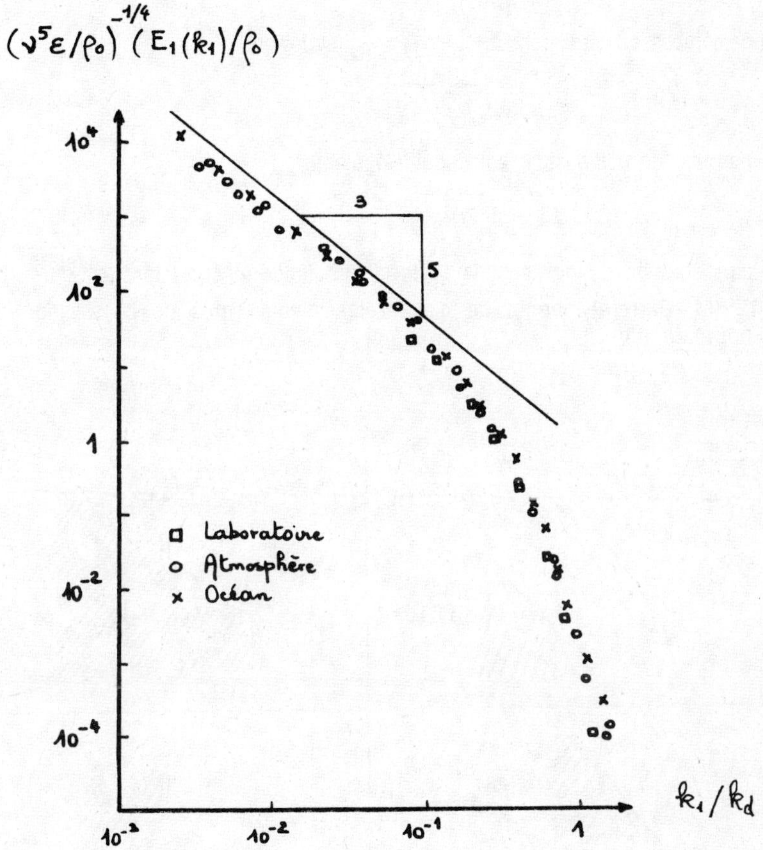

Figure 11 - Spectre unidimensionnel d'énergie montrant l'universalité de la loi de Kolmogorov

7. CLASSIFICATION DES REGIMES TURBULENTS DE COMBUSTION [29], [30]

En régime laminaire et en écoulement incompressible stationnaire, on a :

(85) $u\, \partial Y_j / \partial x - \mathcal{D} \Delta Y_j = \dot{W}_j / \rho$ (cas v = w = 0)

Cette équation fait apparaître les trois temps caractéristiques définis à partir de la longueur de référence l :

convection : $\tau_c = l/u$

diffusion : $\tau_D = l^2 / \mathcal{D}$

chimie : $\tau_{ch} = \rho / \dot{W}$

L'épaisseur de combustion correspond à $\tau_c \sim \tau_D \sim \tau_{ch}$ et devient :

(86) $e_b \sim \sqrt{\rho \mathcal{D} / \dot{W}}$

La vitesse normale de combustion est déduite également :

(87) $u_n \sim \sqrt{\mathcal{D} \dot{W} / \rho}$

En régime turbulent on définit l'échelle l_u de la turbulence et son intensité $\sqrt{\overline{u'^2}}$. Le tableau de la figure 12 (M. Barrère) permet de classer les divers types de combustion turbulente en première approximation.

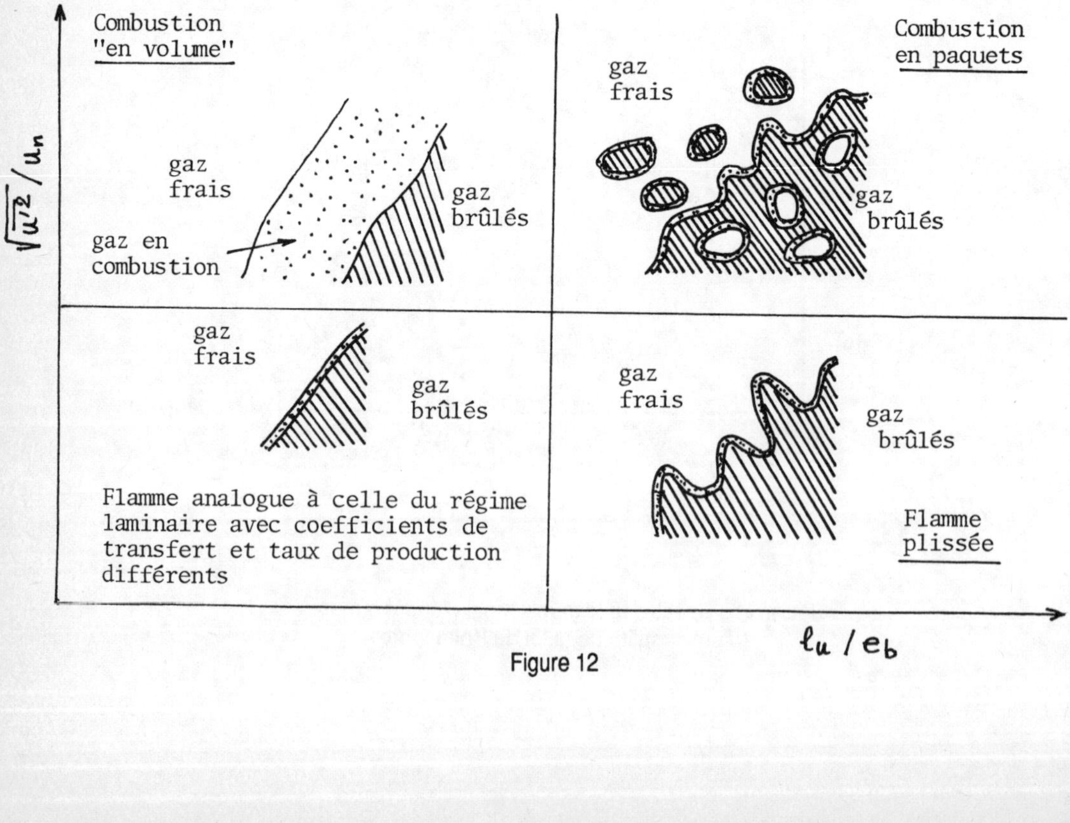

Figure 12

Cette classification n'est qu'indicative. En particulier, une certaine ambiguité règne sur la longueur l_u. En effet, l'échelle de la turbulence n'est pas unique et on a plutôt affaire à une distribution de l'énergie turbulente suivant les échelles qui coexistent. Notons toutefois que les termes de flux turbulents tels que le tenseur de Reynolds ou les corrélations <v'T'> ou $<v'Y'_j>$, sont plutôt liés aux grandes échelles des fluctuations alors que le taux de production chimique moyen $<\dot{W}_j>$ est lié avant tout aux fluctuations à petite échelle.

La diversité des situations rencontrées en combustion montre qu'il est difficile d'envisager un traitement unique pour tous les écoulements turbulents avec réactions chimiques.

Enfin signalons que d'autres classifications plus précises des régimes de combustion ont été établies. Celle de Borghi est fréquemment utilisée [30].

Exemple d'une flamme prémélangée de Bunsen

La flamme est obtenue à l'aide d'un brûleur fournissant des taux de turbulence relativement faibles. Dans certaines situations on observe une flamme plissée. La turbulence de l'écoulement amont (gaz frais) est modifiée à la traversée de la flamme. Si l'on mesure les fluctuations de vitesse en différents points à l'aide d'un dispositif d'anémométrie laser, on peut en déduire, par un traitement approprié du signal, les spectres d'énergie turbulente E(k). L'échelle intégrale correspond aux petites valeurs du nombre d'onde k, elle peut être déduite directement des spectres d'énergie en chaque point. On observe le résultat suivant (Fig. 13).

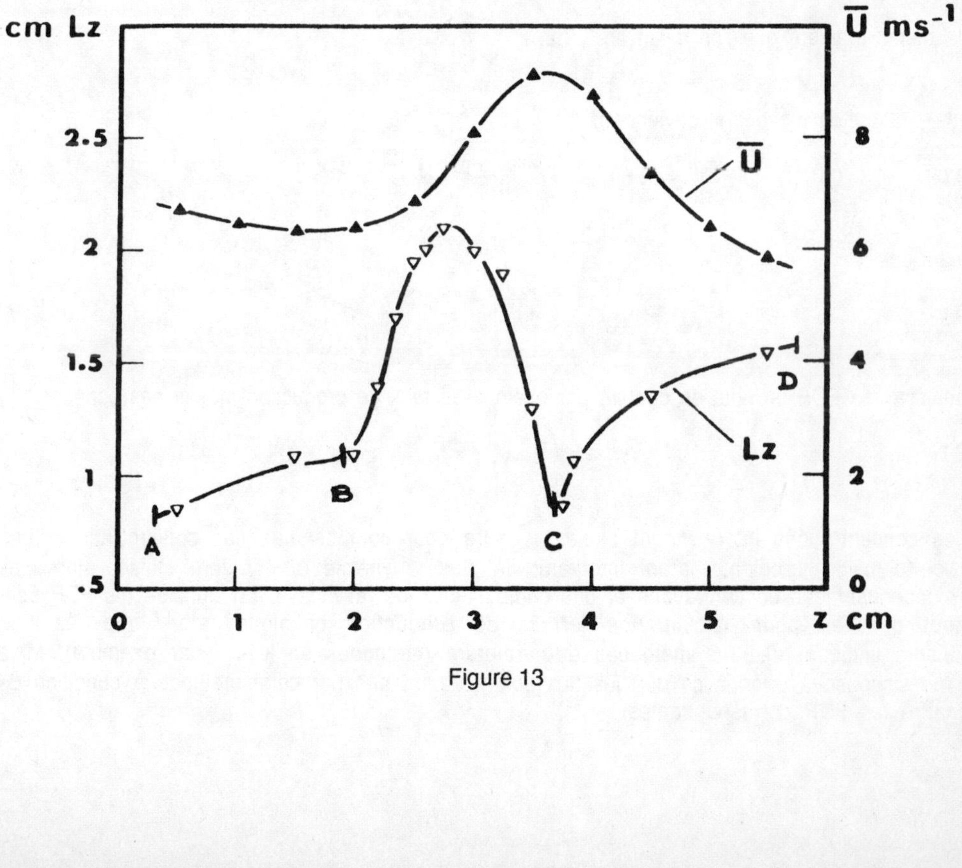

Figure 13

Z désigne l'altitude du point de mesure à partir de la sortie du brûleur, $\bar{U}$ la vitesse moyenne suivant la verticale et L_Z l'échelle intégrale. On constate une forte augmentation de L_Z à la traversée de la flamme. L'origine de ce phénomène est à trouver dans les fluctuations de position du front de flamme instable. On observe entre les points B et C le passage de l'onde de déflagration dans la zone de mesure. L'effet incompressible se fait sentir en amont entre A et B. En C l'échelle intégrale retrouve sa valeur initiale, puis croît entre C et D sous l'effet de l'amortissement de la turbulence pour les petites échelles, accéléré par l'accroissement de la viscosité ν lié à l'élévation de température.

8. NOTIONS SUR LES FONCTIONNELLES DE DISTRIBUTION DE PROBABILITE (fermeture pour les termes de production) [20]

Les termes de production chimique sont non linéaires. On ne peut leur appliquer des traitements analogues à ceux des phénomènes de transfert (coefficients de transfert turbulents) et ils ne peuvent être interprétés simplement par des théories du type de celle de Prandtl.

Les fonctionnelles de distribution de probabilité (FDP) sont définies sur un espace des phases comprenant les paramètres d'état de l'écoulement : T, v, Y_j ainsi que le temps et l'espace. Soit $\vec{\zeta}$ le vecteur ayant pour composantes ces paramètres, on définit la FDP :

$$P(\vec{\zeta}, \vec{x}, t)$$

de la même manière que l'on a fait en 3.9.2.

Les quantités moyennes deviennent :

(88) $$\overline{\varphi}(\vec{x}, t) = \int_{v} \varphi \, P \, d\vec{\zeta}$$

sachant que :

(89) $$\int_{v} P \, d\vec{\zeta} = 1$$

Connaissant la FDP on peut en déduire par exemple le taux de production moyen des espèces :

(90) $$< \dot{w}_j > = \int_{v} \dot{w}_j(\vec{\zeta}) \, P(\vec{\zeta}, \vec{x}, t) \, d\vec{\zeta}$$

Si les concentrations interviennent seules, $\vec{\zeta}$ aura pour composantes ces concentrations. Les flux de diffusion turbulente feront intervenir de plus la vitesse et il faudra utiliser alors des FDP dépendant des concentrations et des composantes de la vitesse. En principe les FDP sont surtout utilisées pour calculer les termes de production chimique, alors que les flux turbulents justifient d'autres méthodes de fermeture (méthodes en k - ε par exemple). Mais rien ne s'oppose à priori à ce que les flux soient déterminés par cette méthode à condition de connaître les FDP correspondantes.

La FDP vérifie une équation de bilan dans l'espace des phases analogues au bilan de population (3.10.2).

Pour obtenir les conditions de fermeture requises pour les équations de l'écoulement turbulent, il faut d'abord connaître le bilan de la FDP, ou alors se donner à l'avance une forme convenable de celle-ci (méthode des FDP présumées).

Parmi les équations du bilan de la FDP, nous ne citerons que la plus simple, due à CURL, où l'espace des phases ne comprend qu'une coordonnée de concentrations et ne dépend pas de $\vec{x}$:

$$\frac{\partial P(C,t)}{\partial t} + \alpha\left(P(C,t) - P_0(C,t)\right) + \frac{\partial}{\partial C}\left(\dot{w}(C)\,P(C,t)\right) = \tag{91}$$

$$2\beta\left[\iint P(C',t)\,P(C'',t)\,\delta\left(\frac{C'+C''}{2} - C\right)dC'\,dC'' - P(C,t)\right]$$

Le premier terme est la variation instationnaire de P, le second correspond à la convection, α est l'inverse d'un temps de séjour moyen et P_0 est la FDP à l'entrée du réacteur. Le troisième terme correspond à la production chimique, c'est un terme de flux dans l'espace des phases. Enfin le second membre se rapporte aux interactions entre particules fluides en admettant que deux particules de concentration C' et C'' se réunissent pour former une troisième particule de concentration $(C'+C'')/2$ avec une fréquence β de coalescence-redispersion supposée constante. Cette équation où l'on suppose ρ = cte, ne prend pas en compte les inhomogénéités.

D'autres modèles sont plus sophistiqués. Certains d'entre eux font intervenir les FDP en deux points. Le problème est de trouver les bonnes conditions de fermeture pour le bilan de la FDP et de résoudre ensuite l'équation.

Les FDP peuvent être mesurées. En combustion, lorsque l'on a un mélange de gaz brûlés et de gaz frais, la FDP de tempérautre sera généralement bimodale, mais sa forme peut évoluer au cours de la réaction (Figure 14).

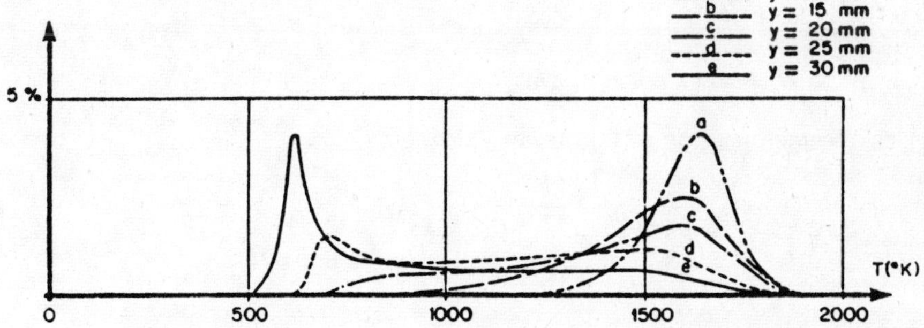

Figure 14 - Evolution de la FDP dans une flamme air-méthane (ONERA)

9. EXEMPLE DE RESOLUTION COMPLETE D'UN PROBLEME D'ECOULEMENT TURBULENT REACTIF [31]

La résolution numérique ne peut se faire que moyennant des approximations. Par exemple N. PETERS (1981) a traité le cas d'une flamme de prémélange en admettant une seule réaction

(92) $$\nu'_A \, A + \nu'_B \, B \longrightarrow C$$

de grande énergie d'activation. Si T_f est la température des gaz frais et T_b celle des gaz brûlés dans des conditions de combustion adiabatique complète, on pose :

(93) $$\varepsilon = R T_b^2 / E_a (T_b - T_f) \ll 1$$

Où E_a est l'énergie d'activation de la réaction.

La température réduite :

(94) $$\Theta = (T - T_f)/(T_b - T_f)$$

est écrite sous la forme :

(95) $$\Theta = 1 - \varepsilon y$$

et tous les termes dépendant de T sont développées asymptotiquement suivant le petit paramètre ε.

Comme il s'agit d'un écoulement compressible, les moyennes de Favre sont utilisées, sauf pour la masse volumique. On a ainsi :

(96) $$\overline{\rho \Theta} = \bar{\rho} \, \widetilde{\Theta}$$ où $\bar{\ }$ désigne la moyenne classique et $\tilde{\ }$ la moyenne de Favre, pondérée par la masse. Ainsi :

(97) $$\begin{cases} \Theta = \widetilde{\Theta} + \Theta'' & \text{, avec } \overline{\rho \Theta''} = 0 \\ \rho = \bar{\rho} + \rho' & \text{, avec } \overline{\rho'} = 0 \end{cases}$$

L'équation de l'énergie, pour Le = 1 (chapitre 7) devient :

(98) $$\rho \frac{\partial \Theta}{\partial t} + \rho \vec{v} \cdot \vec{\nabla} \Theta - \vec{\nabla} \cdot (\rho \mathcal{D} \vec{\nabla} \Theta) = \frac{\Delta H}{c_p (T_b - T_f)} \dot{\zeta}$$

avec

(99) $$\dot{\zeta} = k_{(T)} Y_A Y_B = B Y_A Y_B \, e^{-\frac{E_a}{RT}}$$

(réaction d'ordre 2).

On montre que pour Le = 1, Y_A et Y_B sont des fonctions linéaires de Θ. On pose $S = \nu'_A \mathcal{M}_A \dot{\zeta}/\rho$, vitesse de consommation du combustible A.

$$
(100) \quad \left|
\begin{aligned}
&\bar{\rho}\, \tilde{v}_\alpha \frac{\partial \tilde{\Theta}}{\partial x_\alpha} = \frac{\partial}{\partial x_\alpha}\left(-\bar{\rho}\, \widetilde{v''_\alpha \Theta''}\right) + \bar{\rho}\, \frac{-\Delta H}{\nu'_A \mathcal{M}_A c_p (T_b - T_f)}\, \tilde{S} \\
&\bar{\rho}\, \tilde{v}_\alpha \frac{\partial \widetilde{\Theta''^2}}{\partial x_\alpha} = \frac{\partial}{\partial x_\alpha}\left(-\bar{\rho}\, \widetilde{v''_\alpha \Theta''^2}\right) + 2\bar{\rho}\, \widetilde{v''_\alpha \Theta''}\, \frac{\partial \tilde{\Theta}}{\partial x_\alpha} - 2\bar{\rho}\, \tilde{\varepsilon}_\Theta \\
&+ 2\bar{\rho}\, \frac{-\Delta H}{\nu'_A \mathcal{M}_A c_p (T_b - T_f)}\, \widetilde{\Theta'' S''}
\end{aligned}
\right.
$$

Les termes de flux sont modélisés comme suit :

$$
(101) \quad \left\{
\begin{aligned}
&\widetilde{v''_\alpha \Theta''} = -D_t\, \partial \tilde{\Theta} / \partial x_\alpha \\
&\widetilde{v''_\alpha \Theta''^2} = -D_t\, \partial \widetilde{\Theta''^2} / \partial x_\alpha
\end{aligned}
\right.
$$

et la dissipation est écrite :

$$
(102) \quad \tilde{\varepsilon}_\Theta = \frac{c_1}{2}\, \frac{\bar{\rho}\, \widetilde{v^2_{t,f}}}{\bar{\rho}^2 D_t}\, \widetilde{\Theta''^2}
$$

où $\widetilde{v_{t,f}^2}$ est le carré de la vitesse de flamme turbulente, c_1 est supposé constant.

Les termes de production $\tilde{S}$ et $\widetilde{\Theta'' S''}$ sont calculés à l'aide de la densité de probabilité en fonction β :

$$
(103) \quad P(x) = x^{\alpha-1} (1-x)^{\beta-1} \frac{\Gamma(\gamma)}{\Gamma(\alpha)\, \Gamma(\beta)}
$$

Cette FDP présumée présente l'avantage d'une forme évolutive suivant α et β et est compatible avec les observations expérimentales. D'autre part, α et β sont reliés à la moyenne $\bar{x}$ et à la variance $\overline{x'^2}$:

$$
(104) \quad \left\{
\begin{aligned}
&\alpha = \gamma \bar{x}, \quad \beta = (1-\bar{x})\gamma \\
&\gamma = \alpha + \beta = \bar{x}(1-\bar{x})/\overline{x'^2} - 1 \\
&\alpha, \beta, \gamma > 0
\end{aligned}
\right.
$$

On a alors :

$$(105) \qquad \begin{cases} \tilde{S} = \int_0^1 S(\Theta)\, \tilde{P}(\Theta)\, d\Theta \\ \widetilde{\Theta'' S''} = \int_0^1 \Theta\, S(\Theta)\, \tilde{P}(\Theta)\, d\Theta - \tilde{\Theta}\, \tilde{S} \end{cases}$$

avec

$$(106) \qquad \tilde{P} = \frac{\Gamma(\gamma)}{\Gamma(\alpha)\,\Gamma(\beta)} (1-\hat{\alpha} y)(\varepsilon y)^{\beta-1} \quad , \quad \hat{\alpha} = (\alpha-1)\varepsilon$$

Ces termes sont calculés suivant des développements asymptotiques en ε.

Les calculs numériques permettent de résoudre les équations du problème moyennant la donnée des conditions aux limites. La solution est représentée sur la figure 15 en $\Theta(\xi)$, ξ étant une variable adimensionnelle d'espace normale à la flamme supposée plane.

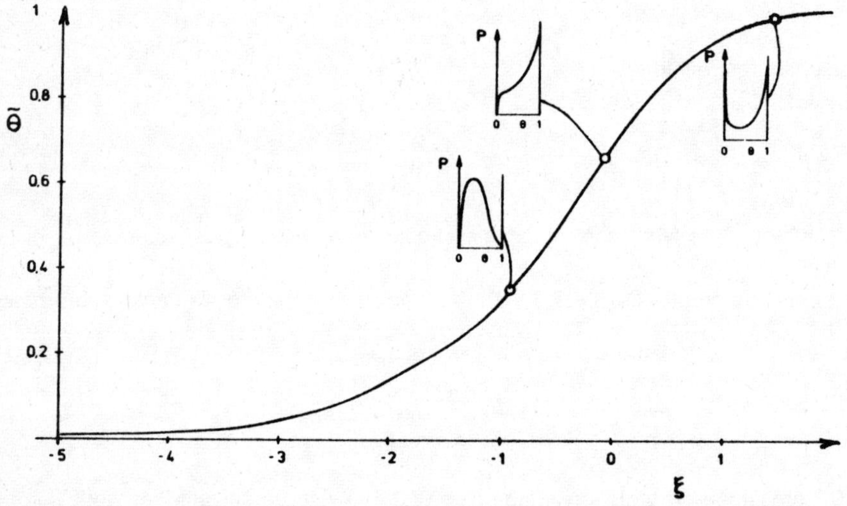

Figure 15

On peut remarquer l'évolution de la FDP à la traversée de cette flamme.

Ces quelques aperçus de la turbulence montrent la complexité du problème. Nous n'avons qu'évoqué quelques méthodes : analyse spectrale, modélisations en k - ε, FDP. Il en est d'autres, les méthodes Lagrangiennes par exemple dont nous n'avons pas parlé. Les recherches actuelles tendent à perfectionner les modèles existants et à confronter les résultats théoriques aux mesures expérimentales. D'autres recherches portent sur le comportement des grosses structures stables ou instables dans l'écoulement. Enfin l'interaction entre les effets dynamiques et chimiques n'est pas complètement élucidée.

Néanmoins les connaissances actuelles sont largement utilisées dans la pratique et même si de nombreux progrès restent à faire, on est en mesure d'étudier correctement de nombreuses situations pratiques.

CHAPITRE 7 : REACTEURS CHIMIQUES

1. REACTEURS IDEAUX. REACTEURS REELS

Un réacteur chimique au sens large est une zone de l'espace où peut avoir lieu une transformation chimique. Cette définition recouvre une très grande variété de situations : chimie industrielle, propulseurs d'aéronefs, de fusées, moteurs chimiques, etc...

La configuration d'un réacteur dépend de nombreux facteurs liés à la nature chimique de la transformation qui s'y opère : réaction homogène ou hétérogène, écart à l'équilibre, présence de catalyseurs, turbulence, état thermodynamique (pression, température, etc.).

L'étude des réacteurs réels nécessite la mise au point de techniques expérimentales et de moyens d'investigation théoriques. Le temps de séjour des espèces chimiques dans un réacteur est une notion importante et l'étude de la distribution des temps de séjour permet souvent d'aborder le processus dans toute sa complexité. L'étude de cas extrêmes, c'est-à-dire de réacteurs idéaux, est avantageuse du fait de leur plus grande simplicité et parce qu'ils constituent souvent une bonne approche des cas réels.

Il est souvent illusoire de vouloir résoudre, sans hypothèse simplificatrice, les équations du bilan local. On a recours généralement à des bilans globaux prenant en compte les caractéristiques principales des réacteurs. Dans certains cas on pourra par exemple négliger les phénomènes de transfert (conduction thermique, diffusion, viscosité). Parfois, (cas des réacteurs isothermes), seule l'équation du bilan des espèces sera utilisée.

Pour un réacteur idéal dit "parfaitement agité" on distingue seulement les conditions d'entrée et celles, uniques, du réacteur lui-même qui sont aussi les conditions de sortie. Cette hypothèse n'est plus valable pour un réacteur "piston" où l'on suppose que l'écoulement a lieu par tranches successives, jusqu'à la sortie. Enfin, dans la plupart des cas envisagés dans ce chapitre les effets de la variation de pression et de la viscosité seront négligés de sorte que l'équation de la quantité de mouvement ne sera pas utilisée.

A titre d'exemple, citons quelques réacteurs idéaux (Fig. 1).

Nous étudierons le régime permanent et parfois le régime transitoire et la stabilité des points de fonctionnement.

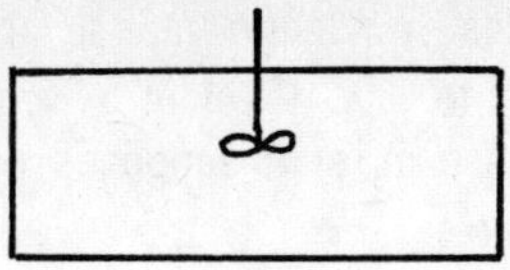

réacteur fermé à composition uniforme

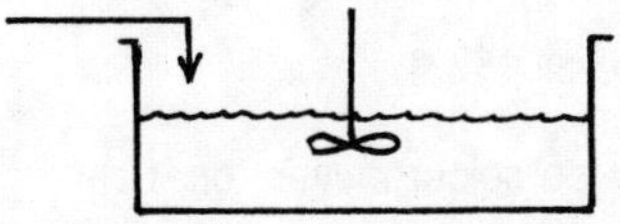

réacteur semi-fermé à composition uniforme

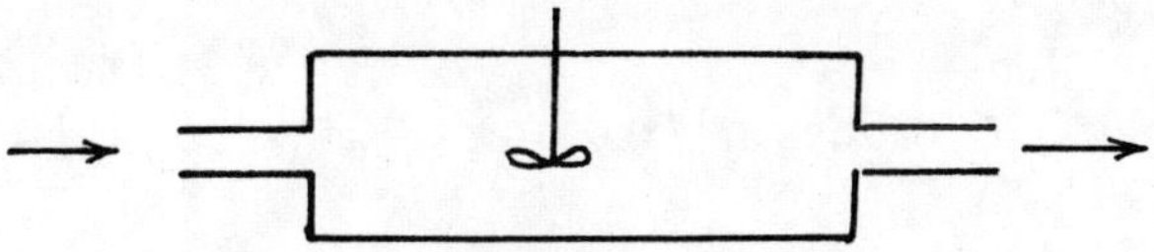

réacteur ouvert parfaitement agité

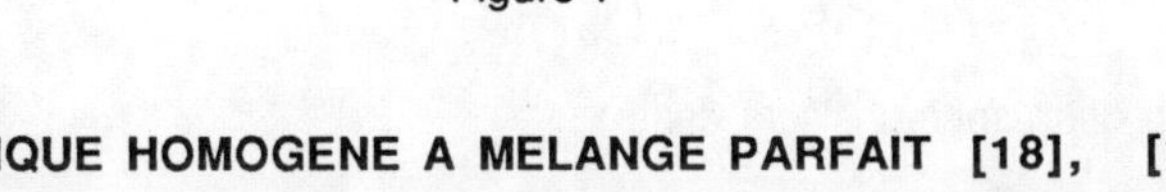

réacteur ouvert en écoulement piston

Figure 1

2. REACTEUR CHIMIQUE HOMOGENE A MELANGE PARFAIT [18], [19], [32]

Pour un réacteur ouvert homogène à mélange parfait, nous utiliserons les équations de bilan global du chapitre 3 (paragraphe 10.1) :

(1) $$dm_j/dt = \dot{m}_{je} - \dot{m}_{js} + R_j$$

(2) $$de/dt = \sum_j \dot{m}_{je} h_{je} - \sum_j \dot{m}_{js} h_{js} - \dot{Q}$$

Par mélange parfait on entend que les paramètres thermodynamiques et chimiques sont les mêmes en tout point du réacteur, une fois franchie la section d'entrée. En particulier, $T_S = T$,

$h_{js} = h_j$, $C_{js} = C_j$. Dans le cas envisagé nous admettons que la pression p est approximativement constante, de sorte que, $\mathcal{V}$ étant le volume du réacteur : $dE/dt \simeq dH/dt$ avec $H = \mathcal{V} \sum_j \rho_j h_j$. Enfin les débits masse $\dot{m}_j$ sont supposés proportionnels aux masses volumiques de sorte que, $\dot{q}$ étant le débit volume :

(3) $$\dot{m}_j = \rho_j \dot{q}$$

En posant :

(4) $$\tau = \mathcal{V}/\dot{q}$$

temps de passage, égal à un temps de séjour moyen, on a :

(5) $$\begin{cases} \tau \, d\rho_j/dt = \rho_{je} - \rho_j + \tau \dot{W}_j \\ \tau \, d\left(\sum_j \rho_j h_j\right)/dt = \sum_j \left(\rho_{je} h_{je} - \rho_j h_j\right) - \dot{Q}/\dot{q} \end{cases}$$

compte-tenu que : $R_j = \mathcal{V} \dot{W}_j$.

En présence d'une seule réaction chimique :

(6) $$\dot{W}_j = \nu_j \mathcal{M}_j \dot{\zeta}$$

où $\dot{\zeta}$ est le taux de réaction en moles/par unité de temps. On a aussi :

(7) $$d\rho_j = \nu_j \mathcal{M}_j \, d\zeta$$

où ζ est le degré d'avancement de la réaction tel que :

(8) $$\rho_j = \rho_{je} + \nu_j \mathcal{M}_j \zeta$$

L'équation de bilan des espèces s'écrit donc :

(9) $$\tau \, d\zeta/dt = -\zeta + \tau \dot{\zeta}$$

Pour l'équation de l'énergie on tient compte de :

(10) $$h_j = (q_f^\circ)_j + \int_{T_0}^{T} c_{p,j} \, dT$$

d'où :

(11) $$d\left(\sum_j \rho_j h_j\right)/dt = \sum_j \left(h_j \, d\rho_j/dt + \rho_j c_{p,j} \, dT/dt \right)$$

On a :

$$
(12)\quad
\begin{aligned}
\sum_j h_j \, d\rho_j/dt &= \sum_j h_j \left[(\rho_{je}-\rho_j)/\tau + \dot{W}_j \right] \\
&= \sum_j h_j \left[(\rho_{je}-\rho_j)/\tau + \nu_j \mathcal{M}_j \dot{\zeta} \right] \\
&= \sum_j h_j (\rho_{je}-\rho_j)/\tau + \dot{\zeta} \sum_j \nu_j \mathcal{M}_j h_j
\end{aligned}
$$

Soit, en appelant ΔH l'enthalpie molaire moyenne de la réaction :

$$
(13)\quad \Delta H = -\sum_j \nu_j \mathcal{M}_j h_j
$$

en posant :

$$
(14)\quad \rho c_p = \sum_j \rho_j c_{p,j}
$$

on obtient :

$$
(15)\quad \sum_j (\rho_{je}-\rho_j) h_j - \tau \Delta H \dot{\zeta} + \rho c_p \tau \, dT/dt = \sum_j (\rho_{je} h_{je} - \rho_j h_j) - \dot{Q}/\dot{q}
$$

En simplifiant et en posant :

$$
(16)\quad \sum_j \rho_{je} (h_{je}-h_j) = \sum_j \rho_{je} \int_T^{T_e} c_{p,j} \, dT \simeq \rho c_p (T_e - T)
$$

on a :

$$
(17)\quad \tau \, dT/dt = T_e - T + \Delta^* \tau \dot{\zeta} - Q^*
$$

avec :

$$
(18)\quad \Delta^* = \Delta H/\rho c_p \quad , \quad Q^* = \dot{Q}/\rho c_p \dot{q}
$$

Le système définissant le comportement du réacteur est donc :

$$
(19)\quad
\begin{cases}
\tau \, d\zeta/dt = -\zeta + \tau \dot{\zeta} \\
\tau \, dT/dt = T_e - T + \Delta^* \tau \dot{\zeta} - Q^*
\end{cases}
$$

Etudions le cas d'une réaction d'ordre un :

(20) $$A \xrightarrow{k(T)} B$$

avec :

(21) $$k(T) = k_o e^{-T_a/T}$$

On a :

(22) $$\dot{\zeta} = k_o e^{-T_a/T} C_A = k_o e^{-T_a/T} (C_{Ae} - \zeta)$$

et en posant $X = \zeta/C_{Ae}$, on trouve :

(23) $$\dot{\zeta} = C_{Ae} k_o e^{-T_a/T} (1 - X)$$

Admettons que la loi d'échange thermique soit :

(24) $$Q^* = K(T - T_o)$$

où T_0 est la température extérieure, et posons :

(25) $$\begin{cases} f(X,T) = k_o (1-X) e^{-T_a/T} \\ T^* = \Delta^* C_{Ae} \end{cases}$$

Les équations de bilan prennent la forme :

(26) $$\begin{cases} \tau \, dX/dt = -X + \tau f(X,T) \\ \tau \, dT/dt = T_e - T + \tau T^* f(X,T) - K(T - T_o) \end{cases}$$

Le régime stationnaire (indice s) est caractérisé par les deux équations suivantes dans le plan (T_s, X_s) :

(27) $$X_s = \tau k_o e^{-T_a/T_s} / (1 + \tau k_o e^{-T_a/T_s})$$

(28) $$X_s = (K+1) T_s / T^* - (T_e + K T_o) / T^*$$

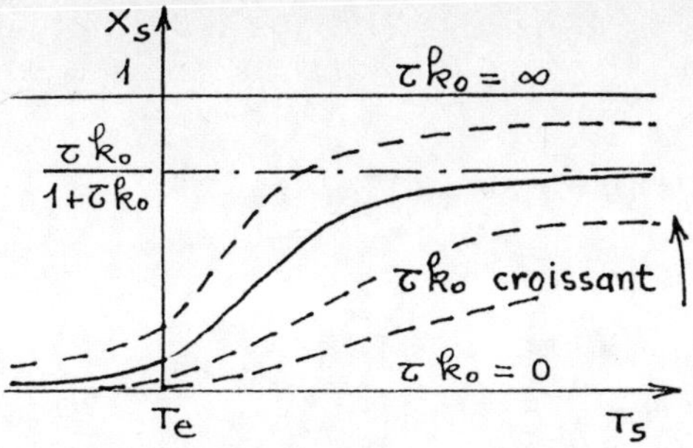

a) équation (27)

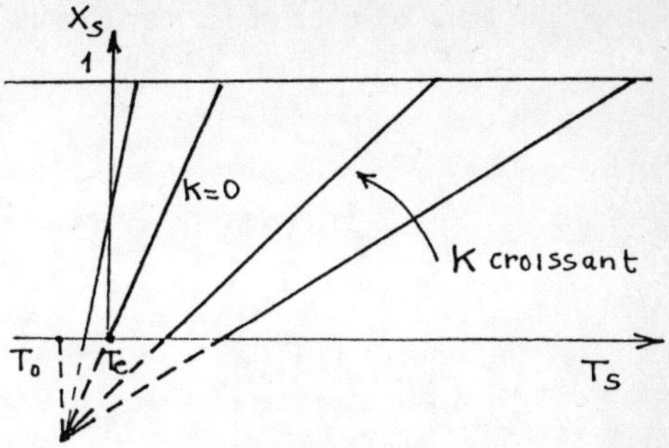

b) équation (28)

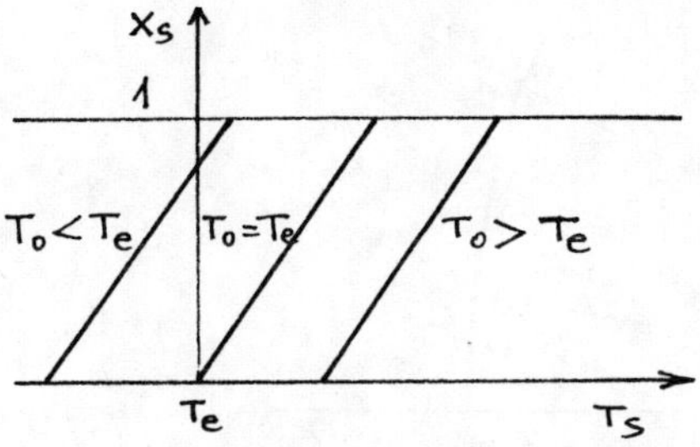

c) équation (28)

a) Influence de τk_0 qui est analogue à l'inverse d'un premier paramètre de Damkölher $D_I = \tau_{chim}/\tau$. A T_s donné, plus τk_0 est élevé (réaction rapide ou écoulement lent), plus X_s est grand.

b) Influence du coefficient d'échange thermique K à T_0 et T_e donnés (ici $T_0 < T_e$).

c) Influence de la température de l'échangeur à K donné.

Figure 2

Les solutions sont données par les intersections des courbes (27) et (28), (Fig. 3).

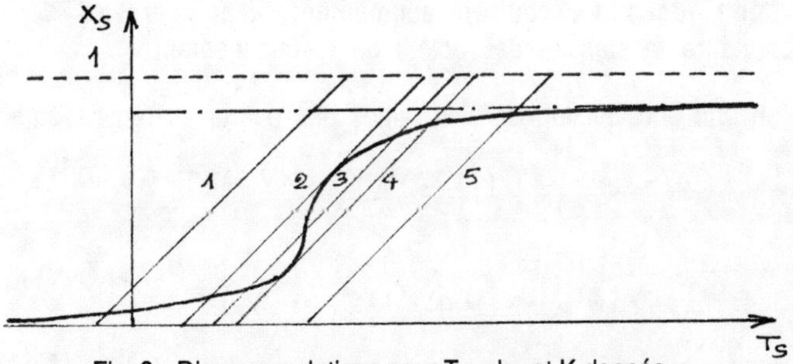

Fig. 3 - Diverses solutions pour T_a, τk_0 et K donnés et des valeurs croissantes de T_0

On peut également représenter les solutions dans le plan (X_s, f_s) avec :

(29) $$f_s = f(X_s, T_s) = k_o\,(1 - X_s)\, e^{-T_a/T_s}$$

On obtient alors les deux équations suivantes :

$$(30)\qquad \begin{cases} f_s = X_s/\tau \\ f_s = k_o\,(1-X_s)\, e^{-T_a(1+k)/(T_e+kT_o+T^*X_s)} \end{cases}$$

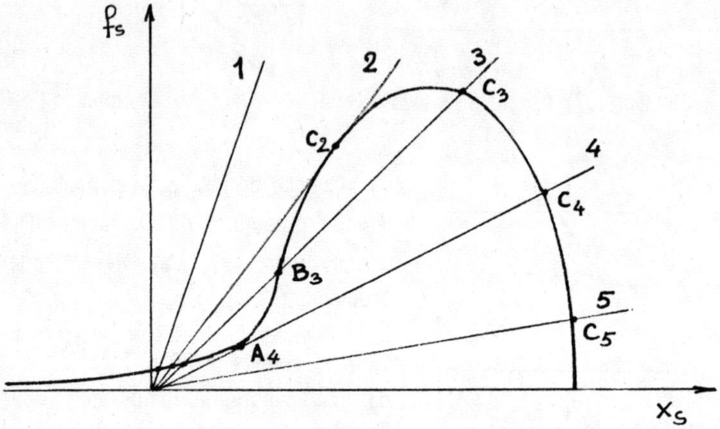

Figure 4

Ici, l'influence du temps de passage est mise en évidence par la pente $1/\tau$ de la droite passant par l'origine. On a un ou trois points de fonctionnement, exceptionnellement deux. Les points A_i correspondent à un taux de réaction très faible. On a intérêt à obtenir X_S le plus grand possible avec un temps de passage τ assez faible. L'amorçage de la réaction peut se faire en diminuant le débit (donc $1/\tau$) ou en augmentant la température de l'échangeur. Il est important de connaître la stabilité des points de fonctionnement.

Pour cela on étudie l'évolution dans le temps des écarts au régime stationnaire :

$$(31)\qquad x_1 = (X-X_s)/(1-X_s) \quad , \quad x_2 = (T-T_s)/T_s$$

On obtient :

$$(32)\qquad \begin{cases} dx_1/d\theta = -x_1 - a_1\left[1-(1-x_1)\,e^{a_2x_2/(1+x_2)}\right] \\ dx_2/d\theta = -a_3x_2 - a_4\left[1-(1-x_1)\,e^{a_2x_2/(1+x_2)}\right] \end{cases}$$

avec :

$$(33)\qquad \begin{cases} \theta = t/\tau \ , \quad a_1 = \tau k_o\, e^{-T_a/T_s} \ , \quad a_2 = T_a/T_s \\ a_3 = 1+k \ , \quad a_4 = T^*(1-X_s)\,a_1/T_s \end{cases}$$

Après linéarisation des seconds membres on obtient :

$$(34)\qquad \begin{cases} dx_1/d\theta = -(1+a_1)\,x_1 + a_1 a_2\, x_2 \\ dx_2/d\theta = -a_4\, x_1 + (a_2 a_4 - a_3)\, x_2 \end{cases}$$

L'équation caractéristique du système est :

$$(35)\qquad \lambda^2 - S\lambda + P = 0$$

avec

$$(36)\qquad \begin{cases} S = -(1 + a_1 + a_3 - a_2 a_4) \\ P = (1+a_1)a_3 - a_2 a_4 \end{cases}$$

Les racines sont réelles et distinctes si :

$$(37)\qquad \Delta = (1 + a_1 - a_3)^2 + 2a_2 a_4 (1 - a_1 - a_3) + a_2^2 a_4^2 > 0$$

elles sont imaginaires conjuguées lorsque $\Delta < 0$ et on obtient une racine double lorsque $\Delta = 0$.

***1er cas* : racines réelles ($\Delta > 0$) non nulles**

Il y a stabilité ($\lambda_1 < 0$, $\lambda_2 < 0$) à condition que P soit positif et que S soit négatif. Tout écart de faible amplitude, par rapport au point de fonctionnement stationnaire tend à se résorber suivant une loi exponentielle. Si l'une des racines seulement est négative ou si les deux racines sont positives, il y a instabilité.

***2ème cas* : racines imaginaires conjuguées ($\Delta < 0$)**

On a alors dans tous les cas P > 0. La partie réelle de chaque racine λ est égale à S/2. La stabilité sera donc assurée si S < 0 et la solution sera alors oscillatoire amortie. Si S est positif il y a instabilité. Si S est nul, la solution est oscillatoire non amortie.

***3ème cas* : racine double ($\Delta = 0$)**

La solution est stable si S < 0.

***4ème cas* : une racine nulle (P = 0)**

Il y a stabilité asymptotique. L'écart tend à se stabiliser vers une valeur non nulle lorsque $\theta \to \infty$.

En résumé, la stabilité du système linéarisé n'est assurée que pour P > 0 et S < 0.

L'une de ces conditions peut être représentée graphiquement. En effet, dans le plan T_S, X_S, soit p_1 la pente de la courbe $X_s = \tau k_0\, e^{-Ta/Ts}/(1 + \tau k_0\, e^{-Ta/Ts})$ et p_2 celle de la droite $Xs = (K + 1)\ Ts/T^* - (Te + KTo)/T^*$. On obtient par dérivation :

$$1 - p_1/p_2 = [(1 + a_1)a_3 - a_2 a_4]/a_3(1 + a_1) = P/a_3(1 + a_1) \tag{38}$$

Ainsi, P sera positif si la pente de la droite est plus élevée que celle de la courbe et P sera négatif dans le cas contraire. On trouve donc une condition suffisante d'instabilité avec $p_2 < p_1$

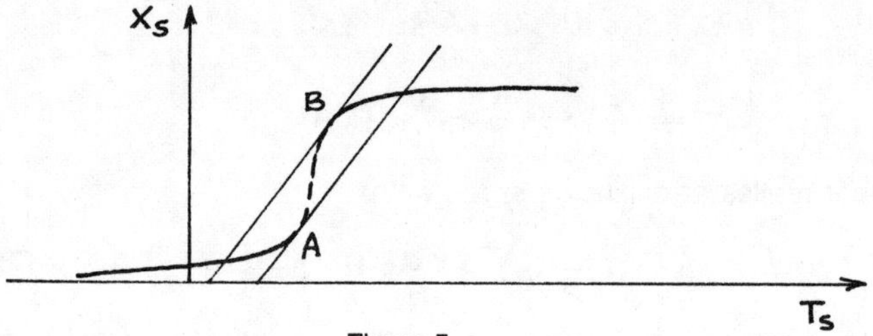

Figure 5

ce qui ne se produit qu'entre les points A et B. L'arc de courbe AB est donc une zone de régimes stationnaires instables pour les petites perturbations.

Seule l'étude des équations non linéaires :

$$\begin{cases} \tau\, dX/dt = F(X,T) \\ \tau\, dT/dt = G(X,T) \end{cases} \tag{39}$$

peut décrire complètement le comportement instationnaire du réacteur et fournir la réponse à des perturbations de grande taille.

En suivant Admundson et Bilous, on peut se rendre compte de l'évolution en effectuant une représentation dans le plan (T, X) divisé en régions d'après les signes de F(X, T) et G(X, T).

La figure 6 montre qualitativement ce qui se passe en présence d'une seule solution stationnaire.

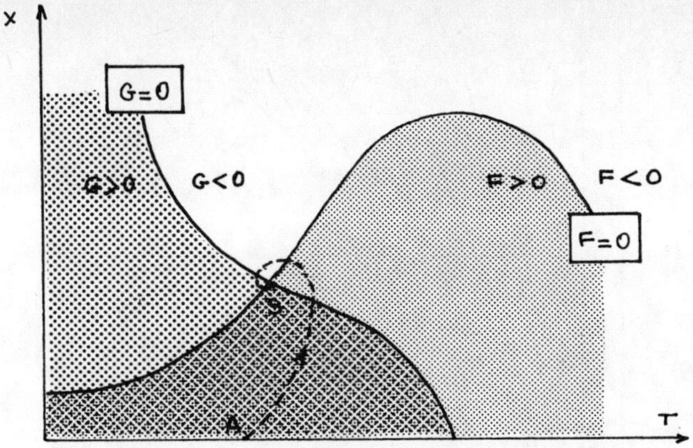

Figure 6 - Le parcours AS indique une stabilité oscillatoire du point stationnaire

Dans le cas de trois points de fonctionnement on obtient une ligne de séparation xy (Fig. 7).

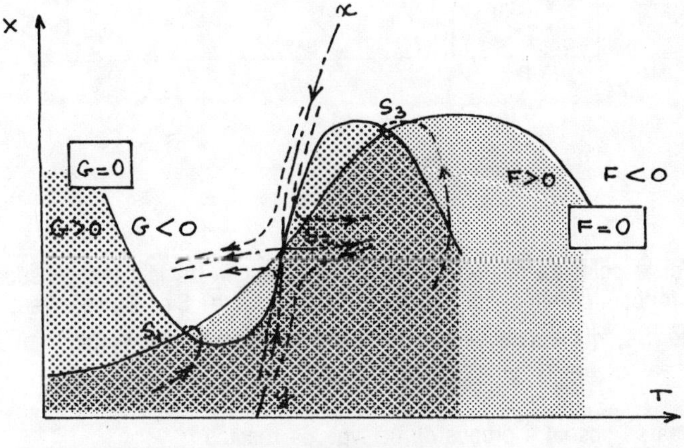

Figure 7

Ces figures sont obtenues pour une réaction réversible A $\rightleftharpoons$ B, cas légèrement différent du précédent.

Avec la réaction irréversible A $\longrightarrow$ B, Aris et Admundson ont obtenu numériquement les solutions en présence de trois points stationnaires (Fig. 8).

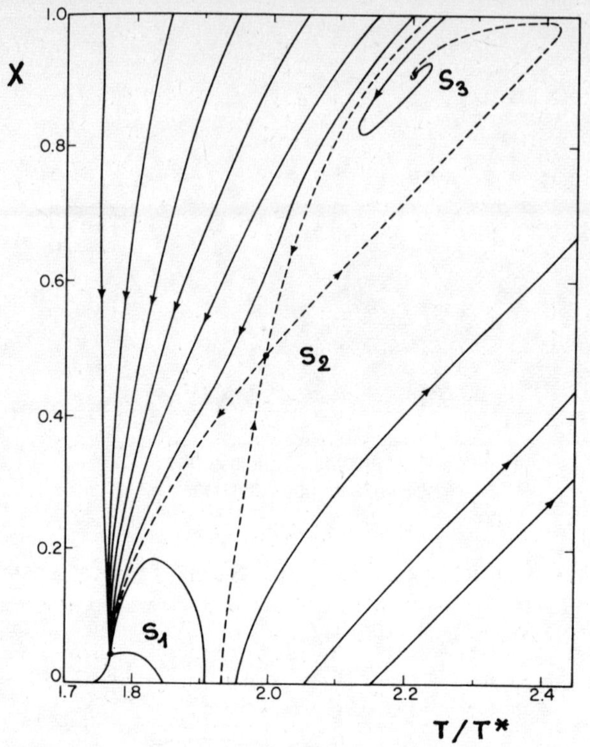

Figure 8

On constate que si le point de démarrage se situe à gauche de la ligne de séparation xy, il y a stabilisation du fonctionnement sur le point stationnaire S_1. Si l'on veut obtenir le point stationnaire stable S_3, qui est le seul intéressant, il faudra, comme nous l'avons déjà dit plus haut, préchauffer par exemple le réacteur.

Deux problèmes se posent à propos de ce type de réacteur :

- le temps nécessaire pour atteindre un état stationnaire stable,
- l'existence de points stationnaires instables.

Leur solution peut être trouvée par un contrôle du réacteur permettant d'accélérer la marche vers l'état stationnaire ou de stabiliser un fonctionnement naturellement instable.

On peut par exemple ajuster le débit du fluide de refroidissement extérieur en fonction de la température de sortie du réacteur. Cela permet d'agir sur le coefficient d'échange K qui devient K + m.

Les conditions de stabilité du système linéarisé deviennent donc :

$$(40) \qquad \begin{cases} 1 + a_1 + a_3 + m - a_2 a_4 > 0 \\ (1 + a_1)(a_3 + m) - a_2 a_4 > 0 \end{cases}$$

On constate qu'en faisant m suffisamment grand, il sera toujours possible de stabiliser le point de fonctionnement.

Cependant un tel contrôle est difficile à réaliser pratiquement. On peut aussi obtenir une stabilisation, mais seulement dans certaines situations, en utilisant un signal de concentration au lieu de la température du réacteur. Le flux thermique avec l'échangeur devient alors une fonction Q(T, X).

La linéarisation nous donne alors :

$$(41) \qquad \begin{cases} dx_1/d\theta = -(1 + a_1)x_1 + a_1 a_2 x_2 \\ dx_2/d\theta = -(a_4 + \mu)x_1 + (a_2 a_4 - a_3)x_2 \end{cases}$$

où μ caractérise l'influence de la concentration sur Q, supposée linéaire. Les conditions de stabilité deviennent :

$$(42) \qquad \begin{cases} 1 + a_1 + a_3 - a_2 a_4 > 0 \\ (1 + a_1)a_3 - a_2 a_4 + \mu a_1 a_2 > 0 \end{cases}$$

On voit que le contrôle n'agit que sur la deuxième condition, c'est à dire sur P. On ne pourra stabiliser que des points pour lesquels la première condition est vérifiée.

Les figures suivantes (Fig. 9) montrent les résultats, obtenus numériquement pour le système non linéarisé, avec des valeurs croissantes de μ pour le dernier réacteur cité. On observe la stabilisation de S_2 et, pour des valeurs intermédiaires de μ, l'apparition de cycles limites.

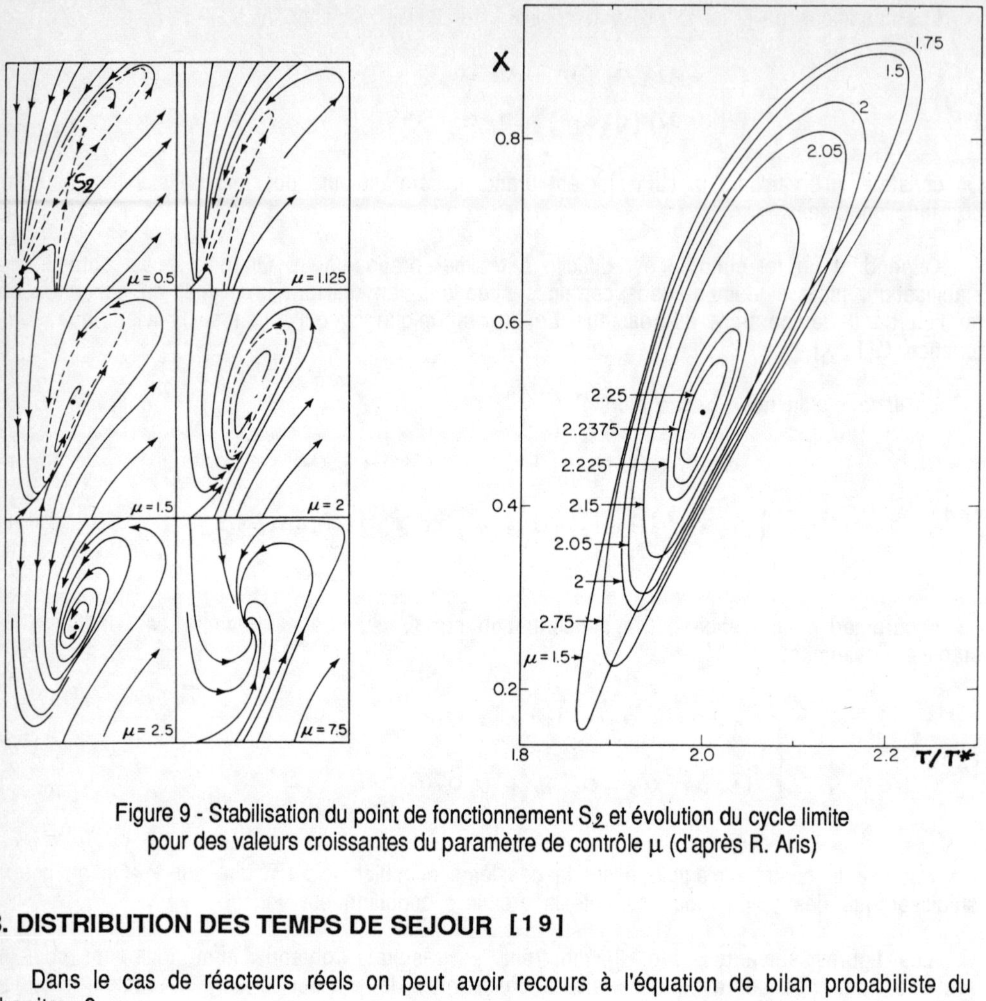

Figure 9 - Stabilisation du point de fonctionnement S_2 et évolution du cycle limite pour des valeurs croissantes du paramètre de contrôle μ (d'après R. Aris)

3. DISTRIBUTION DES TEMPS DE SEJOUR [19]

Dans le cas de réacteurs réels on peut avoir recours à l'équation de bilan probabiliste du chapitre 3.

Pour un réacteur de volume $\mathcal{V}$ constant, de débits volume d'entrée et de sortie $\dot{q}_e$ et $\dot{q}_s$, cette équation devient :

$$\frac{\partial \bar{\psi}}{\partial t} + \frac{\dot{q}_s \bar{\psi}_s - \dot{q}_e \bar{\psi}_e}{\mathcal{V}} + \sum_i \frac{\partial}{\partial \zeta_i} \left(w_i \bar{\psi} \right) = \bar{G} \tag{43}$$

où ψ est la fonction de distribution de l'espace des phases :

$$\psi = \psi \left(\vec{x}, \vec{\zeta}, t \right) \tag{44}$$

les moyennes $\overline{\psi}$, $\overline{\psi}_e$ et $\overline{\psi}_S$ étant définies par :

(45) $$\overline{\psi} = \frac{1}{\mathcal{V}}\int_{\mathcal{V}} \psi \, d\mathcal{V} \;,\quad \overline{\psi}_e = \frac{1}{\dot{q}_e}\int_{A_e} \psi \, \vec{v}\cdot d\vec{A} \;,\quad \overline{\psi}_s = \frac{1}{\dot{q}_s}\int_{A_s} \psi \, \vec{v}\cdot d\vec{A}$$

A_e et A_S étant les sections d'entrée et de sortie du réacteur.

Divers modèles ont été élaborés à partir d'un choix de paramètres ζ_i et de la donnée des w_i correspondants ainsi que de la production moyenne $\overline{G}$.

Sur le plan expérimental, on a recours aux notions d'âge et de temps de séjour des molécules dans le réacteur. Pour cela on néglige l'action des réactions chimiques sur l'écoulement et on utilise un fluide neutre pour caractériser celui-ci. On définit ainsi la distribution des âges α telle que $I(\alpha)\,d\alpha$ soit la fraction des molécules dans le réacteur dont l'âge est compris entre α et $\alpha + d\alpha$. La distribution des temps de séjour t_S, soit $E(t_S)$, est telle que $E(t_S)dt_S$ représente la fraction du débit de sortie des molécules ayant séjourné dans le réacteur durant un temps compris entre t_S et $t_S + dt_S$.

La distribution des temps de séjour peut être déterminée expérimentalement à l'aide d'un traceur dont on mesurera la concentration ou le débit dans la section de sortie A_S. Si une impulsion de traceur (en pic de Dirac) est introduite à l'instant $t = 0$ dans la section d'entrée, $C(x_S, t_S)$ étant la concentration de traceur dans le plan de sortie, on aura :

(46) $$E(t_s) = \left(\int_{A_s} C(\vec{x}_s, t_s)\, \vec{v}(\vec{x}_s, t_s)\cdot d\vec{A}\right) \Big/ \left(\int_{t_s=0}^{\infty} \int_{A_s} C(\vec{x}_s, t_s)\, \vec{v}(\vec{x}_s, t_s)\cdot d\vec{A}\, dt_s\right)$$

Le temps de passage τ est égal au temps de séjour moyen :

(47) $$\tau = \overline{t}_s = \int_0^{\infty} t_s \, E(t_s)\, dt_s$$

Donnons trois exemples dans le cas de réacteurs bien déterminés.

Réacteur homogène à mélange parfait en régime stationnaire :

En absence de réaction, on a :

(48) $$dC/dt = (C_e - C)/\tau$$

pour $t > 0$, τ étant le temps de passage égal à $\mathcal{V}/\dot{q}$. Compte-tenu que $C_e = C_e\delta_{(t)}$ la solution devient :

(49) $$C = C_o\, e^{-t/\tau} \quad , \; t>0 ,$$

on a donc :

(50) $$\int_{A_S} C\,v\,dA = C_o\, e^{-t/\tau} \int_{A_S} v\,dA = C_o\, \dot{q}\, e^{-t/\tau}$$

de sorte que :

(51) $$E(t_s) = e^{-t_s/\tau} \Big/ \int_0^\infty e^{-t_s/\tau} dt_s = e^{-t_s/\tau}/\tau$$

Réacteur piston :

C'est un réacteur tubulaire dans lequel l'écoulement s'effectue par tranches planes dans lesquelles les paramètres sont uniformes. Une injection impulsion de colorant à l'entrée, en labsence de diffusion, donnera le même signal dans la section de sortie, au bout du temps de passage τ, si bien que :

(52) $$E(t_s) = \delta\,(t_s - \tau)$$

Ecoulement de Poiseuille :

Le profil des vitesses est donné par :

(53) $$u(r) = \frac{\Delta p}{4\mu\,\Delta\ell}\,(R^2 - r^2) \quad , \quad R = D/2$$

Le temps de séjour est donc fonction de r :

(54) $$t_s = \Delta\ell / u(r) = \Delta\ell / a\,(R^2 - r^2) \; , \; a = \Delta p / 4\mu\Delta\ell$$

Le débit entre t_s et $t_s + dt_s$ est :

(55) $$u(r)\, 2\pi r\, dr = 2\pi a\, r\,(R^2 - r^2)\, dr$$

et le débit total devient par intégration entre 0 et R :

(56) $$2\pi a R^4/4$$

Ainsi :

(57) $$E(t_s)\, dt_s = 4\, u(r)\, r\, dr / a R^4 = 4\,(R^2 - r^2)\, r\, dr / R^4$$

Comme :

(58) $$dt_s = \frac{\Delta \ell}{a} \frac{2 r\, dr}{(R^2 - r^2)^2} \quad , \quad r \in [0, R]$$

on trouve donc :

(59) $$\begin{cases} E(t_s) = \tau^2 / 2\, t_s^3 & , \quad t_s \in [\tau/2, \infty[\\ E(t_s) = 0 & , \quad t_s \in [0, \tau/2[\end{cases}$$

avec :

(60) $$\tau = \bar{t}_s = 2 \Delta \ell / a R^2$$

Les solutions de ces trois exemples sont représentées sur la figure 10.

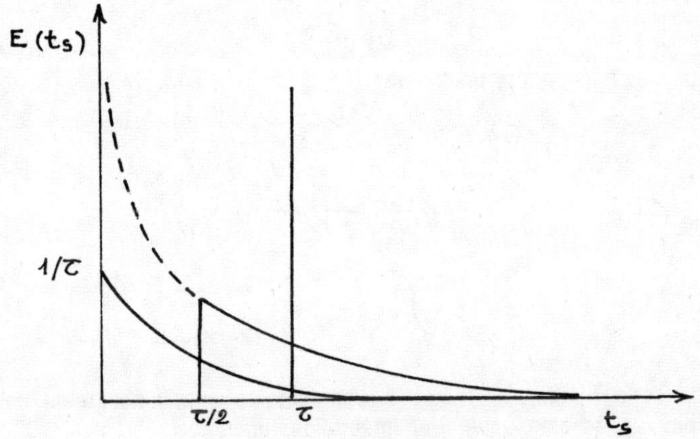

Figure 10

La plupart du temps, la distribution des temps de séjour d'un réacteur réel a plutôt l'allure ci-dessous (Fig. 11).

La distribution des âges et celle des temps de séjour peuvent être reliées entre elles au moyen de l'équation de bilan de population. L'âge α caractérise alors une particule de fluide, de sorte que $\zeta = \alpha$ et $w = d\alpha/dt = 1$ en écoulement stationnaire. On a alors :

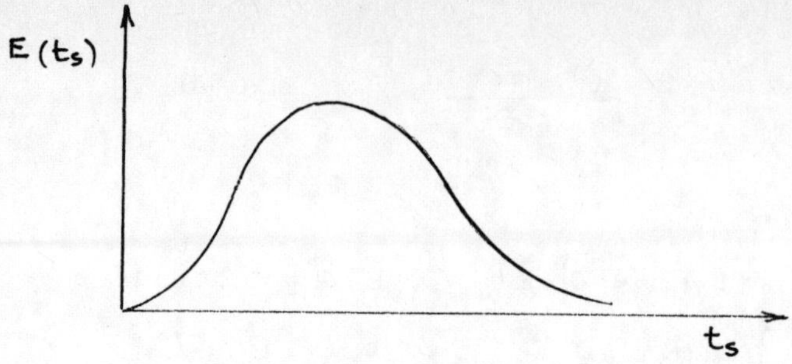

Figure 11

(61) $$\dot{q}_s \overline{\psi}_s / \mathcal{V} + \partial\overline{\psi}/\partial\alpha = 0 \quad , \alpha > 0 .$$

Mais la distribution des âges est égale à $\overline{\psi}$/N où N = $\int_0^\infty \overline{\psi}\, d\alpha$ et celle des temps de séjour est donnée par $\overline{\psi}_S$/N.

En posant $\tau = \mathcal{V}/\dot{q}_S$ et pour un fluide incompressible on obtient donc :

(62) $$d\, I(\alpha)/d\alpha + E(\alpha)/\tau = 0$$

Par exemple, avec un mélange parfait, on trouve :

(63) $$I(\alpha) = E(\alpha) = e^{-\alpha/\tau}/\tau$$

Dans le cas général :

(64) $$\tau\, I(t) = 1 - \int_0^t E(t_s)\, dt_s$$

L'interprétation de cette relation est aisée si l'on imagine une injection de colorant, dans le fluide incompressible, en échelon unité. Par intégration, on a :

(65) $$\mathcal{V} \int_0^t I(\alpha)\, d\alpha = \int_0^t \dot{q}\, dt' \int_{t'}^\infty E(t_s)\, dt_s$$

où $\int_{t'}^\infty E(t_S)\, dt_S$ représente la fraction du débit de sortie plus vieille que t', donc incolore. Il s'agit donc d'un bilan au temps t > 0 : la quantité de fluide coloré existant dans le réacteur à l'instant t est égale à la quantité de fluide incolore qui en est sortie depuis le début de l'injection (t = 0).

La distribution des temps de séjour caractérise le macromélange, c'est-à-dire le déplacement des particules de fluide les unes par rapport aux autres.

Le micromélange est, lui, relatif aux interactions et échanges du contenu des agrégats avec leur environnement. Le micromélange dépend fortement de l'état de la turbulence à petite échelle. Son étude est donc complexe. Les spécialistes du génie chimique ont mis au point des modèles avec une approche différente de celle des mécaniciens des fluides.

Dans leur modèle IEM (Interaction, échange avec la moyenne) par exemple, la concentration C d'un agrégat chimique vérifie une équation :

(66) $$dC/d\alpha = h\,(C-\bar{C}) + \dot{C}(C)$$

où h est une fréquence d'échange et $\bar{C}$ la concentration moyenne :

(67) $$\bar{C} = \int_0^{\infty} I(\alpha)\, C(\alpha)\, d\alpha$$

Le taux de production moyen $\bar{\dot{C}}$ est égal à :

(68) $$\bar{\dot{C}} = \int_0^{\infty} I(\alpha)\, \dot{C}[C(\alpha)]\, d\alpha$$

On obtient alors une équation intégrodifférentielle :

(69) $$dC/d\alpha = h\left(C - \int_0^{\infty} I(\alpha)\, C(\alpha)\, d\alpha\right) + \dot{C}(C)$$

qui nécessite, pour être résolue, la connaissance de la densité de probabilité initiale de concentration.

4. ONDE DE DEFLAGRATION [14]

Nous étudions ici la propagation unidimensionnelle d'une flamme plane de prémélange. Au préalable nous établissons une forme simplifiée des équations du bilan de l'écoulement (approximation de Shvab-Zeldovich), valable dans le cadre des hypothèses suivantes :

- écoulement stationnaire dans un référentiel convenablement choisi,
- absence de diffusion thermique : $D_{T,j} = 0$,
- forces extérieures $\vec{f_j}$ négligeables,
- viscosité négligeable,
- pression statique constante en première approximation,
- loi de Fourier pour la conduction thermique,
- loi de Fick pour la diffusion avec un coefficient de diffusion unique pour toutes les espèces,
- nombre de Lewis voisin de l'unité,

- une seule réaction chimique,
- mélange des gaz parfaits.

La conservation de la masse s'écrit :

(70) $$\vec{\nabla}\cdot(\rho\,\vec{v}) = 0$$

Le bilan des espèces chimiques est donné par :

(71) $$\vec{\nabla}\cdot(\rho_j\,\vec{v}_j) = \dot{w}_j$$

Compte-tenu que :

(72) $$\dot{w}_j = \nu_j\,\mathcal{M}_j\,\dot{\zeta}$$

et en posant :

(73) $$\beta_j = Y_j / \nu_j\,\mathcal{M}_j$$

on obtient :

(74) $$\vec{\nabla}\cdot(\rho\vec{v}\,\beta_j - \rho\mathcal{D}\,\vec{\nabla}\beta_j) = \dot{\zeta}$$

Le bilan de l'énergie s'écrit :

(75) $$\vec{\nabla}\cdot(\rho\vec{v}\,e + \vec{q}\,) = -p\,\vec{\nabla}\cdot\vec{v}$$

Compte-tenu des hypothèses on obtient :

(76) $$\vec{\nabla}\cdot(\rho_j\vec{v}_j h_j - \lambda\,\vec{\nabla}T) = 0$$

On a :

(77) $$h_j = (q_f^{\circ})_j + \int_{T_0}^{T} c_{p,j}\,dT$$

si bien que :

(78) $$\sum_j \vec{\nabla}\cdot(\rho_j\vec{v}_j)(q_f^{\circ})_j + \nabla\cdot\left(\sum_j \rho_j\vec{v}_j\int_{T_0}^{T} c_{p,j}\,dT - \lambda\,\vec{\nabla}T\right) = 0$$

ou encore :

(79) $$\left(\sum_j \nu_j\,\mathcal{M}_j(q_f^{\circ})_j\right)\dot{\zeta} + \vec{\nabla}\cdot\left(\rho\vec{v}\sum_j Y_j\int_{T_0}^{T} c_{p,j}\,dT - \rho\mathcal{D}\sum_j\vec{\nabla}Y_j\int_{T_0}^{T} c_{p,j}\,dT - \lambda\vec{\nabla}T\right) = 0$$

En remarquant que :

(80) $$\sum_j \nu_j \mathcal{M}_j (q_f^o)_j = -\Delta H$$ enthalpie de la réaction,

et en posant :

(81) $$\beta_T = \sum_j Y_j \int_{T_o}^{T} c_{p,j} \, dT / \Delta H$$

on obtient :

(82) $$\vec{\nabla} \cdot \left(\rho \vec{v} \beta_T - \rho \mathcal{D} \sum_j \vec{\nabla} Y_j \int_{T_o}^{T} c_{p,j} \, dT / \Delta H - \lambda \vec{\nabla} T / \Delta H \right) = 0$$

Par dérivation de β_T on a :

(83) $$\vec{\nabla} T / \Delta H = \left(\vec{\nabla} \beta_T - \sum_j \vec{\nabla} Y_j \int_{T_o}^{T} c_{p,j} \, dT / \Delta H \right) / c_{pf}$$

avec :

(84) $$c_{pf} = \sum_j Y_j \, c_{p,j}$$

Finalement :

(85) $$\vec{\nabla} \cdot \left(\rho \vec{v} \beta_T - \lambda \vec{\nabla} \beta_T / c_{pf} + \rho \mathcal{D} (L_e - 1) \sum_j \vec{\nabla} Y_j \int_{T_o}^{T} c_{p,j} \, dT / \Delta H \right) = \dot{\zeta}$$

L'hypothèse :

(86) $$L_e = \lambda / \rho \mathcal{D} c_{pf} \simeq 1$$

conduit à l'équation finale :

(87) $$\vec{\nabla} \cdot \left(\rho \vec{v} \beta_T - \frac{\lambda}{c_{pf}} \vec{\nabla} \beta_T \right) = \dot{\zeta}$$

dont la forme est identique à celle du bilan des espèces. Les N + 1 équations ainsi obtenues peuvent donc être remplacés par N équations sans second membre vérifiées par les différences $(\beta_i - \beta_j)$ ou $(\beta_i - \beta_T)$. Il reste donc une seule équation ayant pour second membre $\dot{\zeta}$, la plus difficile à résoudre étant donné le caractère non linéaire de cette fonction des β_j et de β_T.

Abordons maintenant, dans le cadre de cette approximation, l'onde de déflagration plane en nous plaçant dans un référentiel lié à cette onde. Tous les paramètres dépendent d'une seule variable x. Il s'agit d'un réacteur tubulaire alimenté en gaz frais de telle manière que la flamme soit fixe, ou encore d'un mélange frais dans lequel une flamme progresse à partir d'une extrémité ouverte où a été effectué l'allumage. Notons que le régime de déflagration ($p \simeq C^{te}$) n'est pas le seul possible et que peuvent se produire sous certaines conditions des ondes de détonation, très rapides, se présentant comme des surfaces de discontinuité qui ont des analogies avec les ondes de choc (Fig. 12).

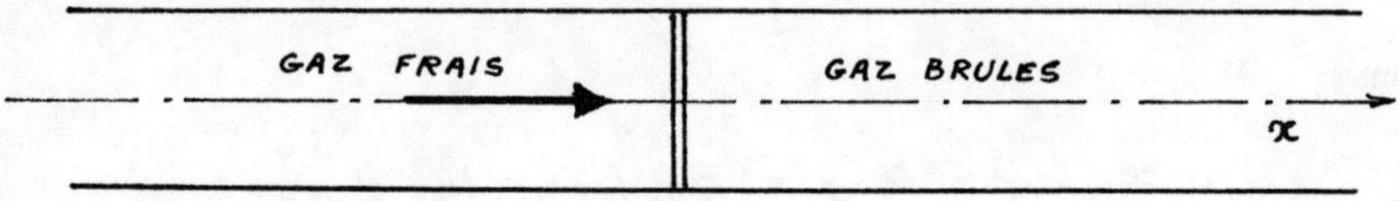

Figure 12

Notons $\dot{m}$ le débit unitaire :

(88) $$\dot{m} = \rho v$$

et g la valeur commune des coefficients de transfert :

(89) $$g = \lambda / c_{pf} = \rho \mathcal{D}$$

On introduit la variable de position η telle que :

(90) $$d\eta / \eta = \dot{m}\, dx / g$$

Envisageons la réaction chimique d'ordre 2 :

(91) $$A + B \longrightarrow P$$

et admettons, pour simplifier, qu'avant la réaction, une mole de A est associée à une mole de B :

(92) $$\beta_A^\circ = \beta_B^\circ = -1 \quad , \quad x = -\infty \quad (\eta = 0)$$

Les équations sont alors les suivantes :

(93) $$\left|\begin{array}{l} \eta^2\, d^2\beta_j / d\eta^2 = -g\,\dot{\zeta} / \dot{m}^2 \\ \eta^2\, d^2\beta_T / d\eta^2 = -g\,\dot{\zeta} / \dot{m}^2 \\ \dot{\zeta} = \rho^2\, B\, T^s\, e^{-T_a/T}\, \beta_A \beta_B \end{array}\right.$$

Eliminons ζ entre les équations de β_A et β_B, on obtient une relation linéaire donnant $\beta_A - \beta_B$ en fonction de η. Si l'on admet que la solution est bornée en $x = +\infty$, $(\eta = \infty)$, il en résulte que :

(94) $$\beta_A = \beta_B = -\beta$$

Eliminons ζ entre l'équation en β_A (ou β_B) et celle de l'énergie, on trouve :

(95) $$d^2(\beta + \beta_T)/d\eta^2 = 0$$

et une nouvelle relation linéaire est obtenue :

(96) $$\beta + \beta_T = a\,\eta + b$$

On a :

(97) $$\begin{cases} \eta = 0 : & \beta = 1,\ \beta_T = 0 \longrightarrow b = 1\ ,\ \beta + \beta_T = a\,\eta + 1 \\ \eta = \infty : & \beta = 0,\ d\beta/d\eta = 0 \longrightarrow \beta_T = a\,\eta + 1\ ,\ d\beta_T/d\eta = a \end{cases}$$

En $\eta = \infty$, les réactions sont terminées et la variation de β_T ne peut provenir que des échanges avec l'extérieur, a étant le degré d'adiabacité du réacteur.

Etudions le cas du réacteur adiabatique : a = 0, on trouve donc :

(98) $$\beta + \beta_T = 1$$

Il reste à résoudre une équation différentielle :

(99) $$\eta^2 d^2\beta_T/d\eta^2 = -\frac{g}{\dot{m}^2}\,\rho^2\, B T^s e^{-T_a/T}(1-\beta_T)^2$$

Soit T_{ad} la température de fin de combustion adiabatique :

(100) $$T_{ad} = T_0 + \sum_j \nu_j \mathcal{M}_j (q_f^\circ)_j / c_p$$

on a approximativement :

(101) $$\beta_T \simeq (T - T_0)/(T_{ad} - T_0)$$

en prenant une loi du type gaz parfait pour ρ :

(102) $$\rho = \bar{\mathcal{M}}\, p / RT$$

on obtient :

(103)
$$\eta^2 \, d^2\beta_T/d\eta^2 = -\Lambda \, \omega(\beta_T)$$

avec :

(104)
$$\begin{cases} \Lambda = g \, T^s B \bar{\mathcal{M}}^2 p^2/\dot{m}^2 R^2 \simeq c^{te} \\ \omega(\beta_T) = [T_o + \beta_T(T_{ad} - T_o)]^{-2} (1-\beta_T)^2 \, e^{-T_a/[T_o + \beta_T(T_{ad}-T_o)]} \end{cases}$$

L'intégration de cette équation différentielle présente quelques difficultés sur le plan numérique. On obtient une solution convenable dans le cas d'une zone de réaction mince qui se produit en $\eta = 1$ et a pour épaisseur 2ε. On a alors en première approximation au voisinage de $\eta = 1$:

(105)
$$\eta^2 d^2\beta_T/d\eta^2 \simeq d^2\beta_T/d\eta^2$$

et, en multipliant par $(d\,\beta_T/d\eta)\,d\eta$ les deux membres :

(106)
$$\left[(d\beta_T/d\eta)^2/2 \right]_{1-\varepsilon}^{1+\varepsilon} \simeq -\Lambda \int_0^1 \omega(\beta_T)\, d\beta_T$$

Λ apparaît comme une valeur propre du problème dont la valeur fournit le débit $\dot{m}$ du régime permanent.

Aux bornes $1 + \varepsilon$ et $1 - \varepsilon$ on a :

(107)
$$\begin{cases} \eta = 1 + \varepsilon \quad : \quad T = T_{ad} \; , \; d\beta_T/d\eta = 0 \\ \eta = 1 - \varepsilon \quad : \quad d\beta_T/d\eta = 1 \end{cases}$$

(on se trouve, pour $\eta < 1 - \varepsilon$ dans une zone non réactive avec $d\,\beta_T/d\eta = C^{te}$. La constante est égale à 1 puisque $\beta_T = 0$ en $\eta = 0$ et $\beta_T = 1$ en $\eta = 1$).

Ainsi :

(108)
$$\Lambda = \left(2 \int_0^1 \omega(\beta_T)\, d\beta_T \right)^{-1}$$

L'intégrale se calcule au moyen d'approximations. On obtient pour $\omega(\beta_T)$ une expression de la forme $(1 - \beta_T)^{n-1}\beta^{p-1}$, si bien que :

$$\int_0^1 \omega(\beta_T)\, d\beta_T = \Gamma(n)\,\Gamma(p) \,/\, \Gamma(n+p) \tag{109}$$

Cette approximation, valable pour $T_a > 6\ T_{ad}$, a été faite par Rosen. La théorie s'applique en particulier à l'étude des flammes laminaires (Fig. 13). On peut faire un développement similaire, en coordonnées sphériques, pour étudier la combustion d'une goutte.

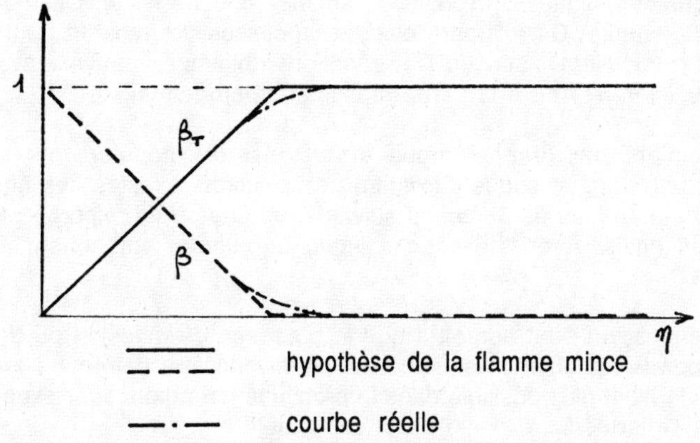

Figure 13

CHAPITRE 8 : COUCHE LIMITE ET COUCHES FLUIDES

La présence d'obstacles ou de parois est source de phénomènes de transfert de quantité de mouvement, de chaleur ou de masse, qui entrent en jeu en même temps que la convection du fluide.

Les processus en question se développent parfois dans une couche de faible épaisseur, devant les dimensions caractéristiques de l'obstacle, appelée couche limite. Celle-ci peut être de nature laminaire ou turbulente. D'autre part, chaque processus de transfert peut mettre en évidence une épaisseur particulière distincte. Des réactions chimiques peuvent avoir lieu, en phase fluide (flamme par exemple) ou à la paroi (réactions hétérogènes).

Dans les deux premiers paragraphes nous étudierons des écoulements laminaires, instationnaires ou permanents, pour lesquels existent des solutions exactes aux équations de bilan. Puis nous traiterons, dans les paragraphes suivants, de cas où des approximations sont nécessaires. Enfin, nous envisagerons la couche limite turbulente, notamment à l'aide de l'analyse dimensionnelle.

Dans certaines situations, on peut admettre que la présence de diffusion ou de réactions chimiques ne perturbe pas l'écoulement visqueux, qui peut donc être déterminé au préalable sans en tenir compte. Cela n'est plus possible dans le problème d'Emmons, par exemple, ou un fort couplage existe par l'intermédiaire d'une paroi sublimable.

Enfin, nous ne ferons qu'aborder le problème de la transition de l'écoulement laminaire vers l'écoulement turbulent.

1. COUCHES LIMITES INSTATIONNAIRES [11]

1.1 Couche limite visqueuse en écoulement laminaire de fluide incompressible

L'équation de la quantité de mouvement :

(1) $$\rho\, d\vec{v}/dt + \operatorname{div} \vec{P} = \sum_{j=1}^{N} \rho_j \vec{f_j}$$

devient, dans le cas d'un fluide incompressible non pesant, à coefficient de viscosité constant :

(2) $$\rho\, d\vec{v}/dt + \overrightarrow{\text{grad}}\, p = \mu\, \Delta \vec{v}$$

Etudions le cas d'un écoulement plan à trajectoire rectilignes et parallèles suivant la direction Ox. Le bilan de masse montre que dans ce cas, la seule composante non nulle de la vitesse n'est fonction que de y et t :

(3) $$u = u(y,t)\ , \quad v = w = 0$$

L'équation de la quantité de mouvement donne alors :

(4)
$$\begin{cases} \partial u/\partial t + (1/\rho)\,\partial p/\partial x = \nu\,\partial^2 u/\partial y^2 \\ \partial p/\partial y = 0 \quad , \quad \nu = \mu/\rho \end{cases}$$

Il s'en suit que :

(5)
$$\partial u/\partial t - \nu\,\partial^2 u/\partial y^2 = -(1/\rho)\,\partial p/\partial x = C'(t)$$

où C(t) est une fonction arbitraire du temps :

(6)
$$C'(t) = dC/dt$$

On obtient :

(7)
$$p = -\rho\,(C'(t)\,x + D(t))$$

et, en posant U(y, t) = u(y, t) - C(t)

(8)
$$\partial U/\partial t - \nu\,\partial^2 U/\partial y^2 = 0$$

Limitons-nous à la recherche de solutions autosemblables. On écrit alors :

(9)
$$\eta = y/\sqrt{\nu t} \quad , \quad U = f(\eta)$$

L'équation aux dérivées partielles en U devient donc :

(10)
$$\eta\, f'(\eta) + 2\, f''(\eta) = 0$$

L'intégration de cette équation différentielle donne :

(11)
$$f(\eta) = A\,\mathrm{erf}(\eta/2) + B$$

où A et B sont des constantes. Le champ des vitesses est donc :

(12)
$$U(y,t) = A\,\mathrm{erf}(y/\sqrt{4\nu t}) + E(t) \quad , \quad E(t) = B + C(t)$$

Cette classe de solutions permet de traiter le cas d'un écoulement initialement au repos dans le demi-plan y > 0 au-dessus d'une plaque infinie placée en y = 0 et mise en mouvement suivant Ox avec une vitesse V constante à partir de l'instant t = 0.

Les conditions aux limites :

(13)
$$\begin{cases} u(\infty,t) = 0 & \forall t \\ u(0,t) = V \quad , & t > 0 \end{cases}$$

conduisent immédiatement à la solution (Fig. 1) :

(14) $$u(y,t) = V\left(1 - \mathrm{erf}\left(y/\sqrt{4\nu t}\right)\right)$$

la vitesse u n'a de valeur significative que dans une couche d'épaisseur δ, avec :

(15) $$\delta = O(\sqrt{\nu t})$$

Plus exactement, en fixant la limite de la couche à $\eta = \eta_0 = 0_{(1)}$:

(16) $$\delta = 2\eta_0\sqrt{\nu t}$$

On constate que :

- l'épaisseur de la couche limite croît en $\sqrt{\nu t}$ avec le temps,
- dès que $t > 0$, la perturbation due au mouvement de la plaque existe dans tout le demi-plan $y > 0$. La propagation est donc instantanée. En fait il y a propagation non instantanée, mais ce modèle de fluide incompressible ne permet pas d'en tenir compte.
- lorsque l'on fait tendre ν vers zéro à $y > 0$ et $t > 0$ donnés, la vitesse u tend à s'annuler mais la vitesse du fluide reste non nulle et égale à V en $y = 0$. Alors qu'avec un fluide parfait, on aurait trouvé $u = 0$ pour $y > 0$, $\forall$ t. Cette contradiction révèle un comportement singulier, caractéristique de la couche limite.

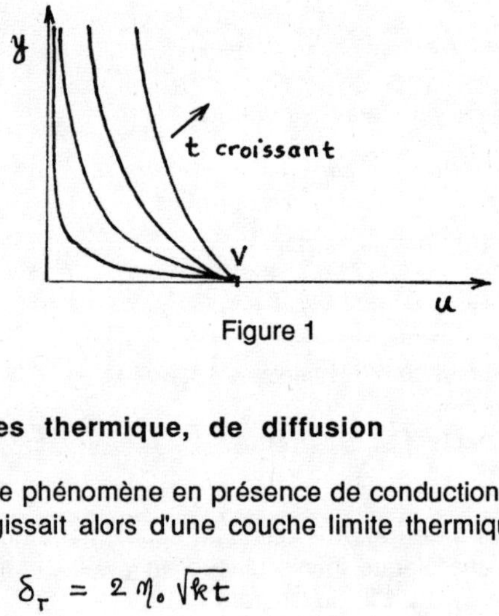

Figure 1

1.2 Couches limites thermique, de diffusion

On a observé le même phénomène en présence de conduction thermique dans un milieu au repos (chapitre 4). Il s'agissait alors d'une couche limite thermique (Fig. 2) d'épaisseur :

(17) $$\delta_T = 2\eta_0\sqrt{kt}$$

De même, un phénomène de diffusion d'un corps A dans un corps B avec une loi de Fick fournira une épaisseur de couche limite

(18) $$\delta_c = 2\eta_0\sqrt{\mathcal{D}t}$$

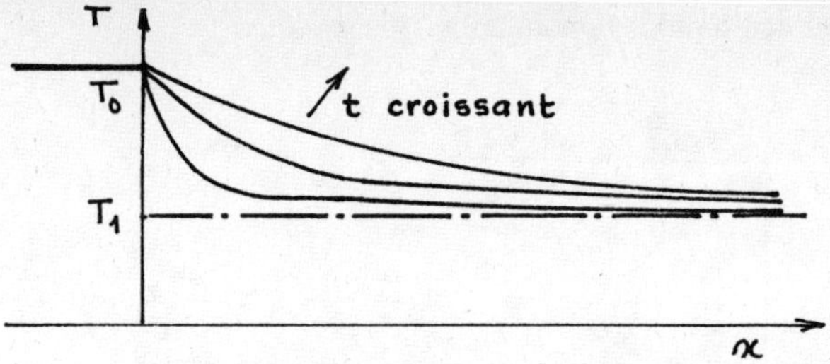

Figure 2

On peut imaginer une paroi poreuse plane normale à x'x au point 0 (Fig. 3). La partie $x < 0$ comporte un liquide A de concentration $Y_A = 1$ que l'on maintient au cours du temps grâce à une alimentation adéquate. Le corps A diffuse dans la partie $x > 0$ au repos de telle manière que $Y_A(0,t) = 1$ et $Y_A(\infty, t) = 0$. La solution obtenue est alors pour $x > 0$:

$$Y_A = 1 - \mathrm{erf}\left(x/\sqrt{4\mathcal{D}t}\right) \qquad (19)$$

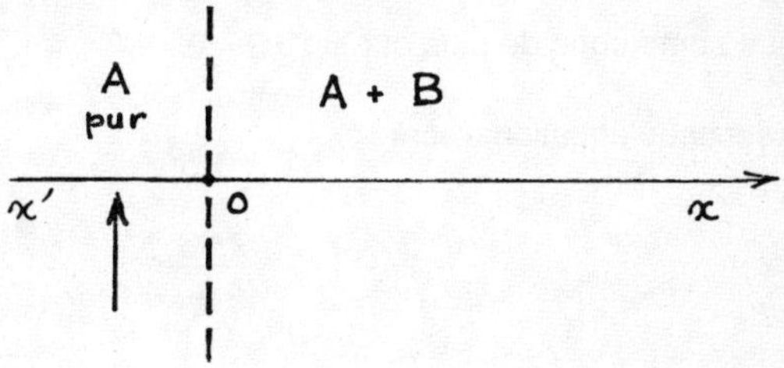

Figure 3

2. ECOULEMENTS STATIONNAIRES D'UN FLUIDE VISQUEUX INCOMPRESSIBLE ENTRE DEUX CYLINDRES COAXIAUX [33], [34]

2.1 Ecoulement laminaire

Deux cylindres coaxiaux de rayons respectifs R_1 et R_2, $R_2 > R_1$, sont animés de vitesses angulaires de rotation ω_1 et ω_2, $\omega_2 \neq \omega_1$.

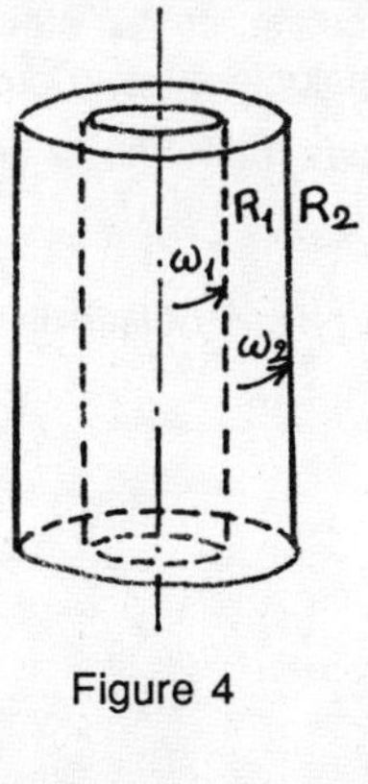

Figure 4

Entre les deux cylindres, de longueur infinie (les résultats restent valables pour les cylindres simplement longs devant R_2 et à distance suffisante des extrémités), se trouve un fluide visqueux incompressible.

On admet que v_z est nul et on recherche des solutions donnant une vitesse radiale v_r nulle également. On suppose que μ = cte.

L'équation de continuité montre alors que la vitesse tangentielle v_θ est fonction du rayon vecteur r seul.

L'équation de la quantité de mouvement donne les relations :

$$(20)\quad \left|\begin{array}{l} -\dfrac{v_\theta^2}{r^2} + \dfrac{1}{\rho}\dfrac{\partial p}{\partial r} = 0 \\[2ex] \dfrac{1}{\rho r}\dfrac{\partial p}{\partial \theta} = \nu\left[\dfrac{1}{r}\dfrac{\partial}{\partial r}\left(r\dfrac{\partial v_\theta}{\partial r}\right) - \dfrac{v_\theta}{r^2}\right] \\[2ex] \dfrac{\partial p}{\partial z} = 0 \end{array}\right.$$

avec les conditions aux limites :

$$(21)\quad r = R_1 \;:\; v_\theta = \omega_1 R_1 \quad ; \quad r = R_2 \;:\; v_\theta = \omega_2 R_2$$

Nous admettrons de plus que $\partial p/\partial \theta = 0$.

La seconde équation s'écrit :

$$(22)\quad \frac{1}{r}\frac{\partial}{\partial r}\left(r\frac{\partial v_\theta}{\partial r}\right) - \frac{v_\theta^2}{r^2} = \frac{\partial}{\partial r}\left[\frac{1}{r}\frac{\partial}{\partial r}(r v_\theta)\right]$$

La solution est de la forme :

$$(23)\quad v_\theta = A r + B/r$$

Les constantes d'intégration A et B se calculent à partir des conditions aux limites.

On obtient finalement :

$$(24)\quad v_\theta = \frac{\omega_2 R_2^2 - \omega_1 R_1^2}{R_2^2 - R_1^2} + \frac{R_1^2 R_2^2 (\omega_1 - \omega_2)}{R_2^2 - R_1^2}\,\frac{1}{r}$$

Le profil de vitesse obtenu ne dépend pas du coefficient de viscosité, ce qui était prévisible puisque l'équation vérifiée par v_θ est simplement $\Delta v_\theta = 0$. Il y a analogie avec le problème de la conduction thermique stationnaire qui donne $\Delta T = 0$ et ne fait pas intervenir la conductivité thermique λ.

Il n'y a donc pas de couche limite visqueuse laminaire que l'on puisse définir directement à partir du profil des vitesses et de μ.

Le calcul de la tension de cisaillement donne :

$$(25)\quad \tau_{r\theta} = 2\mu\,\frac{R_2^2(\omega_2 - \omega_1)}{R_2^2 - R_1^2}\,\frac{R_1^2}{r^2}$$

c'est-à-dire que $\tau_{r\theta}$ décroît en $1/r^2$ de $r = R_1$ à $r = R_2$. Le cisaillement est donc maximum à la paroi du cylindre intérieur. Le vecteur rotation est constant et d'intensité :

(26) $$\omega = \frac{\omega_2 R_2^2 - \omega_1 R_1^2}{R_2^2 - R_1^2}$$

L'écoulement est irrotationnel si

(27) $$\omega_2 R_2^2 = \omega_1 R_1^2$$

Un tel système permet la mesure du coefficient de viscosité μ à température donnée. Il suffit en effet de connaître le couple nécessaire à la rotation de l'un des cylindres et d'appliquer la formule donnant $\tau_{r\theta}$. Si C_1 est le couple exercé sur le cylindre de rayon R_1 et de hauteur h, on obtient, en négligeant les effets de bords ($R_1 < R_2 << h$) :

(28) $$\mu = C_1 \frac{R_2^2 - R_1^2}{4\pi h R_1^2 R_2^2}$$

2.2 Soufflage et aspiration aux parois

Le problème précédent admet également une solution exacte en présence de soufflage ou d'aspiration uniformes aux parois. On suppose toujours $p = p(x)$, $v_\theta = v_\theta(r)$ et $v_z = 0$ mais cette fois $v_r = v_r(r)$.

L'équation de continuité :

(29) $$\frac{\partial \rho}{\partial t} + \frac{1}{r}\frac{\partial}{\partial r}(\rho r v_r) + \frac{1}{r}\frac{\partial}{\partial \theta}(\rho v_\theta) + \frac{\partial}{\partial z}(\rho v_z) = 0$$

donne ici :

(30) $$r v_r = Q$$

où $Q/2\pi h$ est le débit volume pour une hauteur h de cylindre poreux.

Les équations de la quantité de mouvement s'écrivent :

(31) $$\begin{cases} dv_r/dt - v_\theta^2/r + (1/\rho)\,\partial p/\partial r = \nu\left(\Delta v_r - (2/r^2)\,\partial v_\theta/\partial \theta - v_r/r^2\right) \\ dv_\theta/dt + v_r v_\theta/r + (1/\rho r)\,\partial p/\partial \theta = \nu\left(\Delta v_\theta + (2/r^2)\,\partial v_r/\partial \theta - v_\theta/r^2\right) \end{cases}$$

Compte-tenu des expressions en coordonnées cylindriques :

$$(32)\quad \begin{cases} df/dt = \partial f/\partial t + v_r\,\partial f/\partial r + (v_\theta/r)\,\dfrac{\partial f}{\partial \theta} + v_z\,\partial f/\partial z \\[2ex] \Delta f = \dfrac{1}{r}\dfrac{\partial}{\partial r}\left(r\dfrac{\partial f}{\partial r}\right) + \dfrac{1}{r^2}\dfrac{\partial^2 f}{\partial \theta^2} + \dfrac{\partial^2 f}{\partial z^2} \end{cases}$$

et en fonction des hypothèses, on obtient :

$$(33)\quad \begin{cases} v_r\dfrac{\partial v_r}{\partial r} - \dfrac{v_\theta^2}{r} + \dfrac{1}{\rho}\dfrac{\partial p}{\partial r} = \nu\left[\dfrac{1}{r}\dfrac{\partial}{\partial r}\left(r\dfrac{\partial v_r}{\partial r}\right) - \dfrac{v_r}{r^2}\right] \\[2ex] v_r\dfrac{\partial v_\theta}{\partial r} + \dfrac{v_r v_\theta}{r} = \nu\left[\dfrac{1}{r}\dfrac{\partial}{\partial r}\left(r\dfrac{\partial v_\theta}{\partial r}\right) - \dfrac{v_\theta}{r^2}\right] \end{cases}$$

La première équation de la quantité de mouvement fournit p(r) connaissant v_r et v_θ. La seconde, compte-tenu de la conservation du débit, nous donne :

$$(34)\quad \frac{Q}{r}\left(\frac{\partial v_\theta}{\partial r} + \frac{v_\theta}{r}\right) = \nu\,\frac{\partial}{\partial r}\left(\frac{\partial v_\theta}{\partial r} + \frac{v_\theta}{r}\right)$$

ou encore :

$$(35)\quad \frac{\partial}{\partial \operatorname{Log} r}\left(\frac{1}{r}\,\frac{\partial (r v_\theta)}{\partial r}\right) = \frac{Q}{\nu}\left(\frac{1}{r}\,\frac{\partial (r v_\theta)}{\partial r}\right)$$

La solution est de la forme :

$$(36)\quad \begin{cases} v_\theta = A\, r^{1+Q/\nu} + B/r\,, & Q/\nu \neq -2 \\[1ex] v_\theta = A \operatorname{Log} r/r + B/r\,, & Q/\nu = -2 \end{cases}$$

Les conditions aux limites indiquant que la vitesse v_θ est égale à $R_1\omega_1$ sur le cylindre intérieur et à $R_2\omega_2$ sur le cylindre extérieur fournissent la solution (on pose $Q/\nu = \alpha$) :

$$(37)\quad \begin{cases} v_\theta = \dfrac{(R_2^2\omega_2 - R_1^2\omega_1)\, r^{\alpha+1} + R_1^2 R_2^2\,(R_2^\alpha\omega_1 - R_1^\alpha\omega_2)\, r^{-1}}{R_2^{\alpha+2} - R_1^{\alpha+2}}\,, & \alpha \neq -2 \\[3ex] v_\theta = \dfrac{(R_2^2\omega_2 - R_1^2\omega_1)\operatorname{Log} r/r + (R_1^2\omega_1 \operatorname{Log} R_2 - R_2^2\omega_2 \operatorname{Log} R_1)\, r^{-1}}{\operatorname{Log} R_2 - \operatorname{Log} R_1}\,, & \alpha = -2 \end{cases}$$

On remarque que, en présence d'un soufflage ($\alpha > 0$) ou d'une aspiration ($\alpha < 0$), la solution dépend cette fois du coefficient de viscosité par l'intermédiaire du coefficient α :

(38) $$\alpha = Q/\nu = r v_r/\nu$$

qui n'est autre qu'un nombre de Reynolds associé au mouvement radial.

Le vecteur rotation de l'écoulement, dirigé suivant Oz, a pour composante suivant cet axe :

(39) $$\begin{cases} \omega = \dfrac{1}{2r}\dfrac{\partial}{\partial r}(r v_\theta) = \dfrac{\alpha+2}{2}\,\dfrac{R_2^2\omega_2 - R_1^2\omega_1}{R_2^{\alpha+2} - R_1^{\alpha+2}}\, r^\alpha , & \alpha \neq -2 \\[2ex] \omega = \dfrac{R_2^2\omega_2 - R_1^2\omega_1}{2\,\mathrm{Log}(R_2/R_1)}\, r^{-2} , & \alpha = -2 \end{cases}$$

On a donc, quel que soit α :

(40) $$\omega(r)/\omega(R_1) = (r/R_1)^\alpha$$

La figure 5 donne l'évolution de $\omega_{(r)}/\omega_{(R1)}$ pour différentes valeurs de α.

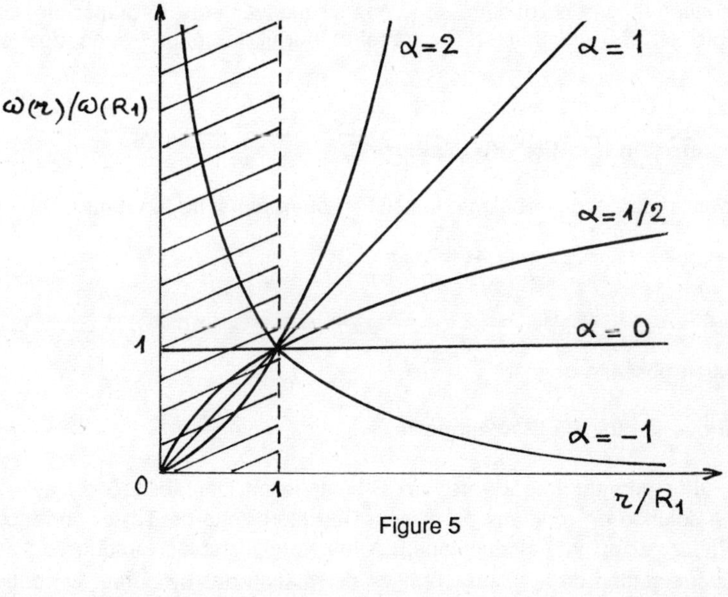

Figure 5

Pour $\alpha > 0$, l'écoulement devient de plus en plus rotationnel lorsque r augmente de R_1 à R_2. C'est le cas du soufflage.

Pour $\alpha < 0$, c'est le contraire. L'aspiration tend à limiter la zone rotationnelle au voisinage du cylindre intérieur.

La structure en couche limite apparaît lorsque $|\alpha|$ est grand c'est-à-dire lorsque le nombre de Reynolds est grand.

Dans le cas de l'aspiration par exemple, on pourra définir une épaisseur de couche limite au voisinage du cylindre intérieur en écrivant :

(41) $$r/R_1 = 1 + \delta_\varepsilon / R_1$$

et :

(42) $$|v_\theta / R_1 \omega_1| \leqslant \varepsilon$$

L'injection uniforme d'une espèce A à travers la paroi du cylindre extérieur accompagnée de la réaction :

$$A \longrightarrow B$$

et de l'aspiration du mélange par le cylindre intérieur est décrite par l'équation :

(43) $$\frac{\partial}{\partial r}\left(r \frac{\partial Y_A}{\partial r} \right) - \frac{Q}{\mathcal{D}} \frac{\partial Y_A}{\partial r} - \frac{k}{\mathcal{D}} r Y_A = 0$$

Le profil des concentrations ne dépend donc pas du mouvement de rotation des cylindres, mais seulement du débit d'injection Q. Le résultat serait le même avec des cylindres immobiles.

2.3 Notions sur l'instabilité de Taylor

En l'absence d'aspiration et de soufflage, la solution du paragraphe 2.1 donne :

(44) $$\begin{cases} v_r = v_z = 0 \\ v_\theta = A r + B/r \end{cases}$$

C'est la seule solution possible donnant $\vec{v} = \vec{v}(r)$.

Elle est stable tant que la quantité $|B|/\nu$ est petite.

Pour une valeur suffisamment importante de $|B|/\nu$ apparaît l'instabilité de Taylor qui fait naître une nouvelle solution en rouleaux parallèles. Ces tourbillons de Taylor correspondant à une solution $\vec{v} = \vec{v}(r, \theta, z)$ ou $\vec{v}(r, z)$ deviennent à leur tour instables lorsque l'on augmente encore $|B|/\nu$ par augmentation de la vitesse relative de rotation des cylindres. On obtient alors des tourbillons ondulants correspondant à un régime périodique en fonction du temps (Fig. 6a et 6 b).
L'étude de ces instabilités est complexe. L'on peut envisager des solutions stationnaires à

symétrie axiale aux équations linéarisées en u, v, w, ces quantités étant définies comme des perturbations de vitesse par rapport à l'écoulement de Couette :

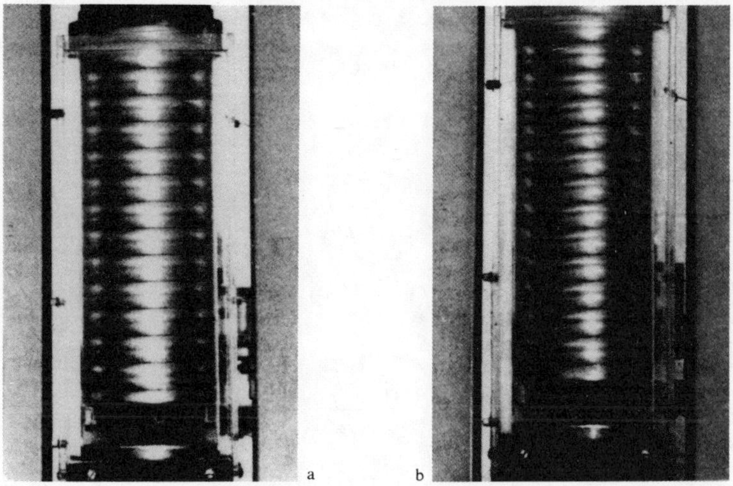

Figure 6 (d'après D.D. Joseph)

(45) $$p = P(r) + p(r,z) \,,\quad v_r = u(r,z) \,,\quad v_\theta = V_\theta(r) + v(r,z) \,,\quad v_z = w(r,z)$$

Les équations du régime stationnaire deviennent après linéarisation :

(46) $$\begin{cases} \dfrac{1}{r}\dfrac{\partial (ru)}{\partial r} + \dfrac{\partial w}{\partial z} = 0 \\[2mm] \dfrac{1}{\rho}\dfrac{\partial p}{\partial r} = \nu\,\mathcal{L}(u) + 2\left(A + \dfrac{B}{r^2}\right) v \\[2mm] 2\,A\,u = \nu\,\mathcal{L}(v) \\[2mm] \dfrac{1}{\rho}\dfrac{\partial p}{\partial z} = \nu\left[\dfrac{1}{r}\dfrac{\partial}{\partial r}\left(r\dfrac{\partial w}{\partial r}\right) + \dfrac{\partial^2 w}{\partial z^2}\right] \end{cases}$$

avec :

(47) $$\mathcal{L}(f) = \frac{\partial}{\partial r}\left(\frac{1}{r}\frac{\partial (rf)}{\partial r}\right) + \frac{\partial^2 f}{\partial z^2}$$

Par élimination de w et de p, on trouve :

(48) $$\begin{cases} 2\,(A + B/r^2)\,\partial^2 v/\partial z^2 + \nu\,\mathcal{L}^2(u) = 0 \\ 2\,A\,u = \nu\,\mathcal{L}(v) \end{cases}$$

avec les conditions aux limites :

(49) $$r = R_1, R_2 \quad : \quad u = \partial u/\partial r = v = 0$$

On cherche alors des solutions du type :

(50) $$\begin{cases} u(r,z) = \hat{u}(r) \cos kz \\ v(r,z) = \hat{v}(r) \cos kz \end{cases}$$

Le système précédent devient :

(51) $$\begin{cases} \nu L^2(\hat{u}) = 2\,(A + B/r^2)\,k^2 \hat{v} \\ \nu L(\hat{v}) = 2\,A\,\hat{u} \end{cases}$$

avec :

(52) $$L(\hat{f}) = \frac{d}{dr}\left(\frac{1}{r}\,\frac{d(r\hat{f})}{dr}\right) - k^2$$

et

(53) $$\hat{u} = d\hat{u}/dr = \hat{v} = 0 \quad , \; r = R_1, R_2$$

Lorsque les rayons R_1 et R_2 sont voisins, on peut poser avec Chandrasekhar :

(54) $$d = R_2 - R_1 \;,\; \zeta = (r - R_1)/d \;,\; k = a/d \;,\; \alpha = \mu - 1 \;,\; D = d/d\zeta$$

et :

(55) $$T = -4\,A\,\omega_1 d^4/\nu^2 \quad , \quad \hat{u} = 2 d^2 \omega_1 a^2\, \hat{U}/\nu$$

On obtient :

(56) $$\begin{cases} (D^2 - a^2)^2\, \hat{U} = (1 + \alpha\zeta)\,\hat{v} \\ (D^2 - a^2)\,\hat{v} = -T a^2\, \hat{U} \\ \hat{U} = D\hat{U} = \hat{v} = 0 \qquad \text{pour} \qquad \zeta = 0, 1 \end{cases}$$

La solution de ce système peut être trouvée en exprimant $\hat{v}$ sous la forme :

(57) $$\hat{v} = \sum_{m=1}^{\infty} C_m \sin \pi m \zeta$$

Après un calcul assez complexe et moyennant une approximation, on trouve que les premiers rouleaux de Taylor apparaissent dès que T dépasse la valeur critique :

(58) $$T_c = 3430/(1+\mu)$$

obtenue pour a = 3,12.

La difficulté de la résolution tient en particulier au fait que la première équation du système comporte le terme $1 + \alpha\zeta$. Serrin trouve une solution peu différente en remplaçant ce terme par $(\mu+1)/2$ (on pose $r^2 \simeq R_1 R_2$).

Le système différentiel est alors linéaire à coefficients constants.

Les solutions du problème sont également connues pour des rayons R_1 et R_2 très différents.

Au-dessus de la valeur critique peuvent apparaître d'autres instabilités comme les tourbillons ondulants. Ces derniers ne présentent plus la symétrie axiale et le champ des vitesses, ainsi que celui des pressions, dépendent cette fois de : r, θ, z, t. La figure 7 donne, dans le plan $((\omega_1 R_1^2)/\nu,\ \omega_2 R_2^2)/\nu)$ les limites de stabilité déduites de la théorie linéarisée ainsi que des points expérimentaux.

Nous limiterons à ce résultat l'étude des écoulements entre deux cylindres coaxiaux en rotation. Différents auteurs ont traité également le cas d'un écoulement axial entre de tels cylindres. En présence d'un débit radial on peut prévoir également l'existence d'instabilités donnant naissance à des tourbillons. Contrairement au cas de l'écoulement de Poiseuille étudié en 2.2, au-delà du seuil de stabilité, le mouvement de rotation différenciée influe ici sur les processus chimiques.

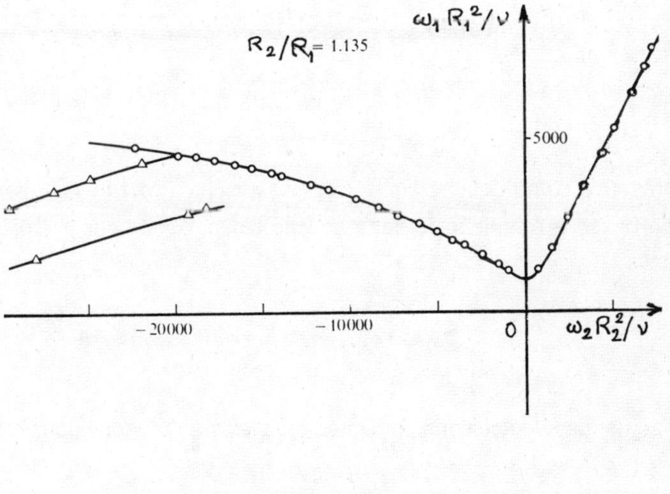

Figure 7 - Résultats théoriques et expérimentaux
(Δ, o) d'après D.D. JOSEPH

Dans les paragraphes suivants, des approximations sont nécessaires pour déterminer le mouvement avec ou sans réactions chimiques au voisinage de parois. Nous n'étudierons plus l'apparition des instabilités et nous nous limiterons au calcul de la couche limite laminaire, ou alors nettement turbulente.

Notons qu'en ce qui concerne les régimes turbulents au voisinage d'une plaque plane, certains résultats ont été donnés au chapitre 6.

3. COUCHE LIMITE LAMINAIRE INCOMPRESSIBLE STATIONNAIRE AU-DESSUS D'UNE PLAQUE PLANE [9], [15], [35]

3.1. Etablissement du système d'équations

Les équations de l'écoulement sont les suivantes :

(59) $$\begin{cases} \operatorname{div} \vec{v} = 0 \\ \rho \vec{v} \cdot \overrightarrow{\operatorname{grad}}\, \vec{v} + \overrightarrow{\operatorname{grad}}\, p = \mu \Delta \vec{v} \end{cases}$$

Envisageons un écoulement plan, de vitesse U_∞ à l'infini amont, évoluant au-dessus d'une plaque plane semi-infinie d'équation $y = 0$ pour $x > 0$ (Fig. 8).

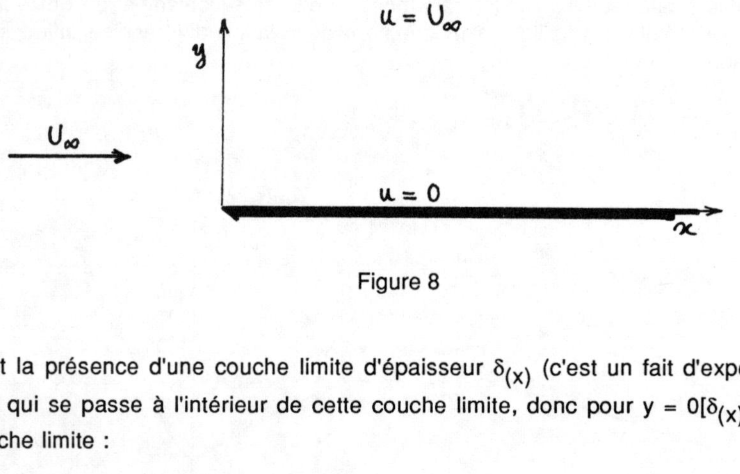

Figure 8

On admet la présence d'une couche limite d'épaisseur $\delta_{(x)}$ (c'est un fait d'expérience) et l'on étudie ce qui se passe à l'intérieur de cette couche limite, donc pour $y = 0[\delta_{(x)}]$. A l'extérieur de la couche limite :

$$y / \delta_{(x)} \to \infty \quad , \quad u = U_\infty \quad , \quad v = 0$$

Ce problème n'admet pas de solutions par lignes parallèles à Ox. Admettons que dans la couche limite, on ait :

(60) $$v / u \sim \delta / x \ll 1$$

–nous verrons plus plus loin ce qu'implique cette hypothèse quant aux valeurs du nombre de Reynolds–et supposons que les dérivées première et seconde des paramètres soient de l'ordre de grandeur des rapports des valeurs concernées. Ainsi :

(61) $$\partial^2 u/\partial x^2 \sim u/x^2 \quad , \quad \partial p/\partial z \sim p/\delta \quad , \dots$$

Ces hypothèses permettent de négliger les termes en $\partial^2/\partial x^2$ devant ceux en $\partial^2/\partial y^2$. Les équations deviennent donc :

(62) $$\begin{cases} \partial u/\partial x + \partial v/\partial y = 0 \\ u\, \partial u/\partial x + v\, \partial u/\partial y + (1/\rho)\, \partial p/\partial x = \nu\, \partial^2 u/\partial y^2 \\ u\, \partial v/\partial x + v\, \partial v/\partial y + (1/\rho)\, \partial p/\partial y = \nu\, \partial^2 v/\partial y^2 \end{cases}$$

Le terme $(1/\rho)\, \partial p/\partial y \sim (p/\rho)/\delta$ est, d'après la dernière équation, d'ordre

$$(u^2/x + \nu u/\delta^2)\, \delta/x \quad \text{, donc} \quad (1/\rho)\partial p/\partial x \sim (\delta/x)^2 (u^2 + \nu u/\delta^2)$$

est très inférieur aux autres termes de la seconde équation. Les hypothèses faites amènent donc à négliger le gradient de pression ce qui nous conduit au système simplifié :

(63) $$\begin{cases} \partial u/\partial x + \partial v/\partial y = 0 \\ u\, \partial u/\partial x + v\, \partial u/\partial y = \nu\, \partial^2 u/\partial y^2 \end{cases}$$

Remarque :

On établit plus rigoureusement ces équations par la méthode des développements asymptotiques. Rapportons x et y à une longueur de référence L. Les coordonnées sont donc sans dimension. Prenons comme petit paramètre ε l'inverse du nombre de Reynolds :

(64) $$\varepsilon = R_{e\infty}^{-1} = (U_\infty L/\nu)^{-1} \ll 1$$

on aura :

(65) $$\left|\begin{array}{l} u = U_\infty\, [\, \delta_1(\varepsilon)\, u_1 + \delta_2(\varepsilon)\, u_2 + \dots] = O(U_\infty) \\ v = U_\infty\, \Delta(\varepsilon)\, [\, \delta_1(\varepsilon)\, v_1 + \delta_2(\varepsilon)\, v_2 + \dots] = O(U_\infty \Delta(\varepsilon)) \\ p = p_\infty\, [\, \delta_1(\varepsilon)\, p_1 + \delta_2(\varepsilon)\, p_2 + \dots] \\ Y = y/d(\varepsilon) \end{array}\right.$$

où les fonctions de ε : $\delta_{i(\varepsilon)}$, $\Delta_{(\varepsilon)}$, $d_{(\varepsilon)}$ sont inconnues. On impose cependant la condition :

(66) $$\lim_{\varepsilon \to 0} [\, \delta_i(\varepsilon) / \delta_{i-1}(\varepsilon) \,] = 0$$

Les quantités u_i, v_i, p_i et leurs dérivées ainsi que x et Y sont supposées 0(1). Pour $Y \to \infty$ (ou y >> δ) on a $u \to U_\infty$, donc nous prendrons :

$$\delta_1(\varepsilon) = 1$$

L'équation de continuité devient :

(67) $$\partial u_1/\partial x + O(\delta_2) + (\Delta(\varepsilon)/d(\varepsilon))\,(\partial v_1/\partial Y + O(\delta_2)) = 0$$

On obtient une équation non triviale du premier ordre à condition de poser :

(68) $$\Delta(\varepsilon) = d(\varepsilon)$$

Ainsi :

(69) $$\left| \begin{array}{l} u = U_\infty\,(u_1 + \delta_2 u_2 + \dots) \\ v = d\,U_\infty\,(v_1 + \delta_2 v_2 + \dots) \\ p = p_\infty\,(p_1 + \delta_2 p_2 + \dots) \\ Y = y/d \end{array} \right.$$

L'équation de la quantité de mouvement nous donne :

(70) $$\left\{ \begin{array}{l} u_1\,\partial u_1/\partial x + v_1\,\partial u_1/\partial Y + (p_\infty/\rho U_\infty^2)\,\partial p_1/\partial x + O(\delta_2) = (\varepsilon/d^2)(\partial^2 u_1/\partial Y^2 + O(\delta_2)) \\ u_1\,\partial v_1/\partial x + v_1\,\partial v_1/\partial Y + O(\delta_2) + \frac{1}{d^2}[(p_\infty/\rho U_\infty^2)\,\partial p_1/\partial Y + O(\delta_2)] = (\varepsilon/d^2)\,(\partial^2 v_1/\partial Y^2 + O(\delta_2)) \end{array} \right.$$

Les équations au premier ordre dépendent du choix de la fonction d(ε) qui caractérise l'échelle d'observation en y.

– pour d(ε) = 1 : x = 0(1), y = 0(1)

(71) $$\left\{ \begin{array}{l} Y = y \;,\; \partial u_1/\partial x + \partial v_1/\partial Y = 0 \\ u_1\,\partial u_1/\partial x + v_1\,\partial u_1/\partial Y + (p_\infty/\rho U_\infty^2)\,\partial p_1/\partial x = 0 \\ u_1\,\partial v_1/\partial x + v_1\,\partial v_1/\partial Y + (p_\infty/\rho U_\infty^2)\,\partial p_1/\partial y = 0 \end{array} \right.$$

On retrouve le fluide parfait. Ce système est valable à l'extérieur de la couche limite lorsque y et x sont du même ordre de grandeur. On sait que la solution est :

(72)
$$\begin{cases} u_1 = 1 \ , \ v_1 = 0 \ , \ p_1 = 1 \ , \text{ou :} \\ u = U_\infty \ , \ v = 0 \ , \ p = p_\infty \end{cases}$$

— pour $d(\varepsilon) = \varepsilon^{1/2}$: $x = 0(1)$, $y = 0(\varepsilon^{1/2})$, on a :

(73)
$$\begin{cases} Y = y/\sqrt{\varepsilon} \ , \ \partial u_1/\partial x + \partial v_1/\partial Y = 0 \\ u_1 \, \partial u_1/\partial x + v_1 \partial u_1/\partial Y + (p_\infty/\rho U_\infty^2) \partial p_1/\partial x = \partial^2 u_1/\partial Y^2 \\ u_1 \, \partial v_1/\partial x + v_1 \, \partial v_1/\partial Y + \varepsilon^{-1} (p_\infty/\rho U_\infty^2) \partial p_1/\partial Y = \partial^2 v_1/\partial Y^2 \end{cases}$$

La dernière équation nous montre que :

(74)
$$\partial p_1/\partial Y = 0 \quad , \quad p_1 = p_1(x)$$

Or, pour $y = 0(1)$ c'est-à-dire $Y \to \infty$ on sait que $p = p_\infty$ donc $p_1(x) = \text{Cte} = 1$. Le système se réduit donc à :

(75)
$$\begin{cases} \partial u_1/\partial x + \partial v_1/\partial Y = 0 \\ u_1 \, \partial u_1/\partial x + v_1 \, \partial u_1/\partial Y = \partial^2 u_1/\partial Y^2 \end{cases}$$

Ces équations sont celles de la couche limite obtenues précédemment et l'épaisseur de cette couche limite est :

(76)
$$\delta = L \, d(\varepsilon) = L \, \varepsilon^{1/2} = (\nu L / U_\infty)^{1/2}$$

Comme x est supposé d'ordre 1, cela signifie que la longueur dimensionnelle x correspondante est d'ordre L. Il s'en suit que l'épaisseur de la couche limite varie en réalité comme :

(77)
$$\delta = (\nu x / U_\infty)^{1/2}$$

L'hypothèse $\delta/x \ll 1$ se traduit donc par :

(78)
$$(\nu/U_\infty x)^{1/2} = R_{ex}^{-1/2} \ll 1 \quad \text{ou} \quad R_{ex} \gg 1$$

et n'est valable que pour des nombres de Reynolds assez grands.

3.2. Solutions auto-semblables

On a :

(79)
$$\begin{cases} \partial u/\partial x + \partial v/\partial y = 0 \\ u\,\partial u/\partial x + v\,\partial u/\partial y = \nu\,\partial^2 u/\partial y^2 \end{cases}$$

Les solutions auto-semblables seront telles que :

(80)
$$u^2/x \sim \nu u/y^2$$

On voit apparaître le groupement :

(81)
$$\eta = (y\ U_\infty/\nu x)^{1/2}$$

On retrouve l'épaisseur de couche limite stationnaire :

(82)
$$\delta = (\nu x/U_\infty)^{1/2}$$

Cherchons une solution du type :

(83)
$$u = u(\eta)$$

L'équation de continuité permet d'introduire la fonction de courant ψ telle que :

(84)
$$u = \partial\psi/\partial y\ , \qquad v = -\partial\psi/\partial x$$

Ainsi : $\partial\psi/\partial y = u(\eta)$. En prenant comme nouvelles variables x et η on obtient : $\psi = \psi(x, \eta)$ et :

(85)
$$u(\eta) = \partial\psi/\partial y = (\partial\psi/\partial\eta)(\partial\eta/\partial y) + (\partial\psi/\partial x)(\partial x/\partial y) = (U_\infty/\nu x)^{1/2}\partial\psi/\partial\eta$$

ou encore, par intégration :

(86)
$$\psi = (\nu x/U_\infty)^{1/2}\int u(\eta)\,d\eta + C(x)$$

Posons $u(\eta) = U_\infty f'(\eta)$, où $f'(\eta)$ est la dérivée d'une fonction inconnue $f(\eta)$ définie à une constante près. On trouve :

(87)
$$\psi(x, \eta) = (U_\infty \nu x)^{1/2} f(\eta) + C(x)$$

La composante v de la vitesse devient :

(88) $$v = (U_\infty \nu / x)^{1/2} (\eta f'(\eta) - f(\eta))/2 - C'(x)$$

La condition à la paroi est :

(89) $$f'(0) = 0 \quad , \quad v = 0$$

On en déduit :

(90) $$v = (1/2)\,(U_\infty \nu / x)^{1/2} (f(0) + \eta f'(\eta) - f(\eta))$$

et

(91) $$C'(x) = (1/2)(U_\infty \nu / x)^{1/2} f(0)$$

La définition de f(η) permet de choisir la constante f(0) de façon à faire disparaître C(x). Il suffit de prendre f(0) = 0. Donc :

(92) $$\begin{cases} \psi = (U_\infty \nu x)^{1/2} f(\eta) \\ v = (1/2)(U_\infty \nu / x)^{1/2} (\eta f'(\eta) - f(\eta)) \\ u = U_\infty f'(\eta) \end{cases}$$

En reportant dans l'équation de la quantité de mouvement on obtient l'équation classique de Blasius :

(93) $$2 f''' + f f'' = 0$$

avec :

(94) $$\begin{cases} f(0) = f'(0) = 0 \\ f'(\infty) = 1 \end{cases}$$

La figure 9 donne les solutions obtenues pour les composantes du vecteur vitesse.

Usuellement, on choisit plutôt :

(95) $$\eta = y\,(U_\infty / 2 \nu x)^{1/2}$$

de sorte que l'équation de Blasius devient :

(96) $$f''' + f f'' = 0$$

avec :

(97)
$$\begin{cases} f'(0) = f(0) = 0 \\ f'(\infty) = 1 \end{cases}$$

On a aussi :

(98)
$$\begin{cases} \psi = (2 U_\infty \nu x)^{1/2} f(\eta) \\ u = U_\infty f'(\eta) \\ v = (U_\infty \nu / 2x)^{1/2} (\eta f'(\eta) - f(\eta)) \end{cases}$$

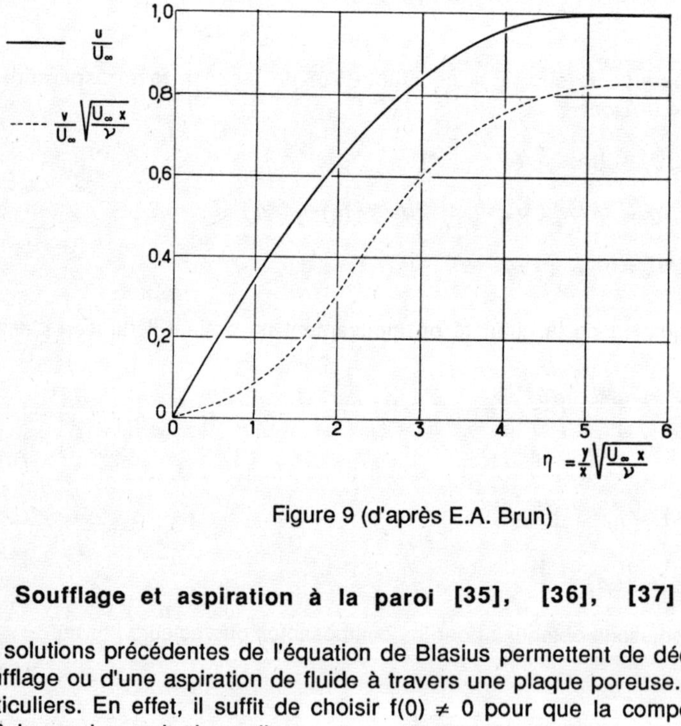

Figure 9 (d'après E.A. Brun)

3.3. Soufflage et aspiration à la paroi [35], [36], [37]

Les solutions précédentes de l'équation de Blasius permettent de décrire également le cas d'un soufflage ou d'une aspiration de fluide à travers une plaque poreuse. Il s'agit cependant de cas particuliers. En effet, il suffit de choisir $f(0) \neq 0$ pour que la composante normale de la vitesse à la paroi ne soit plus nulle.

Les autres conditions $f'(0) = 0$ (vitesse tangentielle nulle) et $f'(\infty) = 1$ restent vraies par ailleurs. Le débit de soufflage sera à la paroi :

(99)
$$\dot{m} = (\rho v)_p = -(\rho \mu U_\infty / 2x)^{1/2} f(0)$$

Il s'agira d'un soufflage pour f(0) < 0 et d'une aspiration dans le cas contraire. Mais ce résultat est limité aux cas où le débit injecté ou aspiré varie en $x^{-1/2}$, ce qui limite le champ d'application. L'hypothèse de similitude n'est pas vérifiée en particulier lors de l'injection uniforme.

Pour étudier le cas général on peut (Libby et Chen, Sparrow, Quack et Boerner) prendre $\xi = \nu x$ et η comme variables dont dépend la vitesse u :

(100) $$u(x,\eta) = U_\infty f'(\xi,\eta) = U_\infty \partial f/\partial\eta$$

en gardant les mêmes notations pour les dérivées successives de f, par rapport à η qui deviennent ici des dérivées partielles.

L'équation de Blasius est alors remplacée par :

(101) $$f''' + ff'' = 2\xi\,(f'\,\partial f'/\partial\xi - f''\,\partial f/\partial\xi)$$

avec les conditions aux limites :

(102) $$\begin{cases} f'(\xi,0) = 0 \quad , \quad f'(\xi,\infty) = 1 \\ (f + 2\xi\,\partial f/\partial\xi)_{\eta=0} = -\,\dot{m}\,(2\xi/U_\infty)^{1/2}/\mu \end{cases}$$

En posant :

(103) $$\chi = (2\xi)^{1/2} \quad , \quad G = \partial f/\partial\chi$$

on obtient, en négligeant les termes en $\partial G/\partial\chi$:

(104) $$\begin{cases} f''' + ff'' = \chi\,(f'G' - f''G) \\ G''' + fG'' + f''G = 2\,(f'G' - f''G) \end{cases}$$

avec :

(105) $$\begin{cases} f(\chi,0) = -\chi/2 \quad , \quad f'(\chi,0) = 0 \quad , \quad f'(\chi,\infty) = 1 \\ G(\chi,0) = -1/2 \quad , \quad G'(\chi,0) = 0 \quad , \quad G'(\chi,\infty) = 0 \end{cases}$$

Le système est résolu numériquement. C'est le modèle à deux équations.

Si l'on effectue une nouvelle dérivation, on peut alors introduire une nouvelle fonction H et il s'ajoute une équation différentielle supplémentaire ainsi que les conditions aux limites correspondantes pour H.

On néglige dans ce cas un terme en $\chi(\partial^2/\partial\chi^2)(f'G' - f''G)$ et on doit intégrer un système de trois équations différentielles ordinaires. C'est le modèle à trois équations.

Le calcul prouve que les résultats sont de plus en plus précis si l'on augmente le nombre d'équations du modèle. On est en effet conduit à négliger des termes qui sont de plus en plus petits. Les résultats sont déjà excellents avec le modèle à deux ou trois équations (Fig. 10).

Notons que, dans le cas d'une aspiration, il existe une solution exacte aux équations de la couche limite si l'aspiration est uniforme (Schlichting). Soit $v_p < 0$, la vitesse d'aspiration uniforme. Supposons que u et v soient indépendants de l'abscisse x. On obtient à partir de l'équation de continuité :

(106) $$\partial u/\partial x + \partial v/\partial y = 0$$

le résultat :

(107) $$v = v_p = C^{te}.$$

L'équation de la quantité de mouvement :

(108) $$u\,\partial u/\partial x + v\,\partial u/\partial y = \nu\,\partial^2 u/\partial y^2$$

devient :

(109) $$d^2u/dy^2 - (v_p/\nu)\,du/dy = 0$$

et n'admet de solution valable que si $v_p < 0$. On obtient :

(110) $$u = U_\infty\,(1 - e^{v_p y/\nu})$$

L'épaisseur de la couche limite est alors constante et égale à :

(111) $$\delta = \nu/v_p$$

La solution, valable pour une plaque plane infinie n'est qu'asymptotiquement convenable dans le cas d'une plaque semi-infinie (x > 0) ou de longueur finie.

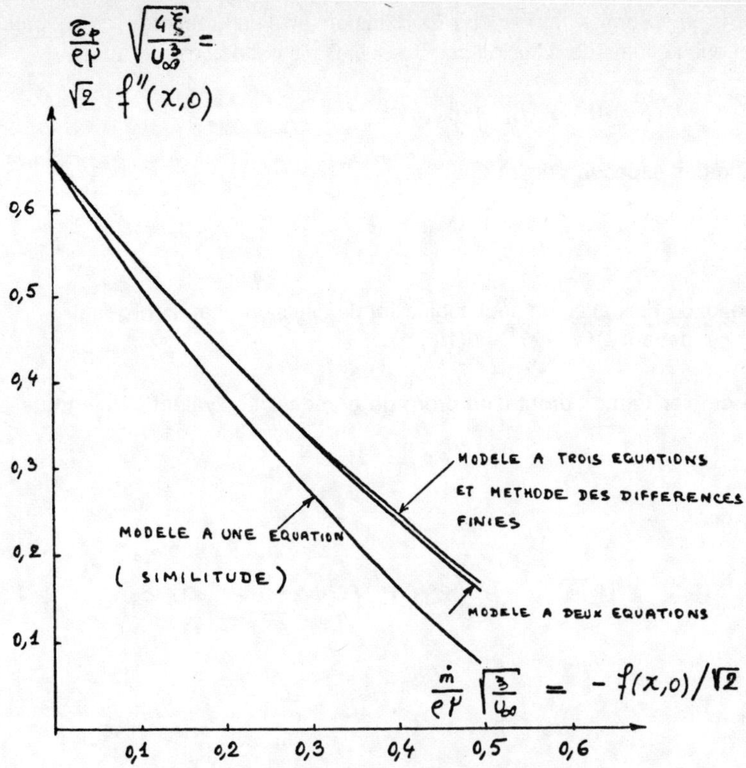

Fig. 10 - Evolution de $f''(\chi, 0)$ en fonction de $f(\chi, 0)$ dans le cas d'un soufflage uniforme à la paroi, ou encore : tension de frottement à la paroi en fonction du débit unitaire d'injection

4. COUCHES LIMITES LAMINAIRES STATIONNAIRES AVEC REACTIONS CHIMIQUES AU-DESSUS D'UNE PLAQUE PLANE

4.1. Couches limites avec diffusion [24]

Admettons que la diffusion ne modifie pas le profil des vitesses de l'écoulement. Si celui-ci est un profil de Blasius, on a :

$$(112)\qquad \begin{cases} u = U_\infty f'(\eta) \quad , \quad \eta = y\,(U_\infty/2\nu x)^{1/2} \\ v = (U_\infty \nu/2x)^{1/2}\,(\eta f'(\eta) - f(\eta)) \\ f''' + f f'' = 0 \quad , \quad f'(0) = f(0) = 0 \quad , \quad f'(\infty) = 1 \end{cases}$$

— Supposons dans un premier temps que la diffusion ait lieu très près de la paroi et que l'épaisseur de la couche limite de diffusion soit $\delta_c << \delta$. Dans cette zone, on aura :

(113) $$u \simeq U_\infty \, \eta \, f''(0)$$

L'équation du bilan des espèces s'écrira :

(114) $$u \, \partial Y/\partial x + v \, \partial Y/\partial y - \mathcal{D} \, \partial^2 Y/\partial y^2 = 0$$

dans le cas d'une loi de Fick avec un seul coefficient de diffusion et en négligeant $\partial^2 Y/\partial x^2 = 0(1/x^2)$ devant $\partial^2 Y/\partial y^2 = 0(1/\delta_c{}^2)$.

Le premier et le dernier terme seront d'un ordre de grandeur équivalent, si bien que :

(115) $$u/x \sim \mathcal{D}/\delta_c^2$$

ou encore :

(116) $$U_\infty f''(0) \, (\delta_c/x) \, (U_\infty/2\nu x)^{1/2} \sim \mathcal{D}/\delta_c^2$$

Puisque l'on a :

(117) $$\delta \sim (2\nu x/U_\infty)^{1/2}$$

on en déduit :

(118) $$\delta_c/\delta \sim (\mathcal{D}/2\nu f''(0))^{1/3} = 0(S_c^{-1/3})$$

le nombre de Schmidt étant égal à :

$$S_c = \mu/\rho\mathcal{D}$$

On voit que *ce cas correspond à Sc >> 1.*

Supposons la présence d'une réaction chimique :

$$A \longrightarrow B$$

très rapide, correspondant à une catalyse à la paroi. On a en $y = 0$ ($\eta = 0$) :

(119) $$Y_A = 0 \quad , \quad Y_B = 1$$

et en $y = \infty$ ($\eta = \infty$) :

(120) $$Y_A = 1 \quad , \quad Y_B = 0$$

Au voisinage de la paroi, y = 0(δ_c) et :

(121) $$\begin{cases} u = U_\infty \eta f''(0) \\ v = (1/2)(U_\infty \nu / 2x)^{1/2} f''(0) \eta^2 \end{cases}$$

Soit $Y_B = Y(\eta)$. On obtient :

(122) $$d^2Y/d\eta^2 + (\nu f''(0)\, \eta^2/2\mathcal{D})\, dY/d\eta = 0$$

La solution de cette équation est :

(123) $$Y = 1 - I(\eta)/I(\infty)$$

avec :

(124) $$I(\eta) = \int_0^\eta e^{-f''(0)\, S_c\, \xi^3/6}\, d\xi$$

On retrouve bien entendu l'ordre de grandeur de l'épaisseur de la couche limite des concentrations : $\delta_c/\delta = 0\,(Sc^{-1/3})$.

– *Supposons maintenant que le nombre de Schmidt soit petit.* Le phénomène de diffusion a lieu dans une couche d'épaisseur $\delta_c >> \delta$ et les concentrations varient très peu dans la couche limite visqueuse, de sorte que l'on a presque partout $u \sim U_\infty$. L'équation de diffusion devient :

(125) $$U_\infty\, \partial Y/\partial x - \mathcal{D}\, \partial^2 Y/\partial y^2 = 0$$

et l'épaisseur δ_c est donc telle que :

(126) $$U_\infty / x \sim \mathcal{D}/\delta_c^2$$

ce qui donne :

(127) $$\delta_c/\delta \sim (\mathcal{D}/2\nu)^{1/2} = 0(S_c^{-1/2}) \quad , \quad S_c \ll 1$$

Dans le cas de la réaction étudiée plus haut on obtient alors la solution :

(128) $$Y = 1 - \mathrm{erf}\left(\sqrt{Sc/2}\ \eta\right)$$

- Enfin, *si le nombre de Schmidt est égal à l'unité*, on a :

(129) $$\begin{cases} u\,\partial u/\partial x + v\,\partial u/\partial y - \nu\,\partial^2 u/\partial y^2 = 0 \\ u\,\partial Y/\partial x + v\,\partial Y/\partial y - \nu\,\partial^2 Y/\partial y^2 = 0 \end{cases}$$

puisque $\mathcal{D} = \nu$

Les épaisseurs des couches limites visqueuses et de diffusion sont les mêmes et dans le cas particulier de la réaction rapide à la paroi on trouve donc la solution autosemblable :

(130) $$u/U_\infty = 1 - Y = f'(\eta)$$

où $f(\eta)$ vérifie l'équation de Blasius avec $f'(o) = f(o) = 0$, $f'(\infty) = 1$.

– *Si Sc est de l'ordre de grandeur de l'unité dans être exactement égal à 1*, on ne trouve pas aussi facilement la solution. Il faut alors résoudre l'équation de la diffusion connaissant le profil des vitesses.

Enfin nous n'avons envisagé ici, à titre d'exemple, que des situations où la diffusion contrôle le processus chimique. En réalité, il y a bien souvent interaction entre la diffusion, la cinétique chimique et le transfet thermique. L'exemple suivant illustre de telles interactions.

4.2 Le problème d'Emmons [14]

Une plaque plane ablative se sublime avec une chaleur ΔL dans un courant gazeux de comburant. La plaque combustible a une masse volumique ρ_S et libère par sublimation le gaz H. Au contact du comburant 0 a lieu la réaction chimique exothermique H + 0 $\longrightarrow$ P, la chaleur mise en jeu dans les conditions standard étant :

(131) $$\Delta H = -\sum_j \nu_j \mathcal{M}_j (q_f^o)_j$$

Le phénomène comporte la conduction thermique ainsi que la diffusion des espèces en présence et la viscosité. On admet que le grandient de pression est négligeable et que l'approximation de Schvab-Zeldovich peut être appliquée. L'écoulement est bidimensionnel plan et stationnaire. On démontre aisément que les termes en $\partial^2/\partial x^2$ sont négligeables devant les termes en $\partial^2/\partial y^2$ du fait de la faible épaisseur de la couche : $\delta(x) << x$ pour x suffisamment grand (on se situe suffisamment loin du bord d'attaque, l'écoulement restant cependant laminaire).

Les équations sont les suivantes (Le ≃ 1) :

$$
(132)\quad
\left|
\begin{array}{l}
\partial(\rho u)/\partial x + \partial(\rho v)/\partial y = 0 \\
\rho u\, \partial u/\partial x + \rho v\, \partial u/\partial y - (\partial/\partial y)(\mu\, \partial u/\partial y) = 0 \\
\rho u\, \partial \beta_j/\partial x + \rho v\, \partial \beta_j/\partial y - (\partial/\partial y)(\rho \mathcal{D}\, \partial \beta_j/\partial y) = \dot{\zeta} \\
\rho u\, \partial \beta_T/\partial x + \rho v\, \partial \beta_T/\partial y - (\partial/\partial y)((\lambda/c_{pf})\, \partial \beta_T/\partial y) = \dot{\zeta}
\end{array}
\right.
$$

Les conditions à la paroi sont obtenues à l'aide de l'équation de bilan à la discontinuité (chap. 3, § 9) :

$$
(133)\quad [\![\vec{J}_F + \rho f(\vec{v} - \vec{W})]\!] \cdot \vec{N} = 0
$$

appliquée à la masse, à la quantité de mouvement, aux espèces chimiques (il n'y a pas de réaction de surface) et à l'énergie totale. On trouve :

$$
(134)\quad
\left|
\begin{array}{ll}
(\rho v)_P = \rho_s v_a & (v_a \text{ vitesse d'ablation}) \\
\tau_{xy} = (\mu\, \partial u/\partial y)_P & (\text{tension de frottement inconnue}) \\
-(\rho \mathcal{D}\, \partial \beta_j/\partial y)_P + (\rho v)_P\, \beta_{jP} = \rho_s v_a \beta_{js} & (s, \text{ phase solide}) \\
-((\lambda/c_{pf})\, \partial \beta_T/\partial y)_P = -\rho_s v_a\, \Delta L/\Delta H &
\end{array}
\right.
$$

Le milieux gazeux est compressible. Cette difficulté est levée facilement en effectuant le changement de variables de Howarth :

(135) $\xi = \int_0^x \rho\mu\, dx$, ce qui donne $d\xi = \rho\mu\, dx$ si l'on suppose que la quantité $\rho\mu$ ne dépend que de l'abscisse x,

(136) $\zeta = \int_0^y \rho\, dy$ soit $d\zeta = \left(\int_0^y (\partial\rho/\partial x)\, dy \right) dx + \rho\, dy$

On pose enfin :

$$
(137)\quad g = (1/\rho\mu)\left(\rho v + u \int_0^y (\partial\rho/\partial x)\, dy \right)
$$

Les équations résultantes sont alors :

$$(138)\quad \left|\begin{array}{l} \partial u/\partial \xi + \partial g/\partial \zeta = 0 \quad , \quad d\psi = u\,d\zeta - g\,d\xi \\ u\,\partial u/\partial \xi + g\,\partial u/\partial \zeta - \partial^2 u/\partial \zeta^2 = 0 \\ u\,\partial \beta_j/\partial \xi + g\,\partial \beta_j/\partial \zeta - (\partial/\partial \zeta)(S_c^{-1}\partial \beta_j/\partial \zeta) = \dot{\zeta}/\rho^2\mu \\ u\,\partial \beta_T/\partial \xi + g\,\partial \beta_T/\partial \zeta - (\partial/\partial \zeta)(P_r^{-1}\partial \beta_T/\partial \zeta) = \dot{\zeta}/\rho^2\mu \end{array}\right.$$

avec, à la paroi :

$$(139)\quad \left|\begin{array}{l} \rho\mu g = \rho_s v_a \\ \tau_{xy} = \rho\mu\,(\partial u/\partial \zeta)_P \\ -S_c^{-1}(\partial \beta_j/\partial \zeta)_P + g\,(\beta_j - \beta_{js}) = 0 \\ -P_r^{-1}(\partial \beta_T/\partial \zeta)_P + g\,\Delta L/\Delta H = 0 \end{array}\right.$$

A l'infini ($\xi = \infty$) on a :

$$(140)\quad u = U_\infty \quad , \quad \beta_H = 0 \quad , \quad \beta_0 = \beta_{0\infty} \quad , \quad \beta_T = \beta_{T\infty}$$

Le système de deux équations en u et g est identique à celui de la couche limite incompressible et admet des solutions autosemblables. L'épaisseur de cette couche limite est, suivant la direction ζ :

$$(141)\quad \delta(\xi) = (\xi / U_\infty)^{1/2}$$

et l'on pose :

$$(142)\quad \eta = \zeta\,(U_\infty / 2\xi)^{1/2}$$

La vitesse a pour composantes :

$$(143)\quad \left\{\begin{array}{l} u = U_\infty f'(\eta) \\ g = (U_\infty/2\xi)^{1/2}\,(\eta f'(\eta) - f(\eta)) \end{array}\right.$$

et la fonction de courant devient :

(144) $$\psi = \sqrt{2\xi U_\infty}\, f(\eta)$$

Les conditions à la paroi donnent :

(145) $$\begin{cases} -\rho\mu\sqrt{U_\infty/2\xi}\; f(0) = \rho_s v_a \\ \tau_{xy} = \rho_P \mu_P U_\infty \sqrt{U_\infty/2\xi}\; f''(0) \end{cases}$$

On constate que la vitesse d'ablation est en $\xi^{-1/2}$. La valeur de f(0) sera déterminée par les autres conditions portant sur β_j et β_T. D'autre part, on a :

(146) $$f'(\infty) = 1 \quad , \quad f'(0) = 0$$

Lorsque les nombres de Schmidt et de Prandtl sont tous deux égaux à l'unité, les paramètres $(\beta_j - \beta_T)$ vérifient la même équation que u. Une solution particulière du problème est la relation linéaire de Crocco :

(147) $$\beta_T - \beta_O = \frac{\beta_{T\infty} - \beta_{TP} - \beta_{O\infty}}{U_\infty}\, u + \beta_{TP}$$

C'est la solution (unique) du problème.

A la paroi, on a :

(148) $$(\partial\beta_T/\partial\zeta)_P = g(0)\,\Delta L/\Delta H = -f(0)\sqrt{U_\infty/2\xi}\;\Delta L/\Delta H$$

donc :

(149) $$(\partial\beta_T/\partial\eta)_P = -f(0)\;\Delta L/\Delta H$$

La relation de Crocco donne d'autre part :

(150) $$(\partial\beta_T/\partial\eta)_P = (\beta_{T\infty} - \beta_{TP} - \beta_{O\infty})\, f''(0)$$

car $\beta_{op} = 0$ si l'on suppose que tout le comburant est consommé dans la flamme.

Posons :

(151) $$B = (\beta_{T\infty} - \beta_{TP} - \beta_{0\infty})\,\Delta H/\Delta L$$

paramètre de Spalding. Les trois conditions aux limites :

(152) $$f'(0) = 0 \quad , \quad f'(\infty) = 1 \quad , \quad f(0) = -B f''(0)$$

permettent de résoudre l'équation de Blasius f''' + ff'' = 0.

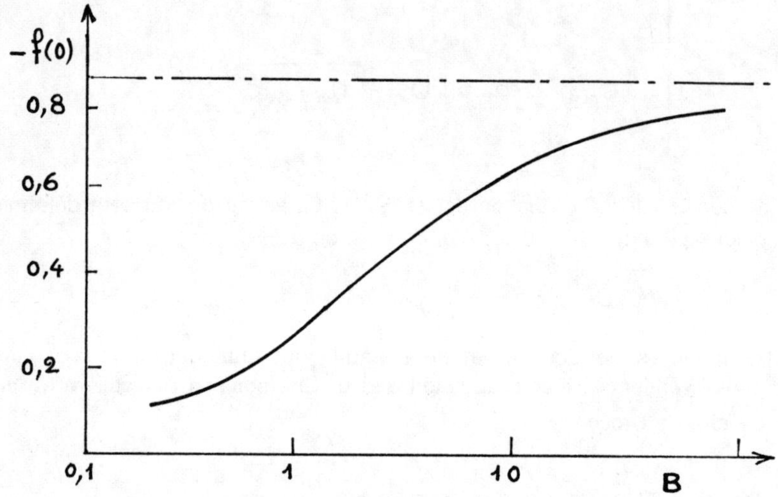

Figure 11

La donnée de B fournit f(0) (Fig. 11) donc la vitesse de régression du combustible :

(153) $$v_a = -(U_\infty/2\xi)^{1/2} f(0)\,(\rho\mu)_P/\rho_H$$

où $\rho_H = \rho_S$ est la masse volumique du combustible solide, la tension de frottement sur la plaque :

(154) $$\tau_{xy} = U_\infty\,(U_\infty/2\xi)^{1/2} f''(0)\,(\rho\mu)_P$$

et le gradient de température à la paroi :

(155) $$(d\beta_T/d\eta)_P = -f(0)\,\Delta L/\Delta H$$

Ces résultats sont indépendants de la cinétique chimique et de la position de la flamme.

Si la flamme est supposée mince, le taux de production chimique $\dot{\zeta}$ est nul en dehors de la valeur η_F (qui fournit une parabole $\zeta^2 = \eta_F{}^2\ 2\xi/U_\infty$) où le rapport stoechiométrique est $m_s = (Y_H/Y_O)_F$. On a ainsi :

$$(156)\qquad \begin{cases} Y_O = Y_{O\infty}\left(f'(\eta_F) - f'(\eta)\right) / \left(f'(\eta_F) - 1\right), & \eta > \eta_F \\ Y_H = f(0)\left(f'(\eta_F) - f'(\eta)\right) / \left(f(0)\, f'(\eta_F) - f''(0)\right), & \eta < \eta_F \end{cases}$$

La valeur de η_F est déterminée par l'équation $Y_{HF} = m_s\, Y_{OF}$, soit :

$$(157)\qquad m_s\, Y_{O\infty} = f(0)\left(f'(\eta_F) - 1\right) / \left(f(0)\, f'(\eta_F) - f''(0)\right)$$

Le profil des concentrations et celui des températures s'en déduisent. Le coefficient de frottement local est :

$$(158)\qquad C_F = \tau_{xy} / (\rho U_\infty^2/2) = (2\mu_\infty^2/\xi U_\infty)^{1/2} f''(0) = (2/B)\rho_s v_a / \rho_\infty U_\infty$$

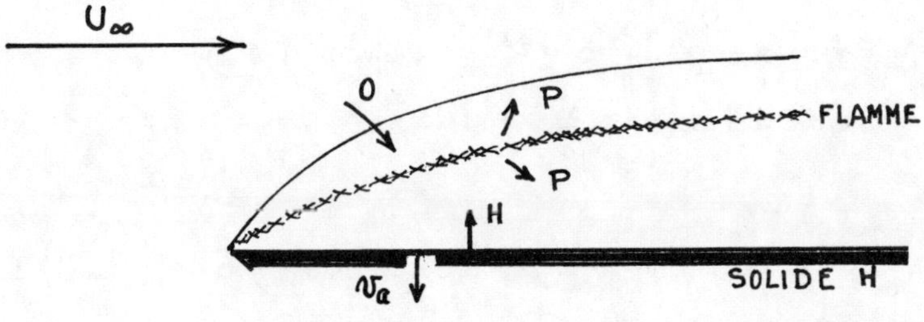

Figure 12

5. LE DISQUE TOURNANT [24], [38]

Ce problème présente un intérêt dans le domaine de l'électrolyse où l'électrode tournante est d'un emploi fréquent.

5.1. Couche limite visqueuse en régime laminaire

Etudions le profil des vitesses stationnaires dans un liquide, au-dessus d'un disque en rotation autour de l'axe 0z. En admettant la symétrie axiale, les composantes u, v, w du vecteur vitesse en coordonnées cylindriques vérifient :

(159)
$$\left|\begin{array}{l} \dfrac{\partial r u}{\partial r} + \dfrac{\partial r w}{\partial z} = 0 \\ u \dfrac{\partial u}{\partial r} + w \dfrac{\partial u}{\partial z} - \dfrac{v^2}{r} = -\dfrac{1}{\rho}\dfrac{\partial p}{\partial r} + \nu\left(\dfrac{\partial^2 u}{\partial r^2} + \dfrac{\partial}{\partial r}(u/r) + \dfrac{\partial^2 u}{\partial z^2}\right) \\ u \dfrac{\partial v}{\partial r} + \dfrac{u v}{r} + w \dfrac{\partial v}{\partial z} = \nu\left(\dfrac{\partial^2 v}{\partial r^2} + \dfrac{\partial}{\partial r}(v/r) + \dfrac{\partial^2 v}{\partial z^2}\right) \\ u \dfrac{\partial w}{\partial r} + w \dfrac{\partial w}{\partial z} = -\dfrac{1}{\rho}\dfrac{\partial p}{\partial z} + \nu\left(\dfrac{\partial^2 w}{\partial r^2} + \dfrac{1}{r}\dfrac{\partial w}{\partial r} + \dfrac{\partial^2 w}{\partial z^2}\right) \end{array}\right.$$

et les conditions aux limites :

(160)
$$\left\{\begin{array}{ll} u = w = 0 \;,\; v = r\Omega & \text{en } z = 0 \\ u = v = 0 & \text{en } z = \infty \end{array}\right.$$

Nous admettrons un disque infini, mais les résultats seront valables pour un disque de diamètre fini car on peut généralement négliger les effets de bord dans la plus grande partie de l'écoulement.

L'épaisseur de la couche limite s'évalue comme précédemment. Localement la force centrifugre est $\rho r\,\Omega^2\,\delta\,dr\,ds$. La force de frottement a les composantes (Fig. 13) :

(161)
$$\left\{\begin{array}{l} \tau_{r\theta}\sin\theta\,dr\,ds = \rho r\,\Omega^2\delta\,dr\,ds \quad \text{(suivant r) et} \\ \tau_{r\theta}\cos\theta\,dr\,ds \simeq \mu r \dfrac{\Omega}{\delta}\,dr\,ds \end{array}\right.$$

On a ainsi :

(162)
$$\tau_{r\theta} = \rho r\Omega^2\delta/\sin\theta \simeq \mu r\Omega/\delta\cos\theta \;,\quad \delta^2 \simeq \nu\,\mathrm{tg}\,\theta/\Omega \,.$$

Si l'on admet que la direction de glissement, près de la paroi, est indépendante de r, on obtient :

(163)
$$\delta \simeq \sqrt{\nu/\Omega}$$

On introduira donc la variable $\zeta = z/\delta = \sqrt{\Omega/\nu}\; z$.

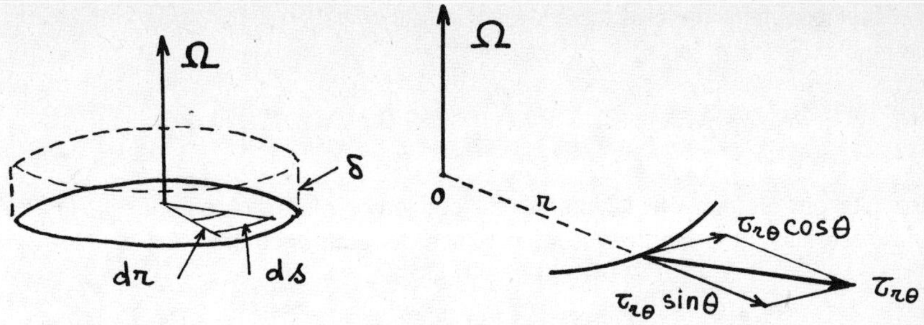

Figure 13

Introduisons les fonctions de Von Karman (1921) pour décrire les champs de vitesse et de pression :

(164)
$$u(r,z) = r\Omega F(\zeta) \quad , \quad v(r,z) = r\Omega G(\zeta)$$
$$w(z) = (\nu\Omega)^{1/2} H(\zeta) \quad , \quad p(z) = -\rho\nu\Omega P(\zeta)$$

On déduit la suite d'équations et de conditions aux limites :

(165)
$$\begin{cases} H' + 2F = 0 \\ F'' - HF' - F^2 + G^2 = 0 \\ G'' - HG' - 2FG = 0 \\ H'' - HH' + P' = 0 \\ F(0) = H(0) = F(\infty) = G(\infty) = 0 \quad , \quad G(0) = 1 \end{cases}$$

On déduit aussi :

(166)
$$P(\zeta) = P_0 + H^2/2 - H'$$

et après élimination de F entre les équations restantes :

(167)
$$\begin{cases} G'' - HG' + H'G = 0 \\ H''' - HH'' + H'^2/2 - 2G^2 = 0 \\ H(0) = H'(0) = G(\infty) = H'(\infty) = 0 \quad , \quad G(0) = 1 . \end{cases}$$

Posons $H(\infty) = -c$ avec $c > 0$ et introduisons le changement de variable $\lambda = e^{-c\zeta}$ (Cochran (1934), Benton (1966)). Posons également $G(\zeta) = c^2\, g(\lambda)$, $H(\zeta) = -c + ch(\lambda)$. On obtient :

(168)
$$\begin{cases} \lambda g'' + hg' - h'g = 0 \\ \lambda^3 h''' + 2\lambda^2 h'' + \lambda^2 hh'' + \lambda hh' - \lambda^2 h'^2/2 + 2g^2 = 0 \\ c^2 g(1) = 1 \quad , \quad g(0) = h'(1) = 0 \quad , \quad h(1) = 1 \end{cases}$$

Les développements en puissance de λ :

$$g(\lambda) = \sum_{i=1}^{n} a_i \lambda^i \, , \quad h(\lambda) = \sum_{j=1}^{n} b_j \lambda^j \tag{169}$$

introduits par Benton ont l'avantage de converger plus rapidement que les développements classiques suivant ζ. On trouve des relations de récurrence entre les a_i et les b_j :

$$\left| \begin{array}{ll} a_2 = 0 \, , & b_2 = -(b_1^2 + 4a_1^2)/8 \, , \\ a_3 = (a_1 b_2 - a_2 b_1)/6 \, , & b_3 = -(3b_1 b_2 + 4a_1 a_2)/18 \, , \\ a_4 = (a_1 b_3 - a_3 b_1)/6 \, , & b_4 = -(7b_1 b_3 + 4a_1 a_3 + 2b_2^2 + 4a_2^2)/48 \end{array} \right. \tag{170}$$

Il faut alors déterminer a_1 et b_1 pour satisfaire les conditions aux limites $h_{(1)} = 1$, $h'_{(1)} = 0$. Les résultats obtenus sont $a_1 = 1{,}53678$, $b_1 = 2{,}36449$. La vitesse à l'infini est calculée à l'aide de $c = 0{,}88447$.

On peut ainsi déterminer les fonctions F, G, H et P - P_0 et les dérivées F' et G' pour toutes les valeurs de ζ avec une grande précision en prenant n = 25 (voir tableau et Fig. 14).

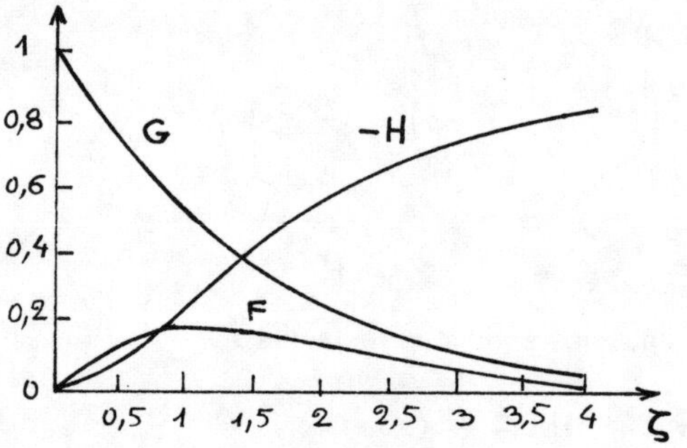

Figure 14

Les résultats sont représentés sur la figure 15.

ζ	F	G	H	F'	G'	$P-P_0$
0	0	1·0000	0	0·5102	−0·6159	0
0·1	0·0462	0·9386	−0·0048	0·4163	−0·6112	0·0925
0·2	0·0836	0·8780	−0·0179	0·3380	−0·5987	0·1674
0·3	0·1133	0·8190	−0·0377	0·2620	−0·5803	0·2274
0·4	0·1364	0·7621	−0·0628	0·1999	−0·5577	0·2747
0·5	0·1536	0·7076	−0·0919	0·1467	−0·5321	0·3115
0·6	0·1660	0·6557	−0·1239	0·1015	−0·5047	0·3396
0·7	0·1742	0·6067	−0·1580	0·0635	−0·4764	0·3608
0·8	0·1789	0·5605	−0·1934	0·0317	−0·4476	0·3764
0·9	0·1807	0·5171	−0·2294	0·0056	−0·4191	0·3877
1·0	0·1802	0·4766	−0·2655	−0·0157	−0·3911	0·3955
1·1	0·1777	0·4389	−0·3013	−0·0327	−0·3641	0·4008
1·2	0·1737	0·4038	−0·3365	−0·0461	−0·3381	0·4041
1·3	0·1686	0·3712	−0·3707	−0·0564	−0·3133	0·4059
1·4	0·1625	0·3411	−0·4038	−0·0640	−0·2898	0·4066
1·5	0·1559	0·3132	−0·4357	−0·0693	−0·2677	0·4066
1·6	0·1487	0·2875	−0·4661	−0·0728	−0·2470	0·4061
1·7	0·1414	0·2638	−0·4952	−0·0747	−0·2276	0·4053
1·8	0·1338	0·2419	−0·5227	−0·0754	−0·2095	0·4043
1·9	0·1263	0·2218	−0·5487	−0·0751	−0·1927	0·4031
2·0	0·1189	0·2033	−0·5732	−0·0739	−0·1771	0·4020
2·1	0·1115	0·1864	−0·5962	−0·0721	−0·1627	0·4008
2·2	0·1045	0·1708	−0·6178	−0·0698	−0·1494	0·3998
2·3	0·0976	0·1565	−0·6380	−0·0671	−0·1371	0·3987
2·4	0·0910	0·1433	−0·6569	−0·0643	−0·1258	0·3978
2·5	0·0848	0·1313	−0·6745	−0·0612	−0·1153	0·3970
2·6	0·0788	0·1202	−0·6908	−0·0580	−0·1057	0·3962
2·7	0·0732	0·1101	−0·7060	−0·0548	−0·0969	0·3955
2·8	0·0678	0·1008	−0·7201	−0·0517	−0·0888	0·3949
2·9	0·0628	0·0923	−0·7332	−0·0485	−0·0814	0·3944
3·0	0·0581	0·0845	−0·7452	−0·0455	−0·0745	0·3939
3·1	0·0537	0·0774	−0·7564	−0·0425	−0·0683	0·3935
3·2	0·0496	0·0708	−0·7668	−0·0397	−0·0625	0·3932
3·3	0·0458	0·0649	−0·7763	−0·0369	−0·0573	0·3929
3·4	0·0422	0·0594	−0·7851	−0·0343	−0·0524	0·3926
3·5	0·0389	0·0544	−0·7932	−0·0319	−0·0480	0·3924
3·6	0·0358	0·0498	−0·8007	−0·0296	−0·0440	0·3922
3·7	0·0330	0·0456	−0·8075	−0·0274	−0·0403	0·3921
3·8	0·0304	0·0417	−0·8139	−0·0253	−0·0369	0·3919
3·9	0·0279	0·0382	−0·8197	−0·0234	−0·0337	0·3918
4·0	0·0257	0·0349	−0·8251	−0·0216	−0·0309	0·3917
4·1	0·0236	0·0320	−0·8300	−0·0200	−0·0283	0·3916
4·2	0·0217	0·0293	−0·8345	−0·0184	−0·0259	0·3915
4·3	0·0199	0·0268	−0·8387	−0·0170	−0·0237	0·3915
4·4	0·0183	0·0245	−0·8425	−0·0156	−0·0217	0·3914
∞	0	0	−0·8845	0	0	0·3911

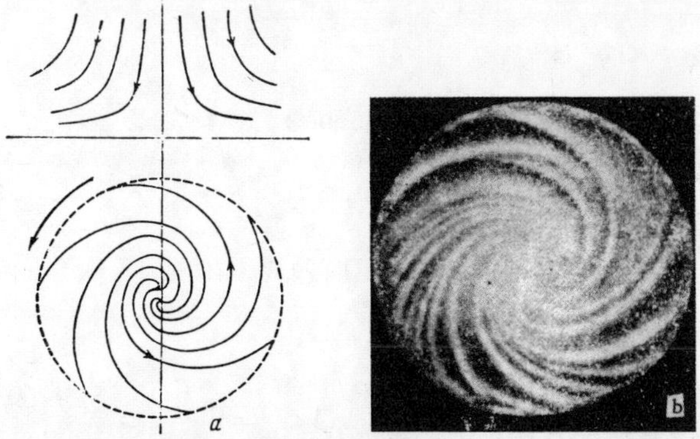

Figure 15 - Lignes de courant (d'après LEVICH)
a) Schéma dans les plans (r, z) et (r, θ)
b) Traces sur le disque obtenues avec une solution acide

5.2 Diffusion au voisinage d'un disque tournant

Supposons une réaction hétérogène à la surface du disque, le liquide étant cette fois une solution, le soluté ayant la concentration C (on rappelle que $C_j = \rho\, Y_j/\mathcal{M}_j$). Aucune réaction chimique n'ayant lieu dans le liquide, l'équation du bilan des espèces chimiques se réduit à :

(171) $$u \frac{\partial C}{\partial r} + \frac{v}{r}\frac{\partial C}{\partial \theta} + w \frac{\partial C}{\partial z} = \mathcal{D}\left(\frac{\partial^2 C}{\partial z^2} + \frac{\partial^2 C}{\partial r^2} + \frac{1}{r}\frac{\partial C}{\partial r} + \frac{1}{r^2}\frac{\partial^2 C}{\partial \theta^2}\right)$$

Admettons une symétrie cylindrique. Soient C_∞ la concentration en $z = \infty$ et C_o sa valeur, supposée constante et déterminée par la réaction de surface, en $z = 0$. Admettons de plus que $\partial C/\partial r$ soit négligeable et posons :

(172) $$X = (C_\infty - C)/(C_\infty - C_o)$$

On obtient alors :

(173) $$w(z)\, dX/dz = \mathcal{D}\, d^2X/dz^2 , \quad X(\infty) = 0 , \quad X(0) = 1$$

La solution est :

(174) $$X(z) = 1 - \frac{\int_0^z e^{\frac{1}{\mathcal{D}}\int_0^\tau w(\eta)\, d\eta}\, d\tau}{\int_0^\infty e^{\frac{1}{\mathcal{D}}\int_0^\tau w(\eta)\, d\eta}\, d\tau} = 1 - \frac{I(z)}{I(\infty)}$$

Etudions le *cas où le nombre de Schmidt Sc est très grand.*

(175) $$S_c = \mu/\rho\mathcal{D} = \nu/\mathcal{D} \gg 1$$

La diffusion n'a lieu que dans une mince couche d'épaisseur δ_c au voisinage du disque :

(176) $$\delta_c \ll \delta$$

Le calcul des intégrales se fait en remarquant que :

(177) $$\begin{cases} \text{pour } z < \delta , & H^{(1)}(\zeta) \simeq -0{,}510\, \zeta^2 + \zeta^3/3 - 0{,}616\, \zeta^4/4 + \dots \\ \text{pour } z > \delta , & H^{(2)}(\zeta) \simeq -0{,}88 \end{cases}$$

Alors :

(178) $$I(\infty) = \int_0^\delta e^{\frac{1}{\mathcal{D}}\int_0^\tau w^{(1)}(\eta)\, d\eta}\, d\tau + \int_\delta^\infty e^{\frac{1}{\mathcal{D}}\int_0^\tau w^{(2)}(\eta)\, d\eta}\, d\tau .$$

La dernière intégrale est nulle en première approximation. La première se calculant à partir de la série (1) valable pour $z < \delta$ est pratiquement égale à :

(179) $$\int_0^\infty e^{\frac{1}{\mathcal{D}}\int_0^\tau w^{(1)}_{(\eta)}\, d\eta}\, d\tau \simeq 1,61\, \mathcal{D}^{1/3}\, \nu^{1/6} / \Omega^{1/2}$$

Cette intégrale $I_{(\infty)}$ a les dimensions d'une longueur et est prise comme définition de l'épaisseur de la couche limite des concentrations :

(180) $$\delta_c = I_{(\infty)}$$

On calcule I(z) pour z < δ, par le même procédé ($I_{(z > \delta)} = I_{(\infty)}$)

(181) $$I(z) \simeq 0,6\ \frac{\mathcal{D}^{1/3}\, \nu^{1/6}}{\Omega^{1/2}} \int_0^{\frac{0,51\, \Omega^{3/2}}{3\mathcal{D}\, \nu^{1/2}} z^3} e^{-\eta}\, \eta^{-2/3}\, d\eta$$

En définissant plus précisément l'épaisseur de la couche limite visqueuse δ comme la valeur de z pour laquelle G(ζ) = 0,05, on trouve $\delta = 3,6 \sqrt{\nu/\Omega}$ et

(182) $$\delta_c / \delta = 0,45\ S_c^{-1/3}$$

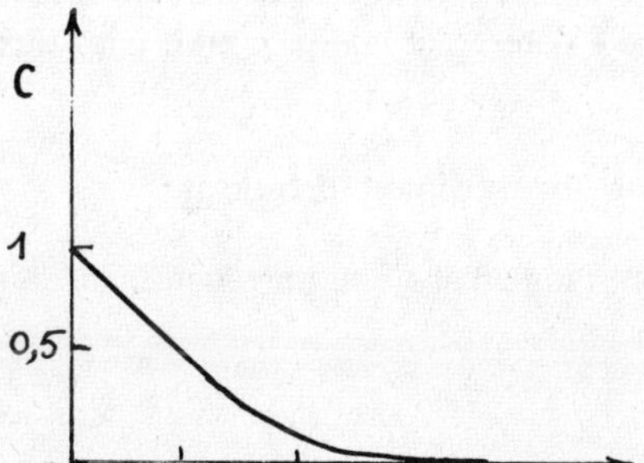

Figure 16

Le flux de soluté vers le disque est, en z = 0 :

(183) $$-\frac{1}{M_j}(J_{Dj})_z = J_D = \mathcal{D}\left(\frac{\partial c}{\partial z}\right)_0 = -\mathcal{D}\,(C_\infty - C_0)\left(\frac{dX}{dz}\right)_0 \simeq \mathcal{D}\,(C_\infty - C_0)/\delta_c$$

Si le soluté est consommé à la surface par une réaction très rapide, on obtient :

(184) $$\mathcal{J}_{D\,lim} = \mathcal{D}\, C_\infty / \delta_c$$

Si le soluté est rejeté par la surface (avec une réaction très rapide) on a un autre flux limite :

(185) $$\mathcal{J}_{D\,lim} = -\mathcal{D}\, C_0 / \delta_c$$

Enfin, les calculs précédents sont effectués pour un disque infini. Pour un disque de rayon R, le flux total est :

(186) $$J = \pi R^2 \mathcal{D} (C_\infty - C_0)/\delta_c$$

et le nombre de Nusselt de diffusion (ou nombre de Sherwood) est :

(187) $$N_{u\,c} = \frac{J}{C_\infty - C_0}\,\frac{R}{\mathcal{D}} = 0{,}62\, S_c^{1/3} R_e^{1/2}, \quad \left(R_e \simeq \frac{\Omega R^2}{\nu}\right)$$

Le coefficient de convection est ici :

(188) $$\alpha_c = \rho J/(C_\infty - C_0) = -\pi R^2 \mathcal{J}_{Dj} / (Y_{j\infty} - Y_{j0})$$

On observe qu'une augmentation de la vitesse de rotation Ω du disque, les autres quantités restant inchangées, diminue δ donc δ_c et fait donc croître les flux de matière.

5.3. Disque tournant en régime turbulent

La tension de frottement tangentielle est, en régime laminaire :

(189) $$\tau_{z\theta} = \mu (\partial v/\partial z)_0 = r \rho \nu^{1/2} \Omega^{3/2} G'_{(0)}$$

Pour un disque de rayon R, le moment est :

(190) $$M = \int_0^R r\, \tau_{z\theta}\, 2\pi r\, dr \simeq -0{,}3\pi \rho \nu^{1/2} \Omega^{3/2} R^4$$

et le coefficient de frottement correspondant est :

(191) $$c_M = -2M/(\rho \Omega^2 R^5/2) \simeq 3{,}87\, R_e^{-1/2}$$

Ce résultat est assez bien vérifié pour des nombres de Reynolds inférieurs à 3.10^5. Au-delà de cette valeur approximative, le régime devient turbulent.

Sur la base des résultats expérimentaux, Von Karman (1921) donna, pour des profils de vitesse turbulents, les formules suivantes :

$$(192) \quad \begin{cases} u = \alpha r \Omega (z/\delta)^{1/7} (1 - z/\delta) \\ v = r \Omega [1 - (z/\delta)^{1/7}] \end{cases}$$

où α est un coefficient constant. L'épaisseur de la couche limite obtenue est :

$$(193) \quad \delta = 0{,}525\, r\, (\nu / R^2 \Omega)^{1/5}$$

L'épaisseur de la couche limite turbulente dépend donc de la distance r à l'axe du disque. Le coefficient de frottement correspondant est (Fig. 17) :

$$(194) \quad c_M = 0{,}146\, R_e^{-0,2}$$

Landau et Levich, plus récemment (1962) ont proposé un modèle théorique à plusieurs couches. La tension de frottement étant :

$$(195) \quad \overline{\tau}_{z\theta} = (\mu + K_u)\, \partial \overline{v} / \partial z$$

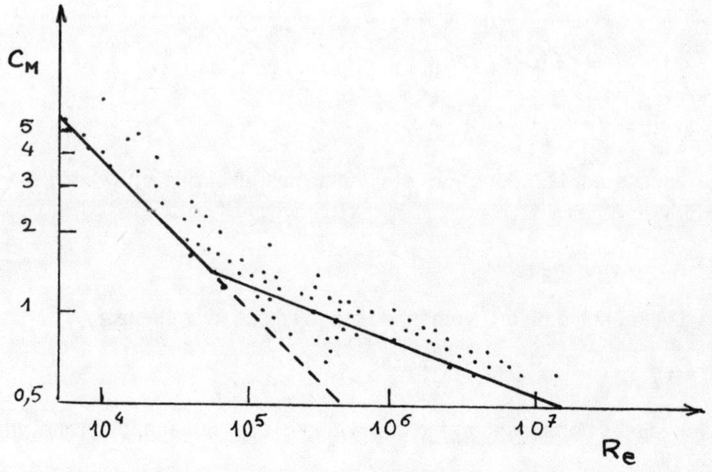

Figure 17

On a :

- "loin" de la paroi — $K_u >> \mu$ et $K_u \sim \rho z$
- plus près du disque — $K_u \sim \rho z^m$, avec m = 4
- très près de la paroi (sous couche laminaire) — $K_u << \mu$, le régime est laminaire.

6. COUCHE LIMITE TURBULENTE ET ANALYSE DIMENSIONNELLE

6.1. Couche limite turbulente au-dessus d'une plaque plane [20]

Nous ferons l'hypothèse d'une plaque plane lisse et nous déterminerons le profil des vitesses au voisinage de la paroi au moyen de l'analyse dimensionnelle dans un cas simplifié. Supposons en effet que la vitesse moyenne de l'écoulement soit parallèle à la plaque en régime turbulent. Admettons de plus que la pression soit uniforme, comme dans le cas laminaire. Enfin, supposons que la turbulence soit homogène dans les directions parallèles à la plaque : les corrélations ne dépendent pas de x et z.

L'équation de continuité donne, avec v = w = 0 :

(196) $$\partial \bar{u} / \partial x = 0$$

L'écoulement moyen étant bidimensionnel plan, on a donc :

(197) $$\bar{u} = \bar{u}(y)$$

de sorte que $d\bar{u}/dt$ est nul.

On obtient alors, pour la quantité de mouvement :

(198) $$\begin{cases} \partial \overline{u'v'} / \partial y = \nu \, \partial^2 \bar{u} / \partial y^2 & (\rho \text{ est supposé constant}) \, , \\ \partial \overline{v'^2} / \partial y = \partial \overline{v'w'} / \partial y = 0 \end{cases}$$

A la paroi, le vecteur vitesse est nul, donc $<\vec{v}>$ et $\vec{v}'$ sont nuls ainsi que $\bar{u}$, $\overline{u'v'}$, $\overline{v'^2}$ et $\overline{v'w'}$. Il en résulte que, en tout point :

(199) $$\overline{v'^2} = \overline{v'w'} = 0$$

La première équation de la quantité de mouvement donne avec ces hypothèses :

(200) $$\nu \, \partial \bar{u} / \partial y - \overline{u'v'} = c^{te}$$

Cette constante a les dimensions du carré d'une vitesse que nous appelerons vitesse de frottement u_*, si bien que :

(201) $$\nu \, \partial \bar{u} / \partial y - \overline{u'v'} = u_*^2 = \nu \left(\partial \bar{u} / \partial y \right)_{y=0}$$

Nous définirons la longueur de frottement à partir de u_* et du coefficient de viscosité ν :

(202) $$y_* = \nu / u_*$$

La solution du problème fait intervenir y, y_* (ou ν), u_* et $\overline{u}$. Deux groupements Π interviennent et d'après le théorème de Vaschy-Buckingham, on a :

(203) $$\overline{u} / u_* = \psi (y / y_*)$$

Très près de la paroi, le flux moléculaire domine devant le flux turbulent de sorte que :

(204) $$\rho \nu \, \partial \overline{u} / \partial y \gg \rho \, \overline{u'v'}$$

On obtient donc :

(205) $$\nu \, \partial \overline{u} / \partial y = u_*^2$$

dont la solution est :

(206) $$\overline{u} = u_* y / \nu \qquad \text{ou} \qquad \overline{u} / u_* = y / y_*$$

Dans ce cas simplifié, la couche limite comprend donc une partie de caractère laminaire d'épaisseur δ_v de l'ordre de grandeur de y_*. On pourra poser :

(207) $$\delta_v = \alpha_v \, y_*$$

où α_v est à déterminer expérimentalement. Dans cette zone :

(208) $$\psi = y / y_*$$

Plus loin de la paroi les flux turbulents deviennent plus importants que les flux moléculaires, de sorte que :

(209) $$\rho \, \overline{u'v'} \gg \rho \, \nu \, \partial \overline{u} / \partial y$$

On obtient alors :

(210) $$- \overline{u'v'} = u_*^2$$

Dans cette zone, les variations de vitesse ne dépendent plus de la viscosité moléculaire, c'est-à-dire de ν (ou de y_*). La loi $\overline{u}/u_* = \psi\,(y/y_*)$ doit être telle que $\partial\overline{u}/\partial y$ ne dépende pas de y_*.

On a :

(211) $$\frac{\partial \overline{u}}{\partial y} = \frac{u_*}{y_*} \, \psi' \left(\frac{y}{y_*} \right)$$

La seule solution est :

(212) $$\psi' = 1/(ky/y_*)$$

où k est une constante. Ainsi :

(213) $$d\bar{u}/dy = u_*/ky$$

La solution de cette équation est :

(214) $$\bar{u}/u_* = (1/k)\,\mathrm{Log}(y/y_*) + C^{te}$$

C'est la sous-couche logarithmique obtenue pour

(215) $$y \geqslant \delta_\ell > \delta_v$$

avec :

(216) $$\delta_\ell = \alpha_\ell\, y_*$$

Connaissant α_ℓ par détermination expérimentale on en déduit la valeur de la constante en fonction de $\bar{u}(\delta_\ell)$.

En posant :

$$\alpha_0 = \alpha_\ell\, e^{-k\,\bar{u}(\delta_\ell)/u_*}$$

on obtient alors :

(218) $$\bar{u}/u_* = \psi(y/y_*) = (1/k)\,\mathrm{Log}(y/\alpha_0 y_*)$$

On a donc ici un modèle à deux sous-couches, l'une visqueuse pour $0 < y < \delta_V$ et l'autre logarithmique pour $\delta_\ell < y$.

Le coefficient k peut être interprété à l'aide du modèle de Prandtl de la turbulence. On a en effet :

(219) $$\rho\,\overline{u'v'} = -K_u\,\partial\bar{u}/\partial y$$

avec :

(220) $$K_u = \rho\,L_P^2\,\partial\bar{u}/\partial y$$

coefficient de viscosité turbulente.

On en déduit :

(221) $$\overline{u'v'} = -L_p^2 \, (\partial \bar{u}/\partial y)^2$$

Mais, dans la sous-couche logarithmique :

(222) $$\overline{u'v'} = -u_*^2 \, , \quad \partial \bar{u}/\partial y = u_*/ky$$

il s'en suit évidemment que dans cette zone proche de la paroi, la longueur de mélange de Prandtl a pour expression :

(223) $$L_p = k\, y$$

Ces résultats précisent quelque peu ceux du paragraphe 5.3.

6.2. Méthode des échelles multiples et analyse dimensionnnelle [39]

La présente méthode permet de trouver des relations entre nombres sans dimension valables aussi bien en régime laminaire qu'en régime turbulent. Elle concerne des écoulements pouvant présenter des phénomènes de diffusion ou de conduction thermique. Nous l'appliquerons au cas d'une couche fluide (Fig. 18).

Au voisinage d'une paroi on définit généralement le coefficient d'échange thermique α. L'évolution de la température est limitée à une couche plus ou moins épaisse à travers laquelle le flux de chaleur échangé entre la paroi, de température T_p, et l'écoulement non perturbé de température T_∞, a pour expression :

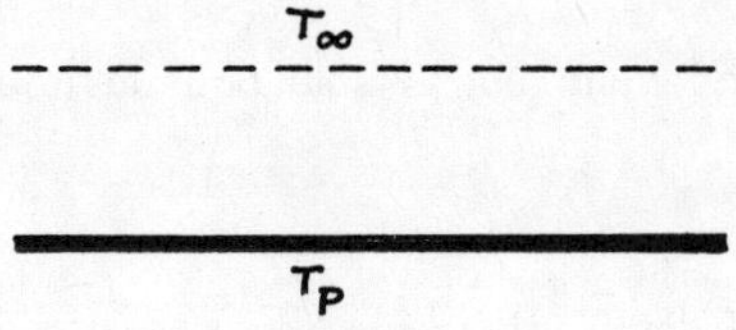

Figure 18

(224) $$q = \alpha \, (T_p - T_\infty)$$

En tout point de la couche on a d'autre part :

(225) $$q_y = -\lambda \, \partial T/\partial y$$

Le nombre de Nusselt est défini comme :

(226) $$N_u = \alpha L/\lambda$$

En présence du phénomène de diffusion, si Y_p est la concentration de paroi et Y_∞ celle de l'écoulement principal, l'échange de masse entre la paroi (dû à une réaction chimique, à une dissolution, ...) et l'écoulement sera :

(227) $$J_D = \beta \rho \, (Y_p - Y_\infty)$$

Comme, d'autre part, en tout point de la couche de diffusion :

(228) $$J_{Dj} = -\rho \mathcal{D} \, \partial Y/\partial y$$

on définit le nombre de Sherwood :

(229) $$S_h = \beta L/\mathcal{D}$$

Dans les deux cas, L est une dimension caractéristique du système.

On trouve expérimentalement des relations entre Nu, Re, Pr et entre S_h, Re et Sc, de la forme :

(230) $$\begin{cases} N_u = A\, R_e^m\, P_r^n \\ S_h = A\, R_e^m\, S_c^n \end{cases}$$

où les constantes A, m et n sont différentes dans les deux relations. La méthode des échelles multiples permet ici, grâce à l'analyse dimensionnelle modifiée, de déterminer des zones de valeurs pour m et n en régime laminaire et turbulent.

Nous verrons plus loin qu'elle permet de traiter d'autres problèmes.

Dans l'analyse dimensionnelle classique, les trois grandeurs de base universelles étaient la longueur, la masse et le temps. Dans l'analyse dimensionnelle par échelles multiples, nous supposerons qu'il existe deux grandeurs de base pour les longueurs : L caractérisant l'échelle macroscopique et ℓ relative aux processus moléculaires. De même nous admettrons une macroéchelle T et une micro-échelle t pour le temps.

Dans un échange par diffusion (le même raisonnement est valable pour le transfert thermique) près d'une paroi, les paramètres sont :

U_∞ vitesse de l'écoulement

D longueur caractéristique (diamètre d'un tube par exemple)

ν, $\mathcal{D}$ et β.

Le tableau des dimensions est le suivant :

	D	U_∞	ν	$\mathcal{D}$	β
L	1	1	0	0	u
ℓ	0	0	2	2	1-u
T	0	-1	0	0	-v
t	0	0	-1	-1	v-1

où β fait intervenir les quatre échelles, mais a la dimension globale d'une vitesse :

(231) $$\beta = L^u\, \ell^{1-u} / T^v t^{1-v}$$

En prenant D, U_∞ et ν comme grandeurs de base (il y a ici trois grandeurs de base indépendantes), on construit les groupements Π suivants :

(232) $$\begin{cases} \Pi_{\mathcal{D}} = \mathcal{D} / \nu \\ \Pi_\beta = \beta / D^{u-v} U_\infty^{v} \nu^{1-v} \end{cases}$$

avec la relation :

(233) $$v = (1+u)/2 \qquad \text{ou} \qquad u = 2v - 1$$

Le théorème de Vaschy-Buckingham nous donne :

(234) $$\Pi_\beta = \psi\,(\Pi_{\mathcal{D}})$$

ou encore :

(235) $$\beta = D^{u-v} U_\infty^{v} \nu^{1-v} \psi\,(\mathcal{D}/\nu)$$

Admettons une loi en puissance pour ψ :

$$\psi = A\,(\mathcal{D}/\nu)^{w}$$

On trouve alors, compte-tenu de la relation existant entre u et v :

(236) $$\beta D/\mathcal{D} = A\,(U_\infty D/\nu)^{v}\,(\nu/\mathcal{D})^{1-w}$$

ou encore :

(237) $$S_h = A\,R_e^{v}\,S_c^{1-w}$$

En *régime turbulent*, la participation des macroéchelles est la plus forte ; à la limite, pour les grands nombres de Reynolds, les microéchelles n'interviennent plus, ce qui fixe les exposants dans l'expression de β : u = v = 1.

En *régime laminaire*, la participation des microéchelles est maximale (les macroéchelles interviennent encore), ce qui peut se traduire par : v = 0, u = -1 mais aussi par : u = 0, v = 1/2.

La réalité n'est pas aussi tranchée et l'on a en fait des zones du plan u, v valables en régime laminaire et en régime turbulent comme l'indique le schéma ci-dessous (Fig. 19).

L'exposant w est, lui, indépendant de la nature de l'écoulement. On trouve donc :

$u < 0$, $v < 0{,}5$	en régime laminaire
$0{,}5 < u < 1$, $0{,}75 < v < 1$	en régime turbulent

Ces résultats, et notamment le saut de l'exposant v lors de la transition du laminaire au turbulent sont confirmés par l'expérience.

Quant à l'exposant w, il est le même en régime laminaire et en régime turbulent. On montre que (1 - w) est égal à 1/3 au voisinage d'une paroi solide et à 1/2 à l'interface fluide-fluide.

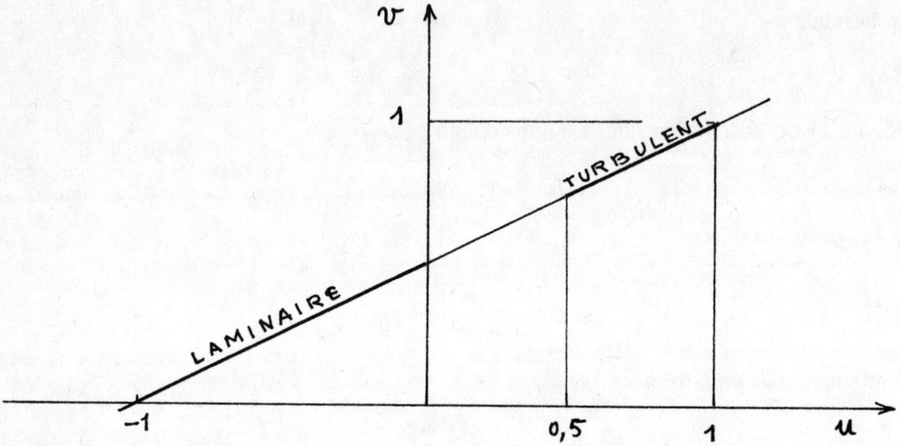

Figure 19

6.3 Diffusion turbulente et réaction chimique d'ordre un au voisinage d'une paroi

Admettons que le processus de diffusion ait lieu très près de la paroi, donc que l'épaisseur de la couche limite de diffusion soit faible devant la couche limite visqueuse.

Dans ce cas, on peut admettre que :

(238) $$\partial \bar{u} / \partial y \simeq (\partial \bar{u} / \partial y)_0$$

La fluctuation de vitesse u' est telle que :

(239) $$u' = - \ell'_u \, \partial \bar{u} / \partial y$$

où l'_u est la longueur du jet aléatoire associée à u. Nous admettons que cette longueur est proportionnelle à la distance y à la paroi (voir 6.1.) comme sa moyenne quadratique Lp. Ainsi la fluctuation u' est proportionnelle à y.

L'équation de la continuité nous donne alors v' proportionnel à y^2.

Par définition, le coefficient de diffusion turbulent K_D est égal (avec ρ = cte) à :

(240) $$K_D = \rho \, \overline{v' \ell'_D}$$

Admettons également que l'$_D$ soit proportionnel à y, il s'en suit que :

(241) $$K_D / \rho = \varepsilon_D$$

est proportionnel à y^3, soit :

(242) $$\varepsilon_D = \gamma y^3$$

Envisageons alors le cas concret d'une paroi se dissolvant lentement dans un liquide en écoulement turbulent dans un tube, en présence d'une réaction chimique du premier ordre :

$$A \longrightarrow B$$

Le phénomène se produisant au voisinage immédiat de la paroi, on néglige tout effet de courbure de sorte que le bilan de masse de l'espèce A s'écrit :

(243) $$\frac{d}{dy}\left[(\mathscr{D} + \varepsilon_D) \frac{dY}{dy} \right] = k Y = 0$$

Les conditions aux limites sont :

(244) $$\begin{cases} Y = Y_s & \text{en} \quad y = 0 \\ Y = Y_\infty & \text{en} \quad y \to \infty \end{cases}$$

L'évaluation des termes de l'équation précédente donne :

(245) $$\frac{d}{dy}\left(\mathscr{D} \frac{dY}{dy} \right) \simeq \mathscr{D} Y_s / \delta^2$$

où δ est l'épaisseur de couche limite correspondante,

(246) $$\begin{cases} \dfrac{d}{dy}\left(\varepsilon_D \dfrac{dY}{dy} \right) \simeq \gamma \delta Y_s \\ k Y \simeq k Y_s \end{cases}$$

Une relation finale linéaire sera du type :

(247) $$A \mathscr{D}/\delta^2 + B \gamma \delta = k$$

Nous nous proposons de déterminer A et B et de déduire ainsi une relation valable en écoulement laminaire et en écoulement turbulent.

Pour γ = 0, la solution de l'équation de la diffusion est :

(248) $$Y = Y_s \, e^{-\sqrt{k/\mathscr{D}}\, y}$$

ce qui donne pour l'épaisseur de la couche limite δ :

(249) $$\delta = \sqrt{\mathcal{D}/k}$$

On a par ailleurs :

(250) $$A\mathcal{D}/\delta^2 = k$$

donc : A = 1.

Appelons δ_1 l'épaisseur de la couche limite en l'absence de réaction chimique (k = 0), on a :

(251) $$\mathcal{D}/\delta_1^2 + B\gamma\delta_1 = 0$$

ce qui donne B en fonction de δ_1, $\mathcal{D}$ et γ.

On obtient finalement :

(252) $$(\delta_1/\delta)^2 - \delta/\delta_1 = k\delta_1^2/\mathcal{D}$$

Ce résultat, valable aussi bien en écoulement laminaire que turbulent, fournit le rapport des épaisseurs de couche limite avec et sans réaction chimique.

Si on introduit les coefficients d'échange de masse correspondants β et β_1, on obtient :

(253) $$(\beta/\beta_1)^2 - \beta_1/\beta = k\mathcal{D}/\beta_1^2$$

Cette relation est en bon accord avec la solution exacte de l'équation différentielle.

L'établissement de relations algébriques linéaires entre les ordres de grandeur des termes apparaissant dans les équations différentielles, ou aux dérivées partielles d'un problème donné, permet fréquemment de trouver des relations globales très intéressantes et accessibles à l'expérience. Cette méthode sera d'un grand secours dans l'étude des écoulements turbulents.

CHAPITRE 9 - ONDES REACTIVES ET NON-REACTIVES

Les milieux compressibles non réactifs peuvent être le siège de discontinuités macroscopiques plus ou moins intensives. Ainsi un écoulement fluide supersonique peut donner naissance à des ondes de choc qui se traduisent par une augmentation brutale de la pression.

Dans un mélange de combustible et de comburant, peuvent se produire des ondes de détonation qui sont également des ondes de compression. On réserve le nom d'onde de déflagration aux discontinuités chimiques conduisant à de faibles diminutions de pression, mais à des variations importantes de concentration et de température. La discussion entre onde de détonation et onde de déflagration se fait commodément dans le diagramme de Clapeyron au moyen de la théorie de Rankine-Hugoniot.

Détonation et déflagration sont des phénomènes de combustion ce qui suppose que les réactions chimiques sont exothermiques. Les ondes de déflagration planes ont été présentées au chapitre 7. D'autres cas de déflagration sont étudiés au chapitre 10.

Lorsque combustible et comburant ne sont pas prémélangés on a encore affaire à un changement important des concentrations à la traversée de la flamme appelée, cette fois, flamme de diffusion.

D'autres situations peuvent se produire avec les milieux réactifs, en combustion ou hors du domaine de la combustion. On peut envisager, par exemple, le passage d'une onde de choc dans un mélange initialement à l'équilibre chimique, l'énergie de l'onde n'étant plus apportée cette fois par la réaction comme c'était le cas avec la détonation, mais par l'onde de choc. Une interaction entre le choc et les réactions chimiques a alors lieu. Ces problèmes d'interaction se posent également à propos de détonation si celle-ci est générée par le passage d'une onde de choc.

Nous aborderons dans ce chapitre ces différentes questions en commençant par quelques considérations thermodynamiques et des notions sur les ondes de choc et leur propagation. La propagation d'ondes faibles en proche équilibre chimique sera étudiée ensuite.

La théorie de Rankine-Hugoniot sera présentée. La structure de la détonation plane sera étudiée. Enfin, nous traiterons des ondes sphériques.

1. CONSIDERATIONS THERMODYNAMIQUES [6]

Aux paragraphes 1 et 2 du chapitre 1, ont été données les significations des dérivées premières de l'énergie interne en fonction des grandeurs extensives dont elle dépend. Pour un mélange de N espèces chimiques, on a :

(1) $$E = E(S, \mathcal{V}, n_1, n_2, \ldots n_N)$$

et :

(2) $$T = \partial E/\partial S \;, \quad -p = \partial E/\partial \vartheta \;, \quad \mu_j = \partial E/\partial n_j$$

Le potentiel chimique g_j par unité de masse a été introduit également avec $g_j = \mu_j/\mathcal{M}_j$, ce qui conduit à des résultats analogues aux précédents avec :

(3) $$\begin{cases} E = E\,(S, \vartheta, m_1, m_2, \dots \; m_N) \\ T = \partial E/\partial S \;, \quad -p = \partial E/\partial \vartheta, \quad g_j = \partial E/\partial m_j \end{cases}$$

Nous allons voir ici que le second principe de la thermodynamique conduit, dans le cas d'équilibres stables, à des conditions sur les dérivées partielles secondes de l'énergie interne par rapport aux variables extensives et que cela n'est pas sans conséquence quant à des grandeurs et relations usuelles.

Etant donné un mélange de N espèces distribué de part et d'autre d'une paroi indéformable, adiabatique et imperméable, d'un récipient lui-même isolé de l'extérieur, on a le schéma suivant (Fig. 1a) :

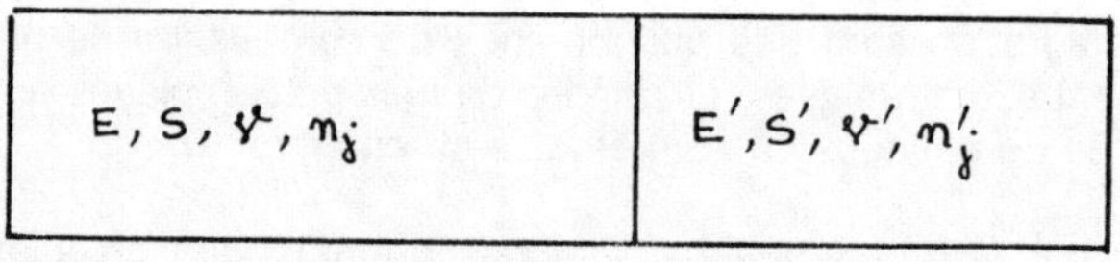

Figure 1a

Chaque sous-système est à l'équilibre thermodynamique, à concentrations figées. Si l'on supprime la paroi (on suppose que cela ne nécessite qu'un travail négligeable), le mélange occupe tout le récipient et on admet qu'il atteint un nouvel état d'équilibre, ce qui constitue une caractéristique de stabilité de cet équilibre (Fig. 1b). On suppose qu'aucune réaction chimique n'a eu lieu au cours de la transformation.

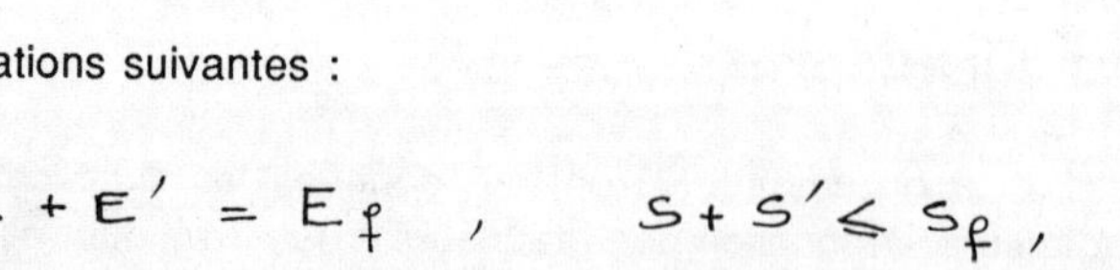

Figure 1b

On obtient les relations suivantes :

(4) $$\begin{cases} E + E' = E_f \;, & S + S' \leq S_f \;, \\ \vartheta + \vartheta' = \vartheta_f \;, & n_j + n'_j = n_{jf} \;. \end{cases}$$

Ainsi

(5) $$E(S,V,n_j) + E(S',V',n'_j) = E(S_f, V+V', n_j+n'_j)$$

Puisque $\partial E/\partial S = T > 0$,

(6) $$E(S_f, \dots) \geqslant E(S+S', \dots)$$

Il s'en suit que :

(7) $$E(S,V,n_j) + E(S',V',n'_j) \geqslant E(S+S', V+V', n_j+n'_j)$$

Le caractère homogène du premier degré de la fonction $E(S,V,n_j)$ nous permet d'écrire :

(8) $$\frac{1}{2}\left[E(S,V,n_j) + E(S',V',n'_j)\right] \geqslant E\left(\frac{S+S'}{2}, \frac{V+V'}{2}, \frac{n_j+n'_j}{2}\right)$$

ce qui conduit à la conclusion suivante :

E (S, V, n_j) est une fonction convexe. On démontre aisément que ce résultat implique une matrice des dérivées partielles secondes :

(9) $$\begin{bmatrix} \partial^2E/\partial S^2 & \partial^2E/\partial S\partial V & \partial^2E/\partial S\partial n_1 & \dots & \partial^2E/\partial S\partial n_N \\ \partial^2E/\partial V\partial S & \partial^2E/\partial V^2 & \partial^2E/\partial V\partial n_1 & \dots & \partial^2E/\partial V\partial n_N \\ \partial^2E/\partial n_1\partial S & \partial^2E/\partial n_1\partial V & \partial^2E/\partial n_1^2 & \dots & \partial^2E/\partial n_1\partial n_N \\ \vdots & \vdots & \vdots & & \vdots \\ \partial^2E/\partial n_N\partial S & \partial^2E/\partial n_N\partial V & \partial^2E/\partial n_N\partial n_1 & \dots & \partial^2E/\partial n_N^2 \end{bmatrix}$$

définie positive.

La condition nécessaire et suffisante pour qu'il en soit ainsi, dans le cas de matrice symétrique, est que tous les mineurs principaux soient positifs. Ainsi :

(10) $$\left\{\begin{array}{l} \partial^2E/\partial S^2 = \partial T/\partial S > 0 \\ \partial^2E/\partial V^2 = -\partial p/\partial V > 0 \\ (\partial^2E/\partial S^2)(\partial^2E/\partial V^2) - (\partial^2E/\partial S\partial V)^2 > 0 \\ \partial^2E/\partial n_j^2 = \partial\mu_j/\partial n_j > 0 \quad , \quad \text{etc.} \end{array}\right.$$

Les résultats sont analogues en remplaçant les nombres de moles n_j par les masses m_j des espèces.

Quelles sont les conséquences pour l'unité de masse du mélange ? Il faut alors tenir compte de la relation :

$$\sum_{j=1}^{N} \mathcal{M}_j \, n_j = 1 \qquad (11)$$

Cette relation supplémentaire ne modifie pas la convexité de la fonction E qui devient alors e et dépend alors de N+1 variables indépendantes au lieu de N+2.

On peut généraliser ce résultat au cas où l'on s'impose de plus une dépendance des concentrations d'un certain nombre R de degrés d'avancement indépendants.

$$n_j = n_j^\circ + \sum_{r=1}^{R} \nu_{jr} \, \xi_r \qquad (12)$$

avec :

$$\sum_{j=1}^{N} \mathcal{M}_j \, n_j^\circ = 1 \qquad (13)$$

et :

$$\sum_{j=1}^{N} \mathcal{M}_j \, \nu_{jr} = 0 \qquad (14)$$

Soient A_r les affinités chimiques correspondantes, on a :

$$A_r = -\sum_{j=1}^{N} \nu_{jr} \, \mu_j \qquad (15)$$

Alors :

$$\left\{ \begin{array}{l} e = e(s, v, \xi_1, \xi_2, \ldots \xi_R) \\ de = T\,ds - p\,dv - \sum_{r=1}^{R} A_r \, d\xi_r \end{array} \right. \qquad (16)$$

Posons, suivant une convention classique :

$$\partial^2 e / \partial x \partial y = e_{xy} \qquad (17)$$

La convexité de la fonction énergie interne se traduit par le caractère défini, positif de la matrice :

(18) $$\begin{bmatrix} e_{ss} & e_{sv} & e_{s\xi_1} & \cdots & e_{s\xi_R} \\ e_{vs} & e_{vv} & e_{v\xi_1} & \cdots & e_{v\xi_R} \\ e_{\xi_1 s} & e_{\xi_1 v} & e_{\xi_1\xi_1} & \cdots & e_{\xi_1\xi_R} \\ \vdots & \vdots & \vdots & & \vdots \\ e_{\xi_R s} & e_{\xi_R v} & e_{\xi_R\xi_1} & \cdots & e_{\xi_R\xi_R} \end{bmatrix}$$

Examinons les conséquences de ce résultat.

Cas d'un fluide simple (un seul constituant) :

(19) $$e_{ss} > 0 \quad , \quad e_{vv} > 0 \quad , \quad e_{ss}e_{vv} - e_{sv}^2 > 0$$

- *chaleurs spécifiques* :

(20) $$\begin{cases} c_v = (đq/dT)_v = T(\partial s/\partial T)_v = T/e_{ss} > 0 \\ c_p = (đq/dT)_p = T(\partial s/\partial T)_p \end{cases}$$

or, si p = Cte, on a :

(21) $$\begin{cases} -dp = 0 = e_{vs}\,ds + e_{vv}\,dv \\ dT = e_{ss}\,ds + e_{sv}\,dv = (e_{ss} - e_{sv}^2/e_{vv})\,ds \end{cases}$$

d'où :

(22) $$c_p = T\,(e_{ss} - e_{sv}^2/e_{vv})^{-1} > 0$$

De plus :

(23) $$c_p - c_v = T\,(e_{ss}e_{vv}/e_{sv}^2 - 1)^{-1}/e_{ss} > 0$$

- *Célérité caractéristique* :

(24) $$(\partial p/\partial \rho)_s = -v^2(\partial p/\partial v)_s = v^2 e_{vv} > 0$$

on pose donc :

(25) $$c^2 = (\partial p/\partial \rho)_s$$

Cas d'un mélange à un seul degré de liberté chimique

. Si le mélange est à composition chimique figée, les résultats sont analogues aux précédents :

(26) $$\begin{cases} c_{vf} > 0 \ , \ c_{pf} > 0 \ , \ c_{pf} - c_{vf} > 0 \\ c_f^2 = (\partial p/\partial \rho)_{s,\xi} \end{cases}$$

. Si le mélange est à l'équilibre chimique, on a :

(27) $$\begin{cases} A = 0 \\ c_{ve} = T(\partial s/\partial T)_{v,A} = T(e_{ss} - e_{s\xi}^2/e_{\xi\xi})^{-1} > 0 \\ c_{pe} > 0 \ , \ c_{pe} - c_{ve} > 0 \ , \ c_e^2 = (\partial p/\partial \rho)_{s,A} \\ c_e^2 = v^2 (e_{vv} - e_{v\xi}^2/e_{\xi\xi}) \leqslant c_f^2 \end{cases}$$

En revanche, on ne peut rien dire des signes de quantités telles que :

(28) $$a = (\partial p/\partial \xi)_{s,\rho} = - e_{v\xi}$$

ou :

(29) $$b = (\partial p/\partial A)_{s,\rho} = e_{v\xi}/e_{\xi\xi}$$

Le rapport b/a, égal à $-1/e_{\xi\xi}$ est, lui, toujours négatif.

Cas d'un mélange à plusieurs degrés de liberté chimiques

. Les inégalités obtenues sont les mêmes que pour un seul degré de liberté.

. On peut envisager des états thermodynamiques pour lesquels certains des ξ_r sont constants et les A_r correspondant aux autres ξ_r sont nuls. On définit alors de nouvelles inégalités, des chaleurs spécifiques et des célérités caractéristiques telles que :

(30) $$c_K^2 = (\partial p/\partial \rho)_{s,\xi_1, \ldots \xi_K, A_{K+1}, \ldots A_R}$$

2. ONDES CONTINUES ET DISCONTINUES EN MILIEU BAROTROPE [11], [40]

Considérons un gaz en mouvement dans un tube rectiligne adiabatique et admettons une évolution unidimensionnelle instationnaire. Les variables sont l'abscisse x le long du tube et le temps. Supposons qu'aucun phénomène irréversible n'ait lieu, excepté éventuellement dans des surfaces de discontinuité normales à l'axe des abscisses.

Dans une zone continue, dont l'étendue peut varier au cours du temps, les équations du mouvement sont :

(31) $$\frac{\partial \rho}{\partial t} + u \frac{\partial \rho}{\partial x} + \rho \frac{\partial u}{\partial x} = 0$$ (bilan de masse)

(32) $$\frac{\partial u}{\partial t} + u \frac{\partial u}{\partial x} + \frac{1}{\rho} \frac{\partial p}{\partial x} = 0$$ (bilan de quantité de mouvement)

(33) $$\frac{\partial s}{\partial t} + u \frac{\partial s}{\partial x} = 0$$ (évolution isentropique)

L'équation (33) indique que l'entropie de chaque particule de fluide que l'on suit dans son mouvement est constante. Si l'entropie est uniforme dans le milieu à un instant initial donné, elle restera donc uniforme aux instants ultérieurs. L'état du gaz est donc parfaitement descriptible par une seule variable d'état : pression ou masse volumique, ou température, etc. L'évolution est alors dite barotrope.

On définit la célérité caractéristique c par l'égalité :

(34) $$c^2 = (\partial p / \partial \rho)_s$$

(on sait que $(\partial p/\partial \rho)_s$ est toujours positif).

Pour l'écoulement étudié, on aura donc simplement :

(35) $$dp = c^2 d\rho$$

Le bilan de masse devient donc :

(36) $$\frac{1}{c^2} \frac{\partial p}{\partial t} + \frac{u}{c^2} \frac{\partial p}{\partial x} + \rho \frac{\partial u}{\partial x} = 0$$

Les bilans de masse et de quantité de mouvement peuvent être réécrits comme suit :

(37) $$\begin{cases} \dfrac{1}{\rho c} \dfrac{\partial p}{\partial t} + \dfrac{u}{\rho c} \dfrac{\partial p}{\partial x} + c \dfrac{\partial u}{\partial x} = 0 \\ \dfrac{\partial u}{\partial t} + u \dfrac{\partial u}{\partial x} + \dfrac{c}{\rho c} \dfrac{\partial p}{\partial x} = 0 \end{cases}$$

La fonction P telle que :

(38) $$d\mathbf{P} = dp/\rho c$$

apparaît naturellement de sorte que l'on a :

(39)
$$\begin{cases} \partial P/\partial t + u\,\partial P/\partial x + c\,\partial u/\partial x = 0 \\ \partial u/\partial t + u\,\partial u/\partial x + c\,\partial P/\partial x = 0 \end{cases}$$

En combinant ces deux équations on obtient :

(40)
$$\begin{cases} \partial(P+u)/\partial t + (c+u)\,\partial(P+u)/\partial x = 0 \\ \partial(u-P)/\partial t + (u-c)\,\partial(u-P)/\partial x = 0 \end{cases}$$

Ces équations signifient simplement que :

- la quantité u + P est constante en suivant le mouvement de vitesse u + c, c'est-à-dire que :

(41) $u + P = \alpha$ lorsque $dx = (u+c)\,dt \quad (\alpha)$

- la quantité u - P est constante dans le mouvement de vitesse u - c :

(42) $u - P = \beta$ lorsque $dx = (u-c)\,dt \quad (\beta)$

Les lignes (α) et (β) sont appelées lignes caractéristiques. En tout point, l'état et le mouvement du fluide sont parfaitement définis par la grandeur d'état thermodynamique P et la vitesse particulaire u. Les quantités u + P et u - P constituent des informations sur le fluide. Leur connaissance simultanée en un même point de l'espace définit complètement l'état du fluide en ce point à l'instant considéré.

L'information u + P se conserve le long d'une caractéristique (α) et se propage à la vitesse u + c.

L'information u - P se conserve le long de (β) et se propage à la vitesse u - c.

De ces observations l'on déduit l'interprétation de la vitesse caractéristique c : dans un milieu initialement au repos, une petite perturbation se propagera à la vitesse c et -c. La quantité c est donc la célérité du son dans le milieu considéré.

Exemple :

Considérons un piston en mouvement dans un cylindre infini à partir d'une position de repos (Fig. 2). Nous nous proposons de décrire graphiquement le mouvement dans le plan (x, t) dans le cas d'un gaz idéal initialement au repos. Le mouvement du piston est donné par $x = X_{(\tau)}$ avec $d^2X/d\tau^2 \geqslant 0$.

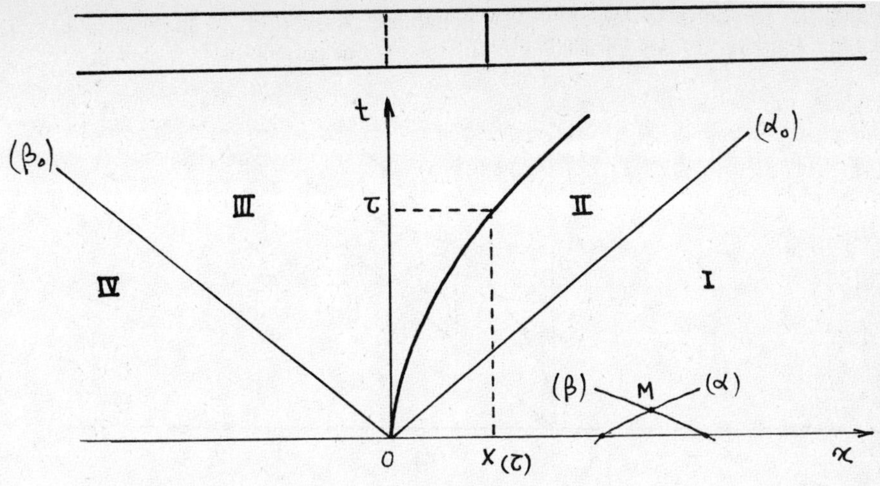

Figure 2

Aux instants voisins de t = 0, par un point M passent deux lignes caractéristiques qui coupent l'axe Ox. Pourvu que l'on se trouve suffisamment loin de la courbe $x = X_{(t)}$ caractérisant le mouvement du piston, ces caractéristiques coupent directement l'axe Ox. On a donc en M :

$$(43) \qquad \begin{cases} u + P = P_o & (\alpha) \\ u - P = -P_o & (\beta) \end{cases}$$

On en déduit que, en M, l'état du gaz est le même que celui du fluide au repos : $u = 0$, $P = P_o$, $c = c_o$.

Dans cette zone les lignes caractéristiques sont des droites de pente :

$$(44) \qquad \begin{cases} dt/dx = c_o^{-1} & (\alpha) \text{, et} \\ dt/dx = -c_o^{-1} & (\beta) \end{cases}$$

Ce domaine de repos est limité, à droite de la courbe $x = X_{(t)}$ par une caractéristique (α_o) et à gauche par une caractéristique (β_o), dans le cas de la figure 2 où nous supposons que $(dX/dt)^{-1} > c_o^{-1}$.

En dehors de cette zone de repos (zone I et IV) il apparaît, comme nous allons le voir, que les caractéristiques (α) sont des droites dans la région II et qu'il en est de même des caractéristiques (β) dans la région III. Le schéma suivant (Fig. 3) indique la démarche permettant la détermination des conditions en un point N quelconque de la région II.

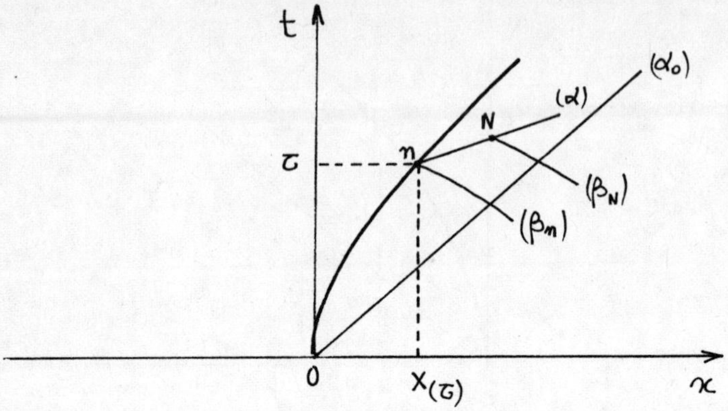

$$u + P = u_n + P_n \quad (\alpha), \qquad u - P = -P_0 \quad (\beta_N),$$

$$u_n - P_n = -P_0 \quad (\beta_n), \qquad u = dX/dt = \dot{X}.$$

Figure 3

Il s'en suit qu'en N :

(45) $$\begin{cases} u + P = 2\dot{X} + P_0 & (\alpha) \\ u - P = -P_0 & (\beta_N) \end{cases}$$

et que :

(46) $$\begin{cases} u = \dot{X} \\ P = P_0 + \dot{X} \end{cases}$$

Au point N, les conditions u et P sont entièrement déterminées en fonction de P_0 et de $\dot{X}$ qui représente la vitesse du piston au point n, c'est-à-dire à un instant τ antérieur. Ces conditions restent identiques sur la caractéristique (α) considérée. Il s'en suit que sur (α), c est également constant, donc que la pente $(u + c)^{-1}$ de cette caractéristique est constante. Les caractéristiques (α) sont donc bien des droites dans la région II. Il en est de même des caractéristiques (β) de la région III.

Dans le cas d'un gaz idéal, il est facile de montrer qu'une détermination de P est :

(47) $$P = 2c/(\gamma - 1)$$

Dans la région II on a donc au point N :

$$(48)\qquad \begin{cases} u = \dot{X} \\ c = c_o + \frac{\gamma-1}{2}\dot{X} \end{cases}$$

Il s'en suit que la pente de la caractéristique (α) est définie par :

$$(49)\qquad \frac{dt}{dx} = \left(c_o + \frac{\gamma+1}{2}\dot{X}\right)^{-1}$$

Cette pente est une fonction décroissante du temps τ, si $\dot{X}_{(\tau)}$ est une fonction croissante de τ, ce qui correspond au cas de la figure 2. Dans ce cas, les caractéristiques (α) de la région II forment un faisceau convergent de droites. Inversement, les caractéristiques (β) de la région III forment un faisceau divergent de droites. Dès que $\dot{X}$ devient constant (mouvement uniforme du piston) les droites deviennent parallèles.

Une contradiction apparaît dans la zone II. En effet, les droites se coupent à distance finie. Il y aurait donc plusieurs vitesses en un point, ce qui n'est pas correct. Cela se produit dans une zone du plan (x, t) comprise entre (α_o) et l'enveloppe (e) des caractéristiques (α) de la région II (Fig. 4).

Par exemple, pour $\dot{X} = \Gamma\tau$ (mouvement uniformément accéléré du piston), l'enveloppe (e) a pour équation :

$$(50)\qquad x = \frac{1}{2\gamma\Gamma}\left(\frac{\gamma+1}{2}\Gamma t - c_o\right)^2 + c_o t$$

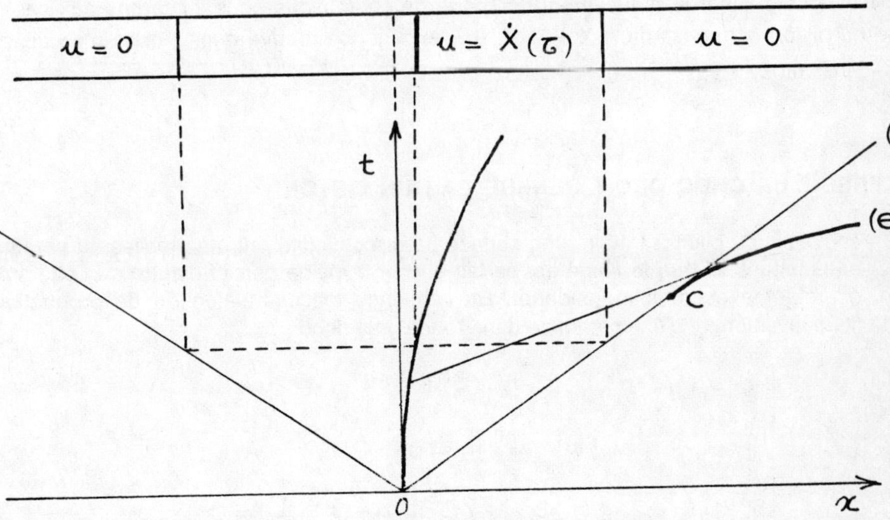

Figure 4

Cette contradiction ne peut être surmontée qu'en admettant la naissance d'une onde de choc en avant du piston à partir de l'instant :

(51) $$t_c = 2\,c_0 / (\gamma+1)\,\Gamma$$

Avant la formation du choc, l'évolution est celle de la figure 4. Pour un mouvement continu accéléré du piston d'accélération nulle à l'instant initial, l'enveloppe (e) a l'allure indiquée sur la figure 5.

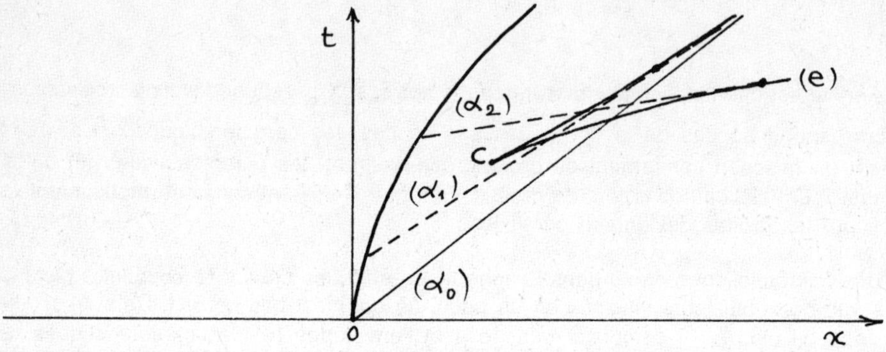

Figure 5

Si maintenant, on impose au piston la vitesse V_p = Cte dès l'instant initial, le choc apparaît maintenant immédiatement car la zone d'accélération est concentrée alors à l'origine. A gauche et à droite du piston et de part et d'autre du choc, la théorie précédente est valable. Il nous reste à déterminer le mouvement de l'onde de choc. Nous nous limiterons aux cas où la vitesse du piston est constante : $\dot{X} = V_p > 0$. L'expérience prouve que le choc a lui aussi une vitesse constante $w > V_p$.

3. VITESSE D'UN CHOC DROIT GENERE PAR UN PISTON

Les équations du bilan à travers une surface de discontinuité ont été établies au paragraphe 3.9. Nous admettons ici que le fluide est parfait et barotrope de part et d'autre de cette surface et que le problème est unidimensionnel. En l'absence d'accumulaion ou de production de quantité de mouvement et d'énergie totale dans l'onde on a donc :

(52)
$$\left|\begin{array}{l} [\![\rho (u-w)]\!] = 0 \\ [\![p + \rho u (u-w)]\!] = 0 \\ [\![p u + \rho (e + u^2/2)(u-w)]\!] = 0 \\ \hat{w}_s = [\![\rho s (u-w)]\!] \geq 0 \end{array}\right.$$

Si les indices 1 et 2 correspondent respectivement à l'amont et à l'aval immédiats du choc, on a :

$$(53)\quad \begin{cases} \rho_1(u_1-w)=\rho_2(u_2-w)=\dot{m} & \text{, débit unitaire à travers le choc.} \\ p_1+\rho_1 u_1(u_1-w)=p_2+\rho_2 u_2(u_2-w) \\ p_1 u_1+\rho_1(e_1+u_1^2/2)(u_1-w)=p_2 u_2+\rho_2(e_2+u_2^2/2)(u_2-w) \end{cases}$$

On démontre aisément que l'on a également, en posant : v = u - w

$$(54)\qquad \rho_1 v_1=\rho_2 v_2=\dot{m}$$

$$(55)\qquad p_1+\rho_1 v_1^2=p_2+\rho_2 v_2^2$$

$$(56)\qquad p_1 v_1+\rho_1\left(e_1+\frac{v_1^2}{2}\right)v_1=p_2 v_2+\rho_2\left(e_2+\frac{v_2^2}{2}\right)v_2$$

ce qui revient à se placer dans un référentiel galiléen lié à l'onde à l'instant considéré.

L'équation de l'énergie s'écrit, en mettant le produit $\rho v=\dot{m}$ en facteur :

$$(57)\qquad h_1+v_1^2/2=h_2+v_2^2/2$$

Dans ce qui suit, nous admettrons que le fluide considéré est un gaz idéal. On a alors :

$$(58)\qquad h=c_p T=c^2/(\gamma-1)$$

pulsque :

$$(59)\qquad c^2=\gamma r T=\gamma\, p/\rho$$

de sorte que l'équation de l'énergie (56) sécrit :

$$(60)\qquad \frac{c_1^2}{\gamma-1}+\frac{v_1^2}{2}=\frac{c_2^2}{\gamma-1}+\frac{v_2^2}{2}=\frac{\gamma+1}{2(\gamma-1)}\,c_*^2$$

où c_*, vitesse critique, est défini par les deux premiers membres en faisant $c_1=v_1=c_*$ ou $v_2=c_2=c_*$. Cette relation est l'équation d'Hugoniot.

L'équation de la quantité de mouvement (55) nous donne :

$$(61)\qquad p_1/\rho_1 v_1+v_1=p_2/\rho_2 v_2+v_2$$

après division par $\dot{m}=\rho_1 v_1=\rho_2 v_2$. Soit encore :

$$(62)\qquad c_1^2/\gamma v_1+v_1=c_2^2/\gamma v_2+v_2$$

Remplaçons c_1 et c_2 par leurs valeurs en fonction de v_1, v_2 et c_* tirées de la double équation d'Hugoniot (60). Après simplification, on a :

(63) $$v_1 v_2 = c_*^2$$

c'est la relation de Prandtl.

Ces relations vont nous permettre de calculer la vitesse w d'un choc traversant un milieu initialement au repos. Nous admettrons pour cela que les vitesses sont uniformes de part et d'autre du choc. Nous montrerons ensuite que le résultat obtenu est cohérent avec le cas du piston en mouvement uniforme. On a ici :

(64) $$\begin{cases} v_1 = -w \\ v_2 = u_2 - w \end{cases}$$

Des relations d'Hugoniot et de Prandtl, on tire :

(65) $$\frac{c_1^2}{\gamma-1} + \frac{v_1^2}{2} = \frac{\gamma+1}{2(\gamma-1)} v_1 v_2$$

ou encore, l'état amont étant désigné par l'indice o :

(66) $$\frac{c_o^2}{\gamma-1} + \frac{w^2}{2} = -\frac{\gamma+1}{2(\gamma-1)} w (u_2 - w)$$

Cette expression fournit la relation cherchée entre u_2 et w. Elle s'écrit encore :

(67) $$u_2 = \frac{2}{\gamma+1} \frac{w^2 - c_o^2}{w}$$

Pour un piston de vitesse constante, le résultat peut être représenté par la figure 6.

Les régions I et IV sont au repos. Dans le région II la vitesse est constante et égale à la vitesse du piston V_p, w est déterminé par l'équation précédente en faisant $u_2 = V_p$:

(68) $$V_p = \frac{2}{\gamma+1} \frac{w^2 - c_o^2}{w}$$

Les caractéristiques (α) y sont des droites dont la pente se détermine connaissant c_2. Les formules obtenues en écoulement continu ne sont pas applicables pour trouver cette pente car l'écoulement n'est pas isentropique à la traversée d'un choc. On a bien entendu pour la pente de (α) :

(69) $$\frac{dt}{dx} = (c_2 + V_p)^{-1}$$

L'équation d'Hugoniot et la relation de Prandtl fournissent la valeur de c_2 :

(70) $$c_2^2 = (w - V_P)\left(w + \frac{\gamma-1}{2} V_P\right)$$

Dans la région III, on obtient une détente centrée à l'origine.

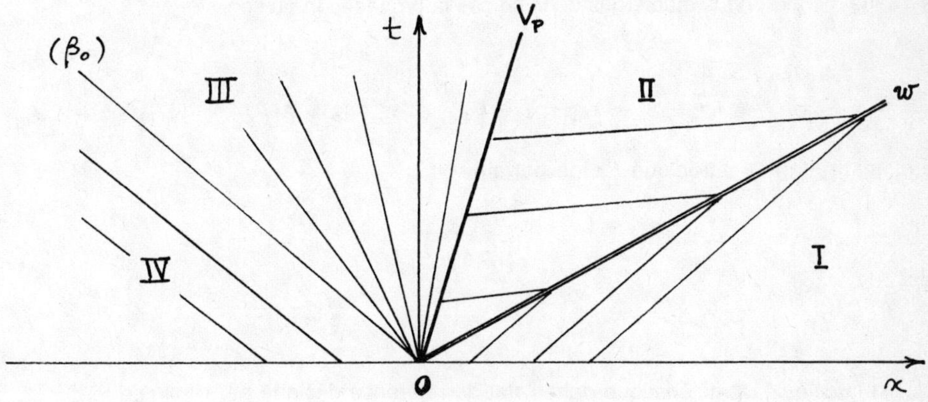

Figure 6

Lorsque la vitesse du piston est faible devant c_o on obtient :

(71)
$$w = c_o + \frac{\gamma+1}{4} V_P$$
$$c_2 = c_o + \frac{\gamma-1}{2} V_P$$
$$\frac{dt}{dx} = \pi^{-1} = \left(c_o + \frac{\gamma+1}{2} V_P\right)^{-1}$$ (pente dt/dx de la caractéristique)

On en déduit que la vitesse de l'onde de choc faible est égale à la demi-somme de la célérité du son c_o et de l'inverse de la pente des caractéristiques après le choc. Dans le diagramme (x, t) on peut écrire aussi :

(72) $$\frac{\pi^{-1} + c_o^{-1}}{2} \simeq w^{-1}$$

Si on néglige les termes du premier ordre en V_p/c_o, on voit que l'onde de choc se propage avec une célérité égale à la célérité du son, son intensité est alors très faible et il n'est plus utile de la considérer comme un phénomène discontinu.

Dans ce qui suit, nous allons étudier ces ondes faibles et envisager le cas d'un mélange réactif dont l'état de référence est le repos et l'équilibre chimique.

4. PETITS MOUVEMENTS D'UN FLUIDE EN THEORIE LINEARISEE [9], [11], [23], [41], [42]

4.1. Cas du fluide non réactif [11]

Bien que ce cas ait été présenté dans le paragraphe .2, pour les petits mouvements unidimensionnels, nous allons établir l'équation linéarisée du mouvement, qui sera applicable à d'autres cas. Nous appliquerons la même méthode au mélange réactif en proche équilibre au paragraphe 4.2. et nous étudierons dans ce cas la propagation du son.

Posons :

(73) $$\vec{v} = \varepsilon \vec{v}_1, \quad p = p_0 + \varepsilon p_1, \quad \rho = \rho_0 + \varepsilon \rho_1, \quad s = s_0 + \varepsilon s_1$$

L'écoulement étant isentropique (fluide parfait), on a :

(74) $$s_1 = 0$$

donc :

(75) $$p_1 = c_0^2 \rho_1$$

où c_0 est la célérité caractéristique dans l'état de référence désigné par l'indice o.

Les équations de bilan linéarisées sont les suivantes :

(76) $$\begin{cases} \partial \rho_1 / \partial t + \rho_0 \operatorname{div} \vec{v}_1 = 0 \\ \rho_0 \, \partial \vec{v}_1 / \partial t + \overrightarrow{\text{grad}} \, p_1 = 0 \end{cases}$$

On peut poser :

(77) $$\vec{v}_1 = \overrightarrow{\text{grad}} \, \varphi_1$$

et éliminer p_1, ρ_1 et $\vec{v}_1$ entre ces équations. On obtient alors :

(78) $$\partial p_1 / \partial t = - \rho_0 c_0^2 \Delta \varphi_1$$

(79) $$\rho_0 \overrightarrow{\text{grad}} (\partial \varphi_1 / \partial t) + \overrightarrow{\text{grad}} \, p_1 = 0$$

L'équation (79) nous donne :

(80) $$p_1 = - \rho_0 \, \partial \varphi_1 / \partial t$$

En remplaçant p_1 par sa valeur dans l'équation (78), on obtient :

(81) $$\partial^2 \varphi_1/\partial t^2 - c_o^2 \, \Delta \varphi_1 = 0$$

La solution de cette équation linéaire aux dérivées partielles permet de déterminer l'évolution dans le cas de petits mouvements.

On peut considérer que la solution générale de cette équation est la somme de solutions élémentaires du type :

(82) $$f = \hat{f} \, e^{i(\vec{K}.\vec{x} - \omega t)}$$

Si l'on suppose que ω est réel on trouve que $\vec{K}$, vecteur nombre d'onde l'est aussi. En effet, on obtient :

(83) $$-\omega^2 \hat{\varphi}_1 + c_o^2 K^2 \hat{\varphi}_1 = 0$$

soit :

(84) $$K^2 = \omega^2/c_o^2$$

Le vecteur $\vec{K}$ est à composantes réelles et sa longueur K est égale à ω/c_o. Or ω/K est par définition la vitesse de propagation du phénomène ondulatoire. Celui-ci, nous le vérifions une fois encore, se propage bien à la vitesse caractéristique c_o.

Envisageons alors le cas particulier du mouvement unidimensionnel avec un piston animé de petits mouvements :

(85) $$dX(t)/dt = \varepsilon \, dX_1(t)/dt = \varepsilon \, V_{P1}$$

Etudions la partie droite du cylindre $x > X(t)$, supposée infinie. L'équation à vérifier est :

(86) $$\partial^2 \varphi_1/\partial t^2 - c_o^2 \, \partial^2 \varphi_1/\partial x^2 = 0$$

Sa solution générale est :

(87) $$\varphi_1 = f(x - c_o t) + g(x + c_o t)$$

Ou, en posant :

(88) $$\begin{cases} \xi = x - c_o t \\ \eta = x + c_o t \end{cases}$$

on a :

(89)
$$\begin{cases} \varphi_1 = f(\xi) + g(\eta) \\ u_1 = \partial\varphi_1/\partial x = df/d\xi + dg/d\eta \\ p_1 = -\rho_0\, \partial\varphi_1/\partial t = \rho_0 c_0 (df/d\xi - dg/d\eta) \end{cases}$$

On constate donc que :

(90)
$$\begin{cases} u_1 + p_1/\rho_0 c_0 = \alpha = c^{te} & \text{pour } \xi = c^{te} = x - c_0 t \\ u_1 - p_1/\rho_0 c_0 = \beta = c^{te} & \text{pour } \eta = c^{te} = x + c_0 t \end{cases}$$

L'analyse du mouvement est alors la même qu'au paragraphe 9.2.

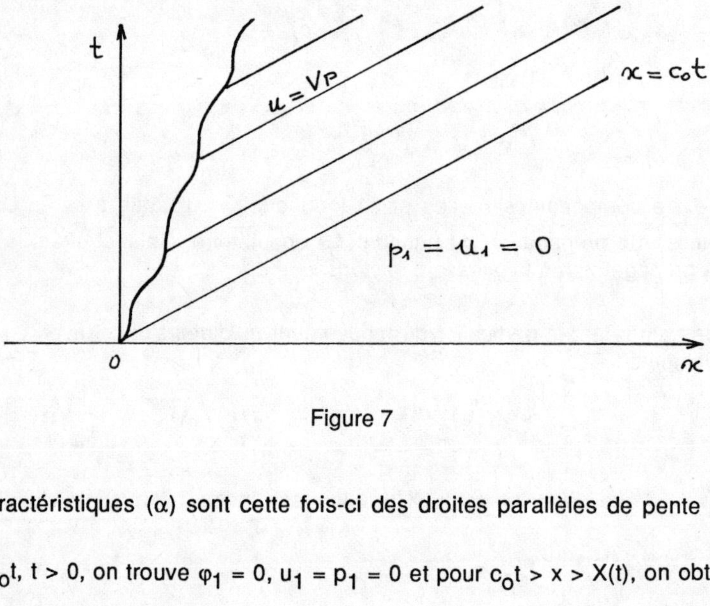

Figure 7

Les lignes caractéristiques (α) sont cette fois-ci des droites parallèles de pente c_o^{-1} (Fig. 7).

Lorsque $x > c_o t$, $t > 0$, on trouve $\varphi_1 = 0$, $u_1 = p_1 = 0$ et pour $c_o t > x > X(t)$, on obtient :

(91)
$$\varepsilon\varphi_1 = -c_0\, X(t - x/c_0) \quad , \quad \varepsilon u_1 = (dX/dt)(t - x/c_0)$$

et

(92)
$$p_1 = \rho_0 c_0 u_1$$

4.2. Cas du fluide monoréactif

La réaction chimique envisagée est supposée réversible et en proche équilibre. Soit ξ son degré d'avancement, on a, en l'absence de diffusion :

(93) $$\rho \, d\xi/dt = L A$$

où A est l'affinité chimique.

Les autres équations du problème sont :

(94) $$\begin{cases} d\rho/dt + \rho \operatorname{div} \vec{v} = 0 \\ \rho \, d\vec{v}/dt + \overrightarrow{\text{grad}}\, p = 0 \\ \rho \, ds/dt = L A^2/T \end{cases}$$

Il faut ajouter à ce système les équations d'état du mélange ou sa loi énergétique fondamentale, par exemple sous la forme :

(95) $$e = e\,(s, v, \xi) \quad , \quad v = 1/\rho$$

L'état de référence est caractérisé par :

(96) $$\rho = \rho_0, \quad p = p_0, \quad \vec{v} = 0, \quad s = s_0, \quad A = 0, \quad \xi = \xi_0$$

et l'état faiblement perturbé par :

(97) $$\begin{cases} \rho = \rho_0 + \varepsilon \rho_1, \quad p = p_0 + \varepsilon p_1, \quad \vec{v} = \varepsilon \vec{v}_1 \\ s = s_0 + \varepsilon s_1, \quad A = \varepsilon A_1, \quad \xi = \xi_0 + \varepsilon \xi_1 \end{cases}$$

La théorie linéarisée nous donne alors :

(98) $$\begin{cases} \rho_0 \, \partial \xi_1/\partial t = L_0 A_1 \\ \partial \rho_1/\partial t + \rho_0 \operatorname{div} \vec{v}_1 = 0 \\ \rho_0 \, \partial \vec{v}_1/\partial t + \overrightarrow{\text{grad}}\, p_1 = 0 \\ s_1 = 0 \end{cases}$$

En choisissant s, ρ et ξ comme variables thermodynamiques, on a :

(99) $$p_1 = c_{f0}^2 \, \rho_1 + a_0 \, \xi_1$$

où :

(100) $$c_f = (\partial p/\partial \rho)^{1/2}_{s,\xi}$$

est la célérité du son locale du milieu dont la composition serait figée. La célérité c_f est identique à la célérité c d'un fluide non réactif. D'autre part :

(101) $$a = (\partial p/\partial \xi)_{s,\rho}$$

est une grandeur thermodynamique.

Si l'on prend maintenant s, ρ et A comme variables, on a :

(102) $$p_1 = c^2_{e0}\, \rho_1 + b_0\, A_1$$

avec :

(103) $$c_e = (\partial p/\partial \rho)^{1/2}_{s,A}$$

c_e : célérité du son dans un mélange à l'équilibre chimique (celui-ci est défini par A = 0), et

(104) $$b = (\partial p/\partial A)_{s,\rho}$$

Remarque :

On sait que c_f et c_e sont des nombres réels positifs, on ne connaît pas à priori les signes de a et b mais on sait que le rapport b/a est négatif (eqs. 28 et 29). Si l'on envisage une réaction chimique à volume constant, on a en proche équilibre :

(105) $$\begin{cases} \rho\, \partial \xi/\partial t = L_0 A_1 \\ p_1 = a_0\, \xi_1 \\ p_1 = b_0\, A_1 \end{cases}$$

d'où :

(106) $$\partial \xi_1/\partial t - (L_0 a_0/\rho_0 b_0)\, \xi_1 = 0$$

de sorte que :

(107) $$\tau_{v0} = - \rho_0 b_0 / L_0 a_0 > 0$$

représente le temps caractéristique de la réaction.

De même, pour une réaction à pression constante, on aura :

(108) $$\tau_{p0} = -\rho_0 b_0 c_{f0}^2 / L_0 a_0 c_{e0}^2 > 0$$

On a successivement :

(109) $$\rho_0 \, \partial \vec{v}_1 / \partial t + \overrightarrow{\mathrm{grad}}\, p_1 = 0$$

d'où :

(110) $$\begin{cases} \vec{v}_1 = \overrightarrow{\mathrm{grad}}\, \varphi_1 \\ p_1 = -\rho_0 \, \partial \varphi_1 / \partial t \end{cases}$$

L'équation de continuité :

(111) $$\partial \rho_1 / \partial t + \rho_0 \, \mathrm{div}\, \vec{v}_1 = 0$$

nous donne :

(112) $$c_{f0}^{-2} (\partial p_1 / \partial t - a_0 \, \partial \xi_1 / \partial t) + \rho_0 \, \mathrm{div}\, \vec{v}_1 = 0$$

ou encore, puisque $\rho_0(\partial \xi_1/\partial t) = LA_1$:

(113) $$c_{f0}^2 \, \Delta \varphi_1 - \partial^2 \varphi_1 / \partial t^2 = L_0 a_0 A_1 / \rho_0^2$$

Dérivons les deux membres par rapport à t, il vient :

(114) $$(\partial/\partial t)(c_{f0}^2 \, \Delta \varphi_1 - \partial^2 \varphi_1 / \partial t^2) = (L_0 a_0 / \rho_0^2 b_0)(\partial/\partial t)(p_1 - c_{e0}^2 \rho_1)$$

ou encore :

(115) $$(\partial/\partial t)(c_{f0}^2 \, \Delta \varphi_1 - \partial^2 \varphi_1 / \partial t^2) - (L_0 a_0 / \rho_0 b_0)(c_{e0}^2 \, \Delta \varphi_1 - \partial^2 \varphi_1 / \partial t^2) = 0$$

Cette équation, qui régit le mouvement des petites perturbations, peut s'écrire, d'après ce qui précède, sous l'une des deux formes équivalentes :

(116) $$\tau_{v0} \frac{\partial}{\partial t}\left(\frac{\partial^2 \varphi_1}{\partial t^2} - c_{f0}^2 \, \Delta \varphi_1 \right) + \frac{\partial^2 \varphi_1}{\partial t^2} - c_{e0}^2 \, \Delta \varphi_1 = 0$$

(117) $$\tau_{p0} \frac{\partial}{\partial t}\left(\frac{1}{c_{f0}^2} \frac{\partial^2 \varphi_1}{\partial t^2} - \Delta \varphi_1 \right) + \frac{1}{c_{e0}^2} \frac{\partial^2 \varphi_1}{\partial t^2} - \Delta \varphi_1 = 0$$

L'équation aux dérivées partielles en φ_1 est linéaire. On peut rechercher des solutions élémentaires du type :

(118) $$f = \hat{f}\, e^{i(\vec{K}.\vec{x} - \omega t)}$$

représentant des ondes planes libres de fréquence $\omega/2\pi$.

On obtient pour $\vec{K}$ et ω l'équation suivante :

(119) $$i\omega\tau_{vo}\left(c_{fo}^2 K^2 - \omega^2\right) - \left(c_{eo}^2 K^2 - \omega^2\right) = 0$$

qui nous donne K^2 en fonction de ω :

(120) $$K^2 = \frac{\omega^2 (1 - i\omega\tau_{vo})}{c_{eo}^2 - i\omega\tau_{vo} c_{fo}^2}$$

Deux cas limites sont intéressants. Lorsque $\omega\tau_{vo}$ est voisin de zéro (vibration très lente), l'évolution est lente devant la réaction chimique et l'équilibre chimique est réalisé à tout instant, on trouve alors :

(121) $$\omega^2/K^2 \simeq c_{eo}^2$$

et la célérité de propagation des petits mouvements est égale à c_e, qui représente bien la célérité du son à l'équilibre chimique. Lorsque $\omega\tau_{vo}$ est grand (vibration très rapide), les réactions chimiques sont figées, on trouve :

(122) $$\omega^2/K^2 \simeq c_{fo}^2$$

comme dans le cas non réactif.

Dans le cas de valeurs finies de $\omega\tau_v$, il y a relaxation. L'exposant $i(\vec{K}.\vec{x} - \omega t)$ s'écrit aussi $i\omega(\vec{K}.\vec{x}/\omega - t)$. Si l'on décompose le vecteur nombre d'onde $\vec{K}$ en sa partie réelle $\vec{K}_r$ et sa partie imaginaire $\vec{K}_i$, cet exposant devient égal à :

(123) $$-\vec{K}_i.\vec{x} + i\omega\left(\vec{K}_r.\vec{x}/\omega - t\right)$$

Ainsi K_i caractérise l'amortissement spatial de l'onde et K_r/ω est l'inverse de sa vitesse de propagation c. L'amortissement de l'onde et sa célérité seront des fonctions de la pulsation ω. Ces fonctions ne se déterminent facilement que dans le cas où les vitesses caractéristiques c_{fo} et c_{eo} sont voisines l'une de l'autre. D'après (27) l'on a toujours $c_f > c_e$. La condition s'écrit donc :

(124) $$c_{fo}^2 = c_{eo}^2 (1 + \varepsilon')$$

En posant :

(125) $$k = k_r + i k_i, \qquad k_r/\omega = 1/c(\omega), \qquad k_i/\omega = \gamma(\omega)$$

on obtient après linéarisation en ε' et séparation des parties réelle et imaginaire :

(126) $$\begin{cases} 1/c^2 - \gamma^2 = c_{eo}^{-2} \left[1 - \varepsilon' \omega^2 \tau_{vo}^2 / (1 + \omega^2 \tau_{vo}^2)\right] \\ 2\gamma/c = \varepsilon' c_{eo}^{-2} \, \omega \tau_{vo} / (1 + \omega^2 \tau_{vo}^2) \end{cases}$$

La résolution de ce système, en négligeant les termes en ε^2, nous donne :

(127) $$\begin{cases} c^2(\omega) = \left(c_{eo}^2 + \omega^2 \tau_{vo}^2 c_{fo}^2\right) / (1 + \omega^2 \tau_{vo}^2) \\ \gamma = \dfrac{c_{fo} - c_{eo}}{c_{eo}^2} \, \dfrac{\omega \tau_{vo}}{1 + \omega^2 \tau_{vo}^2} \end{cases}$$

L'atténuation de l'onde par unité de longueur d'onde est :

(128) $$2\pi c \gamma \simeq 2\pi \frac{c_{fo} - c_{eo}}{c_{eo}} \frac{\omega \tau_{vo}}{1 + \omega^2 \tau_{vo}^2}$$

L'expression de $c(\omega)$ est compatible avec les limites trouvées pour $\omega\tau_{vo}$ petit et $\omega\tau_{vo}$ infini. Les courbes de la figure 8 résument ces résultats.

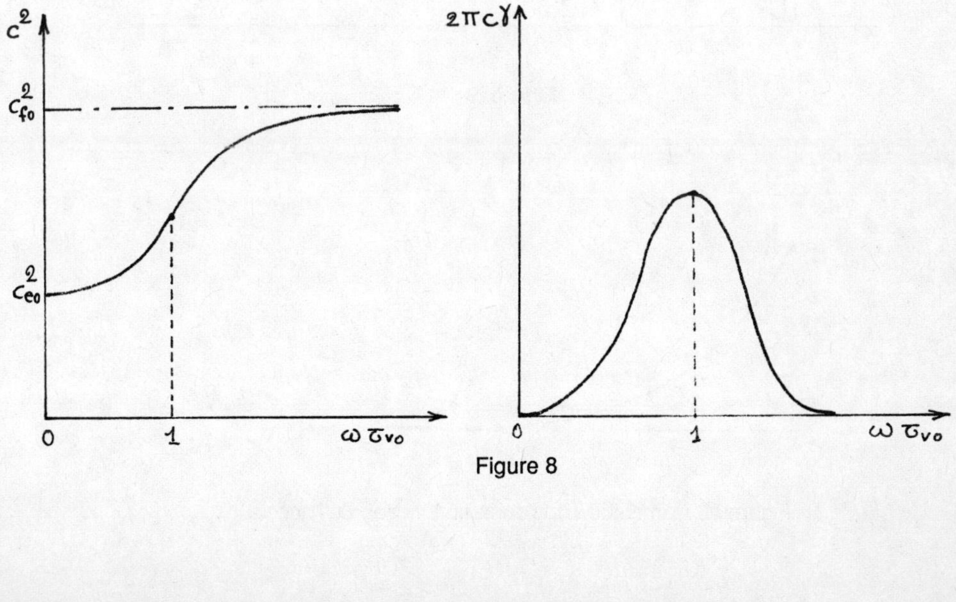

Figure 8

En conclusion, les petits mouvements d'un fluide réactif se propagent à une vitesse qui dépend de la fréquence de l'onde plane monochromatique envisagée, ils s'atténuent dans l'espace, le coefficient d'atténuation par unité de longueur d'onde étant lui aussi fonction de la fréquence suivant les lois indiquées ci-dessus.

Appliquons ce résultat à un *piston animé de petits mouvements* autour de la position x = 0, de fréquence $\omega/2\pi$. On obtient le même schéma que pour un fluide non réactif, mais il y a atténuation de l'onde le long des caractéristiques de pente $dt/dx = 1/c(\omega)$. L'amplitude de l'onde varie comme $e^{-k_i x}$ et, si $(c^2_{fo}/c^2_{eo}) - 1 << 1$, K_i est égal à :

$$k_i = \frac{(c_{fo} - c_{eo})\,\omega^2 \tau_{vo}}{c_{eo}^2\,(1 + \omega^2 \tau_{vo}^2)} \tag{129}$$

Pour une fréquence donnée, l'atténuation dépend de τ_{vo}, elle est maximum pour $\tau_{vo} = 1/\omega$, à une abscisse donnée. Elle est proportionnelle à x, distance à l'origine.

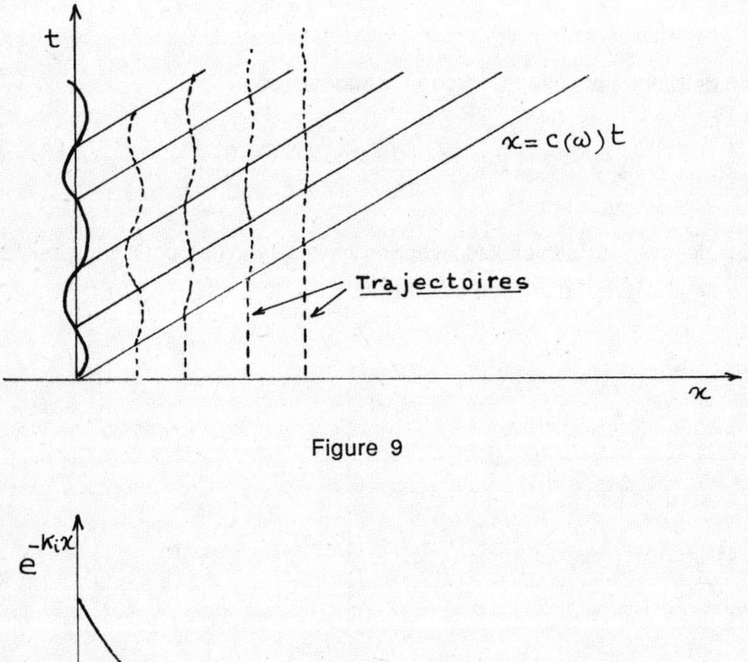

Figure 9

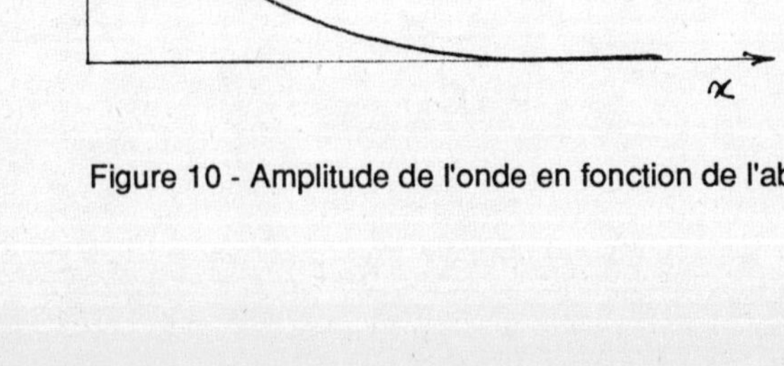

Figure 10 - Amplitude de l'onde en fonction de l'abscisse

On notera que $K_i \longrightarrow 0$ pour $\omega \longrightarrow 0$ (équilibre) et que $K_i \longrightarrow \varepsilon'/2c_{eo}\tau_{vo}$ lorsque $\omega \longrightarrow \infty$ (figeage). L'onde de basse fréquence est donc peu atténuée, c'est la plus lente (vitesse c_{eo}) alors que l'onde de haute fréquence est la plus atténuée à τ_{vo} fixé. En présence de petits mouvements non monochromatiques du piston, il y a combinaison de ces ondes avec une distribution d'amplitude suivant la fréquence.

5. LES RELATIONS DE RANKINE-HUGONIOT [14], [43]

On observe deux types de propagation de flamme dans un mélange de combustible et de comburant. Lorsque la propagation est lente (quelques centimètres à la seconde), on a affaire à une déflagration, l'onde de propagation rapide (quelques km/s) est une onde de détonation. Par exemple, dans un tube suffisamment long rempli d'un mélange de combustible et de comburant, si on allume le mélange à une extrémité, une flamme de déflagration se déplace à vitesse constante pendant un certain temps. Lorsque cette flamme a parcouru une distance de l'ordre de dix fois le diamètre du tube, la flamme accélère et se transforme, après une période transitoire, en une onde de détonation à vitesse constante. Nous n'étudierons que les ondes planes pour lesquelles le mouvement du fluide peut être considéré comme unidimensionnel stationnaire dans un repère lié à l'onde. Nous éliminons ainsi de notre étude la zone transitoire.

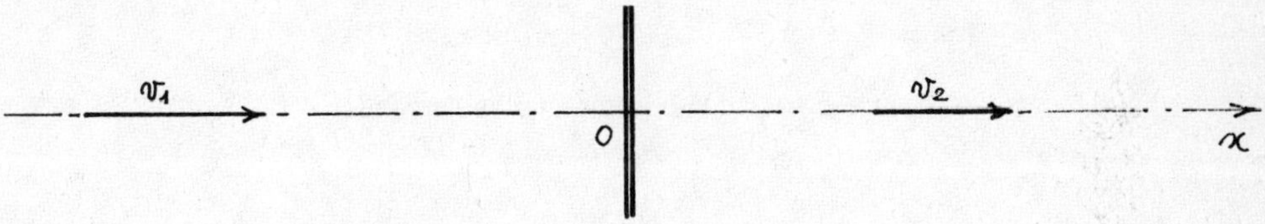

Figure 11

Dans un système d'axes lié à l'onde le phénomène peut être schématisé comme suit (Fig. 11) :

- en amont de l'onde ($x < 0$) le mélange de gaz frais se déplace à une vitesse constante,
- à la traversée de l'onde ($x = 0$) le fluide subit une discontinuité,
- en aval de l'onde ($x > 0$) le mélange de gaz brûlés se déplace en mouvement uniforme à la vitesse v_2.

Si l'on prenait par contre un système d'axes par rapport auquel les gaz frais seraient immobiles, l'onde remonterait le mélange frais (Fig. 12) :

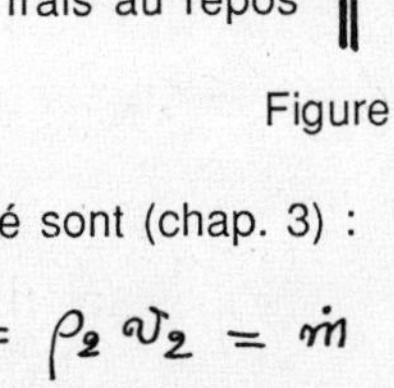

Figure 12

Les équations à la discontinuité sont (chap. 3) :

(130) $$\rho_1 v_1 = \rho_2 v_2 = \dot{m}$$ (masse)

(131) $$p_1 + \rho_1 v_1^2 = p_2 + \rho_2 v_2^2$$ (quantité de mouvement)

(132) $$h_1 + v_1^2/2 = h_2 + v_2^2/2$$ (énergie)

A ces équations du mouvement il faut ajouter les équations donnant l'état du mélange gazeux. Ces équations sont au nombre de deux ; dans le cas de gaz parfaits en mélange idéal, on a :

(133) $$\begin{cases} p_1/\rho_1 = n_1 R T_1 , & p_2/\rho_2 = n_2 R T_2 \\ h_1 = h_1(Y_{j1}, T_1), & h_2 = h_2(Y_{j2}, T_2) \end{cases}$$

Dans l'état (1) les concentrations sont celles des gaz frais, la température est trop faible pour que les réactions chimiques aient lieu. Le mélange est figé. Dans l'état (2) on a affaire à un mélange gazeux en équilibre chimique. L'enthalpie h_2 se rapporte donc à un gaz d'une autre nature que le gaz (1). La différence des enthalpies correspond à l'énergie mise en jeu par la réaction et à l'enthalpie de chauffage du gaz entre T_1 et T_2. En simplifiant et si la chaleur spécifique n'a pas varié :

(134) $$h_2 - h_1 = -\Delta h + c_p (T_2 - T_1)$$

Remarque : A la traversée d'un choc sans combustion on a seulement :

(135) $$h_2 - h_1 = c_p (T_2 - T_1)$$

En éliminant v_1 et v_2 entre l'équation de continuité et celle de la quantité de mouvement, on obtient :

(136) $$p_2 - p_1 = \rho_1 v_1^2 - \rho_2 v_2^2 = -\dot{m}^2 \left(\frac{1}{\rho_2} - \frac{1}{\rho_1} \right)$$

ou encore :

(137) $$(p_2 - p_1) / \left(\frac{1}{\rho_2} - \frac{1}{\rho_1} \right) = -\dot{m}^2$$

En procédant de même avec l'équation de l'énergie, on a :

(138) $$h_2 - h_1 = -\frac{\dot{m}^2}{2} \left(\frac{1}{\rho_2^2} - \frac{1}{\rho_1^2} \right)$$

et en remplaçant $\dot{m}^2$ par sa valeur :

(139) $$h_2 - h_1 = \frac{1}{2} \left(\frac{1}{\rho_2} + \frac{1}{\rho_1} \right) (p_2 - p_1)$$ (adiabatique de détonation)

Les relations (137) et (139) sont dites de Rankine-Hugoniot.

Dans un système d'axes $(1/\rho_2, p_2)$ l'équation (137) donne une droite de pente $(-\dot{m}^2)$; ρ_1 et p_1 sont des données et ρ_2, p_2 les inconnues du problème.

Nous avons vu que $h_2 - h_1$ pouvait s'exprimer en fonction des quantités thermodynamiques (par exemple T) ; si les variables choisies sont p et ρ, l'équation (139) est représentée par une courbe ne passant pas par le point $(1/\rho_1, p_1)$; en effet, si l'on fait par exemple $T_2 = T_1$ on n'obtient pas $h_2 = h_1$, contrairement à ce qui se passe avec une onde de choc.

L'intersection de l'adiabatique définie par (139) et de la droite de pente $-\dot{m}^2$ donne la solution (Fig. 13).

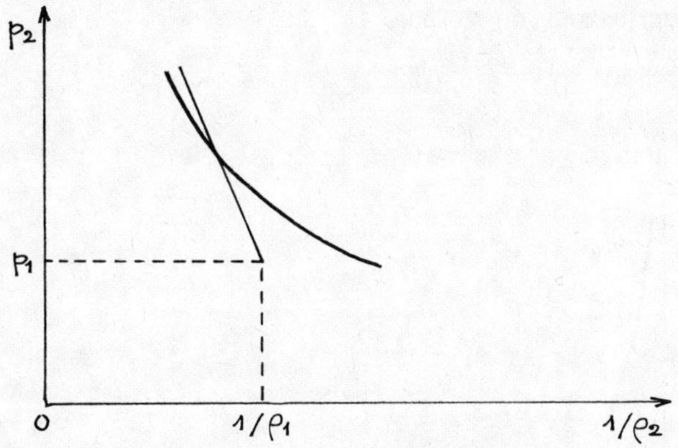

Figure 13

Nous allons résoudre le problème dans le cas simplifié déjà évoqué. Nous supposerons de plus que la masse molaire ne change pas, si bien que :

(140) $$\frac{T_2}{T_1} = \frac{\rho_1}{\rho_2}\,\frac{p_2}{p_1}$$

Posons maintenant :

(141) $$\begin{cases} \rho_1/\rho_2 = \mathcal{V}, & p_2/p_1 = p \\ \tau = \Delta h / c_p T_1 \end{cases}$$

On obtient alors :

(142) $$\frac{p-1}{\mathcal{V}-1} = -\frac{\dot{m}^2}{\rho_1\, p_1}$$ d'après (137)

(143) $$p\mathcal{V} - 1 - \tau = \frac{p_1}{2\,\rho_1\, c_p T_1}\,(\mathcal{V}+1)\,(p-1)$$ d'après (139)

Compte-tenu de l'expression du nombre de Mach :

(144) $$M_1 = v_1/c_1 = v_1/\sqrt{\gamma p_1/\rho_1} = \dot{m}/\sqrt{\gamma p_1 \rho_1}$$

et de la loi d'état des gaz, nous avons :

(145) $$(p-1)/(\vartheta-1) = -\gamma M_1^2$$

(146) $$p = \frac{(1-\gamma)\vartheta + 1+\gamma+2\gamma\tau}{(1+\gamma)\vartheta + 1 - \gamma}$$

L'équation (146) fournit l'adiabatique de la figure 14.

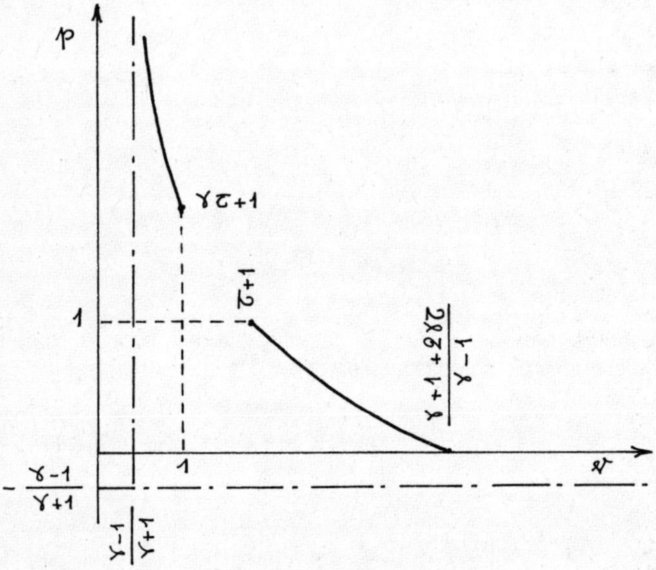

Figure 14

La zone interdite correspond à $M_1^2 < 0$.

La partie $\vartheta < 1$ de cette courbe correspond à une augmentation de pression, souvent importante. C'est le domaine des détonations. Lorsque $\tau = 0$, c'est-à-dire en l'absence de combustion, il s'agit simplement d'une onde de choc. On démontre dans ce cas, en appliquant le second principe de la thermodynamique, que l'onde de choc est obligatoirement une onde de compression. Il ne peut donc y avoir d'onde de discontinuité, en fluide simple, avec augmentation de volume massique et diminution de pression. Ce n'est pas le cas lorsque τ est positif.

Le domaine correspondant à p < 1 est celui des déflagrations. Généralement, la variation de pression y est si faible qu'on la néglige. C'est pour cela qu'au chapitre 7, nous avons supposé la pression constante dans l'étude des flammes de déflagration.

On met ainsi en évidence deux domaines bien distincts, celui des détonations et celui des déflagrations. Nous allons voir que la condition à la discontinuité :

(147) $$[\![\vec{J}_s + \rho s(\vec{v} - \vec{w})]\!] \cdot \vec{N} = \hat{w}_s \geqslant 0$$

du chapitre 3, qui donne ici :

(148) $$\rho_2 s_2 v_2 - \rho_1 s_1 v_1 = \hat{w}_s \geqslant 0$$

conduit à limiter encore ces domaines.

Définissons d'abord les deux points particuliers où la droite issue du point (1, 1) est tangente à l'adiabatique. Tout d'abord, au voisinage de ces points on peut dériver les équations :

(149) $$\begin{cases} dp = -\gamma M_1^2 \, d\vartheta \\ [(1+\gamma)\vartheta + 1-\gamma]dp + p(1+\gamma)d\vartheta = (1-\gamma)\, d\vartheta \end{cases}$$

En éliminant dp, on a :

(150) $$-\gamma M_1^2 [(1+\gamma)\vartheta + 1-\gamma] + p(1+\gamma) - 1 + \gamma = 0$$

En remplaçant M_1^2 par sa valeur en p et ϑ :

(151) $$p[(1+\gamma)\vartheta - \gamma] - \vartheta = 0$$

En éliminant p on trouve l'équation que vérifient les abscisses de ces points dits de Chapman-Jouguet :

(152) $$\vartheta^2 - 2(1+\tau)\vartheta + 1 + 2\gamma\tau/(1+\gamma) = 0$$

Démontrons que ces *points de Chapman-Jouguet* correspondent aux extrema de production d'entropie.

L'entropie s_2 dépend de l'intersection de la droite issue du point (1, 1) avec l'adiabatique, donc de la pente de cette droite qui est, nous l'avons vu, proportionnelle au carré du nombre de Mach amont M_1^2.

Calculons les extrema de $s_2 - s_1$, c'est-à-dire les extrema de la production d'entropie à travers l'onde.

(153) $$\hat{w}_s / \dot{m} = s_2 - s_1 = c_v \operatorname{Log}(p_2/p_1) - c_p \operatorname{Log}(\rho_2/\rho_1) = c_v \operatorname{Log} p + c_p \operatorname{Log} \vartheta$$

L'extrémum correspond à :

(154) $$d(s_2 - s_1)/c_v = d \operatorname{Log} p + \gamma \, d \operatorname{Log} \vartheta = 0$$

Remplaçons p par sa valeur :

$$\frac{1}{c_v}\frac{d(s_2-s_1)}{d\vartheta} = \frac{1-\gamma}{(1-\gamma)\vartheta+1+\gamma+2\gamma\tau} - \frac{1+\gamma}{(1+\gamma)\vartheta+1-\gamma} + \frac{\gamma}{\vartheta} \tag{155}$$

ou encore :

$$\vartheta^2 - 2(1+\tau)\vartheta + 1 + 2\gamma\tau/(\gamma+1) = 0 \tag{156}$$

On constate que l'extremum correspond aux points de Chapman-Jouguet. En particulier, la détonation correspond à la production d'entropie minimale au point de Chapman-Jouguet.

On peut dire que l'onde de détonation ainsi obtenue est stable. Cependant la stabilité de l'onde de détonation dépend généralement d'autres facteurs, tels que les caractéristiques des parois et une étude approfondie est nécessaire pour déterminer les zones de stabilité. Nous ne la ferons pas ici.

L'étude de $(s_2 - s_1)/c_v$ en fonction de ϑ nous indique l'allure de la courbe (Fig. 15).

Lorsque $\tau = 0$ on retrouve le cas de l'onde de choc caractérisé par un point d'inflexion à tangente horizontale en $\vartheta = 1$.

La branche T_1T_2 de la courbe de la production d'entropie correspond aux ondes de détonation, la branche F_1F_2 est celle des déflagrations. Les points de Chapman-Jouguet sont en T et F. Seul le point T a une signification particulière et correspond à la détonation de Chapman-Jouguet.

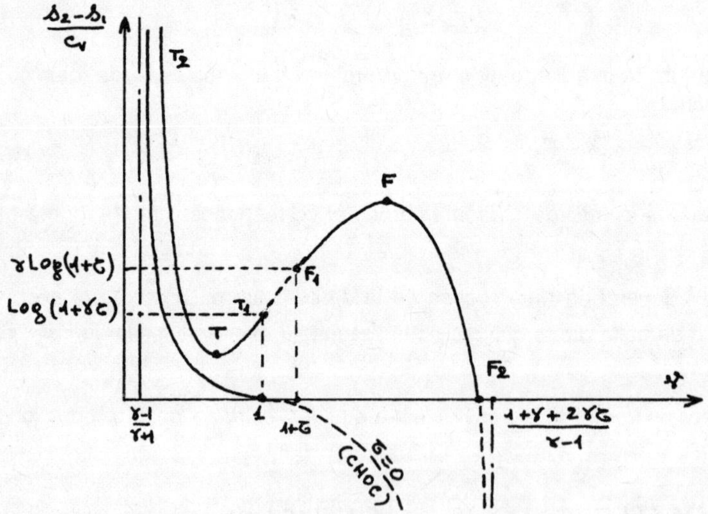

Figure 15

L'image de cette courbe dans le diagramme (ϑ , p) est donnée par la figure 16.

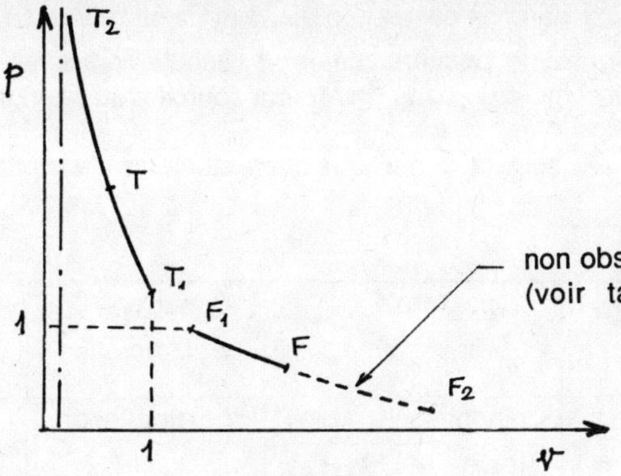

Figure 16

La célérité de l'onde de détonation D est égale à la vitesse relative des gaz frais v_1. On peut en particulier calculer cette célérité au point T, où l'on a :

$$\vartheta = 1 + \tau - \sqrt{\tau^2 + 2\tau/(\gamma+1)} \tag{157}$$

On remplace ϑ par cette valeur dans l'expression de p et on utilise l'équation

$$M_1^2 = -\frac{1}{\gamma}\,\frac{p-1}{\vartheta-1} \tag{158}$$

pour calculer M_1, d'où l'on déduit v_1 = D puisque :

$$v_1 = M_1\, c_1 \tag{159}$$

c_1 est la célérité du son dans les gaz frais, supposée connue si ceux-ci sont au repos ($u_1 = 0 = v_1 - D$).

Le nombre de Mach aval $M_2 = v_2 / c_2$, par rapport à l'onde est tel que :

$$M_2^2 = v_2^2/c_2^2 = \frac{\rho_1^2 v_1^2/c_1^2}{\rho_2^2\, c_2^2/c_1^2} = \frac{\rho_1^2\, M_1^2}{\rho_2^2\, \frac{p_2}{p_1}\, \frac{\rho_1}{\rho_2}} = \frac{\vartheta}{p}\, M_1^2 \tag{160}$$

On en déduit aisément la vitesse v_2.

Au point T de Chapman-Jouguet, on obtient :

$$M_{2T} = 1 \tag{161}$$

Pour le démontrer, il suffit d'exprimer M_1^2 en fonction de ϑ et p comme précédemment et d'utiliser la relation indépendante de τ valable aux points de Chapman-Jouguet :

(162) $$p\left[(1+\gamma)\vartheta-\gamma\right]-\vartheta=0$$

Le fait que M_2 soit égal à 1 dans ce cas est un élément de stabilité pour l'onde de détonation. En effet, les ondes acoustiques ne peuvent remonter l'écoulement aval pour atteindre l'onde de détonation et tout ralentissement de cette onde sera source d'un phénomène instationnaire.

Le tableau récapitulatif suivant donne quelques éléments de confrontation entre la théorie et l'expérience.

zone du diagramme	M_2	Type d'onde	Conditions d'observation	Remarques
T_2T	< 1	détonation forte	particulières	$M_1 > (M_1)_T$
T	= 1	détonation de Chapman-Jouguet	habituelles	l'onde remonte les gaz frais à vitesse supersonique
TT_1	> 1	détonation faible	particulières	$M_1 > (M_1)_T$
F_1F	< 1	déflagration faible	habituelles	$M_1 < (M_1)_F < 1$ l'onde remonte les gaz frais à vitesse subsonique
F	= 1		non observé	
FF_2	> 1		non observé	

6. STRUCTURE DE L'ONDE DE DETONATION PLANE STATIONNAIRE

Lorsque l'onde de détonation est provoquée par un choc engendré par une source extérieure, l'échauffement qui en résulte amorce les réactions chimiques qui se poursuivent derrière l'onde de choc. Le point final se trouve sur l'adiabatique de détonation.

L'onde est donc une couche de largeur finie le long de laquelle l'énergie de réaction est progressivement libérée. Tout au long du processus, les équations de conservation de la masse et de la quantité de mouvement sont valables et le débit est unique. On se trouve donc sur la droite de débit constant (Michelson) : $(p-1)/(\vartheta-1) = -\gamma M_1^2$.

Dans le diagramme de Clapeyron, le chemin est le suivant (Zeldovich) (Fig. 17) :

Points avant le choc : I
Choc : IN
Onde de combustion : segment Na

Le point b ne peut être atteint de cette manière et seuls les points de la branche T_2T donnent lieu à ce type de description.

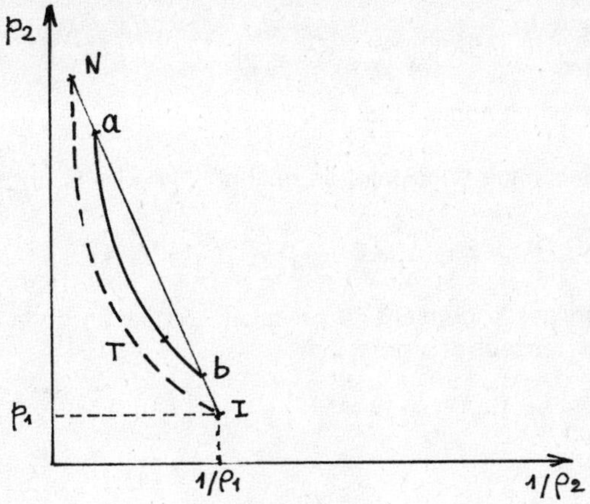

Figure 17

Ce résultat reste valable tant que l'onde de choc reste le processus déclenchant la combustion.

En réalité, la structure de l'onde de détonation stabilisée et stationnaire relève de l'ensemble des processus internes à l'onde qui font intervenir les phénomènes de transfert. Dans un premier temps nous avons considéré l'onde de combustion comme une simple surface de discontinuité ce qui nous a permis de déterminer les paramètres de part et d'autre connaissant M_1. La vitesse de l'onde a été calculée dans le cas de la détonation de Chapman-Jouguet pour laquelle on connaît $M_{1T} > 1$ et $M_{2T} = 1$.

La structure de l'onde de déflagration a été étudiée au chapitre 7. Etudions ici celle de l'onde de détonation de Chapman-Jouguet en admettant que les lois phénoménologiques linéaires donnant les flux de transfert en fonction des gradients restent valables malgré les gradients très importants qui se présentent.

L'onde de détonation ne pose pas les mêmes problèmes que l'onde de déflagration. D'une part elle est beaucoup plus rapide et met en jeu des gradients de pression importants; de ce fait elle ne permet pas l'utilisation de l'approximation de Shvab-Zeldovich. D'autre part, et cela est vrai pour l'onde la plus stable tout au moins, on connaît sa vitesse par rapport aux gaz frais qui est déterminée par les valeurs de p et $\mathcal{V}$ au point de Chapman-Jouguet.

L'étude de la structure de l'onde de détonation sera donc effectuée à partir des équations directes de l'écoulement unidimensionnel stationnaire.

Comme précédemment, considérons le système lié à l'onde, on a :

(163) $\quad d(\rho v)/dx = 0 \quad$ et $\quad \rho v = \dot{m} \quad$ (masse)

L'équation du bilan des espèces s'écrit, dans le cas de la réaction :

$$A \longrightarrow B$$

que nous prendrons pour simplifier :

(164) $$\frac{d}{dx}\left(\rho v Y_j - \rho \mathcal{D} \frac{dY_j}{dx}\right) = \nu_j \mathcal{M}_j k C_A$$

Dans cette relation nous avons admis la loi de Fick.

En prenant Y_B comme inconnue principale, on obtient $(\rho\mathcal{D} = C^{te})$:

(165) $$\dot{m}\frac{dY_B}{dx} - \rho\mathcal{D}\frac{d^2 Y_B}{dx^2} = \rho k\,(1 - Y_B)$$ (espèces)

On ne peut plus négliger le gradient de pression. L'équation de la quantité de mouvement s'obtient en exprimant le tenseur des pressions :

(166) $$\vec{P} = p\vec{1} - 2\mu\vec{D} = p\vec{1} - 2\mu\left[\frac{1}{2}\left(\vec{\nabla}\otimes\vec{v} + \widetilde{\vec{\nabla}\otimes\vec{v}}\right) - \frac{1}{3}\vec{\nabla}.\vec{v}\right]$$

soit ici :

(167) $$P = p - \frac{4}{3}\mu\frac{dv}{dx}$$

et l'on a :

(168) $$\dot{m}\frac{dv}{dx} + \frac{dp}{dx} - \frac{4}{3}\frac{d}{dx}\left(\mu\frac{dv}{dx}\right) = 0$$ (quantité de mouvement)

L'équation de l'énergie est alors la suivante :

(169) $$\frac{d}{dx}\Big[\dot{m}\Big(\underbrace{\sum_{j=1}^{N} Y_j h_j - \frac{p}{\rho}}_{\text{énergie interne}} + \underbrace{\frac{v^2}{2}}_{\text{énergie cinétique}}\Big) - \underbrace{\lambda\frac{dT}{dx}}_{\text{flux conductif}} + \underbrace{\rho\sum_{j=1}^{N} Y_j h_j V_j}_{\text{flux de chaleur dû à la diffusion}} + \underbrace{pv}_{\text{travail de la pression normale}} - \underbrace{\frac{4}{3}\mu v\frac{dv}{dx}}_{\text{énergie dissipée par la viscosité}}\Big] =$$

On suppose alors que les nombres de Schmidt et de Prandtl sont égaux à 3/4, il en résulte que l'équation précédente s'écrit :

(170) $$\frac{d}{dx}\left(\sum_{j=1}^{N}\rho_j v_j h_j\right) + \dot{m}\frac{d}{dx}\left(\frac{v^2}{2}\right) - g\frac{d^2}{dx^2}\left(c_p T + \frac{v^2}{2}\right) = 0$$

avec :

(171) $$g = \rho\mathcal{D} = \lambda/c_p = 4\mu/3$$

donc :

$$\frac{d}{dx}\left(\sum_j \rho_j v_j \int_{T_0}^{T} c_{p,j}\, dT\right) + \sum_j (q_f^\circ)_j \dot{w}_j + \dot{m}\frac{d}{dx}\left(\frac{v^2}{2}\right) - g\frac{d^2}{dx^2}\left(c_p T + \frac{v^2}{2}\right) = 0 \tag{172}$$

On a :

$$\left\{\begin{array}{l} \frac{d}{dx}\left(\sum_j \rho_j v_j \int_{T_0}^{T} c_{p,j}\, dT\right) \simeq \frac{d}{dx}(c_p T)\,\dot{m} \\ \sum_j (q_f^\circ)_j \dot{w}_j = [(q_f^\circ)_B - (q_f^\circ)_A]\,\rho k (1-Y_B) = \Delta h\, \rho k (1-Y_B) \end{array}\right. \tag{173}$$

Finalement :

$$\dot{m}\frac{d}{dx}\left(c_p T + \frac{v^2}{2}\right) - g\frac{d^2}{dx^2}\left(c_p T + \frac{v^2}{2}\right) = \Delta h\, \rho k (1-Y_B) \tag{174}$$

En posant :

$$\left\{\begin{array}{l} \Theta = (c_p T + v^2/2)/c_p T_1 \\ \tau = \Delta h / c_p T_1 \end{array}\right. \tag{175}$$

on trouve une équation analogue à celle de la diffusion :

$$\dot{m}\, d\Theta/dx - g\, d^2\Theta/dx^2 = \tau \rho k (1-Y_B) \qquad \text{(énergie)} \tag{176}$$

avec les conditions aux limites :

$$\left\{\begin{array}{lll} x \to -\infty & : & Y_B = Y_{B1} = 0 \\ x \to +\infty & : & Y_B = Y_{B2} = 1 \end{array}\right. \tag{177}$$

La similitude entre Y_B et Θ/τ nous conduit à la relation linéaire :

$$Y_B = (\Theta - \Theta_1)/(\Theta_2 - \Theta_1) \tag{178}$$

Nous poserons maintenant :

$$(179)\quad \begin{cases} d\xi = \dot{m}\, dx/g & \text{abscisse réduite} \\ G = d\Theta/d\xi & \text{gradient de température totale} \\ U = v/c_1 & \text{vitesse réduite.} \end{cases}$$

On est conduit à :

$$(180)\quad d\Theta/d\xi - d^2\Theta/d\xi^2 = g\,\tau\,\rho\, k(1-Y_B)/\dot{m}^2$$

On peut remplacer $d\Theta/d\xi$ par G, exprimer $\rho = \dot{m}/c_1 U$, $k = B\, e^{-Ta/T}$ en fonction de Θ et U, Y_B en fonction de Θ. On obtient alors une équation différentielle en G, Θ et U :

$$(181)\quad \frac{dG}{d\Theta} = 1 - \frac{g\,\tau}{\dot{m}^2 G}\, f(\Theta, U) \qquad \text{(énergie)}$$

avec :

$$(182)\quad f(\Theta,U) = \frac{B\dot{m}}{c_1 U}\,\frac{\Theta_2 - \Theta}{\Theta_2 - \Theta_1}\, e^{-\frac{Ta}{T_1}\left(\Theta - \frac{\gamma-1}{2}U^2\right)^{-1}}$$

L'équation de la quantité de mouvement admet une intégrale première et devient :

$$(183)\quad \dot{m}\, v + p - \frac{4}{3}\mu \frac{dv}{dx} = \dot{m}\, v_1 + p_1$$

en supposant les gaz frais immobiles à l'infini amont.

Cette équation devient :

$$(184)\quad \frac{dU}{d\xi} = \frac{p_1}{\dot{m}\, c_1}\left(\frac{p}{p_1} - 1\right) + U - U_1$$

or :

$$(185)\quad \frac{p}{p_1} = \frac{\rho}{\rho_1}\frac{T}{T_1} = \frac{U_1}{U}\left(\Theta - \frac{\gamma-1}{2}U^2\right)$$

On obtient donc :

$$(186)\quad \frac{dU}{d\xi} = \frac{1}{U}\left(\frac{\Theta}{\gamma} + \frac{\gamma+1}{2\gamma}U^2\right) - \frac{1}{U_1}\left(\frac{\Theta_1}{\gamma} + \frac{\gamma+1}{2\gamma}U_1^2\right)$$

et, en éliminant ξ, car $dU/d\xi = G\, dU/d\Theta$:

$$(187)\quad \frac{dU}{d\Theta} = \frac{\Theta - g(U)}{\gamma U G} \qquad \text{(impulsion)}$$

avec :

(188) $$g(U) = \frac{U}{U_1}\left(\Theta_1 + \frac{\gamma+1}{2}U_1^2\right) - \frac{\gamma+1}{2}U^2$$

Nous avons donc à résoudre le système des deux équations différentielles (181) et (187) où la variable est la température totale caractérisée par Θ et où les fonctions sont la vitesse réduite U de l'écoulement et le gradient de température totale G.

La courbe de Rayleigh permet de visualiser la structure de l'onde de détonation (Fig. 18). Elle correspond à l'absence de gradient de vitesse, ce qui donne :

(189) $$dU/d\Theta = 0$$

ou

(190) $$\Theta = g(U)$$

Les points initial et final (infini amont et aval) sont situés sur la courbe de Rayleigh. Le sommet de la courbe de Rayleigh correspond au point de Chapman-Jouguet, il fournit les conditions finales.

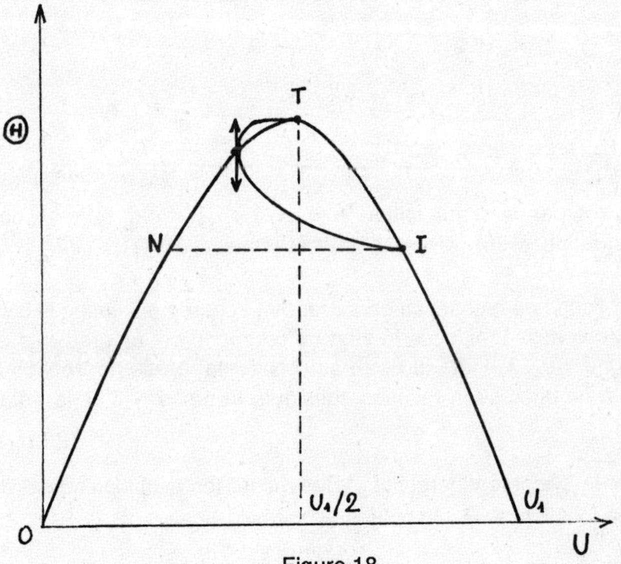

Figure 18

En effet, au sommet de la parabole, on a :

(191) $$\frac{d\,g(U)}{dU} = \frac{1}{U_1}\left(\Theta_1 + \frac{\gamma+1}{2}U_1^2\right) - (\gamma+1)\,U$$

soit :

(192) $$U = \frac{\Theta_1}{(\gamma+1) U_1} + \frac{U_1}{2}$$

D'autre part, à l'infini aval on a :

(193) $$U_2 = \frac{v_2}{c_1} = \frac{v_2}{c_2} \frac{c_2}{c_1} = M_2 \sqrt{\frac{T_2}{T_1}} = M_2 \sqrt{\Theta_2 - \frac{\gamma-1}{2} U_2^2}$$

soit :

(194) $$\left(1 + \frac{\gamma-1}{2} M_2^2\right) U_2^2 = M_2^2 \, \Theta_2 = M_2^2 \, g(U_2)$$

On obtient donc, avec $M_2 = 1$:

(195) $$U_2 = \frac{\Theta_1}{(\gamma+1) U_1} + \frac{U_1}{2}$$

Ce calcul montre que le sommet de la parabole correspond bien au point de Chapman-Jouguet.

Remarque : Dans le plan de Clapeyron, la courbe de Rayleigh correspond à l'équation :

(196) $$\frac{p}{p_2} - 1 = \gamma U_1^2 \left(1 - \frac{\rho_1}{\rho}\right)$$

ou :

(197) $$\frac{p/p_1 - 1}{v/v_1 - 1} = -\gamma M_1^2$$

C'est la droite passant par le point initial ($p/p_1 = v/v_1 = 1$). Pour faire le calcul il suffit de remplacer, dans l'équation (190), U par $M_1 v/v_1$ et Θ par $v p / v_1 p_1 + ((\gamma-1)/2) \; M_1^2 \; v^2/v_1^2$

On décrit de I à T l'onde de détonation en suivant une courbe qui coupe la courbe de Rayleigh en un point à tangente verticale, puisque le long de cette courbe les gradients $dU/d\Theta$ sont nuls. Dans un cas extrême, le chemin suivi serait I N T, la partie horizontale correspondrait à Θ = Cte, c'est-à-dire à un choc sans réaction chimique, la partie N T, à la réaction proprement dite.

On peut résoudre le système différentiel et déterminer les évolutions de G en fonction de Θ, comme celles de U en fonction de Θ. On obtient la courbe 19.

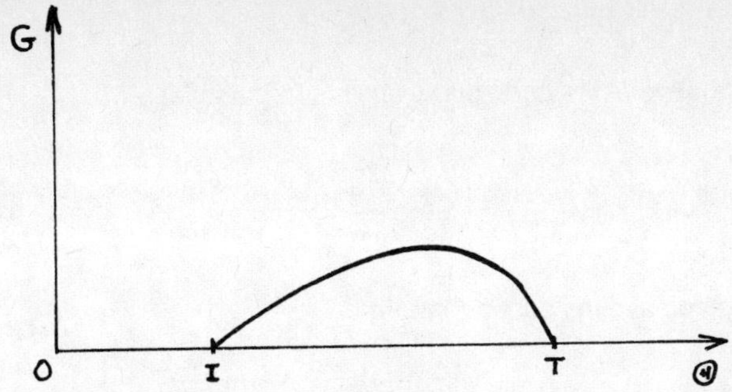

Figure 19

La figure 20 représente la situation dans le diagramme de Clapeyron.

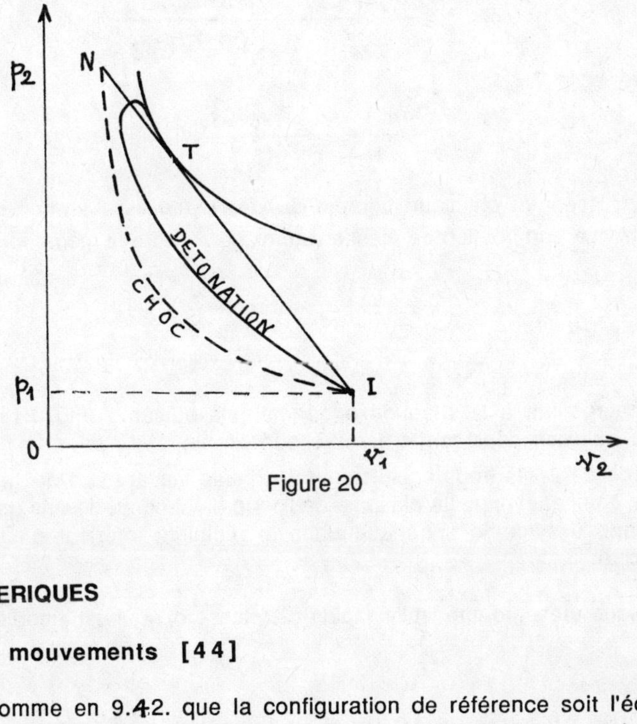

Figure 20

7. ONDES SPHERIQUES

7.1. Petits mouvements [44]

Admettons comme en 9.4.2. que la configuration de référence soit l'équilibre chimique dans un mélange monoréactif. Le mouvement est régi par l'équation en φ_1 qui, dans le cas de la symétrie sphérique devient :

$$\tau_{v0} \frac{\partial}{\partial t}\left[\frac{\partial^2 \varphi_1}{\partial t^2} - \frac{c_{f0}^2}{r^2} \frac{\partial}{\partial r}\left(r^2 \frac{\partial \varphi_1}{\partial r}\right)\right] + \frac{\partial^2 \varphi_1}{\partial t^2} - \frac{c_{e0}^2}{r^2} \frac{\partial}{\partial r}\left(r^2 \frac{\partial \varphi_1}{\partial r}\right) = 0 \qquad (198)$$

En posant simplement :

(199) $$\varphi_1 = \psi_1 / r$$

on est ramené à l'équation d'une onde plane suivant le potentiel ψ_1 :

(200) $$\tau_{vo} \frac{\partial}{\partial t}\left(\frac{\partial^2 \psi_1}{\partial t^2} - c_{fo}^2 \frac{\partial^2 \psi_1}{\partial r^2} \right) + \frac{\partial^2 \psi_1}{\partial t^2} - c_{eo}^2 \frac{\partial^2 \psi_1}{\partial r^2} = 0$$

Les solutions monochromatiques sont de la forme :

(201) $$\varphi_1 = \frac{1}{r} \hat{\varphi}\, e^{-\omega \gamma(\omega) r}\, e^{i\omega\left(\frac{r}{c(\omega)} - t\right)}$$

Lorsque c_e et c_f sont voisins l'un de l'autre, on a :

(202) $$\begin{cases} \omega \gamma(\omega) = \dfrac{c_{fo} - c_{eo}}{c_{eo}^2} \dfrac{\omega^2 \tau_{vo}}{1 + \omega^2 \tau_{vo}^2} \\ c^2(\omega) = \dfrac{c_{eo}^2 + \omega^2 \tau_{vo}^2 c_{fo}^2}{1 + \omega^2 \tau_{vo}^2} \end{cases}$$

En plus de l'amortissement chimique caractérisé par $\omega\gamma(\omega)$ il se produit un amortissement géométrique en 1/r. La perturbation de masse volumique ρ_1 aura la même forme que φ_1 :

(203) $$\rho_1 = \hat{\rho} \frac{1}{r} e^{-\omega \gamma r} e^{i\omega\left(\frac{r}{c} - t\right)}$$

Appliquons ce résultat à la situation expérimentale suivante (Fig. 21). L'onde de choc, générée par une balle se déplaçant à vitesse supersonique V_o dans le récipient supérieur, rencontre une série de petits trous équidistants distribués suivant une droite x'x dans la paroi séparant les deux compartiments. Le passage de l'onde de choc au-dessus de chaque petit trou engendre une onde à symétrie sphérique dans le récipient inférieur où règne initialement l'équilibre chimique.

L'onde sphérique présente une limite rapide de vitesse c_{fo} qui est amortie suivant : $(1/r)e^{-K_i r}$

(204) $$K_i = \lim_{\omega \to \infty} (\gamma \omega) = (c_{fo} - c_{eo}) / \tau_{vo} c_{eo}^2$$

et une limite lente, de vitesse $c_{eo} < c_{fo}$, amortie en 1/r.

L'enveloppe des limites rapides est un demi-cône de demi-angle au sommet α_f, tel que

$\sin \alpha_f = c_{fo}/V_o$. L'enveloppe des limites lentes est un demi-cône de même sommet et de même axe, mais de demi-angle α_e, tel que $\sin \alpha_e = c_{eo}/V_o$.

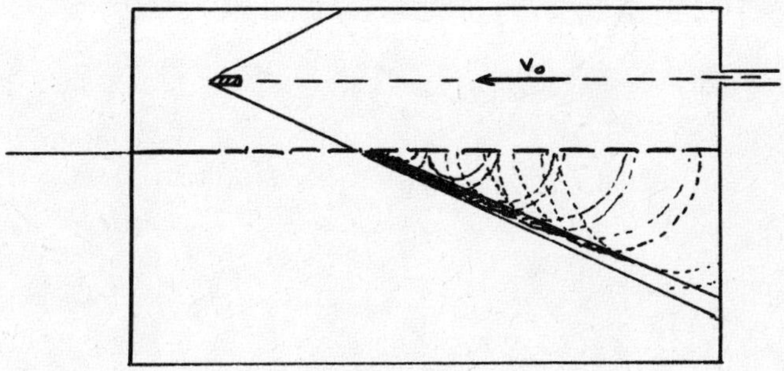

Figure 21

L'ombroscopie met en évidence l'amortissement géométrique et chimique de ces ondes et permet de déduire des mesures le temps chimique τ_{VO}. Il suffit pour cela d'observer l'amortissement le long du cône extérieur et de le comparer à celui qui se produit dans un milieu non réactif.

7.2. Onde de souffle [21], [45], [46]

Considérons une explosion ponctuelle d'énergie E_o dans une atmosphère au repos caractérisée par ρ_1 et p_1 (Fig. 22). L'onde est supposée très forte de sorte que le rapport de pression p_2/p_1 entre l'aval et l'amont soit infini. Pour une onde de choc, cela correspond à $M_1 \to \infty$. On supose un gaz idéal (à γ constant).

De part et d'autre de l'onde de choc sphérique ainsi obtenue les relations classiques de bilan de discontinuité sont valables. De la relation d'Hugoniot

(205) $$\frac{v_1^2}{2} + \frac{c_1^2}{\gamma - 1} = \frac{\gamma+1}{2(\gamma-1)} c_*^2$$

et de celle de Prandtl

(206) $$v_1 v_2 = c_*^2$$

on tire, en tenant compte de la conservation du débit :

(207) $$\frac{v_2}{v_1} = \frac{\rho_1}{\rho_2} = \frac{2}{\gamma+1} M_1^{-2} + \frac{\gamma-1}{\gamma+1}$$

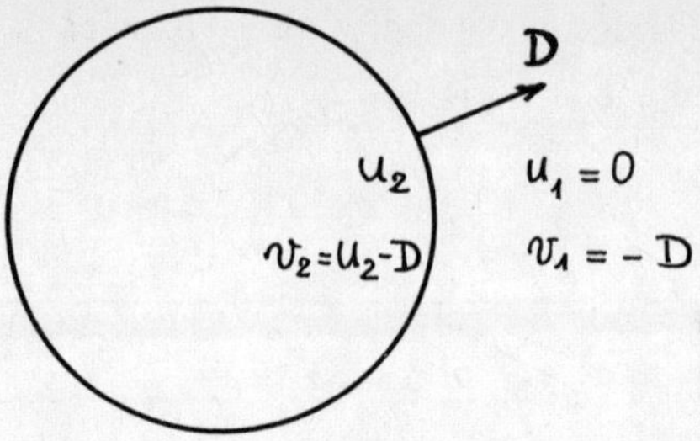

Figure 22

c'est-à-dire pour une onde forte :

(208) $$\frac{\rho_1}{\rho_2} = \frac{\gamma-1}{\gamma+1} = \frac{v_2}{v_1}$$

La vitesse absolue du côté aval de l'onde de choc sphérique est donc :

(209) $$u_2 = \frac{2}{\gamma+1} D$$

On a d'autre part (relation d'Hugoniot)

(210) $$\frac{v_2^2}{2} + \frac{c_2^2}{\gamma-1} = \frac{v_1^2}{2} + \frac{c_1^2}{\gamma-1}$$

ce qui donne, après divison par c_1^2 :

(211) $$\frac{c_2^2}{c_1^2} = \frac{T_2}{T_1} = 1 + \frac{2(\gamma-1)}{(\gamma+1)^2} \frac{1}{M_1^2} (M_1^2-1)(\gamma M_1^2+1)$$

et pour les très grands nombres de Mach :

(212) $$\frac{T_2}{T_1} \simeq \frac{2\gamma(\gamma-1)}{(\gamma+1)^2} M_1^2$$

Enfin :

(213) $$\frac{p_2}{p_1} = \frac{\rho_2}{\rho_1} \frac{T_2}{T_1}$$

ce qui donne pour M_1 grand :

(214) $$\frac{p_2}{p_1} \simeq \frac{2\gamma}{\gamma+1} M_1^2$$

ou encore :

(215) $$p_2 = 2\rho_1 v_1^2/(\gamma+1) = 2\rho_1 D^2/(\gamma+1)$$

Recherchons des solutions auto-semblables, les seuls paramètres de base du problème étant E_o, ρ_1, r et t (puisque p_1, très inférieur à p_2 peut être considéré comme nul).

Le seul groupement Π est :

(216) $$\Pi_\rho = \rho_1 r^5 t^{-2}/E_o$$

et le problème dépend donc de la seule variable sans dimension :

(217) $$\xi = r\,(\rho_1/E_o t^2)^{1/5}$$

L'onde de front correspond à ξ_o et sa distance au centre sera, avec ξ_o constant :

(218) $$R(t) = \xi_o\,(E_o/\rho_1)^{1/5}\, t^{2/5}$$

La vitesse D de l'onde, sera égale à :

(219) $$D = dR(t)/dt = 2/5\ \xi_o\,(E_o/\rho_1 t^3)^{1/5} = 2R/5t$$

ou encore :

(220) $$D = 2/5\ \xi_o^{5/2}\,(E_o/\rho_1)^{1/2}\, R^{-3/2}$$

Immédiatement en aval de l'onde (intérieur de la sphère de rayon R(t)), on a donc :

(221) $$\left|\begin{array}{l} u_2(t) = \dfrac{4}{5(\gamma+1)}\,\xi_o\,(E_o/\rho_1)^{1/5}\, t^{-3/5} \\[2ex] p_2(t) = \dfrac{2}{\gamma+1}\,\rho_1\,\dfrac{4}{25}\,\xi_o^2\,(E_o/\rho_1)^{2/5}\, t^{-6/5} \\[2ex] \rho_2 = \dfrac{\gamma+1}{\gamma-1}\,\rho_1 \end{array}\right.$$

Ces relations fournissent les variations de u_2, p_2 et ρ_2 (constant) en fonction du temps, juste en aval de l'onde.

On peut aussi exprimer ces quantités comme suit, compte-tenu de la relation (219) :

(222)
$$\left|\begin{array}{l} u_2 = \dfrac{4}{5(\gamma+1)} \dfrac{R}{t} \\ \rho_2 = \dfrac{\gamma+1}{\gamma-1} \rho_1 \\ p_2 = \dfrac{8\rho_1}{25(\gamma+1)} \dfrac{R^2}{t^2} \end{array}\right.$$

Les solutions auto-semblables seront telles que les rapports u/u_2, ρ/ρ_2 et p/p_2 ne soient fonctions que de ξ.

Posons alors, avec Landau :

(223)
$$\left|\begin{array}{l} u = \dfrac{4}{5(\gamma+1)} \dfrac{r}{t} u' \\ \rho = \dfrac{\gamma+1}{\gamma-1} \rho_1 \rho' \\ p = \dfrac{8\rho_1}{25(\gamma+1)} \dfrac{r^2}{t^2} p' \end{array}\right.$$

Dans le cas de solutions autosemblables, les nouveaux paramètres u', ρ' et p' sont bien fonction de ξ seul puisque l'on a :

(224)
$$r(t)/R(t) = \xi/\xi_0$$

Pour $\xi = \xi_0$, c'est-à-dire juste en aval de l'onde, on obtient bien entendu u' = ρ' = p' = 1.

Les équations classiques du bilan de masse et d'entropie valables à l'intérieur de l'onde sphérique donnent en tenant compte de la symétrie sphérique et du fait qu'il s'agit d'un fluide parfait en évolution adiabatique :

(225)
$$\frac{\partial \rho}{\partial t} + \frac{1}{r^2} \frac{\partial}{\partial r} (r^2 \rho u) = 0$$

(226)
$$\frac{\partial\, p/\rho^\gamma}{\partial t} + u \frac{\partial\, p/\rho^\gamma}{\partial r} = 0$$

on obtient, avec les nouveaux paramètres :

$$(227) \qquad \left(u' - \frac{\gamma+1}{2}\right) \frac{d \operatorname{Log} \rho'}{d \operatorname{Log} \xi} + \frac{du'}{d \operatorname{Log} \xi} = -3u' \qquad \text{(continuité)}$$

$$(228) \qquad \frac{d \operatorname{Log}(p'/\rho'^{\gamma})}{d \operatorname{Log} \xi} = \frac{5(\gamma+1) - 4u'}{2u' - \gamma - 1} \qquad \text{(entropie)}$$

L'équation de l'entropie s'écrit encore :

$$(229) \qquad \left(u' - \frac{\gamma+1}{2}\right)\left(\frac{d \operatorname{Log}(p'/\rho'^{\gamma})}{d \operatorname{Log} \xi} + 5\right) = 3u'$$

Par addition membre à membre avec l'équation de continuité, on a :

$$(230) \qquad \left(u' - \frac{\gamma+1}{2}\right)\left(\frac{d \operatorname{Log}(p'/\rho'^{\gamma-1})}{d \operatorname{Log} \xi} + 5\right) + \frac{du'}{d \operatorname{Log} \xi} = 0$$

Cette relation s'intègre aisément et donne :

$$(231) \qquad \frac{p'}{\rho'^{\gamma-1}}\,(2u' - \gamma - 1) = -(\gamma - 1)\left(\frac{\xi_0}{\xi}\right)^5$$

L'équation de l'énergie (ou celle de la quantité de mouvement) s'ajoute aux relations précédentes. Cependant, il est plus satisfaisant d'obtenir directement une autre intégrale première. Pour cela il faut remarquer que la conservation de l'énergie totale à l'intérieur de la sphère de rayon R(t) correspondant à ξ_0 et la similitude du problème impliquent que l'énergie soit également conservée à l'intérieur de toute sphère de rayon r(t) correspondant à ξ = Cte.

Soit r le rayon de la sphère de paramètre ξ à l'instant t ; à l'instant t + dt, ce rayon devient :

$$(232) \qquad r(t+dt) \simeq r + (dr/dt)\,dt$$

où dr/dt est à considérer à ξ constant :

$$(233) \qquad dr/dt = 2r/5t$$

Le bilan d'énergie effectué entre les sphères de rayon r constant et r(t + dt) montre que l'énergie totale contenue dans ce volume :

$$4\pi r^2 \rho\,(e + u^2/2)(dr/dt)\,dt$$

provient uniquement du flux traversant la sphère de rayon r :

$$4\pi r^2 \rho u \left(h + u^2/2 \right) dt$$

Il s'en suit la relation :

(234) $$u \left(h + u^2/2 \right) = \left(e + u^2/2 \right) 2r/5t$$

Puisque e = p/(γ - 1)ρ et que h = γp/(γ - 1)ρ, on a :

(235) $$\frac{p}{\rho} = \frac{\gamma - 1}{2} u^2 \frac{2r/5t - u}{\gamma u - 2r/5t}$$

et en passant aux paramètres u', ρ', p' :

(236) $$\frac{p'}{\rho'} = u'^2 \frac{\gamma + 1 - 2u'}{2\gamma u' - \gamma - 1}$$

Cette relation d'adiabaticité ne fait pas intervenir ξ.

Les relations (227), (231) et (236) permettent de résoudre complètement ce problème compte-tenu des conditions aux limites. (231) et (236) permettent en effet d'exprimer p' et ρ' en fonction de u' et ξ. En reportant la valeur trouvée pour ρ' dans l'équation (227) on obtient une équation différentielle en u' et du'/d Log ξ qui s'intègre sans difficulté.

Connaissant ainsi u', ρ' et p' en fonction de ξ et de ξ_o on peut alors déterminer ξ_o en écrivant la conservation de l'énergie totale dans la sphère de rayon R(t) :

$$\int_0^{R(t)} \rho \left(p/(\gamma-1)\rho + u^2/2 \right) 4\pi r^2 dr = E_o$$

Cette intégrale s'exprime en fonction de ξ_o. Les calculs effectués pour γ = 7/5 (air ambiant) conduisent à la valeur ξ_o = 1,033.

La figure 23 donne les évolutions de u/u_2, ρ/ρ_2 et p/p_2 en fonction de r/R égal à ξ/ξ_o.

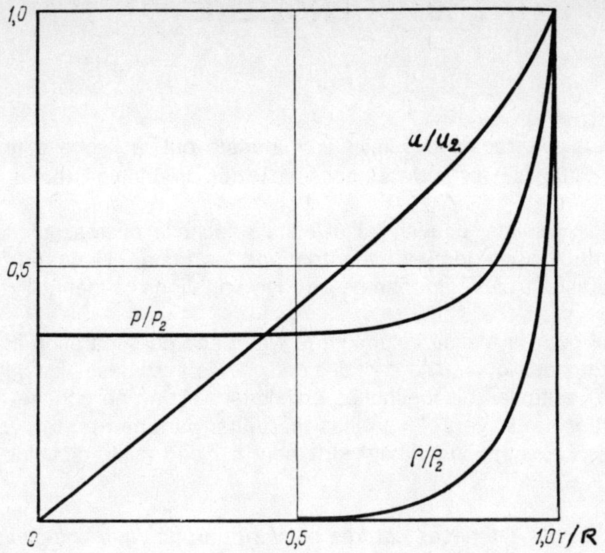

Figure 23 - (d'après Landau et Lifschitz)

CHAPITRE 10 - PHENOMENES D'INTERFACE

Seront appelés interfaces, des milieux matériels qui, à l'échelle macroscopique, sont assimilables à des surfaces. Ces surfaces possèdent des propriétés internes.

A une échelle plus fine, pouvant aller jusqu'à l'échelle microscopique, l'interface est un milieu tridimensionnel dans lequel les variations normales (à la surface) de certaines propriétés sont nettement plus importantes que les variations tangentielles.

Il en est ainsi pour la masse volumique à l'interface de séparation liquide-gaz, pour une plaque ou une coque métallique en contact des deux côtés avec des fluides. Il s'agit là, à l'échelle macroscopique, de véritables discontinuités physiques. Mais une couche limite fluide ou une onde de combustion à travers lesquelles certains paramètres tels que la vitesse, la température ou les concentrations varient fortement sur une faible distance sont à ce titre des interfaces.

La modélisation des interfaces est très souvent un problème complexe. Cela consiste en principe à ramener ce qui se passe dans une certaine épaisseur à une description portant sur des grandeurs de surface et à des sauts de propriétés volumiques.

On imagine facilement que cette démarche sera parfois en défaut, soit parce qu'on perdra trop d'information en procédant ainsi, soit parce que la description du milieu "en surface" sera encore plus compliquée que la description" en volume.

Nous nous limiterons donc principalement à des situations où il est établi que cette démarche convient, en cherchant toutefois à étudier les problèmes dans leur généralité maximum, c'est-à-dire en admettant des interfaces déformables et en mouvement.

Nous étendrons la démarche à quelques autres cas moins familiers.

Le problème principal sera l'établissement des équations du bilan et de leurs relations de fermeture. Après avoir présenté quelques types d'interface, nous nous intéresserons à la géométrie des surfaces et à leur mouvement.

L'équation de base caractérisant le bilan d'une grandeur F sera établie moyennant des hypothèses qui seront précisées. Cette équation sera utilisable immédiatement pour des interfaces souples. Lorsque l'interface présente une certaine résistance à la déformation, sous l'effet de moments de flexion en particulier, nous aurons recours à la méthode des puissances virtuelles, pour établir l'équation de la quantité de mouvement.

Certains types de relation de fermeture seront obtenus lorsque les variables interfaciales vérifient la relation de Gibbs.

Enfin, divers exemples d'application seront présentés.

1. TYPES D'INTERFACE

Sur le plan de la physique, on peut distinguer trois cas :

1) L'interface est la surface de séparation de deux milieux de nature ou d'état physique

différent. La séparation de phases est le cas le plus classique. Un exemple est celui de la surface d'un liquide en mouvement, avec tension de surface.

2) L'interface est un film, souple ou non, de matière en contact de part et d'autre avec des fluides ou des solides. C'est le cas d'une membrane séparant deux fluides, c'est aussi le cas d'une coque solide déformable.

3) L'interface est une zone à fort gradient d'un milieu matériel unique. Il s'agit là des couches limites diverses, des surfaces de glissement, des ondes de choc et de combustion. Dans le cas des ondes, une grande quantité de matière traverse constamment la zone interfaciale, dans d'autres cas (couches de diffusion) le flux transversal est faible.

Dans tous les cas, il sera possible d'envisager des échanges de masse, de quantité de mouvement et de chaleur à travers l'interface ou entre celle-ci et les milieux adjacents.

Nous porterons un intérêt tout particulier aux situations où la couche interfaciale peut être considérée comme un milieu continu, c'est-à-dire que son analyse n'exige pas un passage à l'échelle moléculaire. A une échelle suffisamment petite, mais plus grande que la distance intermoléculaire et, pour les fluides, plus grande que la distance entre deux collisions, la description du milieu pourra donc se faire à l'aide des équations classiques des milieux continus. Les bilans d'interface seront obtenus par intégration de ces équations le long de la coordonnée normale à l'interface.

Cette intégration sera possible ou facilitée moyennant certaines hypothèses portant sur le champ des vitesses internes.

Si l'interface suit le mouvement de la matière -tout au moins le mouvement barycentrique local- on pourra envisager le cas où la vitesse est constante à sa traversée (fig. 1).

Chaque point P de la surface (S) modélisant la zone interfaciale est alors caractérisé par une vitesse unique :

(1) $\vec{\hat{v}} = \vec{v}$

ne dépendant que de la position de P sur la surface.

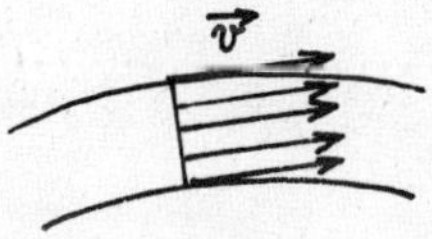

Figure 1

On pourra aussi étudier le cas où, l'interface suivant toujours le mouvement barycentrique, le champ des vitesses est fourni par un champ de distributeurs.

(2) $\{\hat{\mathcal{C}}\} = \begin{Bmatrix} \vec{\hat{\omega}} \\ \vec{\hat{v}} \end{Bmatrix}$

Un segment P'P" de la normale en P à (S) aura alors un mouvement de solide indéformable (fig. 2).

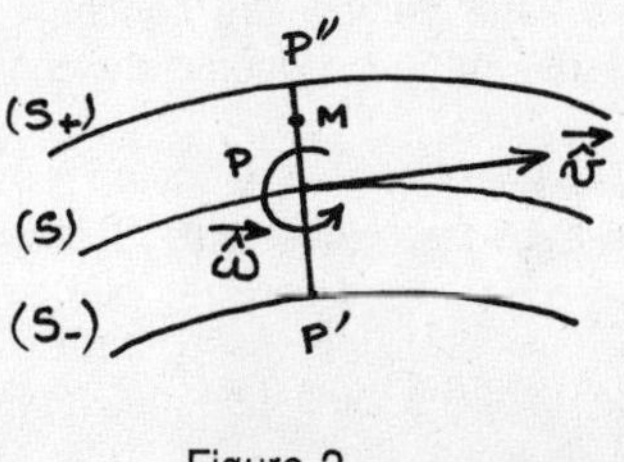

Figure 2

Pour tout point M situé entre les limites (S-) et S_+) de la zone interfaciale, on aura

donc :

(3) $$\vec{v} = \vec{\hat{v}} + \vec{\hat{\omega}} \wedge \overrightarrow{PM}$$

Si l'interface n'a pas le même mouvement que la matière et est traversée par celle-ci, il faudra faire intervenir deux champs de vitesse distincts $\vec{v}$ et $\vec{V}$. La vitesse $\vec{v}$ est la vitesse matérielle barycentrique. Le champ de vitesse $\vec{V}$ est un champ continu dont la composante normale à (S_+) est la vitesse normale de déplacement de (S_+), soit $\vec{w}_+$, et dont la composante normale à (S_-) en tout point de (S_-) est la vitesse normale $\vec{w}_-$ de (S_-). D'autre part, la composante tangentielle de $\vec{V}$ est égale à celle de $\vec{v}$. Si l'on passe de (S_-) à (S_+) par une famille continue de surfaces (S) non sécantes, chacune de ces surfaces aura une vitesse normale locale $\vec{w}$ et on aura (fig. 3) :

(4) $$\vec{V} = \vec{v}_{//} + \vec{w}$$

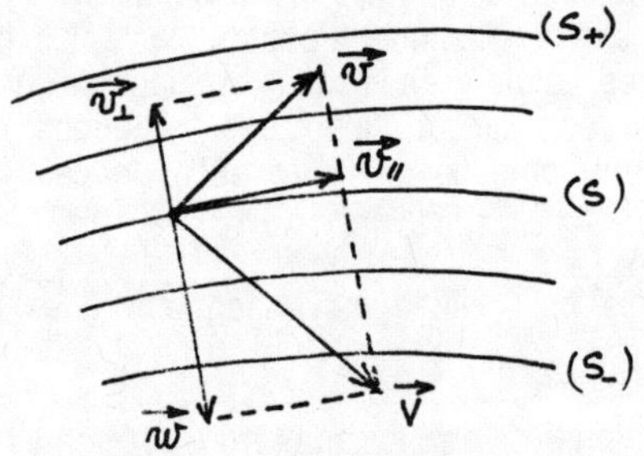

Figure 3

Si cette vitesse $\vec{V}$ ne se conserve pas à la traversée de l'interface, il faut faire d'autres choix comme nous le verrons à propos des couches limites où l'on prend pour $\vec{V}$ la vitesse locale de la surface solide.

2. MOUVEMENT ET CHAMP DE DEFORMATION DE LA ZONE INTERFACIALE

A petite échelle, la zone interfaciale est un milieu bidimensionnel particulier limité par deux surfaces (S_+) et (S_-) dont l'une peut d'ailleurs être rejetée à l'infini si l'échelle d'analyse est d'un ordre de grandeur très petit.

Nous admettrons que (S_+) et (S_-) font partie d'une famille de surfaces (S) non sécantes dont la forme varie de manière continue. Cette famille dépend du temps et, à un instant donné, peut être décrite par un système de coordonnées curvilignes orthogonales.

Nous examinerons la situation où la famille est constituée de surfaces (S) parallèles. C'est d'ailleurs ce choix qui sera fait par la suite pour établir les équations de bilan.

Nous nous intéresserons d'abord à un élément (S) de cette famille dont nous donnerons une équation implicite puis une description en coordonnées curvilignes orthogonales.

Les différentes opérations de dérivation par rapport à l'espace et au temps de tenseurs d'ordre O à 2 seront exprimées dans ces coordonnées.

Figure 4

Enfin, nous établirons le champ des déformations correspondant au cas où les vitesses sont celles d'un champ de distributeurs. Tous les résultats établis ici seront utilisés pour établir les équations du bilan par la méthode classique et par la méthode des puissances virtuelles.

2.1 Normale et vitesse normale d'une surface

Une surface (S) étant définie sous forme implicite par son équation :

(5) $\mathcal{F}(\vec{x}, t) = 0$

on peut considérer sa normale unitaire en un point $\vec{x}$ à l'instant t. Cette normale $\vec{N}$ s'écrit :

(6) $\vec{N} = \pm \vec{\nabla}\mathcal{F}/|\vec{\nabla}\mathcal{F}|$

On suppose ici que $\mathcal{F}$ possède toutes les propriétés de continuité et de dérivabilité requises. L'orientation de la normale peut être choisie arbitrairement. Mais le choix du signe (+) suffit car, le changement d'orientation est obtenu en définissant la surface à l'aide de la fonction $-\mathcal{F}(\vec{x},t)$.

Les relations (5) et (6) définissent la normale unitaire en un point alors que la seule relation (6), c'est à dire (en choisissant le signe (+)) :

(7) $\vec{N}(x, t) = \vec{\nabla}\mathcal{F}/|\vec{\nabla}\mathcal{F}|$

définit un champ de vecteurs dans tout l'espace de définition de $\mathcal{F}(\vec{x},t)$.

D'après (1) on a, en restant sur la surface (S) au cours de son mouvement :

(8) $d\mathcal{F} = \vec{\nabla}\mathcal{F} \cdot d\vec{x} + \dfrac{\partial \mathcal{F}}{\partial t} dt$

de sorte que, la vitesse normale de la surface devient :

(9) $w = -\dfrac{\partial \mathcal{F}}{\partial t} / |\vec{\nabla}\mathcal{F}|$

et dépend de l'orientation de $\vec{N}$. Le vecteur vitesse normale, lui ne dépend pas de cette orientation :

(10) $\vec{w} = w\,\vec{N}$

Comme précédemment, $\vec{w}(\vec{x},t)$ définit un champ de vecteurs et $w(\vec{x},t)$ un champ de scalaires dans le domaine de définition de $\mathcal{F}(\vec{x},t)$.

2.2 Coordonnées curvilignes orthogonales

L'équation (5) ne permet pas de particulariser le mouvement de tel ou tel point de la surface (S) autrement que par sa vitesse normale. Si l'on veut caractériser ce mouvement, il faut se donner le champ des vitesses en tout point.

Les coordonnées curvilignes orthogonales permettent une description commode du mouvement et des caractéristiques de la surface. Les expressions obtenues sont parfois complexes, aussi nous contenterons-nous souvent d'utiliser les coordonnées curvilignes orthogonales pour effectuer certaines démonstrations, quitte à revenir ensuite à des formules plus condensées.

Désignons par x, y et z les coordonnées cartésiennes, par x_1, x_2 et x_3 les coordonnées curvilignes orthogonales et admettons les formules de changement de coordonnées suivantes :

$$(11) \qquad \begin{cases} x = x(x_1, x_2, x_3, t) \\ y = y(x_1, x_2, x_3, t) \\ z = z(x_1, x_2, x_3, t) \end{cases}$$

Désignons par $\vec{h_i}$ le vecteur de composantes $x_{,i}$, $y_{,i}$, $z_{,i}$ où $(_{,i})$ signifie $\partial/\partial x_i$ et supposons qu'aucun des vecteurs $\vec{h_i}$ (i=1,2,3) ne soit un vecteur nul. Les coordonnées curvilignes sont orthogonales si le trièdre $(\vec{h_1}, \vec{h_2}, \vec{h_3})$ est orthogonal. Nous supposerons qu'il en est ainsi par définition. On peut définir en chaque point de l'espace, le trièdre orthonormé $(\vec{e}_1, \vec{e}_2, \vec{e}_3)$ tel que :

$$(12) \qquad \vec{h_i} = h_i \vec{e}_i$$

Les formules de dérivation se déduisent alors à l'instant t de la formule :

$$(13) \qquad \begin{bmatrix} dx \\ dy \\ dz \end{bmatrix} = [h_1\vec{e}_1 \quad h_2\vec{e}_2 \quad h_3\vec{e}_3] \begin{bmatrix} dx_1 \\ dx_2 \\ dx_3 \end{bmatrix}$$

Si l'on pose :

$$(14) \qquad dX_i = h_i \, d\, x_i$$

La correspondance entre les d X_i et (dx, dy, dz) est obtenue par un changement de coordonnées cartésiennes orthonormées.

A un instant t donné, les courbes (C_1), (C_2), (C_3) passant par le point P sont définies en supposant constants des couples de variables x_i. Ainsi (C_1) est défini par les données x_2 et x_3. Si l'on suppose qu'une seule des variables x_i est constante, on définit une surface comme le montre le système (11).

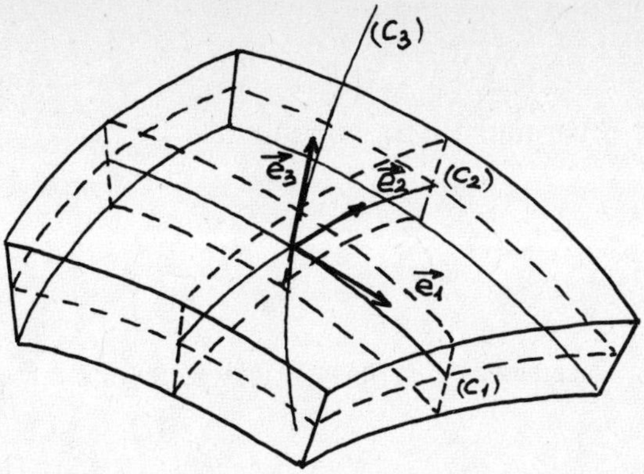

Figure 5 - Trièdre de référence des coordonnées curvilignes orthogonales, au point courant

Nous conviendrons de fixer x_3 pour définir la surface (S). La normale $\vec{N}$ à (S) au point P n'est donc autre que le vecteur $\vec{e}_3$. Dans certains cas particuliers, le mouvement de la surface est tel que les formules (11) ne dépendent pas du temps. Les points de (S) obéiront alors aux relations :

$$(15) \qquad \begin{cases} x = x(x_1, x_2, x_3) \\ y = y(x_1, x_2, x_3) \\ z = z(x_1, x_2, x_3) \\ x_3 = \phi(t) \end{cases}$$

C'est le cas, par exemple, lorsque (S) est toujours une sphère de centre O dont seul le rayon varie :

$$(16) \qquad x_3 = R_{(t)}$$

Mais cette simplification n'est pas valable dans le cas général.

2.3 Gradient d'un scalaire

Soit une fonction scalaire $a(x_1, x_2, x_3, t)$. Le gradient de a s'écrit :

$$(17) \qquad \vec{\nabla} a = \frac{a_{,1}}{h_1}\vec{e_1} + \frac{a_{,2}}{h_2}\vec{e_2} + \frac{a_{,3}}{h_3}\vec{e_3}$$

Le gradient parallèle est :

$$(18) \qquad \vec{\nabla}_{//} a = \frac{a_{,1}}{h_1}\vec{e_1} + \frac{a_{,2}}{h_2}\vec{e_2}$$

et le gradient normal à (S) devient :

(19) $$\vec{\nabla}_\perp a = \frac{a_{,3}}{h_3}\,\vec{e}_3$$

2.4 Gradient et divergence d'un vecteur

Soit un vecteur :

(20) $$\vec{V} = v_1\,\vec{e}_1 + v_2\,\vec{e}_2 + w\,\vec{N}$$

où nous particularisons volontairement la composante w suivant $\vec{e}_3 = \vec{N}$ pour mettre en évidence la surface (S).

La différentielle $d\vec{V}$ fait intervenir les vecteurs $d\,\vec{e}_i$. On a

(21) $$\begin{cases} d\vec{e}_1 = d\omega_2\,\vec{N} - d\omega_3\,\vec{e}_2 \\ d\vec{e}_2 = d\omega_3\,\vec{e}_1 - d\omega_1\,\vec{N} \\ d\vec{N} = d\omega_1\,\vec{e}_2 - d\omega_2\,\vec{e}_1 \end{cases}$$

où les formes différentielles $d\omega_i$ sont données par :

(22) $$\begin{cases} d\omega_1 = \dfrac{h_{2,3}}{h_3}\,dx_2 - \dfrac{h_{3,2}}{h_2}\,dx_3 \\[2ex] d\omega_2 = \dfrac{h_{3,1}}{h_1}\,dx_3 - \dfrac{h_{1,3}}{h_3}\,dx_1 \\[2ex] d\omega_3 = \dfrac{h_{1,2}}{h_2}\,dx_1 - \dfrac{h_{2,1}}{h_1}\,dx_2 \end{cases}$$

On a ensuite :

(23) $$d\vec{V} = (\vec{\nabla} \otimes \vec{V})\,.\,d\vec{x}$$

En coordonnées curvilignes :

(24) $$d\vec{x} = h_1\,dx_1\,\vec{e}_1 + h_2\,dx_2\,\vec{e}_2 + h_3\,dx_3\,\vec{N}$$

Ces résultats nous conduisent, tous calculs faits, à l'expression du tenseur gradient de $\vec{V}$, qui, en coordonnées curvilignes orthogonales, est fournie par le tableau suivant :

(25) $$\vec{\nabla} \otimes \vec{V} = \begin{bmatrix} \frac{1}{h_1}\left(\frac{\partial v_1}{\partial x_1} + \frac{v_2}{h_2}\frac{\partial h_1}{\partial x_2} + \frac{w}{h_3}\frac{\partial h_1}{\partial x_3}\right) & \frac{1}{h_2}\left(\frac{\partial v_1}{\partial x_2} - \frac{v_2}{h_1}\frac{\partial h_2}{\partial x_1}\right) & \frac{1}{h_3}\left(\frac{\partial v_1}{\partial x_3} - \frac{w}{h_1}\frac{\partial h_3}{\partial x_1}\right) \\ \frac{1}{h_1}\left(\frac{\partial v_2}{\partial x_1} - \frac{v_1}{h_2}\frac{\partial h_1}{\partial x_2}\right) & \frac{1}{h_2}\left(\frac{\partial v_2}{\partial x_2} + \frac{w}{h_3}\frac{\partial h_2}{\partial x_3} + \frac{v_1}{h_1}\frac{\partial h_2}{\partial x_1}\right) & \frac{1}{h_3}\left(\frac{\partial v_2}{\partial x_3} - \frac{w}{h_2}\frac{\partial h_3}{\partial x_2}\right) \\ \frac{1}{h_1}\left(\frac{\partial w}{\partial x_1} - \frac{v_1}{h_3}\frac{\partial h_1}{\partial x_3}\right) & \frac{1}{h_2}\left(\frac{\partial w}{\partial x_2} - \frac{v_2}{h_3}\frac{\partial h_2}{\partial x_3}\right) & \frac{1}{h_3}\left(\frac{\partial w}{\partial x_3} + \frac{v_1}{h_1}\frac{\partial h_3}{\partial x_1} + \frac{v_2}{h_2}\frac{\partial h_3}{\partial x_2}\right) \end{bmatrix}$$

D'autre part, on définit le gradient parallèle de $\vec{V}$ (parallèlement à (S), c'est-à-dire lorsque le point P varie à x_3 constant).

$$(26)\qquad \vec{\nabla}_{/\!/} \otimes \vec{V} = \begin{bmatrix} \frac{1}{h_1}\left(\frac{\partial v_1}{\partial x_1} + \frac{v_2}{h_2}\frac{\partial h_1}{\partial x_2} + \frac{w}{h_3}\frac{\partial h_1}{\partial x_3}\right) & \frac{1}{h_2}\left(\frac{\partial v_1}{\partial x_2} - \frac{v_2}{h_1}\frac{\partial h_2}{\partial x_1}\right) & 0 \\ \frac{1}{h_1}\left(\frac{\partial v_2}{\partial x_1} - \frac{v_1}{h_2}\frac{\partial h_1}{\partial x_2}\right) & \frac{1}{h_2}\left(\frac{\partial v_2}{\partial x_2} + \frac{w}{h_3}\frac{\partial h_2}{\partial x_3} + \frac{v_1}{h_1}\frac{\partial h_2}{\partial x_1}\right) & 0 \\ 0 & 0 & 0 \end{bmatrix}$$

La divergence de $\vec{V}$ est la trace du tenseur gradient. Elle a pour expression:

$$(27)\qquad \begin{aligned} \vec{\nabla}.\vec{V} = {} & \frac{1}{h_1}\left(v_{1,1} + v_2\frac{h_{1,2}}{h_2} + w\frac{h_{1,3}}{h_3}\right) + \frac{1}{h_2}\left(v_{2,2} + w\frac{h_{2,3}}{h_3} + v_1\frac{h_{2,1}}{h_1}\right) \\ & + \frac{1}{h_3}\left(w_{,3} + v_1\frac{h_{3,1}}{h_1} + v_2\frac{h_{3,2}}{h_2}\right) \end{aligned}$$

et la divergence parallèle de $\vec{V}$ devient :

$$(28)\qquad \vec{\nabla}_{/\!/}.\vec{V} = \frac{1}{h_1}\left(v_{1,1} + v_2\frac{h_{1,2}}{h_2} + w\frac{h_{1,3}}{h_3}\right) + \frac{1}{h_2}\left(v_{2,2} + w\frac{h_{2,3}}{h_3} + v_1\frac{h_{2,1}}{h_1}\right)$$

2.5 Courbure

Les courbes (C_1), (C_2) et (C_3) sont des courbes gauches. La courbure de (C_1) par exemple est fournie par $\partial\vec{e}_1/\partial X_1$:

$$(29)\qquad \frac{\partial \vec{e}_1}{\partial X_1} = \frac{1}{h_1}\frac{\partial \vec{e}_1}{\partial x_1} = \frac{1}{h_1}\left(\frac{\partial \omega_2}{\partial x_1}\vec{N} - \frac{\partial \omega_3}{\partial x_1}\vec{e}_2\right)$$

Soit :

$$(30)\qquad \frac{\partial \vec{e}_1}{\partial X_1} = -\frac{1}{h_1}\left(\frac{h_{1,3}}{h_3}\vec{N} + \frac{h_{1,2}}{h_2}\vec{e}_2\right)$$

Pour définir la courbure d'une surface en un point P, il faut considérer deux plans perpendiculaires contenant $\vec{N}$ en P. On ajoute alors les courbures obtenues dans chacun des plans. Si le système de coordonnées curvilignes orthogonales était ainsi constitué, on obtiendrait :

$$(31)\qquad \frac{1}{R} = \frac{1}{R_1} + \frac{1}{R_2} = \frac{h_{1,3}}{h_1 h_3} + \frac{h_{2,3}}{h_2 h_3}$$

Cette quantité serait égale aussi à $\vec{\nabla}.\vec{N}$ d'après la formule (27). Or, $\vec{\nabla}.\vec{N}$ est un invariant au point P considéré et ne dépend pas des coordonnées curvilignes envisagées pour décrire (S). Il s'ensuit que dans le système curviligne défini par (11), la formule (31) reste valable et qu'on a toujours :

(32) $$\frac{1}{R} = \vec{\nabla}\cdot\vec{N} = \frac{h_{1,3}}{h_1 h_3} + \frac{h_{2,3}}{h_2 h_3}$$

On remarque, d'après (28) en faisant $v_1 = v_2 = O$ et $w = 1$, que :

(33) $$\vec{\nabla}\cdot\vec{N} = \vec{\nabla}_{/\!/}\cdot\vec{N}$$

2.6 Divergence d'un tenseur d'ordre 2

Limitons-nous à un tenseur "parallèle", c'est-à-dire tel que :

$$\vec{P}_{/\!/} = P_{11}\vec{e}_1\otimes\vec{e}_1 + P_{12}\vec{e}_1\otimes\vec{e}_2 + P_{21}\vec{e}_2\otimes\vec{e}_1 + P_{22}\vec{e}_2\otimes\vec{e}_2$$

on trouve, d'après (21) :

(34) $$\begin{aligned} d\vec{P}_{/\!/} = {} & d\omega_1\left(-P_{12}\vec{e}_1\otimes\vec{N} - P_{21}\vec{N}\otimes\vec{e}_1 - P_{22}\vec{N}\otimes\vec{e}_2 - P_{22}\vec{e}_2\otimes\vec{N}\right) \\ & + d\omega_2\left(P_{11}\vec{N}\otimes\vec{e}_1 + P_{11}\vec{e}_1\otimes\vec{N} + P_{12}\vec{N}\otimes\vec{e}_2 + P_{21}\vec{e}_2\otimes\vec{N}\right) \\ & + d\omega_3\left(-P_{11}\vec{e}_2\otimes\vec{e}_1 - P_{11}\vec{e}_1\otimes\vec{e}_2 - P_{12}\vec{e}_2\otimes\vec{e}_2 + P_{12}\vec{e}_1\otimes\vec{e}_1\right. \\ & \left. + P_{21}\vec{e}_1\otimes\vec{e}_1 - P_{21}\vec{e}_2\otimes\vec{e}_2 + P_{22}\vec{e}_1\otimes\vec{e}_2 + P_{22}\vec{e}_2\otimes\vec{e}_2\right) + dP_{ij}\,\vec{e}_i\otimes\vec{e}_j \end{aligned}$$

En exprimant $d\omega_i$ à l'aide (22) on obtient donc les composantes de $\vec{\nabla}\cdot\vec{P}_{/\!/}$:

(35) $$\begin{aligned} \vec{\nabla}\cdot\vec{P}_{/\!/} = {} & \left\{\frac{1}{h_1h_2h_3}\left[(P_{11}h_2h_3)_{,1} + (P_{12}h_3h_1)_{,2}\right] + \frac{1}{h_1h_2}\left[P_{21}h_{1,2}\right.\right. \\ & \left.\left. - P_{22}h_{2,1}\right]\right\}\vec{e}_1 + \left\{\frac{1}{h_1h_2h_3}\left[(P_{21}h_2h_3)_{,1} + (P_{22}h_3h_1)_{,2}\right] + \frac{1}{h_1h_2}\left[P_{12}h_{2,1}\right.\right. \\ & \left.\left. - P_{11}h_{1,2}\right]\right\}\vec{e}_2 - \left(\frac{1}{h_3h_1}P_{11}h_{1,3} + \frac{1}{h_2h_3}P_{22}h_{2,3}\right)\vec{N} \end{aligned}$$

Quant à $\vec{\nabla}_{/\!/}\cdot\vec{P}_{/\!/}$, il s'obtient à partir de :

(36) $$\vec{\nabla}_{/\!/}\cdot\vec{P}_{/\!/} = \frac{\partial\vec{P}_{/\!/}}{\partial x_1}\cdot\vec{e}_1 + \frac{\partial\vec{P}_{/\!/}}{\partial x_2}\cdot\vec{e}_2$$

On obtient donc :

$$(37)\quad \begin{aligned} \vec{\nabla}_{/\!/} \cdot \vec{P}_{/\!/} = & \left[\frac{P_{11,1}}{h_1} + \frac{P_{12,2}}{h_2} + \frac{h_{1,2}}{h_1 h_2}\left(P_{12}+P_{21}\right) + \frac{h_{2,1}}{h_2 h_1}\left(P_{11}-P_{22}\right) \right] \vec{e}_1 \\ & + \left[\frac{P_{21,1}}{h_1} + \frac{P_{22,2}}{h_2} + \frac{h_{1,2}}{h_1 h_2}\left(P_{22}-P_{11}\right) + \frac{h_{2,1}}{h_2 h_1}\left(P_{12}+P_{21}\right) \right] \vec{e}_2 \\ & - \frac{1}{h_3}\left(\frac{P_{11}\, h_{1,3}}{h_1} + \frac{P_{22}\, h_{2,3}}{h_2} \right) \vec{N} \end{aligned}$$

Dans le cas d'un tenseur "cylindrique" :

$$(38)\quad \vec{P}_{/\!/} = P\,(\vec{e}_1 \otimes \vec{e}_1 + \vec{e}_2 \otimes \vec{e}_2)$$

ou encore :

$$(39)\quad \vec{P}_{/\!/} = P(\vec{1} - \vec{N} \otimes \vec{N})$$

on obtient :

$$(40)\quad \vec{\nabla}_{/\!/} \cdot \vec{P}_{/\!/} = \frac{P_{,1}}{h_1}\vec{e}_1 + \frac{P_{,2}}{h_2}\vec{e}_2 - \frac{P}{h_3}\left(\frac{h_{1,3}}{h_1} + \frac{h_{2,3}}{h_2} \right) \vec{N}$$

Soit encore :

$$(41)\quad \vec{\nabla}_{/\!/} \cdot \vec{P}_{/\!/} = \vec{\nabla}_{/\!/} P - P\, \vec{\nabla} \cdot \vec{N}\; \vec{N}$$

2.7 Calcul de $\vec{\nabla}_{/\!/} \cdot (\vec{V} \cdot \vec{P}_{/\!/})$

On a :

$$(42)\quad \begin{aligned} \vec{\nabla}_{/\!/} \cdot \left(\vec{V} \cdot \vec{P}_{/\!/} \right) = & \frac{1}{h_1}\left[(v_1 P_{11} + v_2 P_{21})_{,1} + \frac{h_{1,2}}{h_2}\left(v_1 P_{12} + v_2 P_{22} \right) \right] \\ & + \frac{1}{h_2}\left[(v_1 P_{12} + v_2 P_{22})_{,2} + \frac{h_{2,1}}{h_1}\left(v_1 P_{11} + v_2 P_{21} \right) \right] \end{aligned}$$

D'autre part :

$$(43)\quad \begin{aligned} \vec{P} : \left(\vec{\nabla}_{/\!/} \otimes \vec{V} \right) = & \frac{P_{11}}{h_1}\left(v_{1,1} + v_2 \frac{h_{1,2}}{h_2} + w \frac{h_{1,3}}{h_3} \right) + \frac{P_{21}}{h_2}\left(v_{1,2} + v_2 \frac{h_{2,1}}{h_1} \right) \\ & + \frac{P_{12}}{h_1}\left(v_{2,1} - v_1 \frac{h_{1,2}}{h_2} \right) + \frac{P_{22}}{h_2}\left(v_{2,2} + w \frac{h_{2,3}}{h_3} + v_1 \frac{h_{2,1}}{h_1} \right) \end{aligned}$$

et :

(44)
$$\vec{V}\cdot\left(\vec{\nabla}_{/\!/}\cdot\vec{P}_{/\!/}\right)=\left[\frac{P_{11,1}}{h_1}+\frac{P_{12,2}}{h_2}+\frac{h_{1,2}}{h_1h_2}\left(P_{12}+P_{21}\right)+\frac{h_{2,1}}{h_1h_2}\left(P_{11}-P_{12}\right)\right]v_1$$
$$+\left[\frac{P_{21,1}}{h_1}+\frac{P_{22,2}}{h_2}+\frac{h_{1,2}}{h_1h_2}\left(P_{22}-P_{11}\right)+\frac{h_{2,1}}{h_1h_2}\left(P_{12}+P_{21}\right)\right]v_2$$
$$-\frac{1}{h_3}\left(P_{11}\frac{h_{1,3}}{h_1}+P_{22}\frac{h_{2,3}}{h_2}\right)$$

On vérifie aisément que :

(45)
$$\vec{\nabla}_{/\!/}\cdot\left(\vec{V}\cdot\vec{P}_{/\!/}\right)=\vec{P}_{/\!/}:\left(\vec{\nabla}_{/\!/}\otimes\vec{V}\right)+\vec{V}\cdot\left(\vec{\nabla}_{/\!/}\cdot\vec{P}_{/\!/}\right)$$

2.8 Taux d'étirement d'une surface

Supposons que le point P de (S) soit animé de la vitesse :

(46)
$$\vec{V}=\vec{v}_{/\!/}+w\,\vec{N}$$

où $\vec{v}_{/\!/}$ est contenu dans le plan tangent en P à (S) :

(47)
$$\vec{v}_{/\!/}\cdot\vec{N}=0$$

La dérivée particulaire de l'élément de volume $d\mathcal{V}$ est :

(48)
$$\frac{d_v(d\mathcal{V})}{dt}=\vec{\nabla}\cdot\vec{V}\,d\mathcal{V}$$

avec div $\vec{V}$ donné par l'expression (27).

Posons, en coordonnées curvilignes :

(49)
$$\begin{cases} dN=h_3\,dx_3=dX_3\\ d\Sigma=h_1h_2\,dx_1\,dx_2=dX_1\,dX_2\end{cases}$$

Ainsi :

(50)
$$d\mathcal{V}=d\Sigma\,dN$$
$$\frac{d_v(d\mathcal{V})}{dt}=\frac{d_v(d\Sigma)}{dt}dN+\frac{d_v(dN)}{dt}d\Sigma$$

Considérons l'élément vectoriel $d\vec{P}=\vec{N}\,dN$:

(51)
$$\frac{d_v(\vec{N}\,dN)}{dt}=\left(\vec{\nabla}\otimes\vec{V}\right)\cdot\vec{N}\,dN=\frac{1}{h_3}\begin{bmatrix} v_{1,3}-w\dfrac{h_{3,1}}{h_1}\\ v_{2,3}-w\dfrac{h_{3,2}}{h_2}\\ w_{,3}+v_1\dfrac{h_{3,1}}{h_1}+v_2\dfrac{h_{3,2}}{h_2}\end{bmatrix}$$

donc :

(52)
$$\vec{N}\cdot\frac{d_v(\vec{N}dN)}{dt}=\frac{d_v(dN)}{dt}=\frac{1}{h_3}\left(w_{,3}+v_1\frac{h_{3,1}}{h_1}+v_2\frac{h_{3,2}}{h_2}\right)dN$$
$$=\vec{\nabla}_{\perp}\cdot\vec{V}\,dN$$

Il en résulte que :

(53)
$$\frac{d_v}{dt}(d\Sigma)=\frac{1}{h_1h_2h_3}\left\{h_3\left[(v_1h_2)_{,1}+(v_2h_1)_{,2}\right]+w(h_1h_2)_{,3}\right\}d\Sigma$$

on reconnait dans le second membre l'expression de $\vec{\nabla}_{/\!/}\cdot\vec{V}$. Ainsi :

(54)
$$\frac{d_v}{dt}(d\Sigma)=\vec{\nabla}_{/\!/}\cdot\vec{V}\,d\Sigma$$

On vérifie aisément les formules suivantes :

(55)
$$\vec{\nabla}_{/\!/}\cdot\vec{V}=\vec{\nabla}_{/\!/}\cdot\vec{v}_{/\!/}+\vec{\nabla}_{/\!/}\cdot(w\vec{N})$$

(56)
$$\vec{\nabla}_{/\!/}\cdot(w\vec{N})=w\,\vec{\nabla}_{/\!/}\cdot\vec{N}=w\,\vec{\nabla}\cdot\vec{N}$$

2.9 Laplacien d'un scalaire

L'expression du Laplacien est la suivante, en coordonnées curvilignes orthogonales :

(57)
$$\nabla^2 a=\frac{1}{h_1h_2h_3}\left[\left(\frac{h_2h_3a_{,1}}{h_1}\right)_{,1}+\left(\frac{h_3h_1a_{,2}}{h_2}\right)_{,2}\right]+\frac{(h_1h_2)_{,3}}{h_1h_2h_3}\,\frac{a_{,3}}{h_3}$$
$$+\frac{1}{h_3}\left(\frac{a_{,3}}{h_3}\right)_{,3}$$

ou encore :

(58)
$$\nabla^2 a=\vec{\nabla}\cdot(\vec{\nabla}_{/\!/}a)+\vec{\nabla}\cdot\vec{N}\,\frac{\partial a}{\partial N}+\frac{\partial^2 a}{\partial N^2}$$

Si les gradients normaux $\partial/\partial N$ sont très grands devant les gradients tangentiels et si $\vec{\nabla}\cdot\vec{N}$ est d'ordre 1 à l'échelle considérée.

(59)
$$\nabla^2 a\simeq\vec{\nabla}\cdot\vec{N}\,\frac{\partial a}{\partial N}+\frac{\partial^2 a}{\partial N^2}$$

2.10 Dérivée particulaire

Si $\vec{V}$ est la vitesse matérielle d'un point M et $a_{(\vec{M},t)}$ une quantité dépendant de la position et du temps, on a, en suivant le mouvement de vitesse $\vec{V}$:

(60)
$$\frac{da}{dt}=\frac{\partial a}{\partial t}+\frac{v_1}{h_1}a_{,1}+\frac{v_2}{h_2}a_{,2}+\frac{v_3}{h_3}a_{,3}$$

2.11 Vitesse d'une surface

La surface (S) vérifie l'équation (5). Sous forme paramétrique, elle est définie par le système (11) en faisant $x_3 = c$, ce qui donne :

(61) $$\begin{cases} x = x\,(x_1, x_2, c, t) \\ y = y\,(x_1, x_2, c, t) \\ z = z\,(x_1, x_2, c, t) \end{cases}$$

ou encore :

(62) $$\vec{P} = \vec{P}(x_1, x_2, c, t)$$

Au cours du mouvement, on a :

(63) $$d\vec{P} = h_1\,\vec{e_1}\,dx_1 + h_2\,\vec{e_2}\,dx_2 + \frac{\partial \vec{P}}{\partial t}\,dt$$

On a donc :

(64) $$\vec{w} = \vec{N} \cdot \frac{d\vec{P}}{dt} = \vec{N} \cdot \frac{\partial \vec{P}}{\partial t}$$

pour la vitesse normale, caractéristique du mouvement de la surface.

Quant aux composantes tangentielles de la vitesse du point P, elles sont égales à :

(65) $$\begin{cases} v_1 = h_1\,\dfrac{dx_1}{dt} + \vec{e_1} \cdot \dfrac{\partial \vec{P}}{\partial t} \\ v_2 = h_2\,\dfrac{dx_2}{dt} + \vec{e_2} \cdot \dfrac{\partial \vec{P}}{\partial t} \end{cases}$$

Il en résulte que :

(66) $$\vec{V} = v_1\,\vec{e_1} + v_2\,\vec{e_2} + w\,\vec{N}$$

représente la vitesse du point P attaché au mouvement de la surface en cours de déformation.

2.12 Mouvement d'une zone interfaciale

La zone interfaciale est limitée par deux surfaces (S_-) et (S_+) correspondant à $x_3 = c_-$ et $x_3 = c_+$ dans la description du milieu en coordonnées curvilignes orthogonales.

On distingue plusieurs cas qui donneront lieu à des hypothèses correspondant à des situations concrètes.

Si les surfaces (S) sont parallèles entre (S_-) et (S_+), c'est que quel que soit le point P d'une surface (S_0), la normale à (S_0) en P est normale à toutes les surfaces (S) de la zone interfaciale.

On a alors :

(67) $$\frac{\partial \vec{e_3}}{\partial x_3} = 0$$

ou encore :

(68) $$-\frac{h_{3,2}}{h_2}\,\vec{e_2} - \frac{h_{3,1}}{h_1}\,\vec{e_1} = 0$$

c'est-à-dire que h_3 ne dépend que de x_3.

D'autre part, cela conduit à :

(69) $$\begin{cases} \dfrac{\partial \vec{e_2}}{\partial x_3} = -\dfrac{h_{3,2}}{h_2}\,\vec{N} = 0 \\[2ex] \dfrac{\partial \vec{e_1}}{\partial x_3} = -\dfrac{h_{3,1}}{h_1}\,\vec{N} = 0 \end{cases}$$

Le trièdre $\vec{e}_1, \vec{e}_2, \vec{e}_3$ est donc invariant à x_1, x_2 et t donnés.

Alors, si N-N_- désigne la distance à (S_-) :

(70) $$\begin{cases} N - N_- = \displaystyle\int_{c_-}^{c} h_3(x_3,t)\,dx_3 \\[2ex] N_+ - N_- = \displaystyle\int_{c_-}^{c_+} h_3(x_3,t)\,dx_3 \end{cases}$$

L'épaisseur de la zone interfaciale est donc uniforme. Si de plus, *la vitesse w ne dépend pas de* x_3 l'épaisseur de l'interface est constante.

Ainsi, $\partial\vec{e_3}/\partial x_3 = 0$ et $\partial w/\partial x_3 = 0$ conduisent à :

(71) $$\vec{\nabla}_{\perp}\cdot\vec{V} = 0$$

d'après (52). Cette relation caractérise une épaisseur constante et uniforme.

L'épaisseur de la zone interfaciale est la distance le long de laquelle certains paramètres physiques varient de façon importante. Si l'on rapporte les longueurs à une échelle hydrodynamique Λ, on a :

(72) $$N_+ - N_- = \varepsilon << 1$$

la coordonnée normale N étant cette fois sans dimensions.

Admettons que le rayon de courbure sans dimension R soit O(1). Sans faire d'hypothèse de surfaces parallèles, mais en admettant ainsi que $h_1 h_2$ est O(1), on peut poser :

(73) $$dN = \varepsilon\, dn$$

où $n_+ - n_-$ est cette fois O(1).

Les variations de $h_1 h_2$ sont alors $O(\varepsilon)$ dans la zone interfaciale, en effet :

$$d(h_1 h_2) = \frac{h_1 h_2}{R} h_3 \, dx_3 = \frac{h_1 h_2}{R} dN$$

soit :

(74) $$d(h_1 h_2) = \varepsilon \frac{h_1 h_2}{R} dn$$

On a ainsi en $c_- + dx_3$:

(75) $$h_1 h_2 \simeq (h_1 h_2)\left(1 + \frac{\varepsilon}{R} dn\right)$$

(76) $$d\Sigma \simeq d\Sigma_- \left(1 + \frac{\varepsilon}{R} dn\right)$$

2.13 Champ de déformations associé à un champ de distributeurs de vitesses

Lorsque le champ des vitesses est donné par un champ de distributeurs $\{\hat{\mathscr{C}}\}$ nous avons vu (éqs. (2) et (3)) que la vitesse d'un point M, tel que $\overrightarrow{PM}$ soit colinéaire à la normale $\vec{N}$ à (S) au point P, était donnée par :

(77) $$\vec{v}_M = \vec{\hat{v}} + \vec{\hat{\omega}} \wedge \overrightarrow{PM}$$

Le mouvement des segments P'P" est un mouvement de solide indéformable et $\vec{\hat{\omega}}$ et $\vec{\hat{v}}$ ne sont fonction que des coordonnées des points P de (S) et du temps.

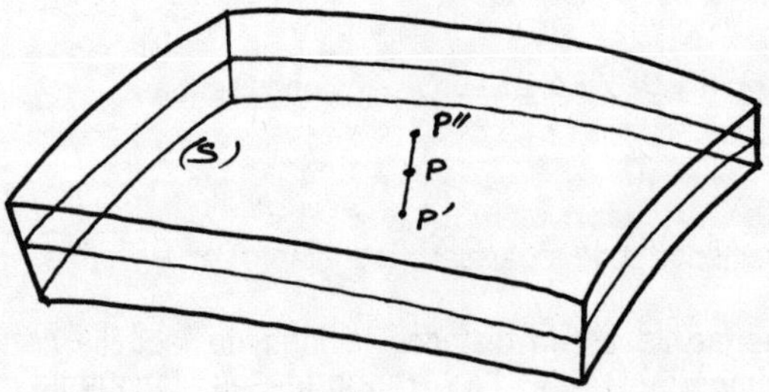

Figure 6

On aura pour tout vecteur élémentaire $\overrightarrow{\delta M}$:

(78) $$\frac{d(\overrightarrow{\delta M})}{dt} = \overrightarrow{\delta M} \cdot (\vec{\nabla} \otimes \vec{v}_M)$$

c'est-à-dire :

(79) $$\frac{d(\delta x_i)}{dt} = v_{Mj,i} \, \delta x_j$$

On a aussi :

(80) $$d\vec{v}_M = d\hat{\vec{v}} + \hat{\vec{\omega}} \wedge d\vec{PM} + d\hat{\vec{\omega}} \wedge \vec{PM}$$

Cette expression va nous permettre de déterminer $\vec{\nabla} \otimes \vec{v}_M$ dont on sait que la partie symétrique est le tenseur des taux de déformation du milieu. On voit que $d\vec{v}_M$ correspond au distributeur

(81) $$\left\{ d\hat{\mathscr{C}} \right\} = \left\{ \begin{array}{l} d\hat{\vec{\omega}} \\ d\hat{\vec{v}} + d\vec{P} \wedge \hat{\vec{\omega}} \end{array} \right\}$$

$d\vec{P}$ étant tel que $\vec{N}.d\vec{P} = 0$.

Comme $\hat{\vec{\omega}}$ est tangent en P à (S) on posera :

(82) $$\hat{\vec{\omega}} = \vec{N} \wedge \hat{\vec{\ell}} \quad , \quad \hat{\vec{\ell}} = \hat{\vec{\omega}} \wedge \vec{N}$$

pour faciliter les calculs. Ainsi :

(83) $$d\vec{P} \wedge \hat{\vec{\omega}} = (d\vec{P} . \hat{\vec{\ell}})\vec{N} = d\vec{P} . (\hat{\vec{\ell}} \otimes \vec{N})$$

Le distributeur des taux de déformations sera donc défini par :

(84) $$\left\{ \hat{\mathscr{D}} \right\} = \left\{ \begin{array}{l} \mathscr{S}(\hat{\omega}_{j,i}) \\ \mathscr{S}(\hat{v}_{j,i} + \hat{\ell}_i N_j \end{array} \right\}$$ ($\mathscr{S}$: partie symétrique)

Cependant, $\hat{\vec{\omega}}$ et $\hat{\vec{v}}$ n'étant définis que sur la surface, on se doit donc de considérer :

(85) $$\left\{ \hat{\mathscr{D}} \right\} = \left\{ \begin{array}{l} \mathscr{S}[(\delta_{i\beta} - N_i N_\beta)\hat{\omega}_{j,\beta}] \\ \mathscr{S}[(\delta_{i\beta} - N_i N_\beta)\hat{v}_{j,\beta} + \hat{\ell}_i N_j] \end{array} \right\}$$

Remarque : La démarche est la même que celle adoptée pour les milieux curvilignes où le mouvement est défini par le distributeur des vitesses :

$$\left\{ \mathscr{C} \right\} = \left\{ \begin{array}{l} \vec{\omega}(s) \\ \vec{v}(s) \end{array} \right\} \quad , \quad \vec{v}_M = \vec{v}(s) + \vec{\omega}(s) \wedge \vec{PM}$$

s étant l'abscisse curviligne. Les taux de déformation sont alors définis par le distributeur :

$$\left\{ \frac{d\mathscr{C}}{ds} \right\} = \left\{ \begin{array}{l} \dfrac{d\vec{\omega}}{ds} \\ \dfrac{d\vec{v}}{ds} + \vec{\tau} \wedge \vec{\omega} \end{array} \right\}$$

où $\vec{\tau}$ est le vecteur unitaire tangent en P à la courbe (C). Seuls,

$$d\vec{\omega}/ds \qquad \text{et} \qquad d\vec{v}/ds$$

sont définis. Par exemple :

$$\frac{dv_j}{ds} = v_{j,i}\,\tau_i$$

Le vecteur

$$(\delta_{i\beta} - N_i N_\beta)\, v_{j,\beta} - \tau_i \frac{dv_j}{ds}$$

contient toute l'information sur le gradient curviligne de vitesse lorsque le milieu curviligne est plan.

Nous désignons par le symbole $\vec{\nabla}_{//}$ le gradient tangentiel à la surface (S). Ainsi le distributeur des taux de déformation a pour éléments de réduction :

(86) $$\mathcal{S}(\vec{\nabla}_{//} \otimes \vec{\hat{\omega}}), \quad \mathcal{S}(\vec{\nabla}_{//} \otimes \vec{\hat{v}} + \vec{\hat{\ell}} \otimes \vec{N})$$

avec :

(87) $$\vec{\nabla}_{//} \otimes \vec{\hat{v}} = (\vec{1} - \vec{N} \otimes \vec{N}) . \vec{\nabla} \otimes \vec{\hat{v}}$$

(idem pour $\vec{\hat{\omega}}$).

3. FORME GENERALE DES BILANS INTERFACIAUX [16], [47] à [51]

L'intérêt du concept d'interface est de pouvoir ramener ce qui se passe dans une zone de faible épaisseur à une description portant sur une surface matérielle. Cela nécessite d'introduire des paramètres d'état surfaciques ainsi que des densités de flux et des taux de production. Ces nouvelles grandeurs obéissent à des lois de comportement qu'il est nécessaire de déterminer dans chaque cas. Bien souvent, cette détermination implique une étude en volume de la zone interfaciale. Cela explique que nous procédions auparavant à une mise en forme des équations volumiques.

3.1 Mise en forme des équations volumiques

Les équations des milieux continus, purs ou en mélange, peuvent se mettre sous la forme intégrale :

(88) $$\frac{d_V}{dt}\int_{\mathcal{V}} \rho f \, d\mathcal{V} + \int_{S} [\vec{J}_F + \rho f(\vec{v} - \vec{V})].\vec{n}\, dS = \int_{\mathcal{V}} \dot{W}_F \, d\mathcal{V}$$

où $\vec{v}(\vec{x},t)$ est le champ des vitesses matérielles du milieu continu et où $\vec{V}(\vec{x},t)$ est un champ de vitesses arbitraire, continu et dérivable. La dérivée d_V/dt signifie que l'on suit le volume fermé ($\mathcal{V}$) dans le mouvement de vitesse $\vec{V}$. On désigne par $\vec{n}$ la normale extérieure à la surface (S) limitant le volume ($\mathcal{V}$).

Sous forme locale, cette équation devient :

$$\frac{d_v(\rho f)}{dt} + \rho f\, \vec{\nabla}.\vec{V} + \vec{\nabla}.\left[\vec{J}_F + \rho f(\vec{v}-\vec{V})\right] = \dot{W}_F \tag{89}$$

L'ordre de grandeur des variations de certaines grandeurs F change à la traversée de la zone interfaciale. Pour plus de commodité, on peut considérer la différence entre la grandeur spécifique $f(\vec{x},t)$ et sa valeur $f_o(\vec{x},t)$ partie quasi-constante de f à la traversée de l'interface. La différence :

$$f(\vec{x},t) - f_o(\vec{x},t)$$

est la partie fortement variable de f, et l'on choisit le champ $f_o(\vec{x},t)$ de telle manière que l'intégrale de $(f-f_o)$ converge bien à l'échelle considérée pour décrire la zone interfaciale. Nous verrons que suivant le cas $f_o(\vec{x},t)$ correspond à ce qui se passe juste en amont ou juste en aval de l'interface.

L'équation locale de bilan devient alors :

$$\frac{d_v[\rho(f-f_o)]}{d\,t} + \rho(f-f_o)\vec{\nabla}.\vec{V} + \vec{\nabla}.\left[\vec{J}_F + \rho(f-f_o)(\vec{v}-\vec{V})\right] = \dot{W}_F - \rho\left(\frac{\partial f_o}{\partial t} + \vec{v}.\vec{\nabla} f_o\right) \tag{90}$$

Posons :

$$\rho_F = \rho(f - f_o) \tag{91}$$

Choisissons de décrire la zone interfaciale dans un système de coordonnées curvilignes orthogonales tel que (11), les surfaces (S) correspondant à x_3 = Cte. La vitesse au point P de (S) étant $\vec{v}$, sa projection sur le plan tangent en P à (S) s'écrit :

$$\vec{v}_{/\!/} = (\vec{1} - \vec{N} \otimes \vec{N}).\vec{v} \tag{92}$$

où $\vec{N}$ est la normale unitaire en P à (S) orienté dans un sens choisi à l'avance.

Par ailleurs, la composante normale de $\vec{v}$ est :

$$v_\perp = \vec{N}.\vec{v} \tag{93}$$

Soit $\vec{w}$ la vitesse normale de déplacement de la surface (S), on choisit le champ des vitesses $\vec{V}(x,t)$ tel que l'on ait :

$$\begin{cases} \vec{V}.\vec{N} = \vec{w}.\vec{N} & \text{ou,} \\ V_\perp = w \end{cases} \tag{94}$$

La vitesse relative est :

$$\vec{u} = \vec{v} - \vec{V} \tag{95}$$

et sa composante normale devient :

$$u_\perp = v_\perp - w$$

Notons aussi que :

(96) $$\vec{\nabla}.\vec{V} = \vec{\nabla}_{/\!/}.\vec{V} + \vec{\nabla}_\perp.\vec{V}$$

avec :

(97) $$\vec{\nabla}_\perp.\vec{V} = \frac{1}{h_3}\left(w_{,3} + V_1 \frac{h_{3,1}}{h_1} + V_2 \frac{h_{3,2}}{h_2} \right)$$

L'interface étant physiquement définie, choisissons pour décrire la zone interfaciale un ensemble de surfaces (S) parallèles. Cela suppose que l'ordre de grandeur de l'épaisseur interfaciale ne varie pas dans l'espace. C'est une hypothèse restrictive. L'ensemble des surfaces (S) se déforme dans le temps mais ces surfaces restent parallèles. Alors h_3 ne dépend que de x_3 et les relations (69) sont valables. Si l'on admet de plus que le long d'une normale $\vec{N}$ commune, la vitesse $\vec{w}$ est uniforme, on trouve alors que :

(98) $$\begin{cases} \vec{\nabla}_\perp.\vec{V} = 0 \\ \vec{\nabla}.\vec{V} = \vec{\nabla}_{/\!/}.\vec{V} \end{cases}$$

La divergence du vecteur $\vec{V}$ représente le taux d'étirement de chaque surface (S) dont les points sont affectés de la vitesse $\vec{V}$. Pour que ce taux d'étirement soit matériel, il suffit de choisir $\vec{V}$ de telle manière que $\vec{V}_{/\!/}$ soit égal à $\vec{v}_{/\!/}$, ce que nous ferons dans certains cas.

Soit un champ de vecteurs $\vec{\varphi}(\vec{x},t)$ quelconque, on a :

(99) $$\vec{\nabla}.\vec{\varphi} = \vec{\nabla}.\vec{\varphi}_{/\!/} + \varphi_\perp \vec{\nabla}.\vec{N} + \frac{\partial \varphi_\perp}{\partial N}$$

d'après (27).

Or suivant les hypothèses énoncées précédemment en 2.12 :

(100) $$\vec{\nabla}_\perp.\vec{\varphi}_{/\!/} = 0$$

de sorte que, finalement :

(101) $$\vec{\nabla}.\vec{\varphi} = \vec{\nabla}_{/\!/}.\vec{\varphi}_{/\!/} + \varphi_\perp \vec{\nabla}.\vec{N} + \frac{\partial \varphi_\perp}{\partial N}$$

L'équation (95) devient alors :

(102) $$\left| \begin{aligned} &\frac{d_V \rho_F}{dt} + \rho_F \vec{\nabla}_{/\!/}.\vec{V} + \vec{\nabla}_{/\!/}.\left[\vec{J}_{F/\!/} + \rho_F \vec{u}_{/\!/}\right] + (J_{F\perp} + \rho_F u_\perp)\,\vec{\nabla}.\vec{N} \\ &+ \frac{\partial}{\partial N}(J_{F\perp} + \rho_F u_\perp) = \dot{W}_F - \rho\left(\frac{\partial f_0}{\partial t} + \vec{v}.\vec{\nabla} f_0\right) \end{aligned} \right.$$

Le champ des valeurs $f_0(x,t)$ vérifie, d'autre part, l'équation :

$$\vec{\nabla}_{/\!/}.\vec{J}_{F/\!/0} + J_{F\perp 0}\,\vec{\nabla}.\vec{N} + \frac{\partial J_{F\perp 0}}{\partial N} = \dot{W}_{F0} - \rho_0\left(\frac{\partial f_0}{\partial t} + \vec{v}_0.\vec{\nabla} f_0\right)$$

Si bien que l'on obtient, par soustraction membre à membre et en posant :

$$(103)\quad \left\{ \begin{aligned} \vec{J}_{VF} &= \vec{J}_F - \vec{J}_{F0} + \rho_F \vec{u} \\ \dot{W}'_F &= \dot{W}_F - \dot{W}_{F0} - (\rho - \rho_0)\frac{\partial f_0}{\partial t} - (\rho\vec{v} - \rho_0\vec{v}_0).\vec{\nabla} f_0 \end{aligned} \right.$$

la relation finale suivante :

$$(104)\quad \frac{d_V \rho_F}{dt} + \rho_F \vec{\nabla}_{//}.\vec{V} + \vec{\nabla}_{//}.\vec{J}_{VF//} + J_{VF\perp}\vec{\nabla}.\vec{N} + \frac{\partial J_{VF\perp}}{\partial N} = \dot{W}'_F$$

Notons encore que l'on peut regrouper le troisième et le quatrième terme du premier membre de (104) :

$$(105)\quad \vec{\nabla}_{//}.\vec{J}_{VF//} + J_{VF\perp}\vec{\nabla}.\vec{N} = \vec{\nabla}_{//}.\vec{J}_{VF}$$

La résolution des équations du bilan dans la zone interfaciale nécessite que l'on fasse des hypothèses. La principale hypothèse porte sur les ordres de grandeurs des gradients normaux qui sont plus élevés que les gradients tangentiels pour un certain nombre de quantités. Cela dépend du problème à traiter. Ainsi, pour un milieu à densité constante, le gradient normal de densité est nul. De même, pour les interfaces de type onde, le gradient normal de vitesse tangentielle est faible. Pour une flamme par exemple, le gradient de pression est négligeable alors que les gradients de température et de concentration en réactants sont élevés. Pour une surface capillaire, le gradient de pression est élevé de même que celui de densité. Le gradient de pression ainsi que celui de température sont élevés pour une onde de choc ou pour une onde de détonation. Ces exemples illustrent la variété des situations et on ne peut espérer résoudre le problème le plus général sans considérations physiques a priori.

Nous avons, d'autre part, défini la zone interfaciale par des surfaces (S) parallèles, ce qui nous a permis d'obtenir la forme (104). Mais, physiquement l'interface n'est pas toujours une couche limitée par deux surfaces parallèles (S_-) et (S_+). Il s'ensuit qu'en gardant une description par surfaces parallèles, on s'expose à voir certains gradients normaux varier d'ordre de grandeur d'un point à un autre.

Néanmoins, nous nous limiterons ici aux cas où il n'en est pas ainsi.

Certains termes qui ne sont pas des gradients normaux peuvent être d'un ordre de grandeur comparable à ces derniers. Il en est ainsi de certains taux de production (chimique ou de volume par exemple), du taux d'étirement pour une flamme dans un écoulement à point d'arrêt.

Quant au rayon de courbure de l'interface, nous supposerons toujours qu'il est très grand devant l'épaisseur interfaciale. C'est une des conditions qui permet d'assimiler le milieu à une surface. Les zones à faible rayon de courbure nécessitent une étude particulière qui ne sera pas faite ici.

Malgré ces difficultés, nous verrons que nombre d'interfaces sont correctement décrites par des équations de bilan de surface.

Notons enfin que, dans les cas où l'interface présente une certaine résistance au plissage, il faut établir des équations du bilan de quantité de mouvement qui portent non seulement sur les résultantes des efforts mais aussi sur les moments des couples. Cela conduit à utiliser de préférence la méthode des puissances virtuelles. Celle-ci sera présentée au paragraphe 7.

3.2 Equation générale de bilan d'une interface

L'équation (104) s'intègre à la traversée de la zone interfaciale si la vitesse $\vec{V}$ et l'opérateur de dérivation $\vec{\nabla}_{/\!/}$ y sont conservatifs suivant N. Posons :

$$\text{(106)} \qquad \left\{ \begin{aligned} \hat{\rho}_F &= \int_{N_-}^{N_+} \rho_F \, dN \\ \vec{\hat{J}}_{VF} &= \int_{N_-}^{N_+} \vec{J}_{VF} \, dN \\ \hat{\dot{W}}_F &= \int_{N_-}^{N_+} \dot{W}'_F \, dN \end{aligned} \right.$$

On obtient, moyennant les hypothèses annoncées précédemment :

$$\text{(107)} \qquad \frac{d_V \hat{\rho}_F}{dt} + \hat{\rho}_F \vec{\nabla}_{/\!/} . \vec{V} + \vec{\nabla}_{/\!/} . \vec{\hat{J}}_{VF} + [\![J_{VF\perp}]\!] = \hat{\dot{W}}_F$$

On a utilisé pour cela le fait que l'épaisseur $N_+ - N_-$ était constante et uniforme. En particulier, on a dans ce cas :

$$\text{(108)} \qquad \frac{d_V}{dt} \int_{N_-}^{N_+} \rho_F \, dN = \int_{N_-}^{N_+} \frac{d_V \rho_F}{dt} \, dN$$

car $\frac{d_V}{dt}$ (dN) est nul.

$\hat{\rho}_F$ apparaît comme une densité surfacique associée à la grandeur F, $\vec{\hat{J}}_{VF}$ comme un vecteur densité de flux linéique, $\hat{\dot{W}}_F$ comme un taux de production surfacique. Le saut $[\![J_{VF\perp}]\!]$ est aussi égal à :

$$\text{(109)} \qquad [\![J_{F\perp} + \rho_F u_\perp]\!] = [\![\vec{J}_F + \rho (f - f_0)(\vec{v} - \vec{V})]\!] . \vec{N}$$

Si, au lieu de déduire (107) de l'équation volumique (104) on postule l'existence de grandeurs interfaciales, on peut aussi obtenir directement la forme (107). On effectue d'abord un bilan intégral de la propriété F sur la portion de surface (Σ) limitée par la courbe (C) (fig. 7). On en déduit ensuite l'équation locale moyennant quelques transformations mathématiques.

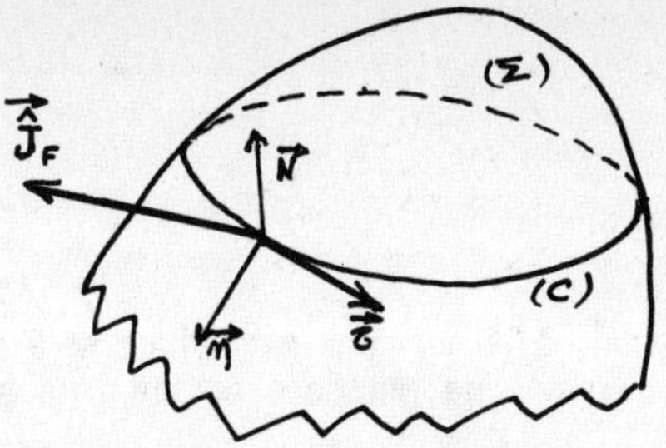

Figure 7

L'intérêt de la forme (107) se manifeste si l'on peut résoudre directement le système d'équations que l'on en déduit pour la masse, les masses des espèces, la quantité de mouvement et l'énergie, moyennant des conditions initiales et aux limites.

Cela implique, moyennant un choix adéquat pour la vitesse $\vec{V}$ vérifiant (94) que l'on connaisse les lois de comportement de l'interface. Dans certains cas, celles-ci sont établies expérimentalement (par exemple pour les tensions capillaires), dans d'autres cas, elles résultent de l'analyse asymptotique du système déduit de (104) (flammes de prémélange, etc...) Les équations des milieux en contact devront également être écrites. Dans certains cas, le saut $[\![J_{VF\perp}]\!]$ obéit également à une loi de comportement déterminable a priori (adsorption-désorption).

Pour illustrer ces remarques, donnons quelques exemples.

- Tensions de surface

Soit une surface liquide en contact avec un gaz sans évaporation ni condensation, les seuls échanges étant ceux de quantité de mouvement. La masse surfacique étant totalement négligeable ainsi que la quantité de mouvement surfacique, les termes en $\hat{\rho}_F$ disparaissent. La vitesse normale relative $u_\perp = v_\perp - w$ est nulle et le tenseur des tensions de surface est $\vec{\sigma}$ tel que :

(110) $$\vec{\sigma} . \vec{N} = \vec{O}$$

On obtient alors pour la quantité de mouvement :

(111) $$[\![\vec{P} . \vec{N}]\!] - \vec{\nabla}_{/\!/} . \vec{\sigma} = \vec{O}$$

Le tenseur de pression $\vec{P}$ fait intervenir la pression thermodynamique et les tensions visqueuses. Le tenseur $\vec{\sigma}$ comprend la tension thermodynamique et éventuellement une viscosité surfacique.

Dans le cas de l'équilibre $\vec{P} = p \, \vec{1}$ et $\vec{\sigma} = \sigma \, (\vec{1} - \vec{N} \otimes \vec{N})$ de sorte que :

(112) $$[\![p]\!] \; \vec{N} - \vec{\nabla}_{/\!/} \sigma + \sigma \vec{\nabla} . \vec{N} \; \vec{N} = \vec{O}$$

En projetant sur le plan tangent on voit que $\vec{\nabla}_{/\!/} \sigma$ est nul et en projetant sur la normale on constate que :

(113) $$[\![p]\!] + \sigma \vec{\nabla}.\vec{N} = 0$$

c'est la relation de Laplace.

- Flammes

Pour les ondes de déflagration à faibles taux d'étirement et à faible courbure, la vitesse du fluide $\vec{v}_{/\!/}$ se conserve à la traversée de l'interface en première approximation. On prendra alors comme vitesse $\vec{V}$:

(114) $$\vec{V} = \vec{v}_{/\!/} + \vec{w}$$

La quantité $\vec{\nabla}_{/\!/}.\vec{V}$ est alors le taux d'étirement de la flamme. En général :

(115) $$\vec{\mathcal{J}}_{VF} = \vec{0} \quad \text{et} \quad J_{VF\perp} = \mathcal{J}_{F\perp} + \rho_F\, u_\perp$$

On a ainsi :

(116) $$\frac{d_v \hat{\rho}_F}{dt} + \hat{\rho}_F\, \vec{\nabla}_{/\!/}.\vec{V} + [\![\mathcal{J}_{F\perp} + \rho_F\, u_\perp]\!] = \hat{W}_F$$

- Couches limites

Prenons l'exemple de la couche limite au-dessus d'une plaque plane au repos. Dans le cas stationnaire incompressible nous prendrons :

(117) $$\vec{V} = \vec{0}$$

Dans le cas bidimensionnel avec, à l'infini, une vitesse U_∞, le bilan de quantité de mouvement se réduit à :

(118) $$[\![-\tau]\!] + \frac{\partial}{\partial x} \hat{J}_u = 0$$

où τ est la tension de frottement dans la direction y de sorte que $[\![-\tau]\!]$ est égal à la tension de frottement à la paroi et où $\hat{J}_u$ est égal à :

(119) $$\hat{J}_u = \int_0^\infty \rho\, (u - U_\infty) u\, dy$$

- Adsorption et désorption

La quantité surfacique est ici le nombre de moles adsorbées par unité d'aire. Sur une surface solide au repos en l'absence de diffusion de surface, on aura $\vec{V} = 0$ et

(120) $$\partial \hat{n}/\partial t + [\![J_\perp]\!] = 0$$

Le flux d'adsorption $J_\perp$ est généralement fourni par une loi de cinétique d'adsorption.

4. INTERFACES DE GIBBS [48], [49], [50], [51]

Dans le cas des interfaces de Gibbs les variables surfaciques obéissent à des lois thermodynamiques analogues aux variables volumiques classiques. Cela représente peu de cas d'interfaces réelles mais il est important de savoir les traiter. On écrit d'abord les lois d'état en considérant les variables d'interface comme autonomes par rapport aux variables volumiques. Les lois de comportement complémentaires se déduisent alors de l'expression du taux de production d'entropie surfacique.

Ainsi les lois d'état vérifient :

(121)
$$\begin{cases} \rho_s = \frac{1}{T}\rho_\varepsilon + \frac{p}{T} - \sum_j \frac{g_j}{T}\rho_j \\ d\rho_s = \frac{1}{T}d\rho_\varepsilon - \sum_j \frac{g_j}{T}d\rho_j \end{cases}$$
dans les volumes en contact

(122)
$$\begin{cases} \hat{\rho}_s = \frac{1}{\hat{T}}\hat{\rho}_\varepsilon - \frac{\sigma}{\hat{T}} - \sum_j \frac{\hat{g}_j}{\hat{T}}\hat{\rho}_j \\ d\hat{\rho}_s = \frac{1}{\hat{T}}d\hat{\rho}_\varepsilon - \sum_j \frac{\hat{g}_j}{\hat{T}}d\hat{\rho}_j \end{cases}$$
à l'interface

Les équations du bilan sont, avec $\vec{V} = \hat{\vec{v}}$, vitesse matérielle surfacique :

(123)

$$\frac{\hat{d}\hat{\rho}}{dt} + \hat{\rho}\,\vec{\nabla}_{/\!/}\cdot\hat{\vec{v}} + [\![\rho u_\perp]\!] = 0$$
(masse surfacique)

$$\frac{\hat{d}\hat{\rho}_j}{dt} + \hat{\rho}_j\,\vec{\nabla}_{/\!/}\cdot\hat{\vec{v}} + [\![j_{j\perp} + \rho_j u_\perp]\!] + \vec{\nabla}_{/\!/}\cdot\hat{\vec{j}}_j = \hat{w}_j$$
(masse des espèces)

$$\frac{\hat{d}\hat{\vec{\rho}}_v}{dt} + \hat{\vec{\rho}}_v\,\vec{\nabla}_{/\!/}\cdot\hat{\vec{v}} + [\![\vec{P}\cdot\vec{N} + \rho\vec{v}u_\perp]\!] - \vec{\nabla}_{/\!/}\cdot\vec{\sigma} = \sum_j \hat{\rho}_j\hat{\vec{f}}_j$$
(quantité de mouvement)

$$\frac{\hat{d}(\hat{\rho}_\varepsilon + \hat{\rho}_K)}{dt} + (\hat{\rho}_\varepsilon + \hat{\rho}_K)\vec{\nabla}_{/\!/}\cdot\hat{\vec{v}} + [\![q_\perp + \vec{v}\cdot\vec{P}\cdot\vec{N} + \rho(e+k)u_\perp]\!] + \vec{\nabla}_{/\!/}\cdot(\hat{\vec{q}} - \hat{\vec{v}}\cdot\vec{\sigma}) = \sum_j \rho_j\,\hat{\vec{v}}_j\cdot\hat{\vec{f}}_j$$
(énergie totale)

avec :

(124)
$$\hat{\rho}_K = \hat{\rho}\,\frac{\hat{v}^2}{2}\ ,\quad \hat{\vec{\rho}}_v = \hat{\rho}\,\hat{\vec{v}}\ ,\quad \frac{\hat{d}}{dt} = \frac{\partial}{\partial t} + \hat{\vec{v}}\cdot\vec{\nabla}$$

En multipliant par $\vec{v}$ l'équation de la quantité de mouvement on obtient le bilan d'énergie cinétique :

(125)
$$\frac{\hat{d}\hat{\rho}_K}{dt} + \hat{\rho}_K\,\vec{\nabla}_{/\!/}\cdot\hat{\vec{v}} + [\![\vec{v}\cdot\vec{P}\cdot\vec{N} + \rho_K u_\perp]\!] - \vec{\nabla}_{/\!/}\cdot(\hat{\vec{v}}\cdot\vec{\sigma})$$
$$= \sum_j \hat{\rho}_j\,\hat{\vec{v}}\cdot\hat{\vec{f}}_j - \vec{\sigma} : \vec{\nabla}_{/\!/}\otimes\hat{\vec{v}} + [\![\tfrac{1}{2}\rho(\vec{v}-\hat{\vec{v}})^2 u_\perp + (\vec{v}-\hat{\vec{v}})\cdot\vec{P}\cdot\vec{N}]\!]$$

par soustraction membre à membre de l'équation de l'énergie on a :

(126)
$$\left|\begin{aligned}&\frac{\hat{d}\hat{\rho}_E}{dt}+\hat{\rho}_E\,\vec{\nabla}_{/\!/}\cdot\vec{\hat{v}}+[\![q_\perp+\rho_E u_\perp]\!]+\vec{\nabla}_{/\!/}\cdot\vec{\hat{q}}=\sum_j\vec{\hat{J}}_j\cdot\vec{\hat{f}}_j\\&+\vec{\sigma}:\vec{\nabla}_{/\!/}\otimes\vec{\hat{v}}-[\![\tfrac{1}{2}\rho(\vec{v}-\vec{\hat{v}})^2u_\perp+(\vec{v}-\vec{\hat{v}})\cdot\vec{P}\cdot\vec{N}]\!]\end{aligned}\right.$$

Compte-tenu des relations d'état on peut écrire :

(127)
$$\left\{\begin{aligned}\frac{\hat{d}\hat{\rho}_s}{dt}&=\frac{1}{\hat{T}}\frac{\hat{d}\hat{\rho}_E}{dt}-\sum_j\frac{\hat{g}_j}{\hat{T}}\frac{\hat{d}\hat{\rho}_j}{dt}\\\vec{\hat{J}}_s&=\frac{1}{\hat{T}}\vec{\hat{q}}-\sum_j\frac{\hat{g}_j}{\hat{T}}\vec{\hat{J}}_j\\\vec{J}_s&=\frac{1}{T}\vec{q}-\sum_j\frac{g_j}{T}\vec{J}_j\end{aligned}\right.$$

Le bilan d'entropie s'écrit :

(128)
$$\frac{\hat{d}\hat{\rho}_s}{dt}+\hat{\rho}_s\,\vec{\nabla}_{/\!/}\cdot\vec{\hat{v}}+[\![J_{s\perp}+\rho_s u_\perp]\!]+\vec{\nabla}_{/\!/}\cdot\vec{\hat{J}}_s=\hat{W}_s$$

A l'aide de l'ensemble des relations précédentes et en éliminant les variables entropiques on trouve finalement le taux de production d'entropie surfacique :

(129)
$$\left|\begin{aligned}\hat{W}_s=&\frac{1}{\hat{T}}\vec{\Sigma}:\vec{\nabla}_{/\!/}\otimes\vec{\hat{v}}+\vec{\hat{q}}\cdot\vec{\nabla}_{/\!/}\frac{1}{\hat{T}}-\sum_j\vec{\hat{J}}_j\cdot\left(\vec{\nabla}_{/\!/}\frac{\hat{g}_j}{\hat{T}}-\frac{\vec{\hat{f}}_j}{\hat{T}}\right)\\&-\sum_j\frac{\hat{g}_j}{\hat{T}}\hat{W}_j+[\![(q_\perp+\rho_H u_\perp)\left(\frac{1}{T}-\frac{1}{\hat{T}}\right)-\sum_j(J_{j\perp}+\rho_j u_\perp)\left(\frac{g_j}{T}-\frac{\hat{g}_j}{\hat{T}}\right)\\&-\frac{1}{\hat{T}}\left[(\vec{v}-\vec{\hat{v}})\cdot\vec{\Pi}\cdot\vec{N}+\frac{1}{2}\rho(\vec{v}-\vec{\hat{v}})^2u_\perp\right]]\!]\end{aligned}\right.$$

où : $\rho_H=\rho_E+p=\rho h$, densité d'enthalpie,

$\vec{\Pi}=\vec{P}-p\,\vec{1}$, tenseur des pressions visqueuses,

$\vec{\Sigma}=\vec{\sigma}-\sigma(\vec{1}-\vec{N}\otimes\vec{N})$, tenseur des tensions visqueuses de surface.

Les quatre premiers termes du second membre représentent les effets respectifs de la viscosité surfacique, du transfert thermique, de la diffusion des espèces et des réactions chimiques de surface.

Le terme de saut $[\![\ \ ]\!]$ porte sur les échanges entre l'interface et les volumes en contact : successivement les échanges d'énergie, de masse, de quantité de mouvement et d'énergie cinétique.

Le dernier terme, de degré 3 en vitesse relative est généralement négligeable. Il doit en principe être négligé dans cette théorie où l'on ne tient pas compte des termes faisant intervenir les vitesses de diffusion au degré deux. Le terme $\vec{v}-\vec{\hat{v}}$ est en quelque sorte une vitesse de diffusion du fluide par rapport à l'interface et doit donc disparaître au degré deux dans l'expression de la production d'entropie.

Les flux et les forces généralisés apparaissent clairement dans l'expression de $\hat{W}_s$ qui peut être réamménagée pour mettre en évidence les phénomènes réellement indépendants.

$\vec{\Sigma}$ est un tenseur symétrique dont le produit contracté par $\vec{N}$ à gauche ou à droite est nul, le tenseur gradient de vitesse peut être remplacé par celui des taux de déformation :

$$\vec{\hat{D}} = \frac{1}{2}\left(\vec{\nabla}_{/\!/} \otimes \vec{\hat{v}} + \widetilde{\vec{\nabla}_{/\!/} \otimes \vec{\hat{v}}}\right)$$

Dans le gradient de $\hat{g}_j/\hat{T}$ on séparera les termes dépendant de la température de ceux qui n'en dépendent pas, les premiers seront regroupés avec le second terme de $\hat{W}_s$ en $\vec{\nabla}_{/\!/}(1/\hat{T})$ pour mettre en évidence la conduction thermique. Ces réarrangements sont analogues à ceux que l'on effectue pour la production d'entropie en volume. Dans le terme de saut on séparera également dans $g_j/T - \hat{g}_j/\hat{T}$ le terme facteur de $1/T - 1/\hat{T}$ qui sera regoupé avec celui de transfert thermique.

A l'équilibre, flux et forces généralisés sont nuls. Les forces généralisées sont $\vec{\hat{D}}/\hat{T}$, $\vec{\nabla}_{/\!/}(1/\hat{T})$, $\vec{\nabla}_{/\!/}(\hat{g}_j/\hat{T}) - \hat{f}_j/\hat{T}$, les affinités chimiques de surface, $1/T - 1/\hat{T}$, $g_j/T - \hat{g}_j/\hat{T}$, $-(1/\hat{T})(\vec{v} - \hat{\vec{v}})$.

Les lois de comportement complémentaires s'obtiennent, excepté pour la cinétique chimique, en écrivant des relations linéaires entre flux et forces, ce qui suppose que les forces soient de faible intensité.

La théorie des interfaces de Gibbs s'applique assez bien aux surfaces capillaires, aux phénomènes d'adsorption-désorption, à certaines membranes, aux films élastiques, viscoélastiques, aux surfaces d'évaporation, etc.

Dans chaque cas les lois d'état doivent être connues ainsi que les lois complémentaires et leurs coefficients de transfert.

Notons que certains domaines du milieu interfacial pourront être considérés comme des interfaces de Gibbs alors que l'étude devra être complétée par celle d'interfaces d'un autre type. Il en est ainsi à propos d'une couche d'évaporation avec diffusion : la surface du liquide est souvent une interface de Gibbs mais il n'en est pas de même de la couche de diffusion qui la surplombe.

5. FLAMMES DE PREMELANGE [14], [21], [28], [43], [52] à [57]

Nous traiterons ici de flammes de prémélange monoréactives ($A \longrightarrow B$) à haute énergie d'activation, mais rien ne s'oppose, mise à part la complexité du calcul, au traitement d'autres cas.

Le rapport β de la température d'activation T_a de la réaction de combustion à la température T_b des gaz brûlés de la flamme plane adiabatique est donc supposé grand (infini au sens asymptotique). Les flammes envisagées ont été étudiées, en volume, par différents auteurs en utilisant la méthode des développements asymptotiques raccordés. Nous réétablirons d'abord leurs résultats dans quelques cas en utilisant les coordonnées curvilignes orthogonales. Rappelons que les flammes de ce type peuvent être décrites comme résultant de la succession de plusieurs régions (Fig. 8) :

1 - les gaz frais
2 - la zone de préchauffage où la conduction thermique, la diffusion et la convection sont significatives
3 - la zone réactive où les processus de conduction, de diffusion et de réaction sont prédominants et que l'on sait représenter comme un saut d'interface [53], [55]
4 - les gaz brûlés où, en l'absence de rayonnement, les gradients de température sont négligeables

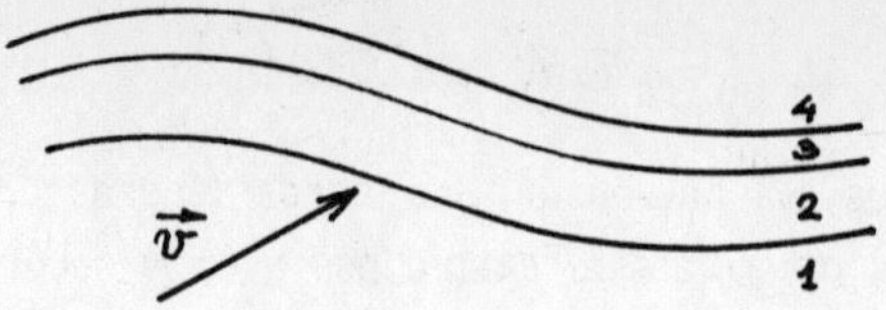

Figure 8

La température T et la fraction massique Y de réactant sont supposées constantes et uniformes dans les gaz frais. En prenant pour f_0 les valeurs dans les gas frais et en négligeant les flux de diffusion tangentiels, on obtient (cf équation 104) :

$$(130)\quad \left\{ \begin{aligned} &\frac{d_v \rho_Y}{dt} + \rho_Y \vec{\nabla}_{//}\cdot\vec{V} + (J_{Y\perp} + \rho_Y u_\perp)\vec{\nabla}\cdot\vec{N} + \frac{\partial}{\partial N}(J_{Y\perp} + \rho_Y u_\perp) = \dot{w}_Y \\ &\frac{d_v \rho_T}{dt} + \rho_T \vec{\nabla}_{//}\cdot\vec{V} + (J_{T\perp} + \rho_T u_\perp)\vec{\nabla}\cdot\vec{N} + \frac{\partial}{\partial N}(J_{T\perp} + \rho_T u_\perp) = \dot{w}_T \end{aligned} \right.$$

La vitesse $\vec{V}$ est :

$$(131)\quad \vec{V} = \vec{v}_{//} + \vec{w}$$

On définit une épaisseur de flamme à partir de la conduction thermique et de la vitesse de combustion adiabatique u_b :

$$(132)\quad d = \lambda / C_p u_b$$

et une longueur hydrodynamique Λ . On pose :

$$(133)\quad \varepsilon = d/\Lambda \ll 1$$

Les équations sans dimensions sont obtenues en rapportant les variables aux grandeurs de référence : température T_b, masse volumique des gaz frais (supposée constante et uniforme), vitesse u_b, longueur Λ et temps Λ / u_b. Le nombre de Lewis Le est supposé constant et l'on a alors, T_o étant la température des gaz frais :

$$(134)\quad \left\{ \begin{aligned} &-\varepsilon \dot{w}_Y = \frac{\varepsilon \dot{w}_T}{1 - T_0} = W \\ &W = \delta(N) \exp\left[\beta (T_+ - 1)/2\right] \end{aligned} \right.$$

le coté (+) étant celui des gaz brûlés, $\delta(N)$ étant la distribution de Dirac, N = 0 correspondant au front de flamme (zone 3). La combustion est supposée complète.

Après ces rappels, nous formulerons en terme d'interface, les équations de ces flammes. Notons que l'interface englobera à la fois la zone de préchauffage et celle de réaction (régions 2 et 3).

5.1. FLammes à densité constante [53], [54], [55]

L'hypothèse de la densité constante a été adoptée par divers auteurs. Cette hypothèse simplifie les calculs et a été la première utilisée historiquement dans le cadre de la méthode des développements asymptotiques. Le champ des vitesses est donné à l'avance et n'est pas perturbé par la flamme si l'on suppose que les coefficients de transfert sont insensibles aux variations de température et de concentration. Les inconnues du problème sont la température, la concentration en réactants et la vitesse du front de flamme. La réaction chimique est unique.

L'équation de continuité se réduit à :

(135) $$\vec{\nabla}.\vec{v} = \vec{\nabla}_{//}.\vec{v}_{//} + v_{\perp}\ \vec{\nabla}.\vec{N} + \partial v_{\perp}/\partial N = 0$$

On a, en variables sans dimensions :

(136) $$\rho_T = T - T_o \quad , \quad \rho_Y = Y - 1$$

Les équations deviennent, dans un référentiel lié au front de flamme (temps τ) :

(137) $$\begin{cases} \dfrac{\partial (Y-1)}{\partial \tau} + (Y-1)\vec{\nabla}_{//}.\vec{V} + \left(\dfrac{\partial}{\partial N} + \vec{\nabla}.\vec{N}\right)\left[-\dfrac{\varepsilon}{L_e}\dfrac{\partial Y}{\partial N} + (Y-1)\,u_{\perp}\right] = -\dfrac{1}{\varepsilon}\,W \\ \dfrac{\partial (T-T_o)}{\partial \tau} + (T-T_o)\vec{\nabla}_{//}.\vec{V} + \left(\dfrac{\partial}{\partial N} + \vec{\nabla}.\vec{N}\right)\left[-\varepsilon\dfrac{\partial T}{\partial N} + (T-T_o)\,u_{\perp}\right] = \dfrac{1-T_o}{\varepsilon}\,W \end{cases}$$

On résoud ce système par la méthode des développements asymptotiques, en posant :

(138) $$Y = Y^{\circ} + \varepsilon Y^1 + O(\varepsilon^2) \quad , \quad T = T^{\circ} + \varepsilon T^1 + O(\varepsilon^2)$$

a) Développements à un seul paramètre

Plusieurs auteurs ont défini la longueur hydrodynamique à partir du paramètre β en écrivant :

(139) $$\varepsilon = 1/\beta$$

Supposons alors que le taux d'étirement . $\vec{\nabla}_{//}.\vec{V}$ et la courbure $\vec{\nabla}.\vec{N}$ soient O (1) et effectuons le changement de variables :

(140) $$dN = \varepsilon\, dn$$

On obtient d'abord à partir de (135) et (137) :

(141) $$\frac{\partial u_{\perp}}{\partial n} + \varepsilon\left(\vec{\nabla}_{//}.\vec{v}_{//} + v_{\perp}\,\vec{\nabla}.\vec{N}\right) = 0$$

(142) $$\frac{\partial}{\partial n}\left[-\frac{1}{L_e}\frac{\partial Y}{\partial n} + (Y-1)u_{\perp}\right] + \varepsilon\left\{\frac{\partial Y}{\partial \tau} + (Y-1)\vec{\nabla}_{//}.\vec{V} + \left[-\frac{1}{L_e}\frac{\partial Y}{\partial n} + (Y-1)u_{\perp}\right]\vec{\nabla}.\vec{N}\right\} = -W$$

(143) $$\frac{\partial}{\partial n}\left[-\frac{\partial T}{\partial n} + (T-T_o)u_{\perp}\right] + \varepsilon\left\{\frac{\partial T}{\partial \tau} + (T-T_o)\vec{\nabla}_{//}.\vec{V} + \left[-\frac{\partial T}{\partial n} + (T-T_o)u_{\perp}\right]\vec{\nabla}.\vec{N}\right\} = (1-T_o)W$$

et à partir de (134) :

(144) $$T^o_+ = 1 \quad , \quad W = \delta(n)\left[e^{\frac{T^1_+}{2}} + O(\varepsilon)\right] = W^{\circ} + \varepsilon W' + O(\varepsilon^2)$$

On obtient donc d'après (141), (142), (143) et (144) :

(145) $$\left\{\begin{array}{l} \dfrac{\partial u_\perp^\circ}{\partial n} = 0 \\ \dfrac{\partial}{\partial n}\left[-\dfrac{1}{L_e}\dfrac{\partial Y^\circ}{\partial n} + (Y^\circ - 1)u_\perp^\circ\right] = -\delta(n)\, e^{\frac{T_+^1}{2}} \\ \dfrac{\partial}{\partial n}\left[-\dfrac{\partial T^\circ}{\partial n} + (T^\circ - T_0)u_\perp^\circ\right] = (1-T_0)\,\delta(n)\, e^{\frac{T_+^1}{2}} \end{array}\right.$$

, on admet qu'il n'y a pas de discontinuité de T° ni de Y° en n = 0. Il s'en suit que, pour n < 0 :

(146) $$\left\{\begin{array}{l} Y^\circ = 1 - e^{Le\, u_\perp^\circ n} \\ T^\circ = To + (1 - To)e^{u_\perp^\circ n} \end{array}\right.$$

Par intégration de l'une ou l'autre des deux der nières équations du système (145) on trouve d'autre part :

(147) $$u_\perp^\circ = e^{T_+^1/2}$$

en admettant que $(\partial T^\circ/\partial n)_+ = 0$

En éliminant W entre (142) et (143) et en poussant les développements à l'ordre 1 en ε on obtient :

(148) $$\begin{array}{|l} \dfrac{\partial}{\partial n}\left[-\dfrac{\partial}{\partial n}\left(\dfrac{Y^1}{L_e} + \dfrac{T^1}{1-T_0}\right) + u_\perp^\circ\left(Y^1 + \dfrac{T^1}{1-T_0}\right) + u_\perp^1\left(Y^\circ - 1 + \dfrac{T^\circ - T_0}{1-T_0}\right)\right] \\ + \dfrac{\partial}{\partial \tau}\left(Y^\circ + \dfrac{T^\circ}{1-T_0}\right) + \left(Y^\circ - 1 + \dfrac{T^\circ - T_0}{1-T_0}\right)\vec{\nabla}_{/\!/}\cdot\vec{V}^\circ = 0 \end{array}$$

Par intégration entre n = -∞ et n = 0 compte tenu de (146) et en admettant que $(\partial T^1/\partial n)_+ = 0$, il résulte :

(149) $$u_\perp^\circ \frac{T_+^1}{1-T_0} + \left(1 - \frac{1}{L_e}\right)\left[\frac{\partial}{\partial \tau}\left(\frac{1}{u_\perp^\circ}\right) + \frac{1}{u_\perp^\circ}\vec{\nabla}_{/\!/}\cdot\vec{V}^\circ\right] = 0$$

En éliminant T_+^1 entre (147) et (149) on a :

(150) $$b\,\frac{\partial (u_\perp^\circ)^2}{\partial \tau} = 2(u_\perp^\circ)^2\left[b\,\vec{\nabla}_{/\!/}\cdot\vec{V}^\circ + (u_\perp^\circ)^2 \operatorname{Log}(u_\perp^\circ)^2\right] \quad , \quad b^{-1} = (1-T_0)\left(1 - \frac{1}{L_e}\right)$$

On obtient alors l'évolution locale de la vitesse de combustion en fonction du taux d'étirement et suivant le signe de Le-1.

Sur la figure 9, le point $u_\perp^\circ = 1$, $\vec{\nabla}_{/\!/}\cdot\vec{V}^\circ = 0$ correspond à la combustion adiabatique de la flamme plane.

Ce calcul ne permet pas de déterminer le comportement pour Le voisin de 1.

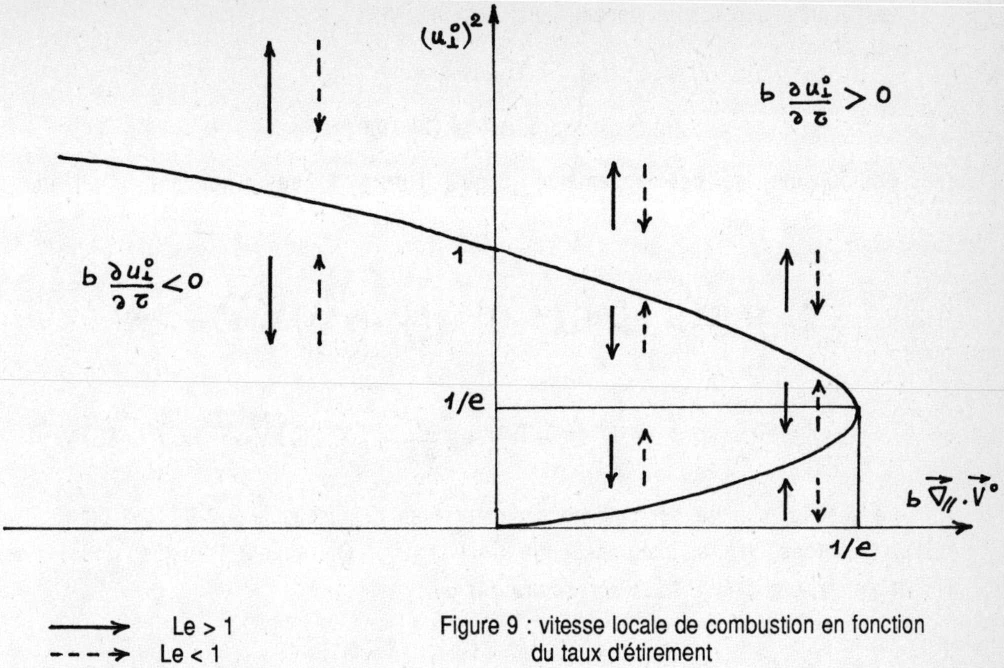

Figure 9 : vitesse locale de combustion en fonction du taux d'étirement

b) Développements à 2 paramètres

Si l'on considère ε et $1/\beta$ comme deux petits paramètres indépendants et que l'on effectue les développement en ε, paramètre de perturbation hydrodynamique, les équations (141) à (143) restent valables, mais le résultat (144) devient :

(151) $$T_+^\circ = 1 \quad , \quad W = \delta(N)\,[1 + \varepsilon\,\beta/2\; T_+^1 + ...] = W^\circ + \varepsilon\, W^1 + O(\varepsilon^2)$$

Le système (145) devient donc :

(152) $$\left\{ \begin{array}{l} \frac{\partial u_\perp^\circ}{\partial n} = 0 \\ \frac{\partial}{\partial n}\left[-\frac{1}{Le}\frac{\partial Y^\circ}{\partial n} + (Y^\circ - 1)\, u_\perp^\circ \right] = -\,\delta(n) \\ \frac{\partial}{\partial n}\left[-\frac{\partial T^\circ}{\partial n} + (T^\circ - T_o)\, u_\perp^\circ \right] = (1 - T_o)\,\delta(n) \end{array} \right.$$

L'intégration entre $(-\infty)$ et (0_+) des deux dernières équations (152) donne alors, au lieu de (147) :

(153) $$u_\perp^\circ = 1$$

La vitesse de combustion est donc égale, à l'ordre o à celle de la combustion adiabatique.

Les équations (146) deviennent alors, pour n $\leqslant$ 0 :

(154)
$$\begin{cases} Y^\circ = 1 - e^{Le\, n} \\ T^\circ = To + (1 - To)e^{n} \end{cases}$$

Poursuivons les développements jusqu'à l'ordre 1. Les équations (142) et (143) donnent :

(155)
$$\frac{\partial}{\partial n}\left[-\frac{1}{L_e}\frac{\partial Y^1}{\partial n} + Y^1 + u_\perp^1 (Y^0 - 1)\right] + \frac{\partial Y^0}{\partial \tau} + (Y^0 - 1)\,\vec{\nabla}_{/\!/}.\vec{V}^0 = -W^1$$

(156)
$$\frac{\partial}{\partial n}\left[-\frac{\partial T^1}{\partial n} + T^1 + u_\perp^1 (T^0 - T_0)\right] + \frac{\partial T^0}{\partial \tau} + (T^0 - T_0)\,\vec{\nabla}_{/\!/}.\vec{V}^0 = (1 - T_0)\,W^1$$

Le second membre est obligatoirement 0(1) ce qui implique que T_+^1 soit 0(1/β) d'après (151). Eliminons W^1 et intégrons entre (-∞) et (0_+). On obtient l'équation (149) avec $u_\perp^\circ$ = 1. Il s'en suit que (1 - 1/Le) est d'ordre 1/β ou :

(157)
$$Le = 1 + \ell/\beta \quad , \quad \ell = 0(1)$$

On ne peut étudier par cette méthode, que les cas où Le reste voisin de 1 en 1/β. La valeur de T_+^1 est la suivante :

(158)
$$T_+^1 = -(1 - To)\,\ell/\beta\;\vec{\nabla}_{/\!/}.\vec{V}^\circ$$

L'équation (121) donne à l'ordre 1 en ε :

(159)
$$\frac{\partial u_\perp^1}{\partial n} = -\left(\vec{\nabla}_{/\!/}.\vec{V}^\circ + \vec{\nabla}.\vec{N}^\circ\right)$$

Pour l'écoulement amont on a également :

$$\frac{\partial u_{\perp -}^1}{\partial n} = -\left(\vec{\nabla}_{/\!/}.\vec{V}^\circ + \vec{\nabla}.\vec{N}^\circ\right)$$

il s'en suit que :

(160)
$$u_\perp^1 = u_{\perp -}^1$$

L'équation de l'énergie, intégrée entre (-∞) et (0) conduit à :

(161)
$$u_{\perp +}^1 = -\vec{\nabla}_{/\!/}.\vec{V}^\circ\left(1 + \frac{1 - T_0}{2}\,\ell\right)$$

La vitesse de combustion est donc :

(162)
$$u_\perp = 1 - \varepsilon\left(1 + \frac{1 - T_0}{2}\,\ell\right)\vec{\nabla}_{/\!/}.\vec{V}$$

5.2. FLammes à densité variable [57]

On suppose ici que la masse volumique est constante dans les gaz frais et dans les gaz brûlés mais qu'elle est variable dans la zone de combustion. En prenant comme grandeurs de référence la masse volumique des gaz frais et la température de fin de combustion adiabatique, la loi d'état admise est la suivante :

(163) $$\rho T = T_0$$

Les autres hypothèses sont les mêmes qu'en 3.2.

Appliquons l'équation (104) au volume massique, à Y, à T et à la quantité de mouvement. On trouve :

(164) $$\frac{\partial}{\partial n}\left[(1-\rho)u_\perp\right]+\varepsilon\left[\frac{\partial(1-\rho)}{\partial\tau}+(1-\rho)\vec{\nabla}_{/\!/}.\vec{V}\right]=\frac{\partial(u_\perp-u_{\perp-})}{\partial n}+\varepsilon(\rho u_\perp-u_{\perp-})\vec{\nabla}.\vec{N}$$

(165) $$\frac{\partial}{\partial n}\left[-\frac{1}{L_e}\frac{\partial Y}{\partial n}+\rho(Y-1)u_\perp\right]+\varepsilon\left[\frac{\partial\rho(Y-1)}{\partial\tau}+\rho(Y-1)\vec{\nabla}_{/\!/}.\vec{V}+\left(-\frac{1}{L_e}\frac{\partial Y}{\partial n}+\rho(Y-1)u_\perp\right)\vec{\nabla}.\vec{N}\right]=-W$$

(166) $$\frac{\partial}{\partial n}\left[-\frac{\partial T}{\partial n}+\rho(T-T_0)u_\perp\right]+\varepsilon\left[\frac{\partial\rho(T-T_0)}{\partial\tau}+\rho(T-T_0)\vec{\nabla}_{/\!/}.\vec{V}+\left(-\frac{\partial T}{\partial n}+\rho(T-T_0)u_\perp\right)\vec{\nabla}.\vec{N}\right]=(1-T_0)W$$

(167) $$\frac{\partial}{\partial n}\left[(p-p_0)\vec{N}+\rho(\vec{v}-\vec{v}_-)u_\perp\right]+\varepsilon\left\{\frac{\partial\rho(\vec{v}-\vec{v}_-)}{\partial\tau}+\rho(\vec{v}-\vec{v}_-)\vec{\nabla}_{/\!/}.\vec{V}\right.$$
$$\left.+\left[(p-p_0)\vec{N}+\rho(\vec{v}-\vec{v}_-)u_\perp\right]\vec{\nabla}.\vec{N}\right\}=-\varepsilon\left[(\rho-1)\frac{\partial\vec{v}_-}{\partial t}+(\rho\vec{v}-\vec{v}_-).\vec{\nabla}\otimes\vec{v}_-\right]$$

L'équation (134) reste valable. Considérons un développement à deux paramètres ε et $1/\beta$.

A l'ordre zéro en ε (164) nous donne :

(168) $$(\rho u_\perp)^\circ = u^\circ_{\perp-}\ ,$$

c'est à dire, en posant $m = \rho u_\perp$

(169) $$m^\circ = m^\circ_-$$

Le débit de combustion se conserve à l'ordre zéro à la traversée de la flamme.

L'équation (167) fournit :

(170) $$\begin{cases} p^\circ + m^\circ u^\circ_\perp = p_0 + m^\circ_- u^\circ_{\perp-} \\ \vec{v}^\circ_{/\!/} = \vec{v}^\circ_{/\!/-} \end{cases}$$

La vitesse tangentielle se conserve. Il s'en suit qu'à l'ordre zéro $\vec{V}$ se conserve ainsi que $\vec{\nabla}_{/\!/}.\vec{V}$ à la traversée de l'onde. (165) et (166) deviennent :

(171) $$\begin{cases} \dfrac{\partial}{\partial n}\left[-\dfrac{1}{L_e}\dfrac{\partial Y^\circ}{\partial n}+m^\circ(Y^\circ-1)\right] = -\delta(n) \\ \dfrac{\partial}{\partial n}\left[-\dfrac{\partial T^\circ}{\partial n}+m^\circ(T^\circ-T_0)\right] = (1-T_0)\delta(n) \end{cases}$$

L'intégration entre $(-\infty)$ et (0) fournit :

(172) $$m^\circ = 1$$

On obtient donc pour $n \leqslant 0$:

(173) $$\begin{cases} Y^\circ = 1 - e^{Le\, n} \\ T^\circ = T_0 + (1 - T_0)e^n \end{cases}$$

De (143) on déduit alors :

(174) $$\rho^\circ = \left(1 + \frac{1-T_0}{T_0} e^n\right)^{-1}$$

A l'ordre 1, l'équation (164) devient :

(175) $$\frac{\partial}{\partial n}(m^1 - m^1_-) = (1-\rho^\circ)\, \vec{\nabla}_{/\!/} \cdot \vec{V}^\circ$$

Soit après intégration :

(176) $$m^1_+ - m^1_- = \vec{\nabla}_{/\!/} \cdot \vec{V}^\circ \, \mathrm{Log} \, \frac{1}{T_0}$$

Les équations en Y et T s'écrivent à l'ordre 1 :

(177) $$\frac{\partial}{\partial n}\left[-\frac{1}{L_e}\frac{\partial Y^1}{\partial n} + \left(m(Y-1)\right)^1\right] + \rho^\circ(Y^\circ - 1)\, \vec{\nabla}_{/\!/} \cdot \vec{V}^\circ = -W^1$$

(178) $$\frac{\partial}{\partial n}\left[-\frac{\partial T^1}{\partial n} + \left(m\,(T-T_0)\right)^1\right] + \rho^\circ(T^\circ - T_0)\, \vec{\nabla}_{/\!/} \cdot \vec{V}^\circ = (1-T_0)\, W^1$$

Comme en 4.2.b il est nécessaire que W^1 soit $0(1)$ donc que T^1_+ soit $0(1/\beta)$.

En éliminant W^1 entre (177) et (178) et en intégrant entre $(-\infty)$ et (0) on trouve :

(179) $$\frac{T^1_+}{1-T_0} + (L_e - 1)\left(\frac{T_0}{1-T_0}\right)^{L_e} \int_0^{\frac{1-T_0}{T_0}} \frac{\mathrm{Log}\,(1+\xi)}{\xi^{2-L_e}}\, d\xi \;\; \vec{\nabla}_{/\!/} \cdot \vec{V}^\circ = 0$$

Il s'en suit que $Le - 1 = 0(1/\beta) = \ell/\beta$.

Le résultat (159) devient :

(180) $$T^1_+ = -\frac{\ell}{\beta}\, T_0 \int_0^{\frac{1-T_0}{T_0}} \frac{\mathrm{Log}\,(1+\xi)}{\xi}\, d\xi \;\; \vec{\nabla}_{/\!/} \cdot \vec{V}^\circ$$

L'équation (178) après élimination de $\vec{\nabla}_{/\!/} \cdot \vec{V}^\circ$ par (175) et après intégration entre $(-\infty)$ et (0) donne :

(181) $$m^1_+ - T_0\, m^1_- = \left[(1 - T_0)\beta/2\right] T^1_+$$

Finalement, (172), (176), (180) et (181) fournissent les débits m_- et m_+. En particulier :

$$(182) \qquad m_- = 1 - \varepsilon \left(\frac{\mathrm{Log}(1/T_0)}{1 - T_0} + \ell \frac{T_0}{2} \int_0^{\frac{1-T_0}{T_0}} \frac{\mathrm{Log}(1+\xi)}{\xi} d\xi \right) \vec{\nabla}_{//} . \vec{V}_0 + O(\varepsilon^2)$$

5.3 Equations d'interface pour les flammes de prémélange

Dans chacun des cas envisagés la vitesse $\vec{V}$ est égale à $\vec{V}_{//} + \vec{w}$. Elle est en première approximation convervative à travers l'interface.

La quantité $\vec{\nabla}_{//} . \vec{V}$ représente bien le taux d'étirement matériel de la flamme. L'opérateur $\vec{\nabla}_{//}$ se conserve également. On se trouve dans des cas où l'équation (107) est valable.

Lorsque le taux d'étirement et la courbure sont 0(1) à l'échelle hydrodynamique, les équations d'interface se réduisent à :

$$(183) \qquad \frac{d_V \hat{\rho}_\vartheta}{dt} + \hat{\rho}_\vartheta \vec{\nabla}_{//} . \vec{V} + [\![\rho_\vartheta u_\perp]\!] = \hat{w}_\vartheta$$

$$(184) \qquad \frac{d_V \hat{\rho}_Y}{dt} + \hat{\rho}_Y \vec{\nabla}_{//} . \vec{V} + [\![\rho_Y u_\perp]\!] = \hat{w}_Y$$

$$(185) \qquad \frac{d_V \hat{\rho}_T}{dt} + \hat{\rho}_T \vec{\nabla}_{//} . \vec{V} + [\![\rho_T u_\perp]\!] = \hat{w}_T$$

$$(186) \qquad \frac{d_V \vec{\hat{\rho}}_v}{dt} + \vec{\hat{\rho}}_v \vec{\nabla}_{//} . \vec{V} + [\![p \vec{N} + \vec{\rho}_v u_\perp]\!] = \vec{\hat{w}}_v$$

Ces résultats sont en parfait accord avec ceux de l'analyse asymptotique rappelés précédemment, jusqu'à l'ordre un en ε, pour les trois premières. L'équation de la quantité de mouvement est également valable jusqu'à l'ordre un mais on n'utilise que le développement à l'ordre zéro comme nous l'avons vu, pour montrer que la vitesse tangentielle $\vec{V}^{\circ}_{//}$ se conserve et calculer la pression p°. Les densités surfaciques $\hat{\rho}_F$ ainsi que $\vec{\hat{W}}_v$ y sont 0(ε)alors que les autres termes sont 0(1) dans les équations sans dimensions.

Si l'on part de ce système pour résoudre un problème de combustion, il faut connaître les lois de comportement. Celles de fluide étant supposées connues, il reste à déterminer celles de l'interface.

En variables sans dimensions les taux de production surfaciques des trois premières équations sont les suivantes :

$$(187) \qquad \begin{cases} \hat{W}_\vartheta = [\![u_\perp]\!] \\ \hat{W}_Y = - e^{\beta/2(T_+ - 1)} = - \hat{W} \\ \hat{W}_T = (1 - To) e^{\beta/2(T_+ - 1)} = (1 - To)\hat{W} \end{cases}$$

et sont valables dans tous les cas étudiés.

Les expressions de $\hat{\rho}_{\psi}, \hat{\rho}_Y$ et $\hat{\rho}_T$ dépendent, elles, des lois d'état du fluide. Elles sont différentes si le fluide est compressible ou incompressible.

Cependant, pour les déterminer il suffit d'utiliser les résultats de l'analyse à l'ordre zéro de la zone de préchauffage puisque ces paramètres sont 0(ε). Cela revient à dire que, pour ces termes, tout se passe comme si la flamme était plane et que le débit était :

(188) $$m = \rho u_{\perp}$$

Dans ces conditions on trouve toujours :

(189) $$\begin{cases} Y = 1 - e^{Le\, m\, n} \\ T = T_o + (1 - T_o)e^{m\, n} \end{cases}$$

et on calcule les variables de surface en écrivant :

(190) $$\hat{\rho}_{\psi} = \int_{N_-}^{N_+} \rho(\psi - \psi_o)\, dN = \varepsilon \int_{-\infty}^{0} (1 - \rho)\, dn\ ,\quad \hat{\rho}_Y = \varepsilon \int_{-\infty}^{0} \rho(Y - 1)\, dn\ ,\quad \hat{\rho}_T = \varepsilon \int_{-\infty}^{0} \rho(T - T_o)\, dn$$

Si la masse volumique est constante on trouve immédiatement :

(191) $$\hat{\rho}_{\psi} = 0 \quad , \quad \hat{\rho}_Y = -\varepsilon / L_e m \quad , \quad \hat{\rho}_T = (1 - T_o)\varepsilon / m$$

Si la loi d'état (163) est vérifiée, on trouve :

(192) $$\begin{cases} \hat{\rho}_T = T_o\, \hat{\rho}_{\psi} = \dfrac{\varepsilon}{m} T_o \operatorname{Log} \dfrac{1}{T_o} \\ \hat{\rho}_Y = -\dfrac{\varepsilon}{m} \dfrac{T_o}{1 - T_o} \left[\operatorname{Log} \dfrac{1}{T_o} - (L_e - 1) \left(\dfrac{T_o}{1 - T_o} \right)^{Le - 1} \displaystyle\int_0^{\frac{1 - T_o}{T_o}} \dfrac{\operatorname{Log}(1 + \xi)}{\xi^{2 - Le}}\, d\xi \right] \end{cases}$$

Les lois de comportement obtenues sont toujours telles que $\hat{\rho}_F$ est proportionnel à $[\![f]\!]$ et au débit de combustion. Ce fait peut s'interpréter par des considérations dimensionnelles. Raisonnons en grandeurs non adimensionnées et introduisons le coefficient sans dimensions L_F :

(193) $$L_F = \hat{\rho}_F / \rho_o [\![f]\!]\, d_F$$

où d_F est l'épaisseur de diffusion de la propriété F définie à partir du coefficient de diffusion D_F ($\rho \mathcal{D}$ ou λ / C_{pf}) :

(194) $$d_F = D_F / \rho u$$

On obtient ainsi :

(195) $$\hat{\rho}_F = L_F\, \rho_o [\![f]\!] D_F / \rho u$$

Avec les grandeurs de référence choisies, la relation sans dimensions correspondante est :

(196) $$\hat{\rho}_F = L_F \, \varepsilon \, \frac{c_p D_F}{\lambda} \frac{[\![f]\!]}{m}$$

On obtient donc, pour la fraction massique de réactants :

(197) $$\hat{\rho}_Y = - L_Y \, \varepsilon / L_e \, m$$

et pour la température :

(198) $$\hat{\rho}_T = + L_T \, (1-T_o) \, \varepsilon / m$$

Dans les cas examinés les coefficients sans dimension sont constants et ne dépendent que de To et de Le.

En particulier, si la masse volumique est constante, on trouve simplement :

(199) $$L_Y = L_T = 1$$

De sorte que les coefficients L_F caractérisent ce qui se passe dans la flamme par rapport au cas de la densité constante.

Notons qu'il n'en serait pas de même avec des flammes à grand taux d'étirement telles que celles obtenues lors de la combustion près de la paroi dans un écoulement à point d'arrêt. On a alors :

(200) $$\varepsilon \, \vec{\nabla}_{/\!/} . \vec{V} = \alpha = O(1)$$

et si la relation (193) reste valable, le coefficient L_F dépend cette fois de plus de m et de α.

La relation (193) exprime que le débit d'excès de F est proportionnel au saut de f, le coefficient de proportionnalité L_F étant assimilable à un coefficient phénoménologique.

Vérifions maintenant que cette théorie redonne bien les mêmes résultats que la théorie classique dans les divers cas analysés. Nous partirons donc des équations (183) à (187) et de la loi (193) qui donne suivant le cas (191) ou (192).

- Densité constante, analyse à un seul paramètre

On trouve successivement :

(201) $$\begin{cases} [\![u_\perp]\!] = 0 \\ -\dfrac{\varepsilon}{L_e} \dfrac{\partial 1/u_\perp}{\partial \tau} - \dfrac{\varepsilon}{L_e u_\perp} \vec{\nabla}_{/\!/} . \vec{V} - u_\perp = - e^{\frac{T_+^1}{2}} - \varepsilon \hat{W}^1 + O(\varepsilon^2) \\ (1-T_o) \, \varepsilon \dfrac{\partial 1/u_\perp}{\partial \tau} + (1-T_o) \dfrac{\varepsilon}{u_\perp} \vec{\nabla}_{/\!/} . \vec{V} + u_\perp (T_+ - T_o) = (1-T_o) \left(e^{\frac{T_+^1}{2}} + \varepsilon \hat{W}^1 \right) + O(\varepsilon^2) \end{cases}$$

Le calcul à l'ordre zéro donne :

(202) $$u_\perp^\circ = e^{\frac{T_+^1}{2}}$$

L'analyse à l'ordre 1 fournit, après élimination de $\hat{W}^1$:

(203) $$\left(1-\frac{1}{Le}\right)\frac{\partial 1/u_\perp^\circ}{\partial \tau} + \left(1-\frac{1}{Le}\right)\frac{1}{u_\perp^\circ}\vec{\nabla}_{//}.\vec{V}^\circ + u_\perp^\circ \frac{T_+^1}{1-T_o} = 0$$

Il s'agit bien des mêmes résultats : (202) est identique à (147) et (203) est identique à (149).

- Densité constante, analyse à deux paramètres ε et β

On a alors :

(204) $$\hat{W} = 1 + \varepsilon\frac{\beta}{2}T_+^1 + O(\varepsilon^2)$$

Ce qui donne :

(205) $$\begin{cases} [\![u_\perp]\!] = 0 \\ -\frac{\varepsilon}{Le}\frac{\partial(1/u_\perp)}{\partial\tau} - \frac{\varepsilon}{Le\,u_\perp}\vec{\nabla}_{//}.\vec{V} - u_\perp = -1 - \varepsilon\frac{\beta}{2}T_+^1 + O(\varepsilon^2) \\ (1-T_o)\varepsilon\frac{\partial(1/u_\perp)}{\partial\tau} + (1-T_o)\frac{\varepsilon}{u_\perp}\vec{\nabla}_{//}.\vec{V} + u_\perp(T_+ - T_o) = (1-T_o)\left(1+\varepsilon\frac{\beta}{2}T_+^1\right) + O(\varepsilon^2) \end{cases}$$

A l'ordre zéro on obtient :

(206) $$u_\perp^\circ = 1$$

A l'ordre 1 on conclut que T_+^1 est $0(1/\beta)$. En éliminant alors $\hat{W}^1$, on retrouve l'équation (149), qui implique que :

(207) $$Le = 1 + l/\beta \quad \text{avec} \quad \ell = 0(1)$$

L'ordre 1 nous donne :

(208) $$\begin{cases} [\![u_\perp^1]\!] = 0 \\ \left(\frac{\ell}{\beta} - 1\right)\vec{\nabla}_{//}.\vec{V}^\circ - u_\perp^1 = -\frac{\beta}{2}T_+^1 \\ (1-T_o)\vec{\nabla}_{//}.\vec{V}^\circ + T_+^1 + (1-T_o)u_+^1 = (1-T_o)\frac{\beta}{2}T_+^1 \end{cases}$$

En éliminant les seconds membres, on a :

(209) $$T_+^1 = -(1-T_o)\frac{\ell}{\beta}\vec{\nabla}_{//}.\vec{V}^\circ$$

et l'équation de l'énergie nous donne :

(210) $$\vec{\nabla}_{//}.\vec{V}^{\circ} + u_{\perp}^{1} = \frac{\beta}{2} T_{+}^{1} + O\left(\frac{1}{\beta}\right)$$

Les résultats sont encore identiques aux précédents.

- Densité variable, analyse à deux paramètres

Les équations (183) à (185) deviennent :

(211) $$\begin{cases} \dfrac{\partial \hat{\rho}_{\gamma}}{\partial \tau} + \hat{\rho}_{\gamma} \vec{\nabla}_{//}.\vec{V} - [\![m]\!] = O(\varepsilon^2) \\ \dfrac{\partial \hat{\rho}_{Y}}{\partial \tau} + \hat{\rho}_{Y} \vec{\nabla}_{//}.\vec{V} + [\![m\ (1-Y)]\!] = -1 - \varepsilon \dfrac{\beta}{2} T_{+}^{1} + O(\varepsilon^2) \\ \dfrac{\partial \hat{\rho}_{T}}{\partial \tau} + \hat{\rho}_{T} \vec{\nabla}_{//}.\vec{V} + [\![m\ (T-T_o)]\!] = (1-T_o)\left(1+\varepsilon \dfrac{\beta}{2} T_{+}^{1}\right) + O(\varepsilon^2) \end{cases}$$

A l'ordre zéro, la continuité nous donne :

(212) $$[\![m^{\circ}]\!] = 0$$

et l'équation de la quantité de mouvement (186) fournit :

(213) $$\begin{cases} [\![p^{\circ}]\!] + m^{\circ} [\![u_{\perp}^{\circ}]\!] = 0 \\ [\![\vec{v}_{//}^{\circ}]\!] = 0 \end{cases}$$

ce qui justifie a posteriori la forme adoptée pour les équations du bilan et fournit une relation donnant le saut de pression.

Les équations en Y et T donnent alors :

(214) $$m^{\circ} = 1$$

A l'ordre 1, la continuité s'écrit :

(215) $$\frac{1}{m^{\circ}} \mathrm{Log}\, 1/T_o\ \vec{\nabla}_{//}.\vec{V}^{\circ} = [\![m^1]\!]$$

Les équations en Y et T impliquent que βT_{+}^{1} soit 0(1) et l'élimination des seconds membres donne :

(216) $$(L_e-1)\left(\frac{T_o}{1-T_o}\right)^{L_e} \int_0^{\frac{1-T_o}{T_o}} \frac{\mathrm{Log}(1+\xi)}{\xi^{2-L_e}} d\xi\ \vec{\nabla}_{//}.\vec{V}^{\circ} + [\![m\left(Y-1+\frac{T-T_o}{1-T_o}\right)]\!]^{1} = 0$$

Le crochet se réduit à $T_{+}^{1}/(1 - T_o)$, il est donc 0(1/β), ce qui nécessite que (Le - 1) soit aussi 0(1/β), ce qui correspond à la relation (207). On obtient donc :

(217) $$T_+^1 = -\frac{\ell}{\beta} T_o \int_0^{\frac{1-T_o}{T_o}} \frac{\mathrm{Log}(1+\xi)}{\xi} d\xi \; \vec{\nabla}_{/\!/} . \vec{V}^o$$

L'équation de l'énergie conduit alors, après remplacement de $\vec{\nabla}_{/\!/} . \vec{V}^o$ par sa valeur tirée de (215), à :

(218) $$m_+^1 - To\, m_-^1 = (1 - To) \frac{\beta}{2} T_+^1$$

Les résultats sont donc identiques à ceux du paragraphe 5.2. Cela valide ce modèle qui peut donc être utilisé dans d'autres circonstances avec des lois de comportement adéquates.

6. COUCHES LIMITES [11], [35]

Alors que pour les ondes (flammes, ondes de choc ou de combustion) l'essentiel du flux de matière traverse l'interface, pour les couches limites et les couches de cisaillement, la plus grande partie de l'écoulement se fait le long de l'interface.

La vitesse $\vec{V}$ définie par (131) n'est plus conservative à travers l'interface. Dans le cas de couches limites au dessus d'un obstacle rigide nous choisissons pour $\vec{V}$ la vitesse locale de la surface de cet obstacle $\vec{v}_-$ (Fig. 10); celle-ci est nulle dans un référentiel lié à l'obstacle.

La grandeur spécifique $f_o(\vec{x}, t)$ se rapportera à l'écoulement extérieur, c'est-à-dire au côté (+) de l'interface.

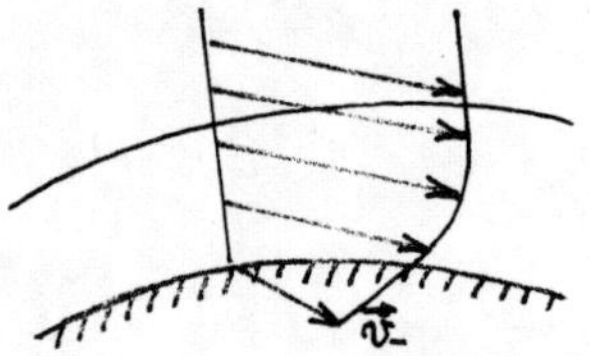

Figure 10

L'équation (107) devient donc, dans le référentiel lié à l'obstacle :

(219) $$\frac{\partial \hat{\rho}_F}{\partial \tau} + \vec{\nabla}_{/\!/} . \vec{\hat{J}}_F + [\![J_{F\perp}]\!] = \hat{W}_F$$

Si les termes convectifs normaux sont négligeables, $[\![J_{F\perp}]\!]$ se réduit à $[\![\mathcal{J}_{F\perp}]\!]$ et la partie convective de $\vec{\hat{J}}_F$ se réduit à :

(220) $$\int_{N_-}^{N_+} \rho_F \, \vec{v}_{/\!/} \, dN$$

Donnons quelques exemples pour illustrer cette description de la couche limite en termes d'interface.

6.1. Couche limite stationnaire au dessus d'une plaque plane

Supposons le fluide incompressible et l'écoulement bidimensionnel plan à pression constante. La vitesse à l'infini est U_∞ et la plaque correspond à $y = 0$ et $x > 0$.

On a :

(221) $$\frac{\partial u}{\partial x} + \frac{\partial v}{\partial y} = 0$$

(222) $$\frac{\partial \rho u (u-U_\infty)}{\partial x} + \frac{\partial \rho v (u-U_\infty)}{\partial y} - \mu \frac{\partial^2 u}{\partial y^2} = 0$$

La solution autosemblable est bien connue. Rappelons que si l'on pose :

(223) $$\eta = y\sqrt{\frac{U_\infty}{2\nu x}} \quad , \nu = \mu/\rho$$

on trouve :

(224) $$\begin{cases} u = U_\infty f'(\eta) \\ v = \sqrt{\frac{U_\infty \nu}{2x}}\left(\eta f'(\eta) - f(\eta)\right) \end{cases}$$

où f vérifie l'équation de Blasius

(225) $$f''' + ff'' = 0$$

avec les conditions aux limites :

(226) $$f(0) = f'(0) = 0 \quad , \quad f'(\infty) = 1$$

L'intégration de (222) suivant y donne l'équation cherchée :

(227) $$\vec{\nabla}_{/\!/} \cdot \vec{\hat{J}}_u + [\![J_{u\perp}]\!] = 0$$

avec :

(228) $$\vec{\nabla}_{/\!/} \cdot \vec{\hat{J}}_u = \frac{\partial \hat{J}_{u/\!/}}{\partial x} \quad , \quad \hat{J}_{u/\!/} = \int_0^\infty \rho u (u - U_\infty) dy \ ,$$

flux convectif d'excès longitudinal et :

(229) $$[\![J_{u\perp}]\!] = [\![\tau]\!] = -\tau_- \ ,$$

tension de frottement à la paroi (Fig. 11)

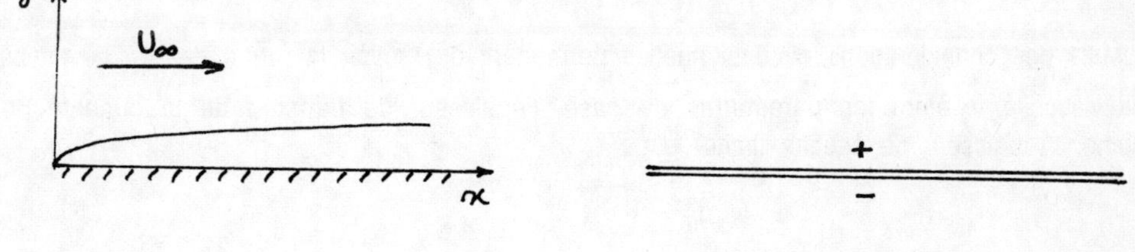

Figure 11

L'expression du flux $\hat{J}_{u/\!/}$ est la suivante :

(230) $$\hat{J}_{u/\!/} = -\mu \sqrt{\frac{2x U_\infty}{\nu}} \ U_\infty \ f''(0)$$

avec pour $f''(0)$ la valeur 0,4696.

La relation (230) peut s'interpréter par des considérations dimensionnelles. En effet, si ρ, U_∞ et x sont choisies comme grandeurs de base, il apparaît deux groupements sans dimension :

(231) $$\Pi_\mu = \mu / \rho U_\infty x = R_{ex} \; , \quad \Pi_J = \hat{J}_{u//} / \rho U_\infty^2 x = - K_u \; \psi (\Pi_\mu)$$

On trouve donc :

(232) $$\hat{J}_{u//} = - K_u \rho U_\infty x [\![u]\!] \; \psi (\mu / \rho U_\infty x)$$

Le résultat (230) montre qu'il faut choisir pour ψ la racine carrée. Le coefficient phénoménologique sans dimensions K_u est alors égal à :

(233) $$K_u = \sqrt{2}\, f''(0) \simeq 0{,}665$$

Dans d'autres couches limites K_u ne sera pas constant. Enfin, on pourra envisager des relations de ce type pour exprimer les flux $\hat{J}_F$ en fonction des sauts $[\![f]\!]$ en faisant intervenir des coefficients sans dimensions K_F.

5.2. Couche limite instationnaire

Un autre phénomène classique est celui d'un milieu et d'une plaque plane initialement au repos. A l'instant $t = 0$ et pour $t > 0$ la plaque est animée d'une vitesse constante V suivant $0x$.

L'équation de quantité de mouvement de l'interface s'écrit alors :

(234) $$\frac{\partial \hat{\rho}_u}{\partial t} - [\![\tau]\!] = 0$$

Le calcul classique permet de déterminer $\hat{\rho}_u$, on trouve :

(235) $$\hat{\rho}_u = \int_{-\infty}^{0} \rho u \, dy = \sqrt{\frac{4 \nu t}{\pi}} \; \rho V$$

Mais des considérations dimensionnelles permettent de prévoir la forme de $\hat{\rho}_u$. Le temps t et la viscosité ν étant les paramètres de base, l'épaisseur de transfert de la quantité de mouvement (épaisseur de couche limite) est :

(236) $$d_u = \sqrt{\nu t}$$

En appliquant la relation (193) on trouve donc :

(237) $$\hat{\rho}_u = L_u \rho [\![u]\!] \; d_u = - L_u \sqrt{\nu t} \, \rho V$$

ce qui donne ici :

(238) $$L_u = -\sqrt{\frac{4}{\pi}}$$

5.3. Couche limite avec diffusion

L'équation d'interface est ici, pour l'écoulement au dessus d'une plaque plane, en régime stationnaire :

(239) $$\frac{\partial \hat{J}_Y}{\partial x} + [\![\mathcal{J}_{Y\perp}]\!] = \hat{w}_Y$$

avec :

(240) $$\hat{J}_y = \int_0^{\infty} \rho u \ (Y - Y_+) dy$$

L'analyse dimensionnelle nous permet d'écrire une formule analogue à (232) :

(241) $$\hat{J}_Y = - K_Y \rho U_\infty x [\![Y]\!] \ \Psi\left(\frac{\rho U_\infty x}{\mu}, \frac{\mu}{\rho \mathcal{D}} \right)$$

Généralement la fonction Ψ est un produit de puissances de sorte que :

(242) $$\hat{J}_Y = - K_Y \rho U_\infty x [\![Y]\!] \ R_{ex}^{a} \ S_c^{b}$$

En régime laminaire, a est égal à (- 1/2) et la puissance b est différente suivant que le nombre de Schmidt est petit ou grand devant l'unité.

Par exemple, si le nombre de Schmidt est petit, la couche limite de diffusion est très épaisse devant la couche visqueuse, de sorte que la vitesse peut être considérée comme constante dans la zone de diffusion. On a alors la valeur (- 1/2) pour b.

On obtient donc, si $Y_+ = 0$ et $Y_- = 1$:

(243) $$\hat{J}_Y = K_Y \rho U_\infty \left(\frac{\mathcal{D} x}{U_\infty} \right)^{1/2}$$

Les calculs exacts donnent ce même résultat avec :

(244) $$K_Y = \sqrt{\frac{4}{\pi}}$$

Si le nombre de Schmidt est grand, la puissance b devient égale à (- 2/3). Ces résultats sont reliables à ceux déjà obtenus pour le coefficient d'échange et pour le nombre de Sherwood. On obtient immédiatement, en calculant $\partial \hat{J}_Y / \partial x$, l'expression du nombre de Sherwood :

(245) $$S_h = \frac{K_Y}{2} R_{ex}^{1/2} S_c^{b+1}$$

valable pour les couches limites laminaires. Ce résultat donne la signification physique du coefficient K_Y.

7. INTERFACE PRESENTANT UNE RESISTANCE AU PLISSEMENT [11], [58]

Lorsque l'on peut admettre en première approximation que le champ des déformations résulte d'un champ de distributeurs de vitesses, il est commode d'utiliser la méthode des puissances virtuelles. On obtient par ce moyen l'équation du bilan de la quantité de mouvement et l'équation des moments.

Les résultats sont applicables à des interfaces solides déformables. Le cas particulier des membranes souples conduit à des résultats déjà établis.

Le principe des puissances virtuelles s'exprime comme suit :

(246)
$$\mathcal{P}^*_{(i)} + \mathcal{P}^*_{(e)} = a^*$$

$\mathcal{P}^*_{(i)}$: puissance des efforts intérieurs.

$\mathcal{P}^*_{(e)}$: puissance virtuelle des efforts extérieurs

a^* : puissance virtuelle des quantités d'accélération

Déterminons d'abord la puissance virtuelle des efforts intérieurs. Pour cela nous définirons un champ de vitesses virtuelles à partir d'un champ de distributeurs défini sur (S) :

(247)
$$\{\mathcal{C}^*\} = \begin{Bmatrix} \vec{\omega}^* \\ \vec{v}^* \end{Bmatrix}$$

et le distributeur des taux de déformations correspondant sera :

(248)
$$\{\mathcal{D}^*\} = \begin{Bmatrix} \mathcal{S}(\vec{\nabla}_{/\!/} \otimes \vec{\omega}^*) \\ \mathcal{S}(\vec{\nabla}_{/\!/} \otimes \vec{v}^* + \vec{\ell}^* \otimes \vec{N}) \end{Bmatrix} = \begin{Bmatrix} \vec{\chi}^* \\ \vec{\eta}^* \end{Bmatrix}$$

$\mathcal{P}^*_{(i)}$ sera obtenu en multipliant $\{\mathcal{D}^*\}$ par un champ de torseurs d'éléments de réduction $\vec{\gamma}$ et $\vec{\mu}$, tous deux tenseurs symétriques, de sorte que :

(249)
$$\mathcal{P}^*_{(i)} = -\int_\Sigma (\vec{\gamma} : \vec{\eta}^* + \vec{\mu} : \vec{\chi}^*)\, d\Sigma$$

On a évidemment :

(250)
$$\mathcal{P}^*_{(i)} = -\int_\Sigma \left\{ \vec{\gamma} : (\vec{\nabla}_{/\!/} \otimes \vec{v}^* + \vec{\ell}^* \otimes \vec{N}) + \vec{\mu} : \vec{\nabla}_{/\!/} \otimes \vec{\omega}^* \right\} d\Sigma$$

On sait que :

(251)
$$\begin{cases} \vec{N} \cdot (\vec{\nabla}_{/\!/} \otimes \vec{v}^*) = 0 \\ \vec{N} \cdot (\vec{\ell}^* \otimes \vec{N}) = 0 \\ \vec{N} \cdot (\vec{\nabla}_{/\!/} \otimes \vec{\omega}^*) = 0 \end{cases}$$

On peut décomposer ces tenseurs $\vec{\vec{\gamma}}$, $\vec{\vec{\mu}}$, $\vec{\nabla}_{/\!/} \otimes \vec{v}^*$ et $\vec{\nabla}_{/\!/} \otimes \vec{\omega}^*$ comme suit. $\vec{\vec{P}}$ étant un tenseur quelconque du second ordre, on obtient :

(252) $$\vec{\vec{P}} = \vec{\vec{\Pi}} + \vec{\pi} \otimes \vec{N} + \vec{N} \otimes \vec{\pi}' + p\, \vec{N} \otimes \vec{N}$$

avec :

(252) $$\vec{\vec{\Pi}}.\vec{N} = \vec{0} \quad , \quad \vec{\pi}.\vec{N} = \vec{\pi}'.\vec{N} = 0$$

Il s'en suit que :

(254) $$\left\{ \begin{array}{l} \vec{\vec{\gamma}} = \vec{\vec{\sigma}} + \vec{g} \otimes \vec{N} + \vec{N} \otimes \vec{g} + \Gamma\, \vec{N} \otimes \vec{N} \\ \vec{\vec{\mu}} = \vec{\vec{M}} + \vec{m} \otimes \vec{N} + \vec{N} \otimes \vec{m} + m\, \vec{N} \otimes \vec{N} \\ \mathcal{S} (\vec{\nabla}_{/\!/} \otimes \vec{v}^* + \vec{l}^* \otimes \vec{N}) = \vec{\vec{D}}^* + \mathcal{S}[(\vec{d}^* + \vec{l}^*) \otimes \vec{N}] \\ \mathcal{S} (\vec{\nabla}_{/\!/} \otimes \vec{\omega}^*) = \vec{\vec{\Theta}}^* + \mathcal{S}(\vec{\theta}^* \otimes \vec{N}) \end{array} \right.$$

On a :

(255) $$\left\{ \begin{array}{l} \vec{\vec{\sigma}} . \vec{N} = \vec{\vec{M}}.\vec{N} = \vec{\vec{D}}^*.\vec{N} = \vec{\vec{\Theta}}^* .\vec{N} = \vec{0} \\ \vec{N}.\vec{\vec{D}}^* = \vec{N}. \vec{\vec{\Theta}}^* = \vec{0} \\ \vec{g}.\vec{N} = \vec{m}.\vec{N} = \vec{d}^*.\vec{N} = \vec{l}^*.\vec{N} = \vec{\theta}^*.\vec{N} = 0 \end{array} \right.$$

Finalement :

(256) $$\mathcal{P}^*_{(i)} = - \int_{\Sigma} \{\vec{\vec{\sigma}} : \vec{\vec{D}}^* + \vec{g} . (\vec{d}^* + \vec{l}^*) + \vec{\vec{M}} : \vec{\vec{\Theta}}^* + \vec{m}. \vec{\theta}^*\}\, d\Sigma$$

Les significations des divers tenseurs de contraintes apparaissant dans cette expression seront données plus loin. Auparavant nous allons transformer cette expression de manière à faire apparaître les vitesses virtuelles $\vec{v}^*$ et $\vec{\omega}^*$. Les conditions précédentes permettent d'exprimer les tenseurs $\vec{\vec{D}}^*$ et $\vec{\vec{\Theta}}^*$ ainsi que les vecteurs $\vec{d}^*$ et $\vec{\theta}^*$.

(257) $$\left\{ \begin{array}{l} D^*_{ij} = (\delta_{i\beta} - N_i N_\beta)\ (v^*_{j,\beta} - v^*_{\alpha,\beta} N_\alpha\ N_j) \\ d^*_i = N_j\ (\delta_{i\beta} - N_i N_\beta) v^*_{j,\beta} \\ \Theta^*_{ji} = (\delta_{i\beta} - N_i N_\beta)\ (\omega^*_{j,\beta} - \omega^*_{\alpha,\beta} N_\alpha\ N_j) \\ \theta^*_i = N_j\ (\delta_{i\beta} - N_i N_\beta) \omega^*_{j,\beta} \end{array} \right.$$

On démontre alors que :

$$
(258)\quad \begin{cases}
\vec{\sigma} : \vec{D}^* = \vec{\nabla}_{/\!/} .(\vec{v}^*.\vec{\sigma}) - \vec{v}^*. \vec{\nabla}_{/\!/} .\vec{\sigma} \\
\vec{M} : \vec{\Theta}^* = \vec{\nabla}_{/\!/} .(\vec{\omega}^*.\vec{M}) - \vec{\omega}^*. \vec{\nabla}_{/\!/} .\vec{M} \\
\vec{g}.\vec{d}^* = \vec{\nabla}_{/\!/} .(g\, \vec{v}^*\vec{N}) - \vec{v}^*. \vec{\nabla}_{/\!/} .(\vec{N} \times \vec{g}) \\
\vec{m}.\vec{\theta}^* = - \vec{\omega}^*. \vec{\nabla}_{/\!/} .(\vec{N} \times \vec{m}) \\
\vec{g}.\vec{l}^* = \vec{\omega}^*.(\vec{N} \wedge \vec{g})
\end{cases}
$$

En utilisant le théorème de Stokes-Ostrogradsky, on a finalement :

$$
(259)\quad \mathcal{P}^*_{(i)} = \int_\Sigma \Big\{ \vec{v}^*.\big[\vec{\nabla}_{/\!/}.\vec{\sigma} + \vec{\nabla}_{/\!/}.(\vec{N}\otimes\vec{g})\big] + \vec{\omega}^*.\big[\vec{\nabla}_{/\!/}.\vec{M} + \vec{\nabla}_{/\!/}.(\vec{N}\otimes\vec{m}) - \vec{N}\wedge\vec{g}\,\big]\Big\} d\Sigma - \int_c \Big\{ \vec{v}^*.\vec{\sigma} + \vec{g}\;\vec{v}^*.\vec{N} + \vec{\omega}^*.\vec{M} \Big\}.\vec{\eta}\; ds
$$

La puissance virtuelle des efforts extérieurs sera donc de la forme :

$$
(260)\quad \mathcal{P}^*_{(e)} = \int_\Sigma (\vec{p}.\vec{v}^* + \vec{\varphi}.\vec{\omega}^*)\, d\Sigma + \int_c (\vec{T}.\vec{v}^* + \vec{\Phi}.\vec{\omega}^*)\, ds
$$

La puissance virtuelle des quantités d'accélérations est :

$$
(261)\quad a^* = \int_\Sigma \hat{\rho}\, \frac{d\vec{\hat{v}}}{dt} . \vec{v}^*\, d\Sigma
$$

Les équations du mouvement se déduisent directement du principe des puissances virtuelles :

$$
(262)\quad \begin{cases}
\vec{\nabla}_{/\!/}.\vec{\sigma} + \vec{\nabla}_{/\!/} .(\vec{N}\otimes\vec{g}) + \vec{p} = \rho\, \dfrac{d\vec{\hat{v}}}{dt} \\
\vec{\nabla}_{/\!/}.\vec{M} + \vec{\nabla}_{/\!/} .(\vec{N}\otimes\vec{m}) - \vec{N}\wedge \vec{g} + \vec{\varphi} = \vec{0} \\
(\vec{\sigma} + \vec{N}\otimes\vec{g}).\vec{\eta} = \vec{T} \\
\vec{M}.\vec{\eta} = \vec{\phi}
\end{cases}
$$

La signification des efforts extérieurs est la suivante :

$\vec{p}$: densité surfacique de forces
$\vec{\varphi}$: densité surfacique de couples, $\vec{\varphi}.\vec{N} = 0$

$\vec{T}$: densité linéique de forces
$\vec{\phi}$: densité linéique de couples, $\vec{\phi}.\vec{N} = 0$

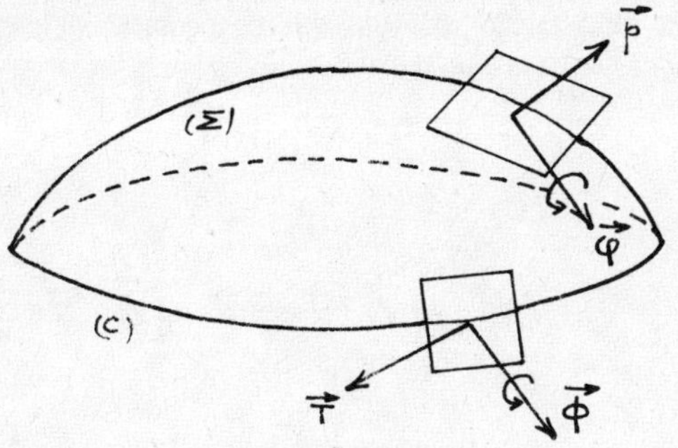

Figure 12

$\vec{\sigma}$ et $\vec{g}$ sont des contraintes (tenseurs) surfaciques,
$\vec{N}$ et $\vec{m}$ caractérisent les moments fléchissants.

On aurait pu séparer la partie normale $v_\perp^* \vec{N}$ et la partie tangentielle $\vec{v}_{/\!/}^*$ du vecteur vitesse virtuelle. Cela nous aurait conduit à distinguer les contraintes normales et les contraintes tangentielles. On peut également effectuer cette décomposition à partir des équations du mouvement.

Les équations à la lisière (c) nous montrent tout d'abord qu'en posant :

(263) $$\vec{T} = \vec{T}_{/\!/} + T_\perp \vec{N}$$

on a :

(264) $$\begin{cases} \vec{\sigma}.\vec{\eta} = \vec{T}_{/\!/} \\ \vec{g}.\vec{\eta} = T_\perp \end{cases}$$

$\vec{T}_{/\!/}$ est une densité linéique de forces extérieures appliquées tangentiellement, $T_\perp$ est une densité linéique d'efforts tranchants (normaux à (S)). Le tenseur $\vec{\sigma}$ est le tenseur des tensions (ou tenseur des contraintes de membranes). Le vecteur $\vec{g}$ est le vecteur des efforts tranchants.

Les termes de l'équation aux moments :

(265) $$\vec{M}.\vec{n} = \vec{\phi}$$

sont tous tangentiels. Le vecteur $\vec{\phi}$ a été défini comme une densité linéique de couples. Le tenseur $\vec{M}$ est le tenseur des flexions (ou tenseur des contraintes de flexion).

Dans la première équation du mouvement, le vecteur $\vec{p}$ est dû aux actions de contact et aux forces surfaciques à distance :

(266) $$\vec{p} = -\left[\!\left[\vec{P} + \rho(\vec{V}-\hat{\vec{V}})\otimes(\vec{V}-\hat{\vec{V}})\right]\!\right]\cdot\vec{N} + \sum_j \hat{\rho}_j\hat{\vec{f}}_j$$

En l'absence de ces dernières et si l'on décompose $\vec{p}$ en $\vec{p}_{/\!/}$ et $p_\perp \vec{N}$, $\vec{p}_{/\!/}$ représente la densité des efforts tangentiels (de viscosité si les milieux en contact sont des fluides par exemple) et $p_\perp$ résulte des efforts normaux à (Σ). On a :

(267) $$\vec{\nabla}_{/\!/}\cdot\vec{\sigma} = (\vec{\nabla}_{/\!/}\cdot\vec{\sigma})_{/\!/} + (\vec{\nabla}_{/\!/}\cdot\vec{\sigma})_\perp$$

avec :

(268) $$\begin{cases} (\vec{\nabla}_{/\!/}\cdot\vec{\sigma})_\perp = \vec{N}\cdot(\vec{\nabla}_{/\!/}\cdot\vec{\sigma}) \\ \vec{\nabla}_{/\!/}\cdot(\vec{N}\otimes\vec{g}) = [\vec{\nabla}_{/\!/}\cdot(\vec{N}\otimes\vec{g})]_{/\!/} + [\vec{\nabla}_{/\!/}\cdot(\vec{N}\otimes\vec{g})]_\perp \end{cases}$$

On établit aisément que :

(269) $$\begin{cases} [\vec{\nabla}_{/\!/}\cdot(\vec{N}\otimes\vec{g})]_{/\!/} = \vec{g}\cdot\vec{\nabla}\otimes\vec{N} \\ (\vec{\nabla}_{/\!/}\cdot\vec{\sigma})_{/\!/} = \vec{\nabla}_{/\!/}\cdot\vec{\sigma} \\ [\nabla_{/\!/}\cdot(\vec{N}\otimes\vec{g})]_\perp = \vec{\nabla}_{/\!/}\cdot\vec{g} \\ (\vec{\nabla}_{/\!/}\cdot\vec{\sigma})_\perp = -\vec{\sigma} : \vec{\nabla}\otimes\vec{N} \end{cases}$$

Ainsi :

(270) $$\begin{cases} \vec{\nabla}_{/\!/}\cdot\vec{\sigma} + \vec{g}\cdot\vec{\nabla}\otimes\vec{N} + \vec{p}_{/\!/} = \hat{\rho}\left(\dfrac{\hat{d}\hat{\vec{v}}}{dt}\right)_{/\!/} \\ -\vec{\sigma} : \vec{\nabla}\otimes\vec{N} + \vec{\nabla}_{/\!/}\cdot\vec{g} + p_\perp = \hat{\rho}\left(\dfrac{\hat{d}\hat{\vec{v}}}{dt}\right)_\perp \end{cases}$$

Dans l'équation des moments, le vecteur $\vec{N}\wedge\vec{g}$ est tangent à (Σ). D'autre part, seules les parties tangentielles de $\vec{\nabla}_{/\!/}\cdot\vec{M}$ et de $\vec{\nabla}_{/\!/}\cdot(\vec{N}\times\vec{m})$ interviennent dans l'expression de la puissance virtuelle correspondante (puisque $\vec{\omega}^*$ est tangent contrairement à $\vec{v}^*$). On a donc :

(271) $$\begin{cases} \vec{\nabla}_{/\!/}\cdot\vec{M} + \vec{m}\cdot\vec{\nabla}\otimes\vec{N} - \vec{N}\wedge\vec{g} + \vec{\varphi} = \vec{0} \\ -\vec{M} : \vec{\nabla}\otimes\vec{N} + \vec{\nabla}_{/\!/}\cdot\vec{m} = 0 \end{cases}$$

Pour bien saisir la signification de ces différents termes appliquons ces résultats à quelques cas particuliers.

1er exemple : plaques en équilibre.

On a :

$$\vec{N} = \vec{e_3} \quad ; \quad \vec{\nabla}_{/\!/} = \vec{e_\alpha}\ \partial/\partial x_\alpha \quad , \quad \alpha = 1,2$$

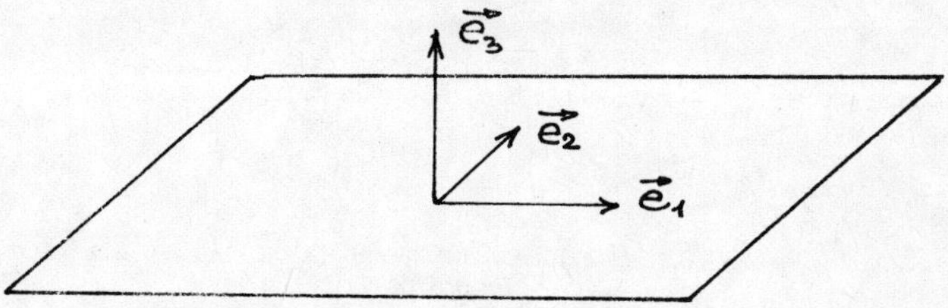

Figure 13

On obtient :

(272)
$$\left\{\begin{array}{l} \sigma_{\alpha\beta,\beta} + (p_{/\!/})_\alpha = 0 \\ g_{\alpha,\alpha} + p_\perp = 0 \\ M_{\alpha\beta,\beta} - (\vec{e_3} \wedge \vec{g})_\alpha + \varphi_\alpha = 0 \qquad \left\{\begin{array}{l} M_{1\beta,\beta} + g_2 + \varphi_1 = 0 \\ M_{2\beta,\beta} - g_1 + \varphi_2 = 0 \end{array}\right. \\ \sigma_{\alpha\beta}\, \eta_\beta = (T_{/\!/})_\alpha \\ g_\alpha\, \eta_\alpha = T_\perp \end{array}\right.$$

Le vecteur $\vec{m}$ n'intervient pas. Généralement, on pose $\vec{Q} = \vec{e_3} \wedge \vec{g}$.

D'autre part, on peut obtenir les équations des poutres droites en effectuant l'intersection du plan (Σ) par un plan contenant $\vec{e_3}$, le plan défini par $\vec{e_1}$, $\vec{e_3}$ par exemple.

Tous les efforts sont alors parallèles à ce plan et les moments sont suivant $\vec{e_2}$. Alors $\vec{\sigma}$ est l'effort normal (à la section droite), $\vec{g}$ l'effort tranchant et $\vec{M}$ le moment fléchissant.

2ème exemple : Surface cylindrique d'axe $\vec{e_3}$ avec efforts perpendiculaires à l'axe et moments suivant $\vec{e_3}$, à l'équilibre.

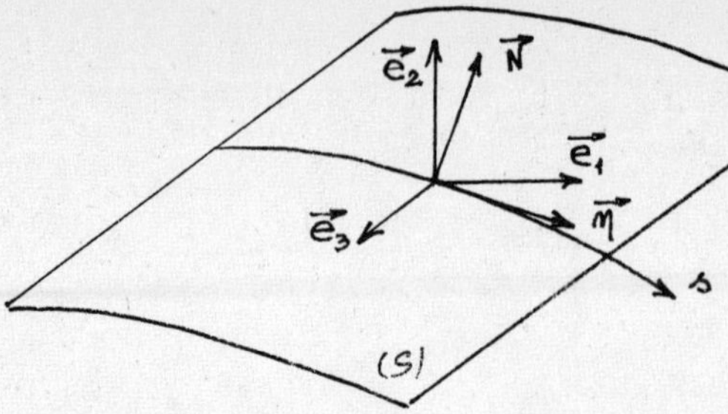

Figure 14

On est dans un cas plan assimilable à celui d'un milieu curviligne plan. Soit s l'abscisse curviligne. On trouve :

$$\left\{ \begin{array}{l} \dfrac{d\sigma}{ds} + g\,\vec{\nabla}.\vec{N} + p_{/\!/} = 0 \\ -\sigma\,\vec{\nabla}.\vec{N} + \dfrac{dg}{ds} + p_{\perp} = 0 \\ \dfrac{dM}{ds} + g + \varphi = 0 \end{array} \right. \qquad (273)$$

$\sigma = T_{/\!/}$ l'effort normal (à la section droite du milieu curviligne)

$g = T_{\perp}$ effort tranchant

$M = \phi$ moment fléchissant

(les deux derniers) sur (c)

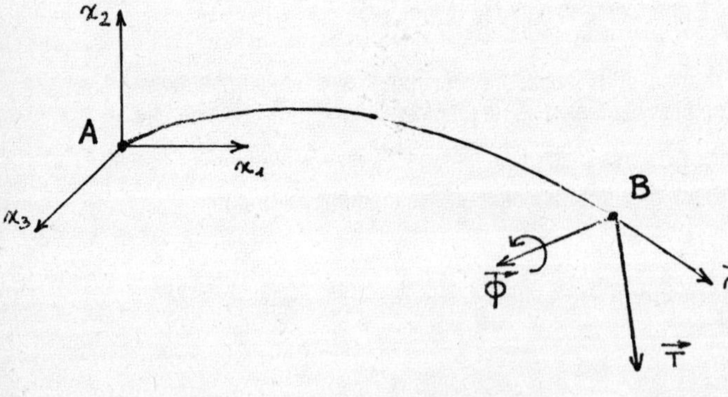

Figure 15

3ème exemple : interface souple

Tous les moments sont nuls. On trouve $\vec{N} \wedge \vec{g} = \vec{0}$ c'est-à-dire que $\vec{g}$ est nul de même que $T_\perp$. Il n'y a pas d'efforts tranchants, évidemment. Les équations deviennent :

$$\hat{\rho}\, \frac{d\vec{\hat{v}}}{dt} - \vec{\nabla}_{//} \cdot \vec{\sigma} + [\![\vec{P} + \rho(\vec{v} - \vec{\hat{v}}) \otimes (\vec{v} - \vec{\hat{v}})]\!] \cdot \vec{N} = \hat{\rho}\, \vec{\hat{f}} \tag{274}$$

où $\vec{f}$ est la force surfacique due à la gravité par exemple.

L'équation (274) peut être déduite directement du système (123) appliqué à un milieu simple.

CHAPITRE 11 :
NOTIONS SUR LES ECOULEMENTS POLYPHASIQUES

Les écoulements polyphasiques : écoulements gazeux avec particules solides ou liquides, écoulements liquides avec bulles de vapeur ou particules solides ou liquides d'une autre phase, mettent en jeu les échanges entre phases, les réactions chimiques, les désintégrations et agglomérations de particules, les interactions diverses entre celles-ci.

La description des échanges fluide-particule est un problème en soi et nécessite une modélisation à l'échelle de la particule pour déterminer par exemple les effets de frottement, la vitesse de régression d'une goutte en combustion, etc. Il faut ensuite traduire ces lois d'échange à l'échelle du mélange polyphasique et écrire les équations du bilan, puis les résoudre.

Diverses méthodes sont utilisées pour établir les équations du bilan à partir des propriétés à l'échelle de la particule. Citons celles qui consistent à partir d'une équation de bilan probabiliste analogue à celle du chapitre 3 et à appliquer la densité de probabilité, vérifiant cette équation, aux différentes grandeurs [9], [59].

Dans ce chapitre nous traiterons d'abord des équations du bilan macroscopiques en utilisant la méthode du début du chapitre 3. Les seuls échanges envisagés sont ceux de quantité de mouvement et de chaleur et les particules sont d'une seule taille. Les formes des lois de comportement complémentaires sont déduites des principes de la thermodynamique irréversible (chapitre 2). Ces équations simplifiées sont appliquées à deux problèmes types que l'on peut résoudre sans l'aide de l'ordinateur.

Trois exemples de problèmes sont ensuite étudiés à l'échelle de la particule. Les deux premiers sont relatifs aux échanges de quantité de mouvement et de chaleur et les coefficients d'échange respectifs sont déterminés, ce qui précise les lois de comportement établies en début de chapitre. Le troisième problème est celui de la combustion d'une goutte de combustible en atmosphère comburante au repos et uniforme à l'infini. Les résultats obtenus sont interprétés et comparés à ceux d'expériences. Mais ce modèle n'est pas utilisé ensuite pour établir les équations de bilan d'un milieu polyphasique comprenant des échanges de masse fluide-particule en combustion. Les calculs sont trop complexes dans ce cas et débordent le cadre de cet ouvrage.

Le type d'équations obtenues dans ce chapitre et les méthodes utilisées ont bien entendu leurs limites. Tant que le régime de l'écoulement est bien continu et régulier, analogue à un régime laminaire de fluide homogène, les équations du bilan obtenues sont valables moyennant les hypothèses choisies au départ (faible fraction volumique en particules notamment). Mais sous l'effet de contraintes extérieures, telles que la variation du débit, des agglomérations importantes peuvent apparaître, des poches fluides également. L'agitation du milieu peut devenir très forte et les équations établies sont alors insuffisantes pour faire face à la situation. Ce chapitre ne rend pas compte également des phénomènes transitoires, il ne traite pas des cas où la taille ou la concentration en particules sont grandes. Notons que des recherches sont en cours sur ces questions et que de nombreux problèmes restent à résoudre. L'ambition reste donc très limitée, mais les quelques cas traités sont cependant significatifs à la fois de la complexité et de ce qu'il est possible de faire assez aisément.

1. MODELE SIMPLIFIE D'ECOULEMENT AVEC PARTICULES [59]

On suppose une seule sorte de particules indéformables, isothermes, sans changement de phase ni réaction d'adsorption ou de désorption. Le fluide est un gaz inerte assimilable à un fluide parfait, sauf à l'extrême voisinage des particules sur lesquelles il exerce une force de frottement $\vec{F}$ et auxquelles il communique la quantité de chaleur Q par unité de temps et dans l'unité de volume.

En dehors de ces termes d'échanges chaque constituant se comporte comme un fluide : gaz et fluide de particules, de vitesses respectives $\vec{v}_g$ et $\vec{v}_p$. Les masses volumiques sont rapportées au volume de mélange. Les particules n'interagissent pas entre elles et il n'y a donc pas de pression interparticulaire.

1.1. Variables caractérisant l'écoulement

Une particule de mélange est un système composite à l'échelle macroscopique. Elle comprend deux constituants : la phase fluide et la phase condensée, ensemble de particules très petites, assimilable à un fluide. Dans ce paragraphe nous envisageons un gaz pour la phase fluide et les grandeurs s'y rapportant seront désignées par l'indice g, mais les équations générales du bilan qui seront établies sont valables aussi dans le cas d'un liquide tant que la loi d'état n'est pas précisée. La phase condensée sera désignée par l'indice p.

On définit d'abord des grandeurs spécifiques pour chaque "fluide"

(1) $\rho_{ps} = \dfrac{\mathfrak{m}_p}{\mathcal{V}_p} = \dfrac{\mu_p}{v_p}$, μ_p étant la masse

d'une particule condensée et v_p son volume égal à 4/3 π r^3 si celle-ci est sphérique de rayon r. $\mathfrak{m}_p$ est la masse totale d'espèce condensée dans un petit volume de contrôle (la particule de mélange) et $\mathcal{V}_p$ le volume correspondant d'espèce condensée. On aura de même :

(2) $\rho_{gs} = \mathfrak{m}_g / \mathcal{V}_g$

pour la phase fluide.

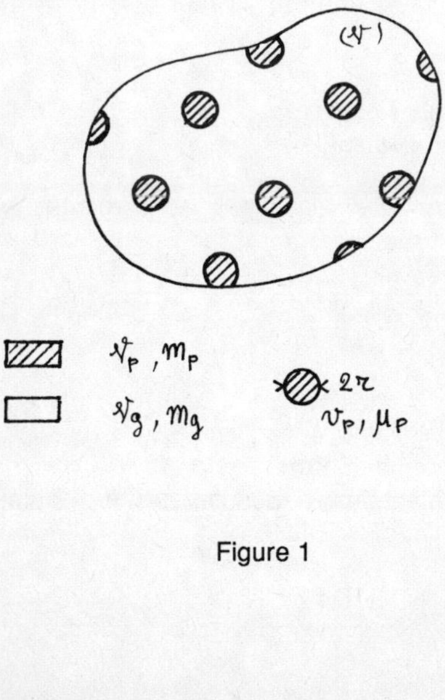

Figure 1

Soit $\mathcal{V} = \mathcal{V}_g + \mathcal{V}_p$ le volume considéré de mélange, on définit les masses volumiques partielles dans le mélange :

(3) $$\rho_p = m_p / \mathcal{V} = (1-\varepsilon)\,\rho_{ps}$$

(4) $$\rho_g = m_g / \mathcal{V} = \varepsilon\,\rho_{gs}$$

et la masse volumique moyenne du mélange : $\rho = \rho_g + \rho_p$.

La porosité ε ou ε_g du mélange est :

(5) $$\varepsilon = \mathcal{V}_g / \mathcal{V} = \rho_g / \rho_{gs}$$

on peut définir également :

(6) $$\varepsilon_p = \mathcal{V}_p / \mathcal{V} = 1-\varepsilon$$

Nous admettrons dans ce qui suit que ε est voisin de l'unité.

En moyenne, dans une particule macroscopique de mélange, la phase condensée aura la vitesse $\vec{v}_p$ et la phase gazeuse la vitesse $\vec{v}_g$.

L'état thermodynamique de la phase condensée sera défini par la seule température T_p alors que celui de la phase fluide sera défini par T_g et ρ_{gs}. On a donc, pour les énergies internes par unité de masse :

(7) $$\begin{cases} e_{ps} = e_{ps}\,(T_p) \\ d\,e_{ps} = T_p\ d\,s_{ps} \\ d\,e_{ps} = c_c\ d\,T_p \end{cases}$$

où c_c est la chaleur spécifique massique de la phase condensée, et :

(8) $$\begin{cases} e_{gs} = e_{gs}\,(T_g, \rho_g)\ , \qquad \text{car}\ \rho_{gs} \simeq \rho_g \\ d\,e_{gs} = T_g\ d\,s_{gs} - p\ d\,(1/\rho_g) \end{cases}$$

S'il s'agit d'un gaz parfait, la loi énergétique fondamentale est déduite des lois d'état suivantes :

(9) $$\begin{cases} p = \rho_g r_g T_g \\ de_g = c_v \, dT_g \end{cases}$$

Les échanges entre phase condensée et phase fluide sont de deux types lorsque les particules condensées sont indéformables : force de frottement $\vec{F}$ et chaleur Q apportée par le fluide aux particules par unité de volume de mélange. Chaque constituant ayant sa vitesse propre, on définit les dérivées particulaires :

(10) $$\begin{cases} d_p/dt = \partial/\partial t + \vec{v}_p \cdot \vec{\nabla} \\ d_g/dt = \partial/\partial t + \vec{v}_g \cdot \vec{\nabla} \end{cases}$$

1.2. Equations de bilan

1.2.1. Bilans des particules

Pour le fluide de particules, en l'absence d'interaction entre les particules condensées, la pression interparticulaire n'intervient pas. La température est en moyenne celle des particules condensées à l'intérieur desquelles elle est supposée uniforme.

En suivant le mouvement d'un domaine $(\mathcal{V}_p)$ connexe de ce fluide de particules on a donc :

(11) $$\frac{d_p}{dt} \int_{\mathcal{V}_p} \rho_p \, d\mathcal{V} = 0$$

d'où l'on déduit, comme au chapitre 3 :

(12) $$d_p \rho_p / dt + \rho_p \vec{\nabla} \cdot \vec{v}_p = 0$$ (masse)

Le bilan de la quantité de mouvement sera :

(13) $$\frac{d_p}{dt} \int_{\mathcal{V}_p} \rho_p \vec{v}_p \, d\mathcal{V} = \int_{\mathcal{V}_p} \vec{F} \, d\mathcal{V}$$

En tenant compte du bilan de masse, on en déduit :

(14) $$\rho_p \, d_p \vec{v}_p / dt = \vec{F}$$ (quantité de mouvement)

Pour l'énergie, il faut tenir compte du flux de chaleur apporté par le gaz à l'espèce condensée et de la puissance de la force $\vec{F}$:

(15) $$\frac{d_p}{dt}\int_{\mathcal{V}_p} \rho_p\,(e_{ps} + v_p^2/2)\,d\mathcal{V} = \int_{\mathcal{V}_p} (Q + \vec{F}\cdot\vec{v}_p)\,d\mathcal{V}$$

on en déduit l'équation locale :

(16) $$\rho_p\ d_p(e_{ps} + v_p^2/2)/dt = Q + \vec{F}\cdot\vec{v}_p$$

En multipliant scalairement par $\vec{v}_p$ les deux membres de l'équation de la quantité de mouvement et en retranchant membre à membre de celle de l'énergie on a :

(17) $$\rho_p\, d_p e_p/dt = Q \qquad \text{(énergie interne)}$$

Remarquons que $\vec{F}$ et Q, qui sont des flux gaz/espèce condensée, doivent en fait être considérées comme des productions dans le mélange.

1.2.2. Bilans de la phase gazeuse

L'établissement des bilans du gaz implique que l'on suive cette fois un domaine ($\mathcal{V}_p$) dans son mouvement.

Les équations obtenues sont alors localement :

(18) $$\frac{d_g\rho_g}{dt} + \rho_g\,\vec{\nabla}\cdot\vec{v}_g = 0 \qquad \text{(masse)}$$

(19) $$\rho_g\,\frac{d_g\vec{v}_g}{dt} + \vec{\nabla}p = -\vec{F} \qquad \text{(quantité de mouvement)}$$

(20) $$\rho_g\,\frac{d_g(e_{gs} + v_g^2/2)}{dt} + \vec{\nabla}\cdot(p\vec{v}_g) = -Q - \vec{F}\cdot\vec{v}_p \qquad \text{(énergie)}$$

(21) $$\rho_g\,\frac{d_g\,e_{gs}}{dt} + p\,\vec{\nabla}\cdot\vec{v}_g = -Q - \vec{F}\cdot(\vec{v}_p - \vec{v}_g) \qquad \text{(énergie interne)}$$

puisque les flux de chaleur sont opposés et que le point d'application de la force se déplace avec la phase condensée.

1.2.3. Bilan d'entropie et relations phénoménologiques

L'expression du taux de production d'entropie du mélange est importante pour la détermination des lois complémentaires qui fournissent les expressions de $\vec{F}$ et Q.

Ni les particules, ni le gaz n'étant sièges de processus irréversibles, les seules irréversibilités ont lieu au cours des échanges gaz/particules. On a donc :

(22) $$\rho_p \, d_p s_{ps}/dt + \rho_g \, d_g s_{gs}/dt = \dot{W}_s \geqslant 0$$

Les lois thermodynamiques conduisent à :

(23) $$\begin{cases} ds_{ps} = \frac{1}{T_p} de_{ps} \quad , \quad de_{ps} = c_c \, dT_p \\ ds_{gs} = \frac{1}{T_g} de_{gs} + \frac{p}{T_g} d\left(\frac{1}{\rho_g}\right), \quad de_g = c_v \, dT_g \quad , \quad \rho_{gs} \simeq \rho_g \end{cases}$$

En utilisant ces relations de Gibbs et les équations du bilan, on obtient donc :

(24) $$\dot{W}_s = \left(\frac{1}{T_p} - \frac{1}{T_g}\right) Q + \frac{1}{T_g} (\vec{v}_g - \vec{v}_p) \cdot \vec{F}$$

Les principes de la thermodynamique des processus irréversibles nous autorisent à envisager les lois linéaires suivantes lorsque les forces généralisées ne sont pas trop grandes :

(25) $$\begin{cases} Q = L_1 \left(\frac{1}{T_p} - \frac{1}{T_g}\right) \\ \vec{F} = L_2 \frac{1}{T_g} (\vec{v}_g - \vec{v}_p) \end{cases}$$

Les bilans d'énergie interne et de quantité de mouvement du fluide de particules nous donnent alors :

(26) $$\begin{cases} \rho_p c_c \dfrac{d_p T_p}{dt} = \dfrac{L_1}{T_p T_g} (T_g - T_p) \\ \rho_p \dfrac{d_p \vec{v}_p}{dt} = \dfrac{L_2}{T_g} (\vec{v}_g - \vec{v}_p) \end{cases}$$

Posons :

(27) $$\begin{cases} \tau_T = \dfrac{\rho_p c_c T_g T_p}{L_1} \\ \tau_v = \dfrac{\rho_p T_g}{L_2} \end{cases}$$

temps de relaxation thermique et de frottement respectivement. On a finalement :

(28) $$\frac{d_p T_p}{dt} = \frac{T_g - T_p}{\tau_T}$$

(29) $$\frac{d_p \vec{v}_p}{dt} = \frac{\vec{v}_g - \vec{v}_p}{\tau_v}$$

on remarquera que le rapport τ_T/τ_v est analogue à un nombre de Prandtl.

Les équations du bilan peuvent donc être écrites sous forme finale, ce qui conduit au système :

(30) $$\left|\begin{aligned} &\frac{d_p \rho_p}{dt} + \rho_p \vec{\nabla}.\vec{v}_p = 0 \\ &\frac{d_g \rho_g}{dt} + \rho_g \vec{\nabla}.\vec{v}_g = 0 \\ &\rho_p \frac{d_p \vec{v}_p}{dt} + \rho_g \frac{d_g \vec{v}_g}{dt} + \vec{\nabla} p = 0 \\ &\rho_p \frac{d_p(e_p + v_p^2/2)}{dt} + \rho_g \frac{d_g(e_g + v_g^2/2)}{dt} + \vec{\nabla}.(p\vec{v}_g) = 0 \\ &\frac{d_p \vec{v}_p}{dt} = \frac{\vec{v}_g - \vec{v}_p}{\tau_v} \\ &\frac{d_p T_p}{dt} = \frac{T_g - T_p}{\tau_T} \end{aligned}\right.$$

quant au taux de production d'entropie, il devient :

(31) $$\dot{W}_s = \frac{\rho_p c_c}{\tau_T T_g T_p} (T_g - T_p)^2 + \frac{\rho_p}{\tau_v T_g} (\vec{v}_g - \vec{v}_p)^2$$

Deux cas limites sont à considérer.

- *A l'équilibre* gaz/particules, les forces généralisées s'annulent ce qui signifie $T_g = T_p$ et $\vec{v}_g = \vec{v}_p$, les particules, très petites, sont entraînées par le gaz et ont la même température que celui-ci. Les équations de bilan du mélange sont identiques à celles d'un fluide parfait de vitesse $\vec{v} = \vec{v}_g = \vec{v}_p$, de masse volumique $\rho = \rho_g + \rho_p$ de pression p et de température $T = T_g = T_p$. Les lois d'état obtenues sont différentes de celles du gaz.

Des équations du bilan de masse des particules et du gaz on déduit (puisque $\vec{v}_p = \vec{v}_g = \vec{v}$) :

$$d\rho_p/\rho_p = d\rho_g/\rho_g$$

pour chaque particule du mélange. Il s'ensuit que :

$$\rho_p = \varkappa \rho_g$$

Si le coefficient $\varkappa$ est uniforme d'une particule à l'autre et si le gaz est parfait, on obtient :

$$p = \rho \frac{r_g}{1+\varkappa} T = \rho \bar{r} T \quad , \quad e = \frac{e_g + \varkappa e_p}{1+\varkappa} = \bar{c}_v T$$

Ces résultats montrent que dans ce cas le mélange se comporte comme un gaz parfait de chaleur spécifique :

$$\bar{c}_v = (c_v + \varkappa c_c)/(1+\varkappa)$$

et de masse molaire :

$$\bar{\mathcal{M}} = (1+\varkappa)\mathcal{M}_g$$

- *Une autre situation* conduisant à $\dot{W}_s = 0$ est celle où les flux généralisés Q et $\vec{F}$ sont nuls, ce qui conduit d'après (14) et (17) à T_p = cte et $\vec{v}_p$ = cte. Le mouvement des particules n'est pas influencé par celui du gaz, les échanges avec celui-ci sont en quelque sorte *figés*. C'est le cas de très grosses particules.

En dehors de ces deux cas extrêmes, il faut tenir compte de toutes les équations du problème et les temps de relaxation τ_T et τ_V interviennent.

1.3. Application à l'étude des petits mouvements

La configuration de référence est celle de l'équilibre gaz/particules. Elle est donc caractérisée par :

$$\vec{v}_{go} = \vec{v}_{po} = 0 \qquad \text{(repos)} \quad , \quad T_o \quad , \quad \rho_{po} = \varkappa \rho_{go} \quad , \quad p_o = \rho_{go} r_g T_o$$

(on suppose que le gaz est parfait). Les perturbations sont désignées par l'indice (1) ce qui donne :

$$\vec{v}_g = \vec{v}_{g1} \quad , \quad \vec{v}_p = \vec{v}_{p1} \quad , \quad T_g = T_o + T_{g1} \quad , \quad T_p = T_o + T_{p1} \quad ,$$

$$\rho_g = \rho_{go} + \rho_{g1} \quad , \quad \rho_p = \varkappa \rho_{go} + \rho_{p1} \quad , \quad p = p_o + p_1 \quad .$$

Le système décrivant les petits mouvements est donc :

$$\frac{\partial \rho_{g1}}{\partial t} + \rho_{go} \vec{\nabla} . \vec{v}_{g1} = 0 \tag{32}$$

(33) $$\frac{\partial \rho_{p1}}{\partial t} + \varkappa \, \rho_{g0} \, \vec{\nabla} . \vec{v}_{p1} = 0$$

(34) $$\rho_{g0} \frac{\partial \vec{v}_{g1}}{\partial t} + \varkappa \, \rho_{g0} \frac{\partial \vec{v}_{p1}}{\partial t} + \vec{\nabla} p_1 = 0$$

(35) $$\rho_{g0} \frac{\partial e_{gs1}}{\partial t} + \varkappa \, \rho_{g0} \frac{\partial e_{p1}}{\partial t} + p_0 \, \vec{\nabla} . \vec{v}_{g1} = 0$$

(36) $$\frac{\partial \vec{v}_{p1}}{\partial t} = \frac{\vec{v}_{g1} - \vec{v}_{p1}}{\tau_v}$$

(37) $$\frac{\partial T_{p1}}{\partial t} = \frac{T_{g1} - T_{p1}}{\tau_T}$$

(38) $$p_1 = r_g \, T_0 \, \rho_{g1} + r_g \, \rho_{g0} \, T_{g1}$$

(39) $$e_{gs1} = c_v \, T_{g1} = c_p/\gamma \; T_{g1}$$

(40) $$e_{ps1} = c_c \, T_{p1} = \beta \, c_p \, T_{p1} \quad , \quad \beta = c_c / c_p$$

L'équation (33) est la seule équation faisant intervenir ρ_{p1}. L'équation (35) peut être réécrite, moyennant (39) et (40) :

(41) $$\frac{\partial T_{g1}}{\partial t} + \varkappa \beta \gamma \frac{\partial T_{p1}}{\partial t} + (\gamma - 1) \, T_0 \, \vec{\nabla} . \vec{v}_{g1} = 0$$

en conbinant avec (32) on obtient l'intégrale première :

(42) $$T_{g1} + \varkappa \beta \gamma \, T_{p1} - \frac{(\gamma-1) T_0}{\rho_{g0}} \, \rho_{g1} = 0$$

En combinant cette dernière équation avec (38) on a :

(43) $$p_1 = \gamma \, r_g \, T_0 \, \rho_{g1} - r_g \, \rho_{g0} \, \varkappa \beta \gamma \, T_{p1}$$

Le taux de production d'entropie, donné au paragraphe 1.2 est nul au second ordre près. Il s'en suit que :

(44) $$\varkappa \frac{\partial s_{p1}}{\partial t} + \frac{\partial s_{g1}}{\partial t} = 0$$

ou encore :

(45) $$\varkappa \, s_{p1} + s_{g1} = 0$$

Puisque :

$$(46)\qquad \begin{cases} s_g = c_v \operatorname{Log} T_g - r_g \operatorname{Log} \rho_g + C^{te} \\ s_p = c_c \operatorname{Log} T_p + C^{te} \end{cases}$$

on a :

$$(47)\qquad \varkappa s_{p1} + s_{g1} = \varkappa \beta c_p T_{p1}/T_o + c_v T_{g1}/T_o - r_g \; \rho_{g1}/\rho_{go} = 0$$

ce qui redonne l'intégrale première (42) et n'apporte rien de plus.

Les équations (37) et (42) nous donnent :

$$(48)\qquad \frac{\partial T_{p1}}{\partial t} = \frac{1}{\tau_T}\left(-\varkappa\beta\gamma T_{p1} + \frac{\gamma-1}{\rho_o} T_o \rho_{g1} - T_{p1}\right)$$

Le système à résoudre est donc le suivant :

$$(49)\qquad \left|\begin{array}{l} \dfrac{\partial \rho_{g1}}{\partial t} + \rho_{go} \vec{\nabla}.\vec{v}_{g1} = 0 \\ \rho_{go} \dfrac{\partial \vec{v}_{g1}}{\partial t} + \varkappa \rho_{go} \dfrac{\partial \vec{v}_{p1}}{\partial t} + \gamma r_g T_o \vec{\nabla} \rho_{g1} - r_g \rho_{go} \varkappa \beta \gamma \vec{\nabla} T_{p1} = 0 \\ \dfrac{\partial \vec{v}_{p1}}{\partial t} = \dfrac{\vec{v}_{g1} - \vec{v}_{p1}}{\tau_v} \\ \dfrac{\partial T_{p1}}{\partial t} = \dfrac{1}{\tau_T}\left[\dfrac{(\gamma-1)T_o}{\rho_{go}} \rho_{g1} - (1+\varkappa\beta\gamma) T_{p1}\right] \end{array}\right.$$

Eliminons ρ_{g1} et $\vec{v}_{g1}$, il reste :

$$(50)\qquad \begin{cases} \dfrac{\partial}{\partial t}\left[\tau_T \dfrac{\partial T_{p1}}{\partial t} + (1+\varkappa\beta\gamma) T_{p1}\right] + (\gamma-1) T_o \vec{\nabla}.\left(\tau_v \dfrac{\partial \vec{v}_{p1}}{\partial t} + \vec{v}_{p1}\right) = 0 \\ \dfrac{\partial}{\partial t}\left[\tau_v \dfrac{\partial \vec{v}_{p1}}{\partial t} + (1+\varkappa)\vec{v}_{p1}\right] + \dfrac{\gamma r_g}{\gamma-1} \vec{\nabla}\left[\tau_T \dfrac{\partial T_{p1}}{\partial t} + (1+\varkappa\beta) T_{p1}\right] = 0 \end{cases}$$

Posons alors :

$$(51)\qquad \begin{cases} T_{p1} = \hat{T}_p \, e^{i(\omega t - \vec{k}.\vec{x})} \\ \vec{v}_{p1} = \vec{\hat{v}}_p \, e^{i(\omega t - \vec{k}.\vec{x})} \end{cases}$$

Le système n'a de solution que si l'équation complexe suivante est vérifiée :

(52) $$\frac{k^2}{\omega^2} c_o^2 = \frac{(1+\varkappa\beta\gamma+i\omega\tau_T)(1+\varkappa+i\omega\tau_v)}{(1+\varkappa\beta+i\omega\tau_T)(1+i\omega\tau_v)}$$, avec :

(53) $$c_o^2 = \gamma r_g T_o$$, carré de la célérité du son dans le gaz.

Le nombre complexe K est tel que :

(54) $$k/\omega = 1/c(\omega) + i\,\gamma(\omega)$$

où c est la célérité de l'onde et $\omega\gamma(\omega)$ son amortissement par unité de longueur (idem 9.4.2.).

Lorsque la fréquence est voisine de zéro on obtient une valeur réelle :

(55) $$\frac{c_o^2}{c_e^2} = \frac{(1+\varkappa\beta\gamma)(1+\varkappa)}{(1+\varkappa\beta)}$$

La perturbation est suffisamment lente pour que le mélange ait le temps de revenir à l'équilibre. La célérité c est celle de l'équilibre c_e.

Lorsque ω tend vers l'infini, on trouve également une valeur réelle :

(56) $$c = c_o$$

La perturbation est si rapide que les particules n'ont pas le temps de réagir. On est dans le cas "figé" et la célérité du son est celle du gaz.

L'allure de la courbe $c(\omega)$ dépend des ordres de grandeur respectifs de τ_T et τ_V.

Remarquons que $c_o > c_e$ car $\gamma > 1$.

Pour des particules très petites et légères, la célérité du son sera, pour des fréquences finies, proche de c_e. Alors que pour de grosses particules, plus difficiles à déplacer, elle sera plus proche de c_o.

La figure 2 donne les résultats pour des valeurs particulières des coefficients lorsque le nombre de Prandtl est égal à 2/3 ce qui correspond à :

$$\tau_T = \beta\,\tau_v$$

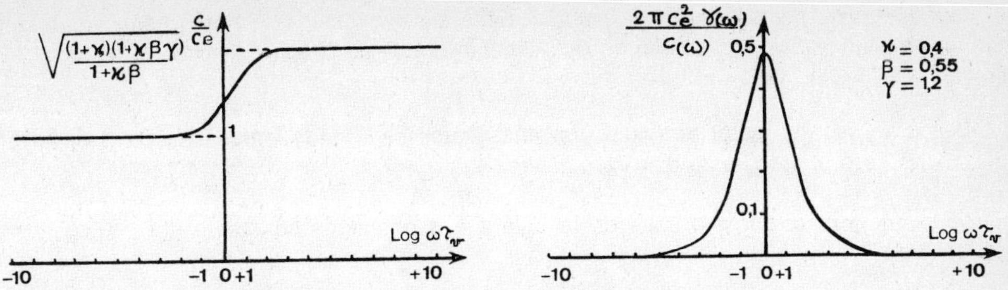

Figure 2 - Courbes de dispersion et d'absorption pour une suspension

1.4. Ecoulement à déphasages constants dans une tuyère

L'hypothèse de l'écoulement par tranches a été utilisée au chapitre 5. On suppose que les paramètres sont approximativement uniformes dans toute section droite $\Sigma(x)$. En régime permanent, les équations générales forment le système suivant :

(57)

$$\rho_p v_p \Sigma(x) = \dot{m}_p \qquad \text{(débit de particules)}$$

$$\rho_g v_g \Sigma(x) = \dot{m}_g \qquad \text{(débit de gaz)}$$

$$\rho_p v_p \frac{dv_p}{dx} + \rho_g v_g \frac{dv_g}{dx} + \frac{dp}{dx} = 0 \qquad \text{(quantité de mouvement)}$$

$$\rho_p v_p \frac{d}{dx}\left(c_c T_p + \frac{v_p^2}{2}\right) + \rho_g v_g \frac{d}{dx}\left(c_p T_g + \frac{v_g^2}{2}\right) = 0 \qquad \text{(énergie)}$$

$$v_p \frac{dv_p}{dx} = \frac{v_g - v_p}{\tau_v} \qquad \text{(relaxation des vitesses)}$$

$$v_p \frac{dT_p}{dx} = \frac{T_g - T_p}{\tau_T} \qquad \text{(relaxation thermique)}$$

On pose généralement $m_p = \varkappa m_g$. Les quantités m_g et $\varkappa$ sont constantes.

Nous ne traiterons pas ici de la solution générale qui résulte de l'intégration numérique. On a un problème analogue à celui de l'écoulement réactif du chapitre 5 avec, cette fois, deux phénomènes de relaxation.

Nous chercherons plutôt des solutions analytiques sans nous imposer le profil de tuyère $\Sigma(x)$, celui-ci sera conséquence des hypothèses.

Un exemple classique est celui de la tuyère à déphasages constants (J.R. Kliegel). On suppose que :

(58) $$\begin{cases} n = v_p / v_g = C^{te} \\ q = (T_o - T_p)/(T_o - T_g) = C^{te} \end{cases}$$

L'équation de relaxation des vitesses nous donne alors :

(59) $$\begin{cases} v_p = \dfrac{1-n}{n \tau_v}\, x \\ v_g = \dfrac{1-n}{n^2 \tau_v}\, x \end{cases}$$

L'équation de relaxation thermique fournit :

(60) $$v_p \frac{dT_p}{dx} = \frac{q-1}{q \tau_T} (T_o - T_p)$$

(on admet qu'en $x = 0$, $v_p = v_g = 0$, $T_p = T_g = T_o$).

Or, l'équation de l'énergie s'intègre pour donner, compte tenu des expressions de v_p et v_g :

(61) $$T_o - T_p = \frac{(1 + \varkappa n^2) q}{2(c_p + \varkappa c_c q)} \left(\frac{1-n}{n^2 \tau_v} \right)^2 x^2$$

En remplaçant T_o - T_p par cette expression de la forme $T_o\, a^2\, x^2$ et v_p par la valeur trouvée plus haut, dans l'équation de relaxation thermique, on obtient la condition :

(62) $$2\, \frac{1-n}{n \tau_v} + \frac{q-1}{q \tau_T} = 0$$

entre les déphasages q et n.

La température T_g est telle que :

(63) $$T_o - T_g = \frac{1 + \varkappa n^2}{2\,(c_p + \varkappa c_c q)} \left(\frac{1-n}{n^2 \tau_v} \right)^2 x^2$$

En utilisant alors l'équation d'état du gaz et l'équation de la quantité de mouvement on peut alors déterminer le profil de la tuyère, celui de la pression et ceux des masses volumiques ρ_p et ρ_g. Le calcul exige une simple quadrature pour trouver $\Sigma(x)$.

Ainsi l'équation de la quantité de mouvement s'écrit :

(64) $$\Sigma \frac{dp}{dx} + \dot{m}_g \frac{1-n}{n^2 \tau_v} (1 + \varkappa n) = 0$$

La masse volumique partielle du gaz est :

(65) $$\rho_g = \frac{\dot{m}_g}{\Sigma v_g} = \frac{\dot{m}_g}{\Sigma (1-n) x} n^2 \tau_v$$

et l'équation d'état donne :

(66) $$p = \rho_g r_g T_g = \frac{\dot{m}_g n^2 \tau_v r_g T_0}{\Sigma (1-n) x} (1 - a^2 x^2)$$

d'où dp/dx et l'équation différentielle :

(67) $$(1 - a^2 x^2) x \, d\Sigma/dx + (1 - b^2 x^2) \Sigma = 0$$ avec :

(68) $$b^2 = \frac{1}{T_0} \left(\frac{1-n}{n^2 \tau_v} \right)^2 \frac{1 + \varkappa n}{r_g} \left(1 - \frac{1 + \varkappa n^2}{1 + \varkappa n} \frac{r_g}{2 (C_p + \varkappa C_c q)} \right)$$

quantité que nous supposerons positive.

(69) $$a^2 = \frac{1}{T_0} \left(\frac{1-n}{n^2 \tau_v} \right)^2 \frac{1 + \varkappa n^2}{2 (C_p + \varkappa C_c q)}$$

Le col de la tuyère correspond à l'abscisse :

(70) $$x_c = 1/b$$

En posant :

(71) $$\alpha = \frac{1}{2} \left(\frac{b^2}{a^2} - 1 \right) = \frac{C_p + \varkappa C_c q}{r_g} \frac{1 + \varkappa n}{1 + \varkappa n^2} - 1$$

(on suppose $\alpha > 0$), on obtient donc :

(72) $$\begin{cases} \Sigma_{(x)} = C \, (1 - a^2 x^2)^{-\alpha} x^{-1} \\ \dfrac{d\Sigma}{dx} = C \, (1 - a^2 x^2)^{-\alpha - 1} x^{-2} (b^2 x^2 - 1) \end{cases}$$

Un tel profil de tuyère est représenté sur la figure 3, le convergent et le divergent sont très ouvert et le col est très long.

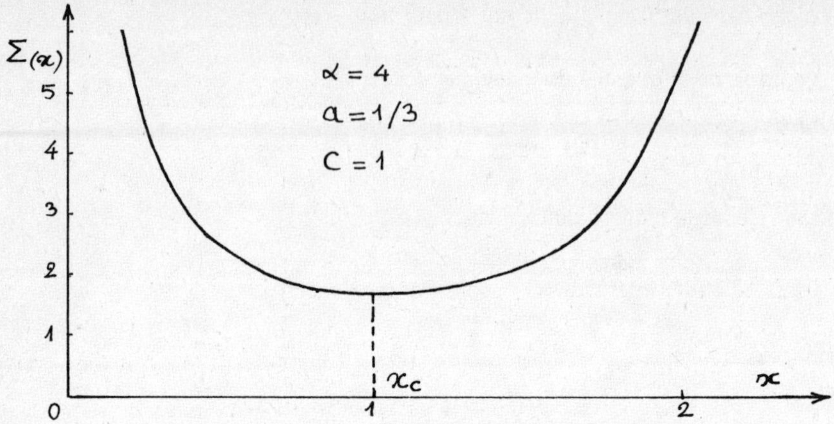

Figure 3 - Profil de tuyère à déphasages constants

Dans les écoulements réels de tuyère, les déphasages ne sont pas constants comme le montre la figure 4, où l'on constate notamment que n est inférieur à 1.

Supposer que n < 1 est une hypothèse justifiée dans les écoulements accélérés. Cela nous assure que le second membre de (68) est bien positif ainsi que le coefficient α défini par (71).

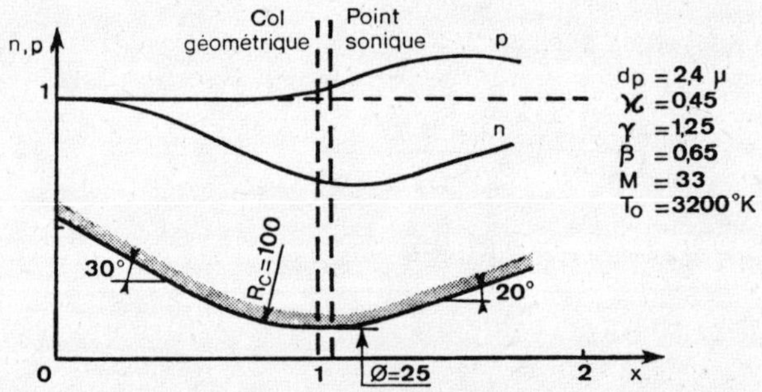

Figure 4 - Déphasages dans une tuyère

La présence d'un point singulier au voisinage, mais en aval du col, est caractéristique des écoulements relaxés. Cette singularité correspond à l'égalité entre la vitesse de l'écoulement et la célérité du son figée. Le fait que cela ne se produise pas exactement au col rend plus difficile la détermination des débits critiques.

2. PROBLEMES A L'ECHELLE D'UNE PARTICULE

Dans le paragraphe 1, les expressions de la force $\vec{F}$ et du flux de chaleur Q agissant sur les particules par unité de volume du mélange, ont été déduites de lois phénoménologiques. Deux temps caractéristiques τ_V et τ_T sont apparus sans que leurs valeurs puissent être précisées. On obtient ces valeurs en étudiant le problème à l'échelle de la particule condensée. La théorie fournit des expressions qui sont généralement corrigées par des formules empiriques.

Si l'on sort quelque peu des hypothèses simplificatrices du paragraphe 1, on est confronté à la présence de nombreux phénomènes qui seront évoqués par la suite. L'un d'eux est la variation de masse des particules sous l'effet de l'évaporation ou de la condensation. Le cas de la goutte en présence d'une flamme de diffusion sera étudiée. Dans chacun de ces problèmes la particule sera supposée sphérique.

2.1. Force exercée par un fluide sur une particule sphérique [60], [61]

Le fluide sera d'abord supposé incompressible et plusieurs situations seront étudiées avant de parvenir à une formule réaliste.

2.1.1. Fluide parfait incompressible

Une sphère placée dans un écoulement stationnaire de fluide parfait en mouvement irrotationnel de vitesse à l'infini U_∞ n'est soumise qu'aux forces d'Archimède. Le mouvement du fluide n'induit aucune autre force. Si R est le rayon de la sphère, la force est donc dirigée suivant la verticale ascendante et a pour valeur :

(73) $$\frac{4}{3} \pi R^3 \rho_{gs}\, g$$

L'écoulement est descriptible à l'aide de la fonction de courant ψ ou du potentiel de vitesses ϕ, tous deux harmoniques. ψ vérifie l'équation :

(74) $$\frac{\partial^2 \psi}{\partial x^2} + \frac{\partial^2 \psi}{\partial y^2} - \frac{1}{y}\frac{\partial \psi}{\partial y} = 0$$

Il résulte de la superposition d'un doublet d'intensité $K = -2\pi\, U_\infty R^3$:

(75) $$\psi = \frac{K}{4\pi}\frac{\sin^2\theta}{r} = \frac{K}{4\pi}\frac{y^2}{r^3}$$

et d'un écoulement uniforme :

(76) $$\psi = U_\infty \frac{r^2 \sin^2\theta}{2} = U_\infty \frac{y^2}{2}$$

On obtient alors :

(77) $$\phi = U_\infty x - \frac{K}{4\pi}\frac{x}{r^3} \quad , \quad \psi = U_\infty \frac{y^2}{2} + \frac{K}{4\pi}\frac{y^2}{r^3}$$

Les variables x, y et r sont définies par la figure 5. Cette solution n'est valable que dans le cas de la symétrie cylindrique d'axe Ox.

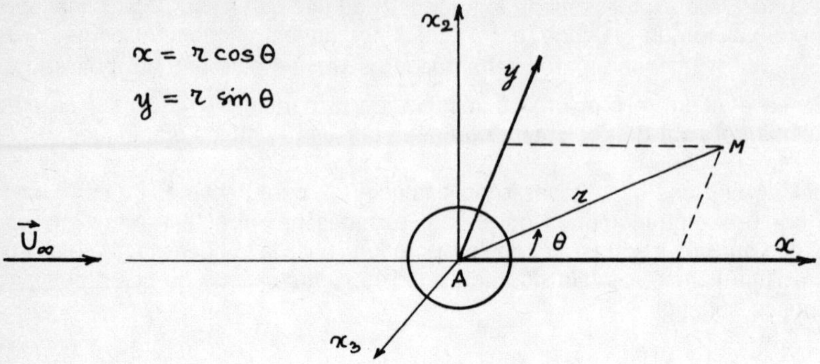

Figure 5

Si au lieu d'être immobile dans un écoulement uniforme à l'infini, la sphère a un mouvement de translation uniforme de vitesse $\vec{V}_A$ dans une atmosphère immobile à l'infini, le résultat est le même dans un référentiel lié à la sphère. Si $\vec{V}_A$ n'est pas constant, le champ de l'écoulement se détermine à tout instant de manière analogue, mais l'intensité du doublet est variable au cours du temps, il en résulte l'existence d'une force provenant de l'accélération de la sphère. Cette force, proportionnelle à l'accélération $\vec{\gamma}_A$, fait intervenir une masse induite. Pour obtenir sa valeur, il faut passer du système d'axes dans lequel est observé le mouvement de la sphère, au système d'axes lié à la sphère (Fig. 6).

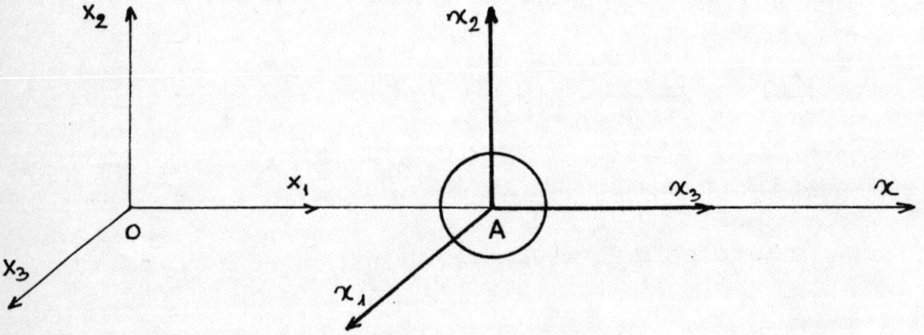

Figure 6

On a alors :

(78) $$\phi(X_1, X_2, X_3, t) = \varphi(x_1, x_2, x_3, t)$$

On écrit qu'en un point quelconque de la surface, la vitesse normale relative de l'écoulement est nulle, c'est-à-dire :

$$(\vec{v} - \vec{V_A}) \cdot \vec{n} = 0 \tag{79}$$

ou encore :

$$\partial\varphi / \partial r = V_A \cos\theta \tag{80}$$

Le potentiel :

$$\varphi = -\frac{R^3}{2r^2} V_A \cos\theta \tag{81}$$

vérifie cette condition. On obtient donc pour ϕ :

$$\phi = -R^3 \frac{\vec{V_A} \cdot \vec{AM}}{2\ AM^3} \tag{82}$$

Notons que :

$$\partial\vec{AM} / \partial t = -\vec{V_A} \tag{83}$$

L'application de l'équation de Bernoulli instationnaire permet de calculer les efforts exercés sur l'obstacle. Seul le terme $\partial\phi/\partial t$ donne un résultat non nul, outre la force d'Archimède déjà évoquée. On a :

$$\frac{\partial\phi}{\partial t} = -\frac{R^2}{2}\left(\frac{\vec{\gamma_A} \cdot \vec{AM}}{r^3} - \frac{\vec{V_A}^2}{r^3} + 3\,\frac{\vec{V_A} \cdot \vec{AM}}{r^5}\right) \tag{84}$$

Les deux derniers termes disparaissent de l'expression de la force par raison de symétrie et il reste :

$$\vec{X}' = -\frac{\rho}{2R} \int_{\Sigma} (\vec{\gamma_A} \cdot \vec{AM})\,\vec{AM}\, ds = -\frac{2}{3}\pi\rho R^3 \vec{\gamma_A} = -m' \vec{\gamma_A} \tag{85}$$

La masse induite m' est égale à la moitié de la masse qu'aurait la sphère si elle était remplie du fluide extérieur. La force d'inertie induite $\vec{X}'$ existe également en présence de fluide visqueux mais son expression est alors différente.

2.1.2. Fluide visqueux incompressible

Les particules d'un écoulement diphasique sont entraînées par le fluide vecteur, principalement sous l'effet des forces de frottement visqueuses. Dans la plupart des cas le nombre de Reynolds, construit sur la vitesse relative gaz/particule et leur rayon ou leur diamètre, est très faible. Au voisinage de la particule les forces d'inertie du fluide sont donc négligeables devant les forces de viscosité, de sorte que les termes non-linéaires de l'équation de la quantité de mouvement sont négligés. Le système décrivant l'écoulement stationnaire est donc en première approximation :

(86)
$$\begin{cases} \overrightarrow{\mathrm{grad}}\, p = \mu \Delta \vec{v} \\ \mathrm{div}\, \vec{v} = 0 \end{cases}$$

Ces équations sont à la base de la théorie de Stokes qui permet un calcul correct de la force de frottement. L'écoulement obtenu n'est en revanche pas très satisfaisant dans la mesure où, d'une part les lignes de courant restent très perturbées loin de la sphère et d'autre part aucun sillage n'est obtenu, ce qui est contraire aux observations expérimentales. Pour obtenir une meilleure description loin de la sphère on a recours à la théorie d'Oseen qui prend en compte la convection induite par la vitesse à l'infini. Si celle-ci est U_∞, on a alors le système :

(87)
$$\begin{cases} \rho \vec{U}_\infty \cdot \overrightarrow{\mathrm{grad}}\, \vec{v} + \overrightarrow{\mathrm{grad}}\, p = \mu \Delta \vec{v} \\ \mathrm{div}\, \vec{v} = 0 \end{cases}$$

ce qui revient à linéariser les termes d'inertie.

Etablissons d'abord le système complet d'équations dans le cas général, sans négliger les termes non linéaires et dans le cas d'un écoulement de révolution. Les variables utilisées sont celles du paragraphe précédent. Afin d'éliminer la pression on considère le rotationnel des deux membres de l'équation de la quantité de mouvement qui devient :

(88)
$$\frac{\partial \vec{\omega}}{\partial t} + \overrightarrow{\mathrm{rot}}\, (\vec{\omega} \wedge \vec{v}) = \nu \Delta \vec{\omega}$$

avec :
$$\vec{\omega} = 1/2\ \overrightarrow{\mathrm{rot}}\, \vec{v} \quad , \quad \nu = \mu/\rho$$

L'équation de continuité devient :

(89)
$$\frac{\partial yu}{\partial x} + \frac{\partial yv}{\partial y} = 0$$

ce qui donne la fonction de courant ψ telle que :

(90)
$$u = \frac{1}{y} \frac{\partial \psi}{\partial y} \quad , \quad v = -\frac{1}{y} \frac{\partial \psi}{\partial x}$$

On montre qu'alors le vecteur $\vec{\omega}$ est porté par le vecteur $\vec{k}$ formant avec $\vec{i}$ et $\vec{j}$ un trièdre trirectangle direct (Fig. 7),

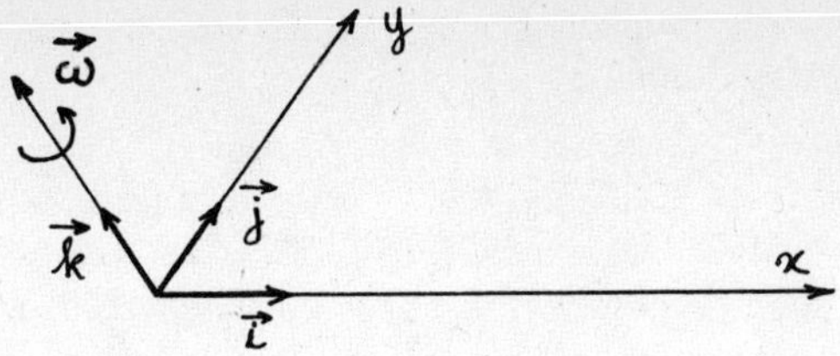

Figure 7

et que sa coordonnée suivant Oz est :

(91) $$\omega = -\frac{1}{2y}\left(\frac{\partial^2\psi}{\partial x^2} + \frac{\partial^2\psi}{\partial y^2} - \frac{1}{y}\frac{\partial\psi}{\partial y}\right)$$

L'équation en $\vec{\omega}$ devient alors :

(92) $$\frac{\partial\omega}{\partial t} + u\frac{\partial\omega}{\partial x} + v\frac{\partial\omega}{\partial y} - \frac{\omega v}{y} = \frac{\nu}{y}\left(\frac{\partial^2\omega y}{\partial x^2} + \frac{\partial^2\omega y}{\partial y^2} - \frac{1}{y}\frac{\partial\omega y}{\partial y}\right)$$

Ces deux dernières équations permettent d'étudier l'écoulement. Le passage aux grandeurs sans dimensions fait apparaître le nombre de Reynolds :

(93) $$R_e = U_\infty R/\nu$$

lorsque l'on prend les grandeurs de référence suivantes : temps R/U_∞, vitesse : U_∞, longueur : R, fonction de courant $U_\infty R^2$, tourbillon : U_∞/R. Sans changer les notations les équations précédentes donnent les relations sans dimensions suivantes :

(94) $$\frac{\partial^2\psi}{\partial x^2} + \frac{\partial^2\psi}{\partial y^2} - \frac{1}{y}\frac{\partial\psi}{\partial y} = -2\omega y$$

(95) $$\frac{\partial\omega}{\partial t} + \frac{\partial^2\omega y}{\partial x^2} + \frac{\partial^2\omega y}{\partial y^2} - \frac{1}{y}\frac{\partial\omega y}{\partial y} = R_e\, y\left(u\frac{\partial\omega}{\partial x} + v\frac{\partial\omega}{\partial y} - \frac{\omega v}{y}\right)$$

Dans le cas de la théorie de Stokes, les termes convectifs du second membre de l'équation (96) disparaissent (Re $\rightarrow$ 0) et celle-ci devient :

(96) $$\frac{\partial^2\omega y}{\partial x^2} + \frac{\partial^2\omega y}{\partial y^2} - \frac{1}{y}\frac{\partial\omega y}{\partial y} = 0$$

C'est la même équation que (74) vérifiée par la fonction de courant d'un fluide parfait incompressible irrotationnel ; ψ est remplacé simplement par ωy. On connait donc une solution particulière, celle du doublet, de la forme :

(97) $$\omega y = \frac{K \sin^2 \theta}{2r}$$

que nous adoptons.

L'équation (95) donne alors :

(98) $$\frac{\partial^2 \psi}{\partial r^2} + \frac{1}{r^2} \frac{\partial^2 \psi}{\partial \theta^2} - \frac{\cos \theta}{r^2 \sin^2 \theta} \frac{\partial \psi}{\partial \theta} = - \frac{K \sin^2 \theta}{r}$$

En posant :

(99) $$\psi = f(r) \sin^2 \theta$$

on obtient :

(100) $$f''(r) - \frac{2}{r^2} f(r) = - \frac{K}{r}$$

La résolution est immédiate. En tenant compte des conditions aux limites au niveau de la sphère où $\vec{v} = 0$:

(101) $$\psi(1,\theta) = 0 \quad , \quad \frac{\partial \psi}{\partial r}(1,\theta) = 0$$

et des conditions à l'infini où $\psi \simeq y^2/2$, on obtient la valeur $K = -3/2$ pour l'intensité du doublet et la solution :

(102) $$\psi = \left(r^2 - \frac{3r}{2} + \frac{1}{2r} \right) \frac{\sin^2 \theta}{2}$$

Les termes en r^2 et $1/2r$ sont identiques à ceux d'un écoulement irrotationnel de fluide parfait, il s'agit de la superposition d'un écoulement uniforme et d'un doublet. Le terme $-3r/4 \sin^2\theta$ est spécifique. On le désigne parfois sous le nom de Stokelet.

Le champ des vitesses étant connu on peut calculer les efforts agissant sur la sphère en écrivant par exemple que leur puissance est égale à la puissance dissipée par viscosité :

(103) $$U_\infty X = 4\mu \int_{\mathcal{V}} \omega^2 d\mathcal{V}$$

On obtient la force de Stokes (en variables dimensionnelles) :

(105) $$X = 6\pi\mu U_\infty R$$

La force par unité de masse est alors :

(106) $$\frac{F}{\rho_P} = \frac{X}{\frac{4}{3}\pi R^3 \rho_{PS}} = \frac{9}{2}\frac{\mu U_\infty}{R^2 \rho_{PS}}$$

Soit, en remplaçant $\vec{U}_\infty$ par $\vec{v}_g - \vec{v}_p$

(107) $$\vec{F} = \rho_P \frac{\vec{v}_g - \vec{v}_p}{\tau_v}$$

avec :

(108) $$\tau_v = 2R^2 \rho_{PS} / 9\mu$$

C'est l'expression du temps de relaxation de frottement donné par la théorie de Stokes.

Dans la théorie d'Oseen le système, sans dimensions, à résoudre devient :

(109) $$\begin{cases} \dfrac{\partial^2 \psi}{\partial x^2} + \dfrac{\partial^2 \psi}{\partial y^2} - \dfrac{1}{y}\dfrac{\partial \psi}{\partial y} = -2\omega y \\ \dfrac{\partial^2 \omega y}{\partial x^2} + \dfrac{\partial^2 \omega y}{\partial y^2} - \dfrac{1}{y}\dfrac{\partial \omega y}{\partial y} = R_e\, y \dfrac{\partial \omega}{\partial x} \end{cases}$$

La solution d'Oseen pour la sphère est la suivante :

$$\psi = \left(r^2 + \frac{1}{2r}\right)\frac{\sin^2\theta}{2} - \frac{3}{2}\,\frac{1+\cos\theta}{R_e}\left(1 - e^{-\frac{R_e r}{2}(1-\cos\theta)}\right)$$

On retrouve l'écoulement uniforme, le doublet et un dernier terme spécifique désigné parfois sous le nom d'Oseenlet.

La force résultante est plus difficile à calculer. Citons les expressions suivantes :

(110) $$X = 6\pi\mu U_\infty R\left(1 + \frac{3}{8}R_e - \frac{19}{320}R_e^2 + \frac{71}{2560}R_e^3 - \frac{30179}{2150400}R_e^4 + \ldots\right)$$

(Goldstein, 1929).

(111) $$X = 6\pi\mu U_\infty R\left(1 + \frac{3}{8}R_e + \frac{9}{40}R_e^2 \operatorname{Log} R_e + O(R_e^2)\right)$$

(Proudman et Pearson, 1957).

Nous ne commenterons pas ici ces résultats.

On utilise fréquemment des formules empiriques induisant un coefficient correctif par rapport au temps de relaxation de Stokes $(\tau_v)_{Stokes}$:

$$(\tau_v)_{empirique} = \frac{1}{\mathcal{C}_v} (\tau_v)_{Stokes} \tag{112}$$

Carlson et Hoglund donnent par exemple $\mathcal{C}_v$ en fonction du nombre de Mach et du nombre de Reynolds construit sur le diamètre des sphères : $R_{eD} = 2$ Re

$$\mathcal{C}_v = \frac{(1+0{,}15\, R_e^{0,687})\left(1+\exp\left(0{,}427\, M^{-4,63} - 3\, R_{eD}^{-0,88}\right)\right)}{1+ M\, R_{eD}\left(3{,}82 + 1{,}28 \exp(-1{,}25\, R_{eD} M^{-1})\right)} \tag{113}$$

D'autres formules empiriques existent.

Les effets d'accélération des particules conduisent à une modification de la force. En partant de la théorie de Stokes et en posant $\vec{u} = \vec{v}_g - \vec{v}_p$ on obtient pour des particules condensées dans un gaz :

$$X = 6\pi\mu R u - \frac{2}{3}\pi R^3 \rho_{gs} \dot{u} + 6R^2 \rho_{gs}\sqrt{\pi\nu}\int_0^t \frac{\dot{u}(\tau)\,d\tau}{\sqrt{t-\tau}} - \frac{4}{3}\pi R^3 \rho_{gs}\frac{dv_p}{dt} \tag{114}$$

Notons que dans ce cas on a généralement, sauf au point critique, $\rho_{gs} << \rho_{ps}$ et les termes additifs instationnaires sont tout a fait négligeables.

2.2. Echanges thermiques

Dans la théorie de Stokes les termes convectifs sont négligés. Si l'on fait de même pour étudier le transfert thermique, on est conduit à déterminer le flux thermique pour une particule sphérique au repos de température T_o plongée dans une atmosphère fluide immobile de température T_∞ à grande distance de la particule (Fig. 8). Le seul phénomène présent est la conduction thermique dans le fluide.

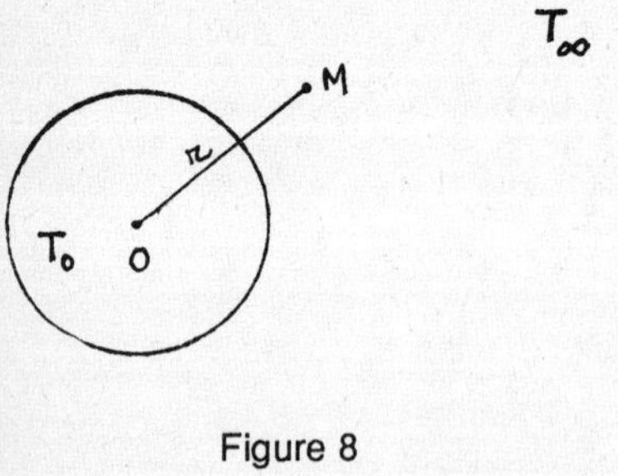

Figure 8

L'équation du problème se réduit à :

$$\nabla^2 T = 0 \tag{115}$$

Soit, en coordonnées sphériques :

$$\frac{\partial}{\partial r}\left(r^2 \frac{\partial T}{\partial r}\right) = 0 \tag{116}$$

La solution est, pour une sphère de rayon unité :

(117)
$$T = T_\infty + \frac{T_0 - T_\infty}{r}$$

Le flux de chaleur à travers une sphère de rayon r quelconque est constant et égal à :

(118)
$$Q = -4\pi r^2 \lambda \frac{\partial T}{\partial r} = -4\pi\lambda\,(T_0 - T)$$

Il s'agit d'un flux de chaleur de l'intérieur vers l'extérieur de la sphère.

Le nombre de Nusselt Nu est défini par :

(119)
$$N_u = \alpha D / k$$

où D est le diamètre de la sphère et α le coefficient d'échange par unité d'aire, à la surface de la sphère. On obtient donc :

(120)
$$N_u = 2$$

Pour tenir compte de l'écoulement, l'analyse dimensionnelle (voir 8.6.2.) nous donnera :

(121)
$$\begin{cases} \Pi_k = k / \nu \quad , \quad k = \lambda / \rho c_p \\ \Pi_\alpha = \alpha / D^{u-v} U_\infty^{v} \nu^{1-v} \end{cases}$$

avec :

(122)
$$u = 2v - 1$$

et, d'après le théorème de Vashy-Buckingham :

(123)
$$\Pi_\alpha = \psi\,(\Pi_k)$$

Pour tenir compte du fait que, pour $U_\infty = 0$, on obtient Nu = 2, il faut prendre α - 2k/D au lieu de α pour définir Π_α. Avec une loi en puissance pour ψ, on obtient alors :

(124)
$$N_u = 2 + A\, R_e^{v}\, P_r^{1-w}$$

En régime laminaire, v = 1/2 et pour des sphères solides 1 - w = 1/3.

La formule de Carlson et Hoglund, plus élaborée, tient compte du nombre de Mach et donne:

(125) $$N_u = 2 \, \frac{1 + 0{,}230 \, R_e^{0{,}55}}{1 + 6{,}84 \, M R_e^{-1} (1 + 0{,}230 \, R_e^{0{,}55})} = 2 \, \mathscr{C}_T$$

Connaissant le coefficient d'échange α par unité d'aire, on peut calculer le flux de chaleur par unité de volume de particule :

(126) $$Q = \frac{3\alpha}{R} (T_g - T_p) \, , \qquad \alpha = \frac{k}{R} \, \mathscr{C}_T$$

D'après 11.1.2. on a :

(127) $$Q = \frac{\rho_{ps} \, c_c}{\tau_T} (T_g - T_p)$$

On en déduit donc l'expression de τ_T :

(128) $$\tau_T = \frac{R^2 \rho_{ps} \, c_c}{3 k \mathscr{C}_T}$$

2.3. Combustion d'une goutte de combustible en atmosphère comburante [14]

Soit une goutte sphérique de combustible homogène H dans une atmosphère de comburant O. La combustion a lieu suivant la réaction chimique :

$$H + O \longrightarrow P$$

Les coefficients stoechiométriques sont pris égaux à un dans le seul but de simplification, mais la théorie qui suit est la même avec des coefficients stoechiométriques différents. Une flamme de diffusion peut être entretenue en régime quasi-stationnaire. Nous supposerons la symétrie sphérique. Ce problème est l'analogue sphérique du problème d'Emmons du chapitre 8. L'énergie mise en jeu par la réaction au niveau de la flamme est diffusée vers la surface de la goutte, provoquant ainsi son évaporation et la libération du combustible gazeux H. La pression est supposée constante et la température de la goutte uniforme et constante, c'est la température T_l de vapeur saturante. A l'infini, la température est T_0 et la fraction massique du comburant est $Y_{O\infty}$. A la différence du problème d'Emmons, il n'y a pas de convection forcée et l'équation de la quantité de mouvement n'est pas prise en compte.

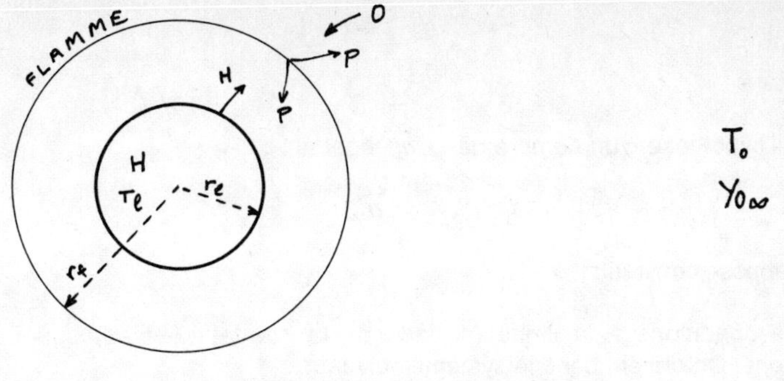

Figure 9

La masse volumique de la phase condensée étant ρ_c et le rayon de la goutte r_l, le débit masse de gaz à travers la sphère de rayon r_l est :

(129) $$\dot{m} = -\frac{d}{dt}\left(\frac{4}{3}\pi r_\ell^3 \rho_c\right) = -4\pi r_\ell^2 \rho_c \frac{dr_\ell}{dt}$$

Si l'on admet que $\dot{m}$ est une fonction de r_l on en déduit, par simple intégration, l'évolution du rayon de la goutte en fonction du temps. Les observations expérimentales et la théorie ci-dessous montrent que l'on a :

(130) $$\dot{m} = K' r_\ell$$

Des deux dernières équations, on déduit donc que :

(131) $$r_\ell^2 = r_{\ell 0}^2 - K(t - t_0)$$

avec :

(132) $$K = K'/2\pi\rho_c$$

Cette décroissance de r_l^2, linéaire en fonction du temps peut aussi être observée expérimentalement.

L'analyse théorique utilise l'approximation de Shvab-Zeldovich présentée au chapitre 7. Rappelons que l'on trouve :

(133) $$\vec{\nabla} \cdot \left(\rho \vec{v} \beta_j - \rho \mathcal{D} \vec{\nabla} \beta_j\right) = \dot{\zeta}$$

(134) $$\vec{\nabla} \cdot \left(\rho \vec{v} \beta_T - \frac{\lambda}{c_{pf}} \vec{\nabla} \beta_T\right) = \dot{\zeta}$$

β_j étant une variable de concentration et β_T une variable de température :

(135) $$\beta_j = Y_j / \nu_j \mathcal{M}_j$$

(136) $$\beta_T = \sum_j Y_j \int_{T_0}^{T} c_{p,j}\, dT / \Delta H$$

On fait l'hypothèse d'un nombre de Lewis égal à 1 :

(137) $$\lambda / c_{pf} = \rho \mathcal{D} = g \;,$$

g est supposé constant.

Les conditions à la limite (surface de la goutte) sont analogues à celles du problème d'Emmons. On obtient donc le système suivant :

(138)
$$\left|\begin{array}{l}
4\pi r^2 \rho v = \dot m = C^{te} \\[2ex]
\dfrac{d\beta_j}{dr} - \dfrac{d}{dr}\left(\dfrac{4\pi r^2 g}{\dot m}\,\dfrac{d\beta_j}{dr}\right) = 4\pi r^2 \dot\zeta \\[2ex]
\dfrac{d\beta_T}{dr} - \dfrac{d}{dr}\left(\dfrac{4\pi r^2 g}{\dot m}\,\dfrac{d\beta_T}{dr}\right) = 4\pi r^2 \dot\zeta \\[2ex]
-g\left(\dfrac{d\beta_j}{dr}\right)_l + (\rho v)_l\,(\beta_{jl} - \beta_{jc}) = 0 \\[2ex]
-g\left(\dfrac{d\beta_T}{dr}\right)_l = -(\rho v)_l\,\dfrac{\Delta L}{\Delta H}
\end{array}\right.$$

Posons :

(139) $$\xi = \dot m / 4\pi g r$$

On obtient pour la quantité, $\beta_T - \beta_0$:

(140) $$d^2(\beta_T - \beta_0)/d\xi^2 + d(\beta_T - \beta_0)/d\xi = 0$$

soit :

(141) $$\beta_T - \beta_0 = A_T + B_T\, e^{-\xi}$$

A la limite $r = \infty$ ($\xi = 0$), on a :

(142) $$-\beta_{0\infty} = Y_{0\infty}/\mathcal{M}_0 = A_T + B_T$$

En $r = r_l$, la condition à la limite s'écrit :

(143) $$\left(d(\beta_T-\beta_O)/d\xi\right)_\ell = \Delta L/\Delta H$$

ou encore :

(144) $$-B_T e^{-\xi_\ell} = \Delta L/\Delta H$$

A cette limite, on a aussi :

(145) $$\beta_{T\ell} = A_T + B_T e^{-\xi_\ell}$$

puisque $\beta_{Ol} = 0$, le comburant étant entièrement consommé au niveau de la flamme. La température T (donc β_T) est connue.

On déduit donc les valeurs :

(146) $$\begin{cases} A_T = \beta_{T\ell} + \Delta L/\Delta H \\ B_T = -(\beta_{O\infty} + \beta_{T\ell} + \Delta L/\Delta H) \\ (\Delta L/\Delta H)\, e^{\xi_\ell} = \beta_{O\infty} + \beta_{T\ell} + \Delta L/\Delta H \end{cases}$$

Soit encore :

(147) $$\dot{m} = 4\pi g \,\mathrm{Log}\left[(\beta_{O\infty} + \beta_{T\ell})\Delta H/\Delta L + 1\right]$$

On prouve ainsi le résultat annoncé au début :

(148) $$\dot{m} = k' r_\ell$$

et la relation :

(149) $$r_\ell^2 = r_{\ell_0}^2 - k(t-t_0)$$

avec :

(150) $$k = \frac{2g}{\rho_c} \mathrm{Log}\left[(\beta_{O\infty} + \beta_{T\ell})\Delta H/\Delta L + 1\right]$$

La différence $\beta_T - \beta_O$ évolue, elle, suivant la loi :

(151) $$\beta_T - \beta_O = \beta_{T\ell} + \Delta L/\Delta H - (\beta_{O\infty} + \beta_{T\ell} + \Delta L/\Delta H)\, e^{-\xi}$$

L'étude de β_H - β_O nous donnera la position de la flamme pour laquelle on admet les hypothèses :

$$\begin{cases} \text{flamme mince} \\ \text{combustion stoechiométrique : } \beta_H = \beta_O \end{cases}$$

On trouve bien entendu :

(152) $$\beta_H - \beta_O = A + B\, e^{-\xi}$$

A et B sont déterminés en écrivant les conditions à l'infini et au niveau de la goutte :

(153) $$\begin{cases} -\beta_{O\infty} = A + B \\ \beta_{Hl} = A + B\, e^{-\xi_l} \\ (d\beta_H/d\xi)_l + \beta_{Hl} + 1/\mathcal{M}_H = 0 \end{cases}$$

(la goutte est constituée du seul corps pur H).

De ces trois relations on tire :

(154) $$\begin{cases} A = -1/\mathcal{M}_H \\ B = 1/\mathcal{M}_H - \beta_{O\infty} \end{cases}$$

et la valeur de la fraction massique Y_{H1} au niveau de la surface de la goutte, donnée par :

(155) $$\beta_{Hl} = -1/\mathcal{M}_H + (1/\mathcal{M}_H - \beta_{O\infty})\, e^{-\xi_l}$$

La position de la flamme sphérique est donnée par :

(156) $$\beta_H - \beta_O = 0 = -1/\mathcal{M}_H + (1/\mathcal{M}_H - \beta_{O\infty})\, e^{-\xi_f}$$

(157) $$\frac{r_f}{r_l} = \frac{\mathrm{Log}\,[1 + (\beta_{O\infty} + \beta_{rl})\,\Delta H/\Delta L]}{\mathrm{Log}\,(1 - \mathcal{M}_H\, \beta_{O\infty})}$$

Les profils de concentration et de température sont obtenus comme suit :

Pour $r_l < r < r_f$ on a $\beta_O = 0$ et $\zeta = 0$, donc :

(158)
$$\begin{cases} \beta_0 = -A - B\,e^{-\xi} \\ \beta_T = A_T - A + (B_T - B)\,e^{-\xi} \end{cases}$$

où les quatre coefficients ont été déterminés précédemment.

Lorsque $r_f < r$, on a toujours $\zeta = 0$, par ailleurs $\beta_H = 0$. Alors :

(159)
$$\begin{cases} \beta_0 = -A - B\,e^{-\xi} \\ \beta_T = A_T - A + (B_T - B)\,e^{-\xi} \end{cases}$$

On voit qu'avec l'hypothèse de la flamme mince réactive, ce qui suppose une réaction infiniment rapide, les évolutions sont gouvernées par les processus de convection et de diffusion et la réaction chimique n'intervient que par l'énergie qu'elle met en jeu. Il n'en serait pas de même avec une flamme de prémélange obtenue avec une goutte de mélange par exemple, car le débit de combustion dépendrait alors également de la cinétique chimique comme on l'a vu lors de l'étude des ondes de déflagration (chapitre 7).

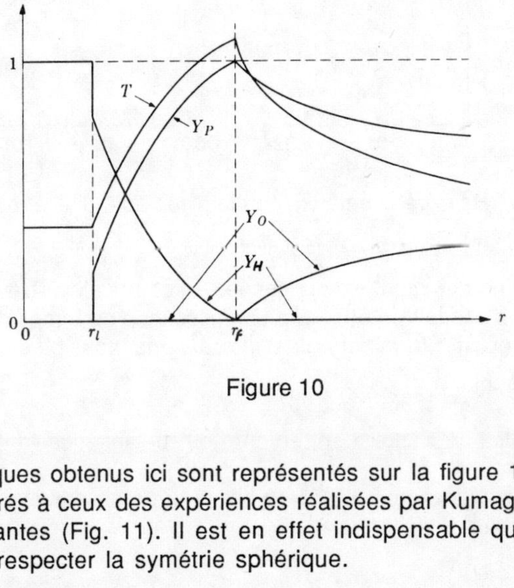

Figure 10

Les profils théoriques obtenus ici sont représentés sur la figure 10. Les résultats de cette théorie ont été comparés à ceux des expériences réalisées par Kumagaï dans des conditions de microgravité satisfaisantes (Fig. 11). Il est en effet indispensable que la gravité soit absente ne serait-ce pour respecter la symétrie sphérique.

On constate un bon accord avec la loi de régression linéaire du carré du rayon de la goutte en fonction du temps (équation (149) et (150)). Il n'en est pas de même en ce qui concerne le rapport r_f/r_l du rayon de la flamme à celui de la goutte. Contrairement à ce qu'indique la formule (157), le rapport r_f/r_l n'est en fait pas constant.

Des calculs plus élaborés prenant en compte le caractère instationnaire du processus et les variations des coefficients de transfert en fonction de la température [62] [63], conduisent à des résultats qui sont en meilleur accord avec les expériences et permettent de prévoir des combustions en satellite, de plus longue durée (Fig. 12). Notons que les valeurs de r_l et de r_f/r_l sont très importantes pour déterminer les performances d'un moteur fusée dans

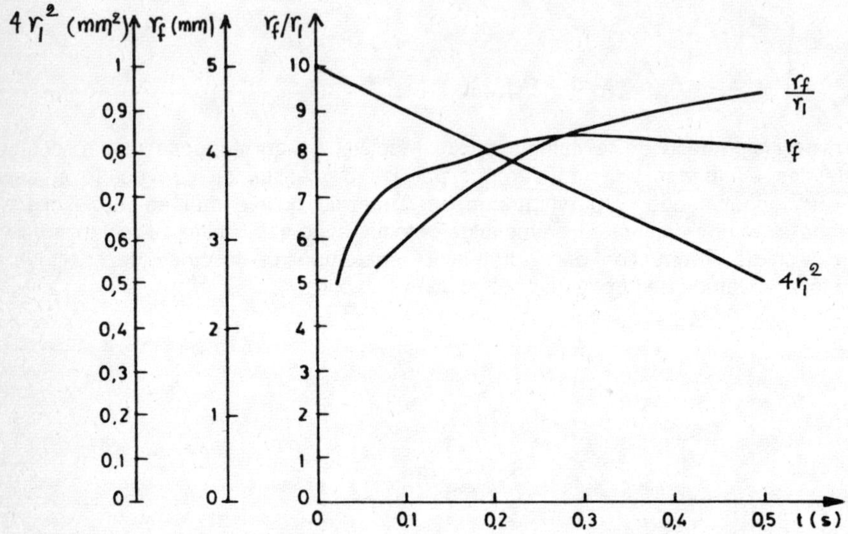

Figure 11 - Résultats expérimentaux : goutte d'heptane, diamètre initial 1 mm

lequel l'écoulement comprend des gouttes condensées en combustion. L'évolution du rayon de la goutte en fonction du temps conduit en effet à la connaissance du temps de combustion et de la longueur du foyer. Le rapport r_f/r_l indique les interactions possibles entre les gouttes en combustion dans l'écoulement.

Les théories précédentes ne s'appliquent en effet qu'en l'absence d'interaction.

Quant aux effets de couplage entre l'écoulement et le processus individuel de la goutte en combustion, ils sont bien plus difficiles à évaluer.

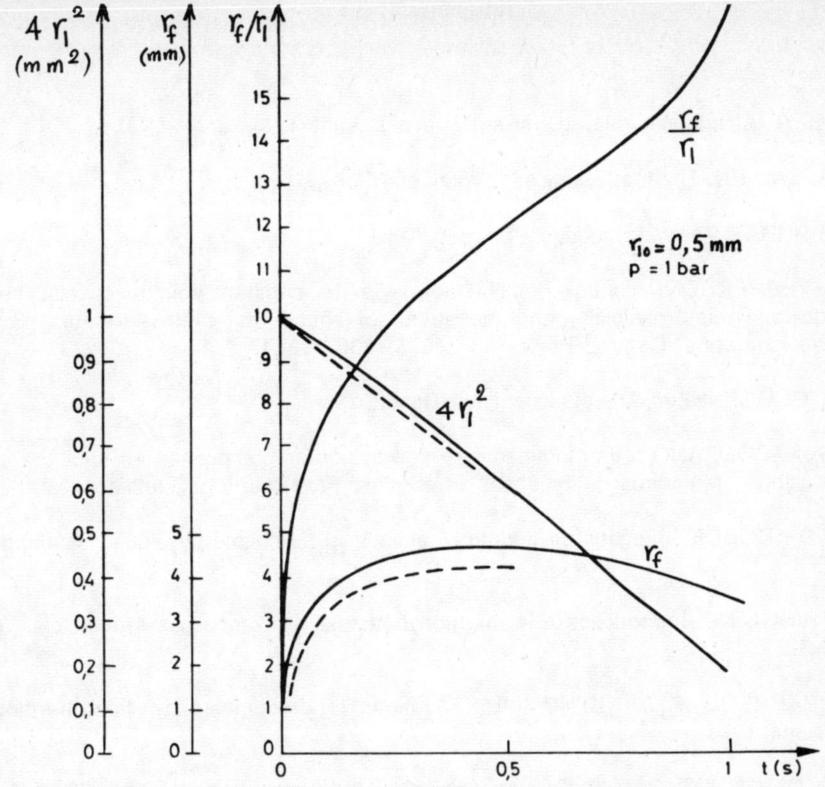

Figure 12 - Comparaison entre les résultats théoriques instationnaires, à coefficients de transfert variables, ——— et les résultats expérimentaux [64] - - - -

BIBLIOGRAPHIE

[1] P. GERMAIN, Mécanique des milieux continus, tome 1, Masson, 1973.

[2] H.B. CALLEN, Thermodynamics, J. Wiley and Sons, 1966.

[3] G. BRUHAT, Thermodynamique, Masson, 1962.

[4] J. STEPHENSON, A study of fluid argon via the constant volume specific heat, the isothermal compressibility, and the spead of sound and their extremum properties along isotherms, Can. J. Phys., **53**, 1975, 1367-1384.

[5] E.A. GUGGENHEIM, Thermodynamique, Dunod, 1965.

[6] L.G. NAPOLITANO, Thermodynamique des systèmes composites en équilibre ou hors d'équilibre , Mémoires de Sciences Physiques, Fascicule 71, Gauthier-Villars, 1971.

[7] Th. DE DONDER, Leçons de thermodynamique et de chimie physique, Gauthier-Villars, 1920.

[8] I. PRIGOGINE, Introduction à la thermodynamique des processus irréversibles, Dunod, 1968.

[9] M. BARRERE, R. PRUD'HOMME, Equations fondamentales de l'aérothermochimie, Masson, 1973.

[10] S.R. DE GROOT, P. MAZUR, Non equilibrium thermodynamics, North Holland Pub. Cy., 1969.

[11] P. GERMAIN, Mécanique, Ellipses, 1987.

[12] J.O. HIRSCHEFELDER, Ch.F. CURTISS, R.B. BIRD, Molecular theory of gases and liquids, J. Wiley and Sons, 1954.

[13] S. GLASSTONE, K.J. LAIDLER, H. EYRING, The theory of rate processes, Mc Graw Hill Book Company, 1941.

[14] F.A. WILLIAMS, Combustion theory, The Benjamin Cumming Pub. Cy., Inc., 2d Ed., 1985.

[15] E.A. BRUN, A. MARTINOT-LAGARDE, J. MATHIEU, Mécanique des fluides, Dunod, 1968.

[16] F. FER, Thermodynamique macroscopique, Gordon and Breach, 1970.

[17] R. HAASE, Thermodynamics of irreversible processes, Addison-Wesley Pub. Cy, 1963.

[18] M. BARRERE, R. PRUD'HOMME, Aérothermochimie des écoulements homogènes, Gauthier-Villars, 1970.

[19] J. VILLERMAUX, Génie de la réaction chimique, Technique et Documentation, Lavoisier, 1982.

[20] J.C. ANDRE, M. BARRERE, Turbulence fluide, Cours d'option, Ecole Polytechnique, 1980.

[21] L. LANDAU, E. LIFCHITZ, Mécanique des fluides, Ed. MIR, Moscou, 1971.

[22] K.N.C. BRAY, Atomic recombination in a hypersonic wind-tunnel nozzle, J. of Fluid Mech., **6**, part 1, juillet 1959.

[23] R. PRUD'HOMME, Ecoulements relaxés dans les tuyères, Thèse, Paris, 1969.

[24] V.G. LEVICH, Physico-chemical hydrodynamics, Prentice-Hall, 1962.

[25] L.E. SCRIVEN, C.V. STERNLING, On cellular convection driven by surface-tension gradients : effects of mean surface tension and surface viscosity, J. of Fluid Mech., **19**, part 3, 1964, 321-340.

[26] P. CLAVIN, E. GUYON, La flamme, La Recherche, n°94, nov. 1978.

[27] F.A. WILLIAMS, An approach to turbulent flame theory, J. Fluid Mech., **40**, part 2, 1970, 401-421.

[28] P. CLAVIN, G. JOULIN, Premixed flames in large and high intensity turbulent flow, Le J. de Phys. Lett., **44**, n°1, janvier 1983.

[29] M. BARRERE, Modèles de combustion turbulente, Revue Générale de Thermique, n°148, avril 1974, 295-308.

[30] R. BORGHI, Mise au point sur la structure des flammes turbulentes, J. de Chimie Phys., **81**, n°6, 1984, 361-370.

[31] N. PETERS, The premixed turbulent flame in the limit of a large activation energy, J. Non-Equilibrium Thermodyn., **7**, 1982, 25-38.

[32] R. ARIS, Introduction to the analysis of chemical reactors, Prentice-Hall, 1965.

[33] S. CHANDRASEKHAR, Hydrodynamic and hydromagnetic stability, Oxford at the Clarendon Press, 1961.

[34] D.D. JOSEPH, Stability of fluid motion, Springer-Verlag, 1976.

[35] H. SCHLICHTING, Boundary layer theory, Pergamon Press, 1955.

[36] P.A. LIBBY, K. CHEN, Laminar boundary layer with uniform injection, the Physics of Fluids, **8**, n°4, 1965.

[37] E.M. SPARROW, H. QUACK, C.J. BOERNER, Local nonsimilarity boundary-layer solutions, AIAA Journal, **8**, n°11, 1970.

[38] E.R. BENTON, On the flow due to a rotating disk, J. Fluid Mech., **24**, part 4, 1966, 781-800.

[39] E. RUCKENSTEIN, Handbook for heat and mass transfer, Gulf Pub., 1984.

[40] P. CARRIERE, Thermodynamique et dynamique des gaz, Cours ENSTA, 1979.

[41] A. EINSTEIN, Schallgeschwindigkeit in teilweise dissoziertengasen, Sitzungsbericht - Preussische Akademie der Wissenschaft, Berlin, 1920.

[42] L.G. NAPOLITANO, Unsteady wave propagation in a multi-reacting gas mixture, XVè Congrès International d'Astronautique, Varsovie, 1964.

[43] A.L. JAUMOTTE, Chocs et ondes de choc, Masson, 1971.

[44] P.P. WEGENER, B-T. CHU, W.A. KLIKOFF, Weak waves in relaxing flows, J. Fluid Mech., **23**, 1965, 787-800.

[45] L.I. SEDOV, Similarity and dimensional methods in mechanics, Infosearch Ltd, 1959.

[46] J.B. ZELDOVICH, A.S. KOMPANEETS, Theory of detonation, Academic Press, 1960.

[47] J.C. SLATTERY, General balance equations for a plane interface, I&EC Fundamentals, **6**, n°1, 1967.

[48] R. GHEZ, A generalized Gibbsian surface, Surf. Sci., **4**, 1960, 125-140.

[49] G. BERTRAND, R. PRUD'HOMME, Possibilities of surface reaction coupling with transport phenomena, Int. J. Quant. Chem., **12**, suppl. 2, 1977, 159-168.

[50] R. DEFAY, I. PRIGOGINE, Tension superficielle et adsorption, Ed. Desoer, Liège.

[51] R. GATIGNOL, P. SEPPECHER, Modelisation of fluid-fluid interfaces with material properties, J. de Méc. Théor. et Appl., numéro spécial, 1986, 225-247.

[52] A.M. KLIMOV, Zhur. Prikl. Mekh. Tekhn. Fiz., **49**, n°3, 1963.

[53] G.S.S. LUDFORD, S. SCHEURER, Problèmes mathématiques en combustion, Ecoles CEA/INRIA/EDF, 7-13 déc. 1982, Ed. INRIA.

[54] G.I. SIVASHINSKY, Structure of Bunsen flames, J. Chem. Phys., **62**, n°2, 1975.

[55] R. PRUD'HOMME, F. BAILLOT, D. DUROX, Modélisation interfaciale des flammes minces, J. de Méc. Théor. et Appl., numéro spécial, 1986, 193-233.

[56] G.H. MARKSTEIN, Non steady flame propagation, Pergamon Press, 1964.

[57] P. CLAVIN, Dynamics behavior of premixed flame fronts in laminar and turbulent flows, Prog. Energy Combust. Sci., **11**, 1985, 1-59.

[58] W.T. KOITER, The theory of thin elastic shells, North-Holland Pub. Cy., Amsterdam, 1960.

[59] P. KUENTZMANN, Aérothermochimie des suspensions. Mémoire des Sciences Physiques. Fasc. 72. Gauthiers-Villars, 1973.

[60] P. GERMAIN, Mécanique des milieux continus. Masson, 1962.

[61] A. FORTIER, Mécanique des suspensions. Masson, 1967.

[62] D. SCHERRER, Combustion d'une goutte en milieu réactif avec décomposition exothermique préalable du combustible. Symposium "Numerical Simulation of Combustion Phenomena". INRIA, Sophia Antipolis, 21-24 mai 1985, Lecture Notes in Physics, Springer Verlag.

[63] G. NAJA, Definition of an experiment on combustion of two droplets in microgravity. ST-8511, 36ème Congrès de l'IAF, Stockholm, 1985.

[64] S. KUMAGAI, T. SAKAI, S. OKAJIMA, Combustion of free fuel droplets in a freely falling chamber. 13th Symposium on Combustion, Salt Lake City, 1970.